北大社“十三五”职业教育规划教材

高职高专土建专业“互联网+”创新规划教材

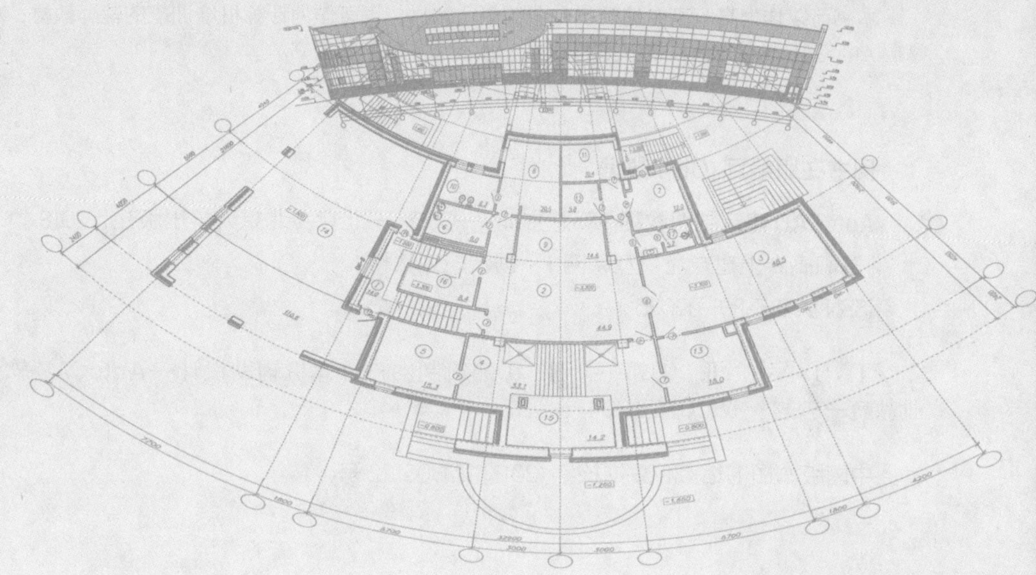

（第三版）

AutoCAD 建筑制图教程

主　编　郭　慧

副主编　刘乐辉

参　编　李亚敏　张　宇

　　　　郭　兴　陈　慧

主　审　王　琛

北京大学出版社
PEKING UNIVERSITY PRESS

内容简介

本书以建筑和结构施工图为线索，遵循“在做中学”的原则，循序渐进地介绍了 AutoCAD 软件的基本概念和实用绘图技巧，图文并茂，内容丰富，具有较强的实用性。

本书共分 6 章，分别介绍了 AutoCAD 2006 使用入门、宿舍楼底层平面图的绘制（一）、宿舍楼底层平面图的绘制（二）、绘制宿舍楼立面图和剖面图、结构施工图的绘制和绘制三维图形。通过对一套建筑结构施工图的介绍，将 AutoCAD 2006 的基本命令、使用技巧和专业知识三者有机地结合起来，从二维平面图的绘制到三维实体建模等均做了详细介绍。同时本书还附有习题及参考答案，可供读者学习参考。

本书可以作为高职高专建筑类专业的专业教材，也可作为计算机培训班的辅导教材；对于希望快速掌握 AutoCAD 软件的入门者，同样也是一本不可多得的参考书。

图书在版编目 (CIP) 数据

AutoCAD 建筑制图教程 / 郭慧主编 . —3 版 . —北京：北京大学出版社，2018.4

（高职高专土建专业“互联网 +”创新规划教材）

ISBN 978-7-301-29036-1

Ⅰ . ① A… Ⅱ . ①郭… Ⅲ . ①建筑制图—计算机辅助设计—AutoCAD 软件—高等职业教育—教材 Ⅳ . ① TU204

中国版本图书馆 CIP 数据核字 (2017) 第 306122 号

书　　名	AutoCAD 建筑制图教程（第三版） AutoCAD JIANZHU ZHITU JIAOCHENG
著作责任者	郭　慧　主编
责任编辑	杨星璐
数字编辑	刘　蓉
标准书号	ISBN 978-7-301-29036-1
出 版 者	北京大学出版社
地　　址	北京市海淀区成府路 205 号　100871
网　　址	http://www.pup.cn　　新浪微博：@ 北京大学出版社
电子信箱	编辑部 pup6@pup.cn　　总编室 zpup@pup.cn
电　　话	邮购部 010-62752015　　发行部 010-62750672　　编辑部 010-62750667
印 刷 者	北京宏伟双华印刷有限公司
发 行 者	北京大学出版社
经 销 者	新华书店
	787 毫米 × 1092 毫米　16 开本　20.75 印张　486 千字
	2009 年 1 月第 1 版　2013 年 3 月第 2 版
	2018 年 4 月第 3 版　2024 年 1 月修订　2024 年 6 月第10次印刷（总第 33 次印刷）
定　　价	49.00 元

AutoCAD 2006 在建筑设计和装饰设计领域中有着广泛的应用。使用 AutoCAD 2006 绘制建筑和装饰施工图，可以提高绘图精度和速度，缩短设计周期。因此，熟练掌握 AutoCAD 2006 绘图软件已经成为大、中专院校学生和建筑业从业人员的一项基本技能要求。

本书基本上保持了前两版的体系和特点，以某宿舍楼的建筑和结构施工图为线索，体现“在做中学”的原则，将 AutoCAD 的基本命令融入案例中进行介绍；详细描述了建筑平面图、立面图、剖面图和基础平面图、标准层结构布置平面图、现浇楼板的配筋图、梁的断面图及楼梯配筋图等二维图形和建筑的三维模型的绘制命令和技巧，以及 AutoCAD 模板的建立和使用、多重比例的出图、打印出图的方法和图形格式的转换等；对操作步骤配有大量真实的屏幕截图，详尽地展示了各种命令的操作过程及效果，从而让读者循序渐进地掌握 AutoCAD 2006 的绘图方法和技巧。本次再版主要做了如下修订。

1. 编者结合多年的教学经验，在每一章前增加了学习要求，在讲解过程中增加了特别提示、操作技巧、常见问题分析和命令的链接。专门针对学生难以理解的命令做了总结、分析和纵向链接。

2. 为便于大家学习，该版本借助 AutoCAD 软件自带的“Home - Space Planner”文件介绍了观察图形和选择对象的方法。

3. 对第 4 章立面图的绘制方法进行了优化。

4. 每章后面增加了上机练习，更有针对性地训练该章讲解的 CAD 命令。

5. 采用最新的制图标准 GB 50001—2010《房屋建筑制图统一标准》、GB 50104—2010《建筑制图标准》。

6. 每章增加了关于重点和难点的屏幕录像及知识要点，大家可以通过扫描书中的二维码进行查看和学习。

本次再版，本书升级成为“互联网 +”创新规划教材，在书中通过二维码的形式链接了各种形式的学习资源，比如操作技巧、操作要点、微课录像等，读者可以通过扫描二维码进行查看和学习。本书在修订的过程中还融入了党的二十大报告内容，突出职业素养的培养，全面贯彻党的二十大精神。

【资源索引】

本书由河南建筑职业技术学院郭慧担任主编，河南建筑职业技术学院刘乐辉担任副主编，河南建筑职业技术学院邢洁，戚晓鸽，鞠洁，郑大钊和河南四建集团股份有限公司薛蓉参编。其中郑大钊编写第 1 章，郭慧编写第 2 章，刘乐辉编写第 3 章，薛蓉和鞠洁编写第 4 章，邢洁编写第 5 章，戚晓鸽编写第 6 章。河南建筑职业技术学院王琛对本书进行了认真的审读，并提出了很多宝贵意见。

本课程建议安排 64 学时，通过理论教学和上机实践相结合进行教学，使学生达到掌握 AutoCAD 的基本绘图、编辑方法与技巧，各个学校可根据情况结合不同专业灵活安排。具体的课时分配建议见下表。

教学单元	课程内容	课时分配		
		总学时	理论学时	实践学时
第 1 章	AutoCAD 2006 使用入门	6	3	3
第 2 章	宿舍楼底层平面图的绘制（一）	14	6	8
第 3 章	宿舍楼底层平面图的绘制（二）	12	6	6
第 4 章	绘制宿舍楼立面图和剖面图	14	6	8
第 5 章	结构施工图的绘制	10	4	6
第 6 章	绘制三维图形	8	6	2
课程总学时		64	31	33

为了方便读者学习，本书将电子课件、案例的过程图整理成素材压缩包，可通过扫描本页的二维码进行下载，读者可以利用这些素材压缩包中的文件分阶段地自学，教师也可以将案例的过程图作为学生训练的条件图使用。另外，素材压缩包中还收录了模板图，读者可以将其另存到自己安装的 AutoCAD 软件的 Temple 文件夹中。同时，素材压缩包中也收录了较为完备的 AutoCAD 字体库，希望能给读者带来方便。

本书在编写过程中，参考和引用了国内外大量与 AutoCAD 相关的文献资料，吸取了很多宝贵的经验，在此谨向相关作者表示衷心的感谢。

由于编者水平有限，书中不妥之处在所难免，敬请广大读者批评指正。联系邮箱：guohui_1996@126.com。

编　者

【素材压缩包】

本书课程思政元素

本书的课程思政元素从“格物、致知、诚意、正心、修身、齐家、治国、平天下”中国传统文化角度着眼，再结合社会主义核心价值观“富强、民主、文明、和谐、自由、平等、公正、法治、爱国、敬业、诚信、友善”设计出课程思政的主题。然后紧紧围绕“价值塑造、能力培养、知识传授”三位一体的课程建设目标，在课程内容中寻找相关的落脚点，通过案例、知识点等教学素材的设计运用，以润物细无声的方式将正确的价值追求有效地传递给读者。

本书的课程思政元素设计以“习近平新时代中国特色社会主义思想”为指导，运用可以培养大学生理想信念、价值取向、政治信仰、社会责任的题材与内容，全面提高大学生缘事析理、明辨是非的能力，把学生培养成为德才兼备、全面发展的人才。

每个思政元素的教学活动过程都包括内容导引、思考问题等环节。在课程思政教学过程，老师和学生共同参与其中，在课堂教学中教师可结合下表中的内容导引，针对相关的知识点或案例，引导学生进行思考或展开讨论。

页码	内容导引	思考问题	课程思政元素
002	CAD 技术的发展	1. 目前有哪些已经上市的国产 CAD 软件？ 2. 了解我国信息产业的发展历史以及《中国制造 2025》的战略目标。	产业报国 工业现代化
015	选择对象的方法	通过本节的学习，我们可以掌握多种选择对象的方法，这对我们学习 CAD 软件有什么启发？	格物致知 融会贯通 专业能力
028	图形的参数	1. 为什么在开始绘制前，我们需要对图形的参数进行设置？ 2. 思考这些设置对后续的绘图有什么样的影响？	专业素养 逻辑思维
033	GB/T 50001—2010《房屋建筑制图统一标准》	你知道的在专业学习过程中需要了解的国家规范有哪些？	专业能力 职业精神

续表

页码	内容导引	思考问题	课程思政元素
104	尺寸的标注	1. 施工图绘制错误可能会导致怎样的结果？ 2. 查询由于图纸绘制错误引发工程事故的案例。	安全意识 职业精神
149	在 Microsoft Word 或 Excel 软件中做好表格	1. 你会使用 Microsoft Office 等相关办公软件吗？ 2. 你自学过哪些软件？	专业能力 职业规划
215	结构施工图的绘制	搜集平法施工图（平面整体设计方法结构施工图）、装配式钢筋混凝土结构施工图、钢结构施工图等其他类型的结构施工图，并尝试对这些专业图纸进行识读和抄绘。	专业能力 专业素养
261	绘制三维模型	1. 除了 AutoCAD，还有那些可以进行建筑三维模型绘制的软件？ 2. 了解 BIM 技术。 3. BIM 技术对建筑产业信息化发展有什么重要意义？	产业升级 信息工业化

目录

第1章 AutoCAD 2006使用入门

教学目标

通过学习 AutoCAD 2006 的基础知识，了解 AutoCAD 2006 的用户界面。掌握命令的启动方法、观察图形的方法和选择对象的方法，为以后能够方便快捷地利用 AutoCAD 绘图打下坚实的基础。

教学要求

能力目标	相关知识	权重
了解 AutoCAD 2006 的用户界面	标题栏、菜单栏、工具栏、命令行、状态栏	10%
掌握命令的启动方法	通过图标、菜单、命令行启动及启动刚刚使用过的命令	25%
掌握观察图形的方法	平移、范围缩放、窗口缩放、前一视图、实时缩放、动态缩放、重画和重生成	30%
掌握选择对象的方法	拾取、窗选、交叉选、全选、栅选、快速选择及从选择集中剔除	35%

学习重点

要求借助 AutoCAD 软件自带的 Home–Space Planner 文件反复训练观察图形和选择对象的方法，并培养查看命令行的习惯。通过课堂学习和课后反复训练应具有控制鼠标和键盘的能力，并熟知各工具栏的名称。

1.1　CAD技术和AutoCAD软件

【CAD致命错误解决方法】

CAD 即计算机辅助设计 (Computer Aided Design)，是指发挥计算机的潜能，使其在各类工程设计中起辅助设计作用的技术总称，而不单指某个软件。CAD 技术一方面可以在工程设计中协助完成计算、分析、综合、优化和决策等工作；另一方面也可以协助工程技术人员绘制设计图纸，完成一些归纳和统计工作。

AutoCAD 软件是美国 Autodesk 公司推出的通用计算机辅助设计和绘图软件包，是当今世界上应用最为广泛的 CAD 软件。它集二维、三维交互绘图功能于一体，在工程设计领域的使用相当广泛，目前已成功应用到建筑、机械、服装、气象和地理等各个领域。自 1982 年 11 月的 AutoCAD V1.0 版本起，AutoCAD 一共经历了多次重要的版本升级，现在的最新版本为 AutoCAD 2016。

【CAD软件怎样彻底删除注册表】

AutoCAD V1.0 版本于 1982 年正式发行。最初的 AutoCAD 软件在功能和操作上都有很多不尽如人意的地方，因此它的出现并没有引起业界的广泛关注。然而，AutoCAD V1.0 的推出却标志着一个新生事物的诞生，是计算机辅助设计的一个新的里程碑。

AutoCAD 的发展可分为初级阶段、发展阶段、高级发展阶段、完善阶段和进一步完善阶段等五个阶段，各阶段版本的发行时间和大致特点见表 1–1。

表 1–1　AutoCAD 版本发展历程

发展阶段	版本	发行时间	特点
初级阶段	AutoCAD V(ersion)1.0	1982.11	正式出版，容量为一张 360KB 的软盘，无菜单，命令需要背，其执行方式类似 DOS 命令
	AutoCAD V1.2	1983.4	具备尺寸标注功能
	AutoCAD V1.3	1983.8	具备文字对齐及颜色定义功能，图形输出功能
	AutoCAD V1.4	1983.10	图形编辑功能加强
	AutoCAD V2.0	1984.10	图形绘制及编辑功能增加，如 MSLIDE VSLIDE DXFIN DXFOUT VIEW SCRIPT 等。至此，在美国许多工厂和学校都有 AutoCAD 拷贝
发展阶段	AutoCAD V2.17 – V2.18	1985.5	出现了 Screen Menu，命令不需要背，Autolisp 初具雏形，两张 360KB 软盘
	AutoCAD V2.5	1986.7	Autolisp 有了系统化语法，使用者可改进和推广，出现了第三开发商的新兴行业，载体为五张 360KB 软盘
	AutoCAD V2.6	1986.11	新增 3D 功能，AutoCAD 已成为美国高校的 inquired course
	AutoCAD R(Release)9.0	1988.2	出现了状态行下拉式菜单。至此，AutoCAD 开始在国外加密销售

续表

发展阶段	版本	发行时间	特点
高级发展阶段	AutoCAD R10.0	1988.10	进一步完善 R9.0，Autodesk 公司已成为千人企业
	AutoCAD R11.0	1990.8	增加了 AME(Advanced Modeling Extension)，但与 AutoCAD 分开销售
	AutoCAD R12.0	1992.8	采用 DOS 与 Windows 两种操作环境，出现了工具条
完善阶段	AutoCAD R13.0	1994.11	AME 纳入 AutoCAD 之中
	AutoCAD R14.0	1998.1	适应 Pentium 机型及 Windows95/NT 操作环境，实现与 Internet 网络连接，操作更方便，运行更快捷，无所不到的工具条，实现中文操作
	AutoCAD 2000 (AutoCAD R15.0)	1999.1	提供了更开放的二次开发环境，出现了 Vlisp 独立编程环境，同时，3D 绘图及编辑更方便
进一步完善阶段	AutoCAD 2002 (AutoCAD R15.6)	2001.6	在整体处理能力和网络功能方面，都比 AutoCAD 2000 有了极大的提高。整体处理能力提高了 30%，其中文档交换速度提高了 29%，显示速度提高了 39%，对象捕捉速度提高了 24%，属性修改速度则提高了 23%。AutoCAD 2002 还支持 Internet/Intranet 功能，可协助客户利用无缝衔接协同工作环境，提高工作效率和工作质量
	AutoCAD 2004 (AutoCAD R16.0)	2003.3	AutoCAD 2004，在速度、数据共享和软件管理方面有显著的改进和提高。在数据共享方面，AutoCAD 2004 采用改进的 DWF 文件格式——DWF6，支持在出版和查看中安全地进行共享；并通过参考变更的自动通知、在线内容获取、CAD 标准检查、数字签字检查等技术提供了方便、快捷、安全的数据共享环境。此外，AutoCAD 2004 与业界标准工具 SMS、Windows Advertising 等兼容，并提供免费的图档查看工具 Express Tools，在许可证管理、安装实施等方面都可以节省大量的时间和成本
	AutoCAD 2005 (AutoCAD R16.1)	2004.3	增加了新的绘图和编辑工具，使用图纸集管理器、增加了表格等工具
	AutoCAD 2006 (AutoCAD R16.2)	2005.3	增加了动态图块的操作功能，在数据输入和对象选择方面更简单；增强了图形注释功能，更有效地填充图案；进一步增强了绘图和编辑功能、自定义用户界面等
	AutoCAD 2007 (AutoCAD R17.0)	2006.3	将直观强大的概念设计和视觉工具结合在一起，促进了 2D 设计向 3D 设计的转换。同时它有强大的直观界面，可以轻松而快速地进行外观图形的创作和修改
	AutoCAD 2008 (AutoCAD R17.1)	2007.3	(1) 注释性对象：可以在各个布局视口和模型空间中自动缩放注释，可以为常用于注释图形的对象打开注释性特性等。 (2) 多重引线对象是一条线或样条曲线，其一端带有箭头，另一端带有多行文字对象或块。 (3) 字段：是包含说明的文字，这些说明用于显示可能会在图形生命周期中修改的数据。字段可以插入到任意种类的文字（公差除外）中。激活任意文字命令后，将在快捷菜单上显示“插入字段”。 (4) 动态块中定义了一些自定义特性，可用于在位调整块，而无需重新定义该块或插入另一个块。 (5) 表格对象可以把块属性提取为一个明细表格，并且可以实时更新，也可以将表格数据链接至 Microsoft Excel 中的数据

续表

发展阶段	版本	发行时间	特点
进一步完善阶段	AutoCAD 2009 (AutoCAD R17.2)	2008.3	(1) 图层对话框：新的图层对话框能够让图层特性的创建和编辑工作速度更快、错误更少。 (2) ViewCube 与 SteeringWheels 功能：ViewCube ™是一款交互式工具，能够用来旋转和调整任何 AutoCAD® 实体或曲面模型的方向。新的 SteeringWheels ™工具还提供对平移、中心与缩放命令的快速调用。SteeringWheels 是一项高度可定制的功能，您可以通过添加漫游命令来创建并录制模型漫游。 (3) 菜单浏览器：支持您浏览文件和缩略图，并可为您提供详细的尺寸和文件创建者信息。此外还可以按照名称、日期或标题来排列近期使用过的文件。 (4) 快速属性：可轻松定制的快速属性菜单通过减少访问属性信息的所需步骤，能够帮助确保信息针对特定用户与项目进行了优化，从而极大提升工作效率。 (5) Action Recorder（动作记录器）：您可以快速录制正在执行的任务，并添加文本信息和输入请求，之后即可快速选择和回放录制的文件。 (6) Ribbon（功能区）：Ribbon 能够通过减少获取命令所需的步骤，帮助您提高整体绘图效率。条状界面以简洁的形式显示命令选项，便于您根据任务迅速选择命令。 (7) 快速视图：快速视图功能支持用户使用缩略图而非文件名称，能够更快速地打开所需图形与布局，减少打开不必要的图形文件所耗费的时间
	AutoCAD 2010 (AutoCAD R18.0)	2009.3	AutoCAD 2010 版本继承了 AutoCAD 2009 版本的所有特性，新增动态输入、线性标注子形式、半径和直径标注子形式、引线标注等功能，并进一步改进和完善了块操作，比如块中实体可以如同普通对象一般参与修剪延伸、参与标注、参与局部放大功能中去等
	AutoCAD 2014 (AutoCAD R19.1)		命令行得到了增强，可以提供更智能、更高效的访问命令和系统变量。而且，你可以使用命令行来找到其他诸如阴影图案、可视化风格以及联网帮助等内容。命令行的颜色和透明度可以随意改变；自动更正功能，如果命令输入错误，不会再显示“未知命令”，而是会自动更正成最接近且有效的 AutoCAD 命令。自动完成功能，自动完成命令输入增强到支持中间字符搜索；自动适配建议功能，命令在最初建议列表中显示的顺序使用基于通用客户的数据。当你继续使用 AutoCAD，命令的建议列表顺序将适应你自己的使用习惯。命令使用数据存储在配置文件并自动适应每个用户。同义词建议功能，在命令行中输入一个词，如果在同义词列表中找到匹配的命令，它将返回该命令。互联网搜索功能，在建议列表中快速搜索命令或系统变量的更多信息。移动光标到列表中的命令或系统变量上，并选择帮助或网络图标来搜索相关信息。AutoCAD 自动返回当前词的互联网搜索结果；使用命令行访问图层、图块、阴影图案 / 渐变、文字样式、尺寸样式和可视样式；右键点击命令行时，可以通过输入设置菜单中的控件来自定义命令行动作。除了前面的选项来启用自动完成和搜索系统变量外，还可以启用自动更正，搜索内容和字符搜索。所有这些选项是默认打开。另一个右键点击选项提供了访问新的输入搜索选项对话框

【怎么安装好32位的CAD2010】

【CAD2012如何安装64位的】

续表

发展阶段	版本	发行时间	特点
	AutoCAD 2016 (AutoCAD R21.1)		计算机辅助设计软件 AutoCAD 2016 是迄今为止最先进的版本，能使用户以更快的速度、更高的准确性制作出具有丰富视觉精准度的设计详图和文档。AutoCAD 2016 版中包含了多项可加速 2D 与 3D 设计、创建文件和协同工作流程的新特性，并能为创作任何形状提供丰富的屏幕体验。此外，使用者还能方便地使用 TrustedDWG 技术与他人分享作品，储存和交换设计资料。 AutoCAD 2016 能加速细节设计与文件创建工作，视觉增强功能可将设计每个层面的深度与清晰度提升到新的境界。增强的 PDF 输出以及与建筑信息模型化（BIM）直接按可以更加紧密协作，有效提高效率。 AutoCAD 2016 绘图环境的改善能大幅提升屏幕显示的视觉准确度。增强的可读性与细节能以更平滑的曲线和圆弧来取代锯齿状线条。2016 版套件所提供的互联桌面和云端体验，用户可以超前掌控“设计到制造”全过程

AutoCAD 是我国建筑设计领域最早接受的 CAD 软件，几乎成为默认的设计软件，主要用于绘制二维建筑图形。由于 AutoCAD 具有易学易用、功能完善、结构开放等特点，因此它已经成为目前最流行的计算机辅助设计软件之一，特别是在建筑设计领域，它极大地提高了建筑设计的质量和工作效率，已经成为工程设计人员不可缺少而且必须掌握的技术工具。本书以经典版本 AutoCAD 2006 讲解建筑制图教程。

AutoCAD 2006 是在对以前的版本继承和创新的基础上开发出来的，由于其具有轻松的设计环境，强大的图形组织、绘制和编辑功能以及完整的结构体系，使得 AutoCAD 2006 使用起来更加方便。为了能够使读者系统地掌握 AutoCAD 2006 并为后面的学习打下良好的基础，下面先来学习 AutoCAD 2006 的入门知识。

1.2 AutoCAD 2006的用户界面

AutoCAD 2006 的用户界面是 Windows 系统的标准工作界面，包括标题栏、菜单栏、工具栏、命令行、状态栏等元素，如图 1.1 所示。

1. 标题栏

AutoCAD 2006 的标题栏是 AutoCAD 2006 应用窗口最上方的蓝色条，用于显示软件的名称和当前操作的图形名称。

2. 菜单栏

AutoCAD 2006 的菜单栏是 Windows 应用程序标准的菜单栏形式，包括【文件】、【编辑】、【视图】、【插入】、【格式】、【工具】、【绘图】、【标注】、【修改】、【Express】（增强工具）、【窗口】和【帮助】这 12 项菜单。

【CAD工作界面】

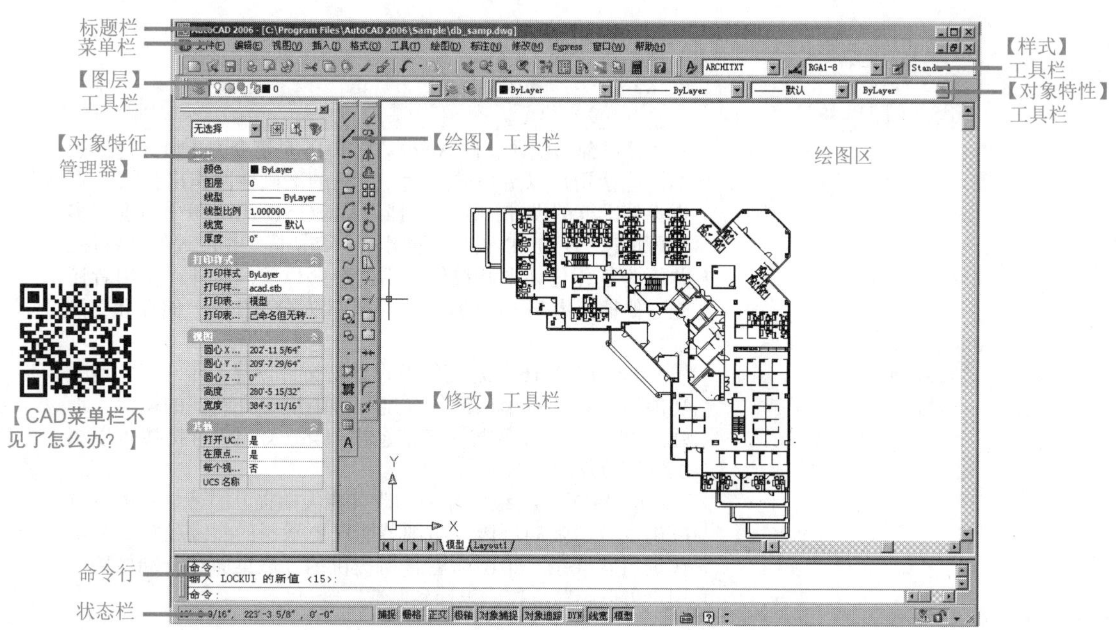

图 1.1　AutoCAD 2006 的用户界面

【CAD菜单栏不见了怎么办？】

3. 工具栏

工具栏包含的图标代表用于启动命令的工具按钮，这种形象又直观的图标形式，能方便初学者记住复杂繁多的命令。通过单击工具栏上相应的图标启动命令是初学者常用的方法之一。

一般情况下，AutoCAD 2006 的用户界面显示的工具栏有【标准】工具栏、【绘图】工具栏、【修改】工具栏、【图层】工具栏等。用户可以对工具栏做如下操作。

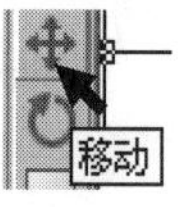

图 1.2　工具栏图标光标的提示

1) 工具栏图标的光标提示

当想知道工具栏上某个图标的作用时，可以将光标移到这个图标上，此时会出现光标提示，显示出该图标的名称，如图 1.2 所示。

2) 嵌套式按钮

有些工具图标旁边带有黑色小三角符号，表示它是由一系列相关命令组成的嵌套式按钮，将光标指向该按钮并按住鼠标左键，便可展开该按钮组，如图 1.3 所示。在嵌套式按钮中，通常把刚刚使用过的按钮放在最上面。

3) 显示、关闭及锁定、解锁工具栏

(1) 显示工具栏：将光标指向屏幕上任意一个工具栏的图标并单击鼠标右键（右击），将弹出工具选项菜单。注意，在工具选项菜单中带“√”的都是目前已显示的工具栏，选择所需的工具栏，即可显示该工具栏，如图 1.4 所示。

(2) 关闭工具栏：将屏幕上已经存在的工具栏拖到绘图区域的任意位置，使其变成浮动状态后，单击工具栏右上角的“关闭”按钮×即可关闭该工具栏，如图 1.5 所示。

(3) 锁定、解锁工具栏：锁定、解锁工具栏有以下两种方法。

① 将光标指向状态栏右侧的“锁定”图标并右击，将显示工具栏和窗口的控制菜单，选择【固定的工具栏】选项可以将屏幕所显示的全部工具栏锁定或开锁。当工具栏被锁定时，只有解锁后才能够将工具栏关闭，这样可以避免初学者由于鼠标操作不熟练而经常将工具栏弄丢的现象，如图 1.6 所示。

② 执行菜单栏中的【窗口】|【锁定位置】命令，也可以进行工具栏的锁定、解锁操作，如图 1.7 所示。

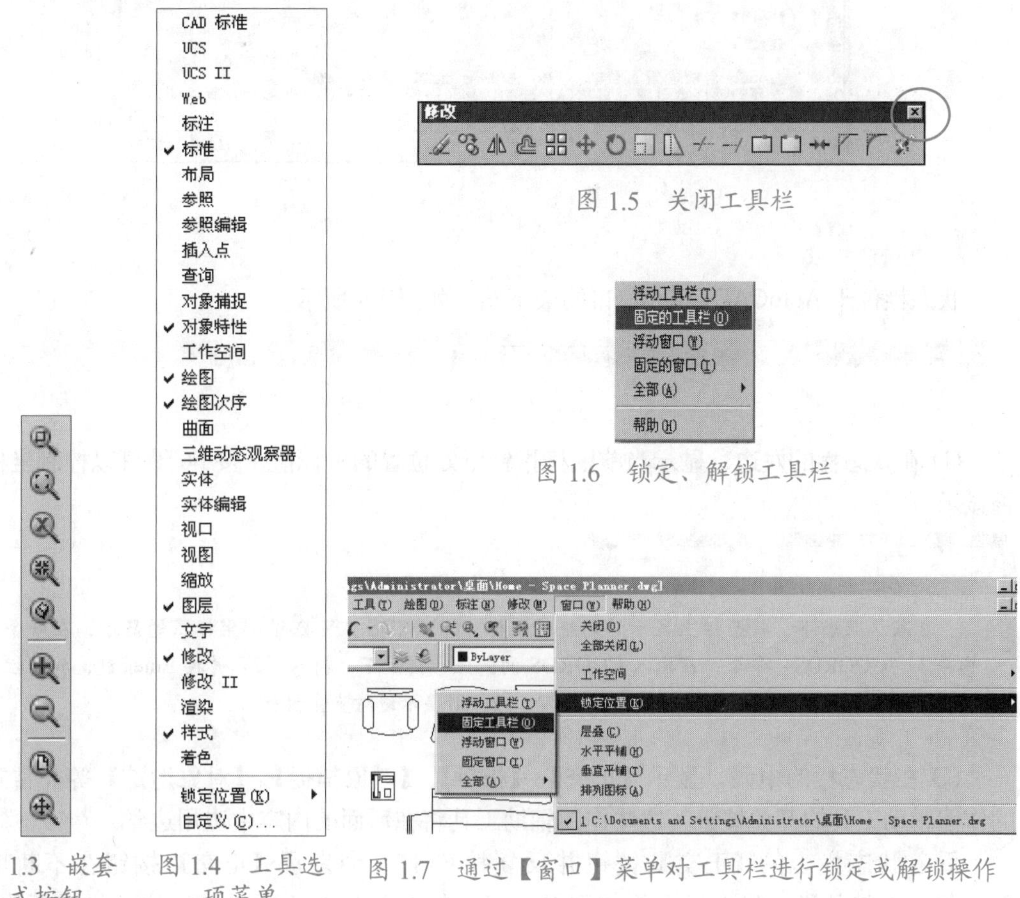

图 1.3　嵌套式按钮　图 1.4　工具选项菜单　图 1.5　关闭工具栏　图 1.6　锁定、解锁工具栏　图 1.7　通过【窗口】菜单对工具栏进行锁定或解锁操作

4. 命令行

命令行是绘图窗口下端的文本窗口，它的作用主要有两个：一是显示命令的步骤，它像指挥官一样指挥用户下一步该干什么，所以在刚开始学习 AutoCAD 时，就要养成看命令行的习惯；二是可以通过命令行的滚动条查询命令的历史记录。

特别提示

标准的绘图姿势为，左手放在键盘上，右手放在鼠标上，眼睛不断地看命令行。

按 F2 键可将命令文本窗口激活 (图 1.8)，可以帮助用户查找更多的信息，更方便查询命令的历史记录。再次按 F2 键，命令文本窗口即可消失。

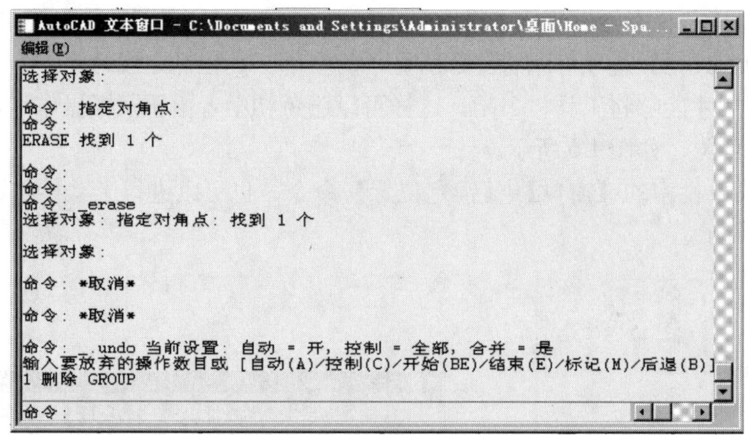

图 1.8　命令文本窗口

5. 状态栏

状态栏位于 AutoCAD 2006 窗口的最下端，如图 1.9 所示。

56566.9579, 10275.7770, 0.0000　捕捉　栅格　正交　极轴　对象捕捉　对象追踪　DYN　线宽　模型

图 1.9　状态栏

(1) 在状态栏的左边，显示当前鼠标指针所处位置的坐标值，按 F6 键可以控制坐标是否显示。

特别提示

在默认状态下，状态栏上显示的是绝对坐标。COORDS 值可以控制坐标系的显示，在命令行内输入“COORDS”命令，在输入 COORDS 的新值：提示下，输入“2”并按 Enter 键，状态栏上将显示极坐标；输入“0”将关闭坐标；输入“1”则显示绝对直角坐标。

(2) 在状态栏的中间，显示【正交】、【极轴】、【对象捕捉】、【对象追踪】等非常重要的作图辅助工具的开关按钮，这些作图辅助工具将在后面的内容中边用边学。

看着状态栏上的【正交】按钮并反复按 F8 键，会发现【正交】按钮在不断地起伏变化。也就是说，状态栏上的作图辅助工具的开关状态还可以通过快捷键进行操作，F1 ～ F12 快捷键的作用见表 1–2。

表 1–2　F1 ～ F12 快捷键作用

快　捷　键	作　　用	快　捷　键	作　　用
F1	打开 AutoCAD 的帮助窗口	F7	栅格开关
F2	文本窗口开关	F8	正交开关
F3	对象捕捉开关	F9	捕捉开关
F4	数字化仪开关	F10	极轴开关
F5	等轴测平面开关	F11	对象捕捉追踪开关
F6	坐标开关	F12	动态输入开关

特别提示

状态栏上的【正交】等作图辅助工具开关按钮凹进去为打开状态，凸出来则为关闭状态，就像室内墙壁上安装的电灯开关一样，按一下打开，再按一下则关闭。

1.3 命令的启动方法

下面以绘制矩形为例介绍命令的启动方法。

(1) 单击工具栏上的图标启动命令。

这是最常用的一种方法，绘制矩形时，单击【绘图】工具栏上的▭图标即可启动【矩形】命令。

(2) 通过菜单启动命令。

选择菜单栏中的【绘图】|【矩形】命令来启动绘制矩形命令。

(3) 在命令行输入快捷启动命令。

在命令行输入“REC”后按 Enter 键即可启动绘制矩形命令。常用命令的快捷键见附录 1。

操作技巧

- 在命令行输入快捷命令时应启用英中文输入法，输入的英文字母不区分大小写。除了在文字输入状态下，一般情况下按空格键与按 Enter 键的作用相同，按 Esc 键可中断正在执行的命令。

(4) 启动刚刚使用过的命令的方法。

① 在绘图区内右击，通过快捷菜单来启动刚刚使用过的命令，如图 1.10 所示。

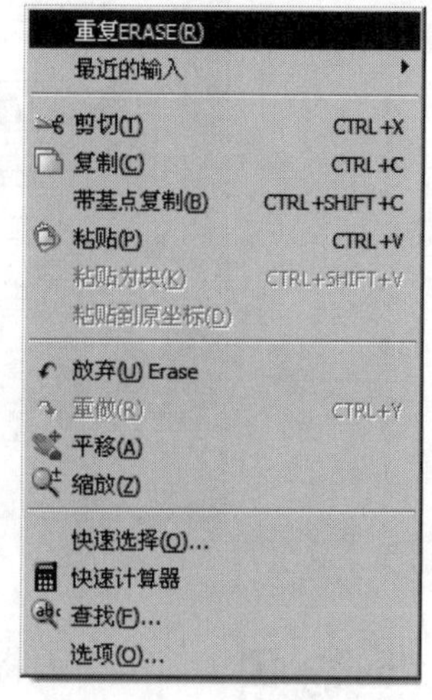

图 1.10 通过快捷菜单启动刚刚使用过的命令

特别提示

在 AutoCAD 2006 中右击是非常有意义的操作。AutoCAD 对用户右键的定义是“当你不知道如何进行下一步操作时，请单击鼠标右键，它会帮助你。”

② 在命令行为空的状态下，按 Enter 键或空格键会自动重复执行刚刚使用过的命令。例如，如果刚才执行过绘制矩形命令，按 Enter 键则会重复执行该命令。

1.4　观察图形的方法

在绘制图形的过程中经常会用到视图的缩放、平移等控制图形显示的操作，以便更方便、更准确地绘制图形。AutoCAD 2006 提供了很多观察图形的方法，这里只介绍最常用的几种。如软件安装在 C 盘的 Program Files 文件夹内，打开 C：\Program Files\AutoCAD 2006 \Sample\DesignCenter 文件夹中的 Home–Space Planner 文件，如图 1.11 所示。观察屏幕最下端的状态栏，可看到该文件【栅格】按钮呈凹入(即打开)状态，单击【栅格】按钮，关闭【栅格】功能。

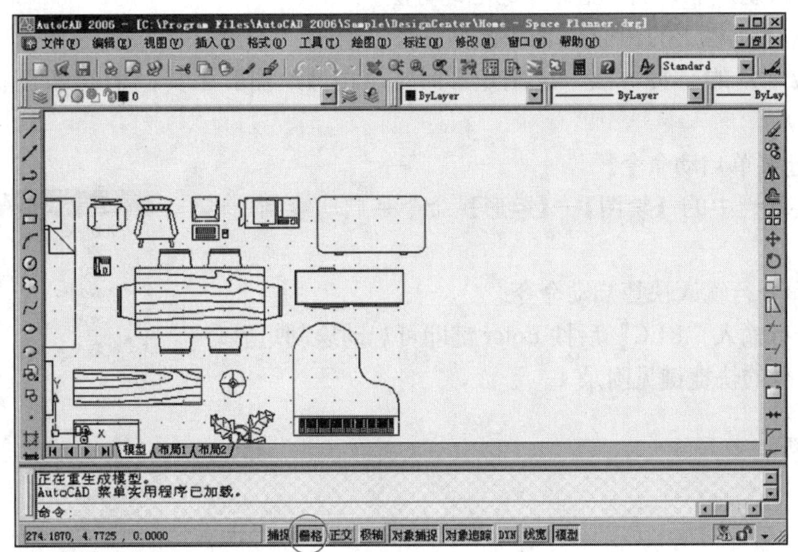

图 1.11　Home–Space Planner 文件

【观察图形的方法】

下面将借助 Home–Space Planner 来学习观察图形的方法。

1．平移

使用【实时平移】命令相当于用手将桌子上的图纸上下左右来回挪动。

学习对 Home–Space Planner 进行平移：单击标准工具栏上的【实时平移】图标或在命令行输入“P”后按 Enter 键，这时光标变成“手”的形状，按住鼠标左键并拖动光标即可上下左右随意挪动视图。

2．范围缩放

使用【范围缩放】命令可以将图形文件中所有的图形居中并占满整个屏幕。

学习对 Home–Space Planner 进行范围缩放：前面将视图用【实时平移】命令做了上下左右随意挪动，这时可以在命令行输入“Z”后按 Enter 键，然后输入“E”后按 Enter 键，或者单击标准工具栏上嵌套式按钮中的【范围缩放】图标，如图 1.12 所示，即可执行【范围缩放】命令，此时会发现刚才被移动的图形居中并占满整个屏幕。

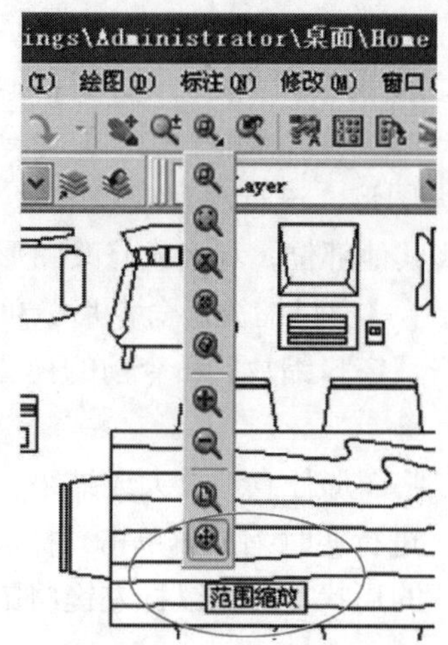

图 1.12 嵌套式按钮中的【范围缩放】图标

> **特别提示**
>
> 【范围缩放】命令会执行重生成操作，所以对于大型的图形文件，此操作所需时间较长。对于无限长的射线和构造线来说，【范围缩放】命令不起作用。

3. 窗口缩放

使用【窗口缩放】命令放大局部图形是很常用的操作。

学习对 Home–Space Planner 进行窗口缩放：前面对图形执行了【范围缩放】命令，单击标准工具栏上的【窗口缩放】图标或在命令行输入“Z”后按 Enter 键，再输入“W”后按 Enter 键。然后在如图 1.13 所示的 A 处单击，将光标向右下角拖动并移至 B 处单击，则窗口所包含的图形居中并占满整个屏幕。窗口缩放的对象窗口是由任意一个角点拉向它的对角点形成的。

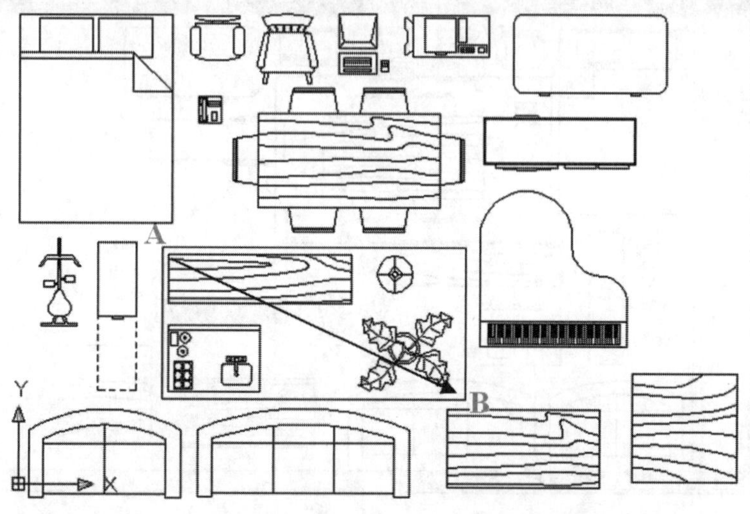

图 1.13 窗口缩放的对象窗口

4. 前一视图

使用【前一视图】命令可以使视图回到上一次的视图显示状态，AutoCAD 最多能恢复此前的 10 个视图。当图形相对复杂时，【前一视图】命令经常和【窗口缩放】命令配合使用，用【窗口缩放】命令放大图形，进行观察或修改后，通过【前一视图】命令返回。然后再用【窗口缩放】命令放大其他部位，观察或修改图形后再返回。

学习【前一视图】：在执行了【窗口缩放】命令后，单击【标准】工具栏上的【前一视图】图标，就会返回到执行【窗口缩放】命令前的视图。

5. 实时缩放

使用【实时缩放】命令可以将图形任意地放大或缩小。

学习对 Home–Space Planner 进行实时缩放：单击【标准】工具栏上的【实时缩放】图标，这时光标变成“放大镜”的形状，按住鼠标左键将鼠标向前推则图形变大，向后拉则图形变小。

操作技巧

- 按住鼠标的中键，光标会变成“手”的形状，可执行【平移】命令；上下滚动鼠标的滚轮则执行【实时缩放】命令；双击滚轴则执行【范围缩放】命令。

6. 动态缩放

执行【动态缩放】命令后，视图中显示出的蓝色虚线框标注的是图形的范围，当前视图所占的区域用绿色的虚线显示，实线黑框是视图控制框，可通过改变视图控制框的大小和位置来实现移动和缩放图形。

下面来学习对 Home–Space Planner 进行动态缩放。

(1) 在命令行输入“Z”后按 Enter 键，然后输入“D”后按 Enter 键，启动【动态缩放】命令，此时显示如图 1.14 所示的蓝色的图形范围、绿色的当前视图所占的区域和黑色的视图控制框。在屏幕上移动光标，黑色的视图控制框会随着光标的移动而移动。

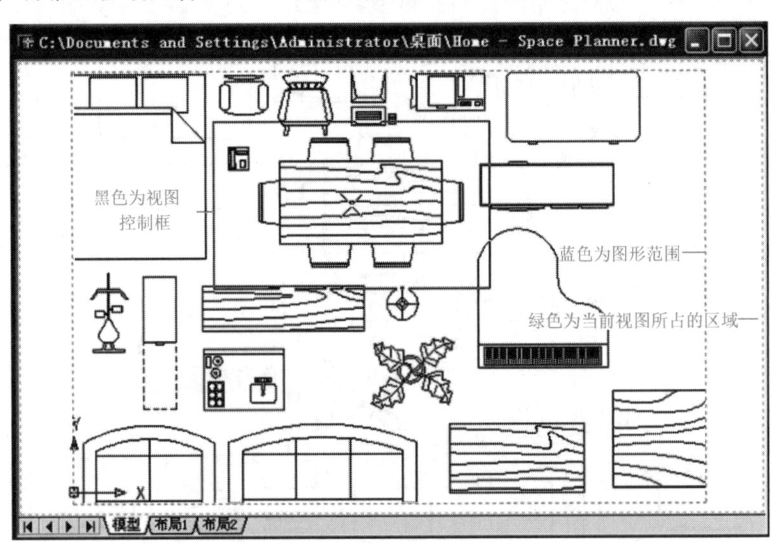

图 1.14 动态缩放的显示

(2) 单击，视图控制框中的“×”变成一个箭头，移动鼠标可以改变视图控制框的大小，如图 1.15 所示。

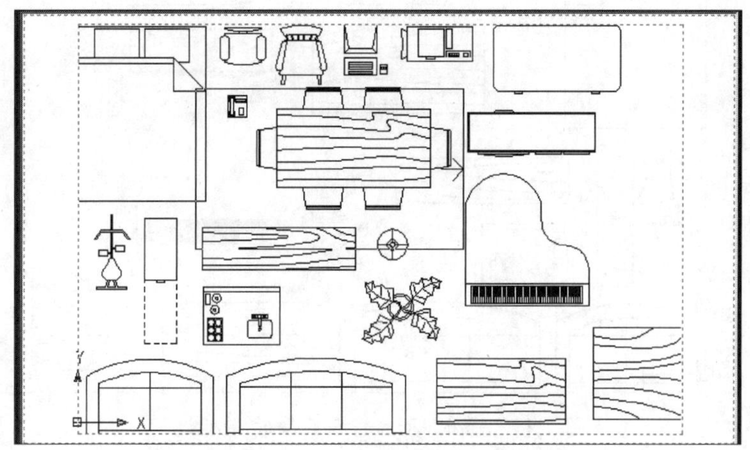

图 1.15 改变视图控制框的大小

(3) 调整视图控制框的大小后，将其放到将要观察的区域 (见图 1.16，将视图控制框放到“餐桌”位置)，按 Enter 键，则视图控制框所框定的区域占满整个屏幕。

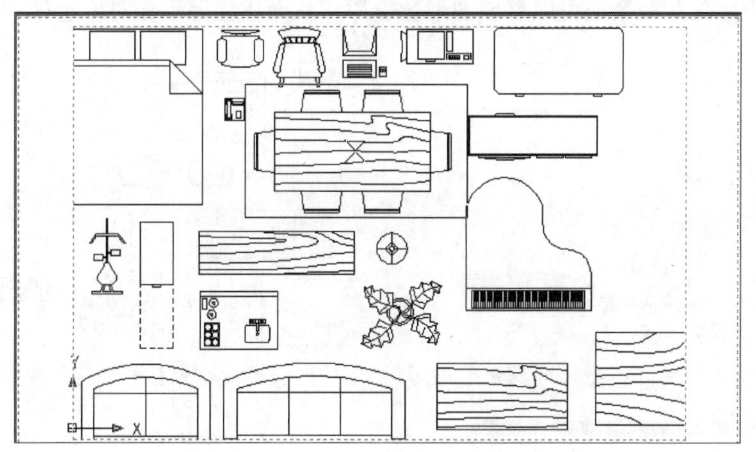

图 1.16 将视图控制框放到“餐桌”位置

7. 重画和重生成

(1) 重画：将系统变量 BlipMode 设置为 ON，在选择对象、绘制图形或者编辑图形时，会在绘图区域出现临时标记光标点位的小“十”字叉符号 (图 1.17)，这些符号被称为点标记。这些点标记会帮助用户在绘图区域中定位，但也会使绘图区域显得非常零乱。这时可以使用【重画】命令刷新绘图区域，清除点标记。

【如何设置十字光标】

特别提示

在默认状态下，AutoCAD 2006 把系统变量 BlipMode 设置为 OFF，在选择对象或者绘制图形的过程中不会出现点标记，这样绘图区域就显得比较整洁。

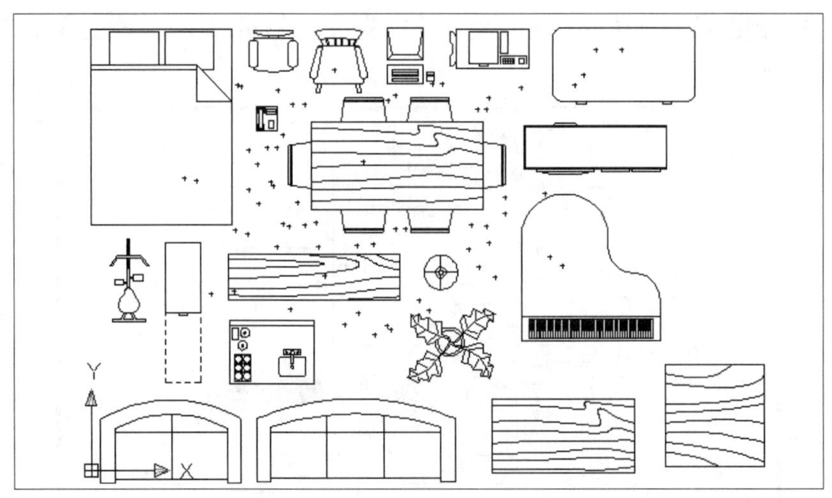

图 1.17　临时标记光标点位的点标记

(2) 重生成：绘图进行一段时间后，绘图区域的某些弧线和曲线会以折线的形式显示，如图 1.18 所示，这时就需要执行菜单栏中的【视图】|【重生成】或【视图】|【全部重生成】命令重新生成图形，并重新计算所有对象的屏幕坐标，使弧线和曲线变得光滑，如图 1.19 所示。同时，【重生成】命令还可以整理图形数据库，从而优化显示和对象选择的性能。

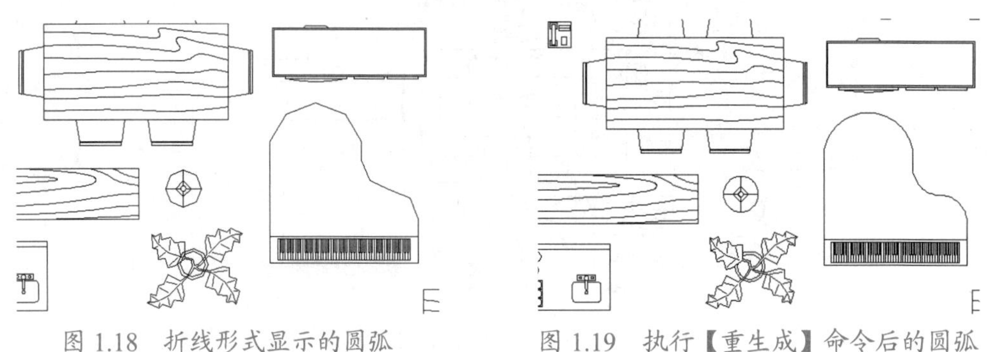

图 1.18　折线形式显示的圆弧　　　图 1.19　执行【重生成】命令后的圆弧

特别提示

当使用物理打印机打印图形时，在屏幕上看到的图形是什么样，打印出来的就是什么样，也就是所见即所得。所以，如果看到屏幕上图形的弧线和曲线以折线的形式显示，最好先执行【重生成】命令，再进行打印。

除了上面所介绍的观察图形的方法外，AutoCAD 还提供了全部缩放、中心缩放、比例缩放、放大一倍、缩小一倍、鸟瞰视图等其他观察图形的方法。

特别提示

利用观察图形命令去观察图形，图形变大或缩小并不是将图形的尺寸变大或缩小了，而是类似于近大远小的原理，图形变大是将图纸移得离眼睛近了，图形变小则是将图纸移得离眼睛远了。

1.5 选择对象的方法

使用 AutoCAD 绘图，经常需要对图形进行编辑修改，如复制、移动、旋转、修剪等，这时就需要选择图形以确定要编辑的对象，这些被选中的对象被称为选择集。

AutoCAD 提供了许多选择对象的方法，这里借助 Home–Space Planner 文件和【删除】命令来介绍常用的选择对象的方法。

打开“C：\Program Files\AutoCAD 2006\Sample\DesignCenter”文件夹中的 Home–Space Planner 文件。

1. 拾取

拾取是用小方块形状的光标分别单击要选择的对象。

(1) 调整视图：在命令行输入“Z”后按 Enter 键，然后输入“E”后按 Enter 键，或者单击【标准】工具栏上嵌套式按钮中的【范围缩放】图标，执行【范围缩放】命令，使图形居中并占满整个屏幕。

(2) 单击【修改】工具栏上的【删除】图标或在命令行内输入“E”并按 Enter 键，即可启动【删除】命令。

(3) 此时绘图区的光标变成一个小方块，查看命令行，在选择对象：提示下，将光标移到“钢琴”上并单击，“钢琴”即被选中并呈虚线显示 (见图 1.20)，按 Enter 键结束命令后“钢琴”即被删除。

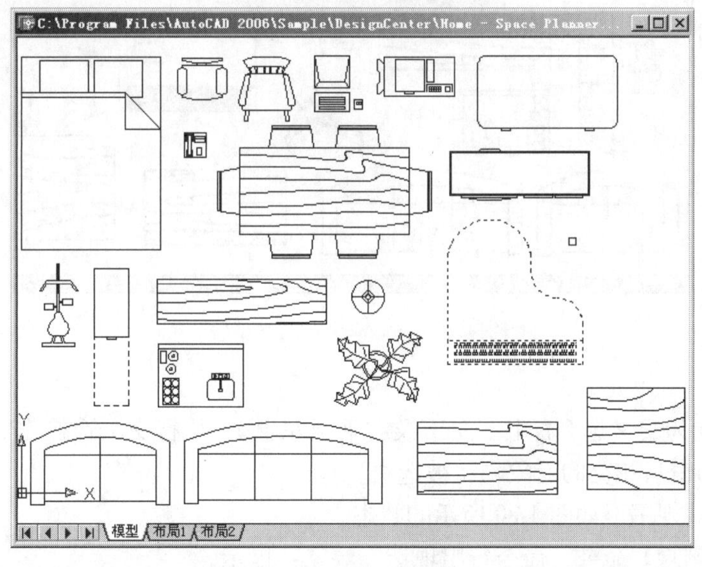

图 1.20 删除“钢琴”

(4) 按 Ctrl+Z 快捷键或者单击【标准】工具栏上的图标，执行【放弃】命令。Ctrl+Z 快捷键相当于“后悔药”，前面删除了“钢琴”，按 Ctrl+Z 快捷键后被删除的“钢

琴”又恢复显示。

特别提示

被选中的对象呈虚线显示（这些对象将被擦除），未被选中的对象呈实线显示（这些对象将被保留）。

2. 窗选

从左向右选为窗选（左上至右下或左下至右上），执行窗选操作后，包含在窗口内的对象被选中，与窗口相交的对象则不被选中。

(1) 仍然将视图调整至如图 1.20 所示的状态。

(2) 启动【删除】命令，请查看命令行。

(3) 在选择对象：提示下，从左下 C 点至右上 D 点拖动窗口，如图 1.21 所示。“餐桌”含在窗口内，将会被选中，“钢琴”和“沙发”等与窗口相交，则不会被选中，按 Enter 键后被选中的对象即被删除。

(4) 按 Ctrl+Z 快捷键执行【放弃】命令。

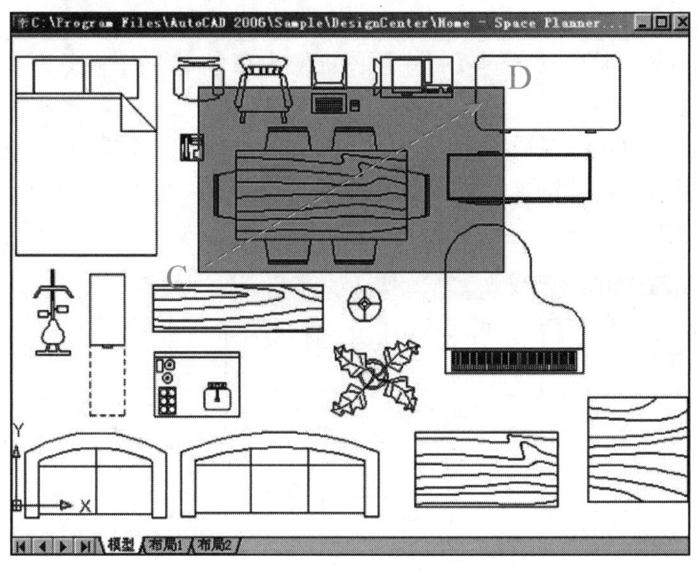

图 1.21　从左向右选为窗选

3. 交叉选

从右向左选为交叉选（右上至左下或右下至左上），执行交叉选操作后，包含在窗口内的对象以及与窗口相交的对象均将被选中。

(1) 仍然调整视图至如图 1.20 所示的状态。

(2) 启动【删除】命令，命令行出现选择对象：提示。

(3) 如图 1.22 所示，从右上至左下拖动窗口。“钢琴”和“沙发”等与窗口相交，“餐桌”含在窗口内，它们均将被选中。按 Enter 键后被选中的对象即被删除。

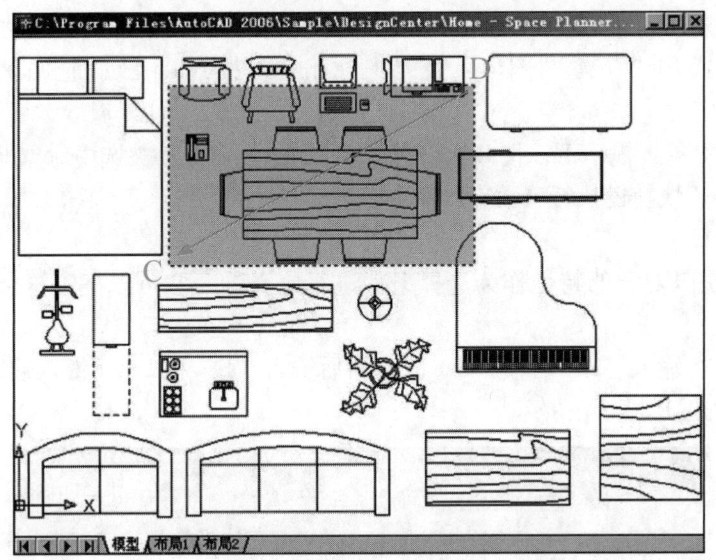

图 1.22　从右向左选为交叉选

(4) 按 Ctrl+Z 快捷键返回。值得注意的是，窗选拖出的是蓝色透明窗口，且窗口轮廓线为实线；交叉选拖出的是绿色透明窗口，且窗口轮廓线为虚线。

4. 全选

执行菜单栏中的【编辑】|【全部选择】命令，所有图形对象均将被选中。

(1) 在命令行输入“Z”后按 Enter 键，然后输入“E”后按 Enter 键，启动【范围缩放】命令，所有的图形居中占满整个屏幕。

(2) 在命令行内输入“E”后按 Enter 键，启动【删除】命令。

(3) 在选择对象：提示下，输入“ALL”后按 Enter 键。此时，所有图形对象均呈虚线显示 (被选中)。

(4) 在选择对象：提示下，按 Enter 键结束【删除】命令，所有被选中的对象均被删除。

(5) 按 Ctrl+Z 快捷键执行【放弃】命令。

特别提示

使用【全部选择】命令选择对象时，不仅能选择当前视图中的对象，视图以外看不到的对象也能被选中。【全部选择】命令不能选择被冻结的和锁定图层上的对象，但能选择被关闭图层上的对象。

5. 栅选

想一想家庭小院前的栅栏，大家会理解栅选是“线”的概念。栅选是在绘图区域拖动出虚线，虚线和谁相交，谁将被选中。

(1) 视图和图 1.20 相同。

(2) 在命令行内输入“E”后按 Enter 键，启动【删除】命令。

(3) 在选择对象：提示下，输入“F”(Fence) 后按 Enter 键。

(4) 在指定第一个栏选点：提示下，在 A、B、C 处依次单击后，拖动出如图 1.23 所示的虚线，虚线和“方桌”“钢琴”及“花”相交，按 Enter 键后它们呈虚线显示(被选中)。

(5) 在选择对象：提示下，按 Enter 键结束【删除】命令，被选中对象即被删除。

(6) 按 Ctrl+Z 快捷键执行【放弃】命令。

6. 快速选择

快速选择是以对象的特性作为选择条件进行定义的，它可以把不符合条件的对象过滤掉。

(1) 在命令行输入“Z”后按 Enter 键，然后输入“E”按 Enter 键，启动【范围缩放】命令，将所有的图形显示在屏幕上。

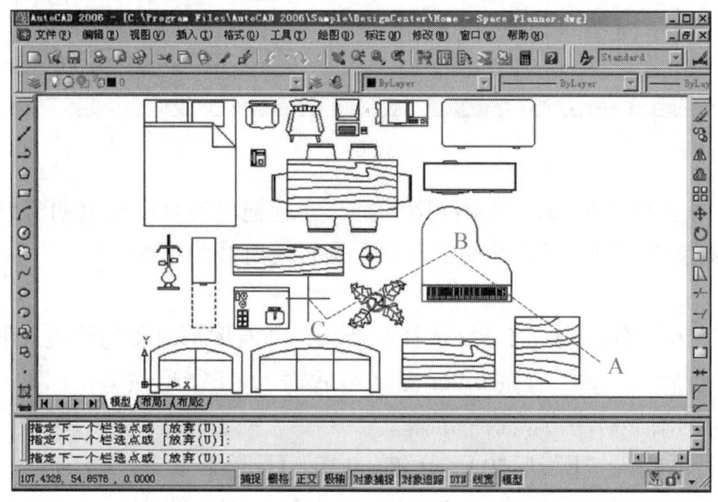

图 1.23 栅选

(2) 执行菜单栏中的【工具】|【快速选择】命令，打开【快速选择】对话框。

(3) 如图 1.24 所示，在【特性】列表框中选中【图层】选项，指定将要按照图层选择对象。

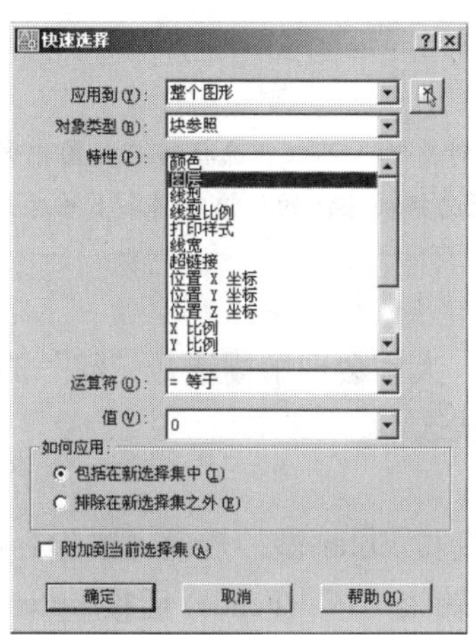

图 1.24 设置【快速选择】对话框

(4) 在【运算符】下拉列表中选中【=等于】选项。

(5) 在【值】下拉列表中选中【0】选项，指定将要选择【0】图层上的对象。

(6) 点选【包括在新选择集中】单选按钮，指定只选择【0】图层上的对象；如果点选【排除在新选择集之外】单选按钮，则指定除图层上的对象外，其他图层上的对象均将被选中。

(7) 单击【确定】按钮关闭对话框，所有的【0】图层上的图形均被选中，如图 1.25 所示。

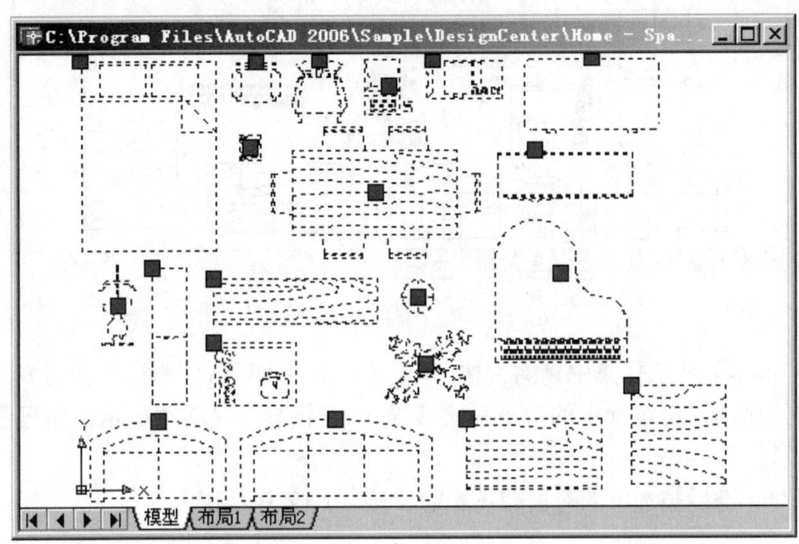

图 1.25 用【快速选择】对话框选择【家具】图层上的图形

7. 循环选择

用户可以利用【循环选择】命令来选择彼此接近或重叠的对象，观察图 1.26 内的 AB 和 CD 线的关系，可知两条线处于重合状态，下面利用该图来学习循环选择命令。

(1) 在命令行内输入“E”后按 Enter 键，启动【删除】命令。

(2) 在选择对象：提示下，按住 Ctrl 键并反复单击 AB 和 CD 线重合的部位，会发现 AB 和 CD 线轮流亮显，处于亮显状态的图形就是被选中的对象，按 Esc 键可以关闭循环。

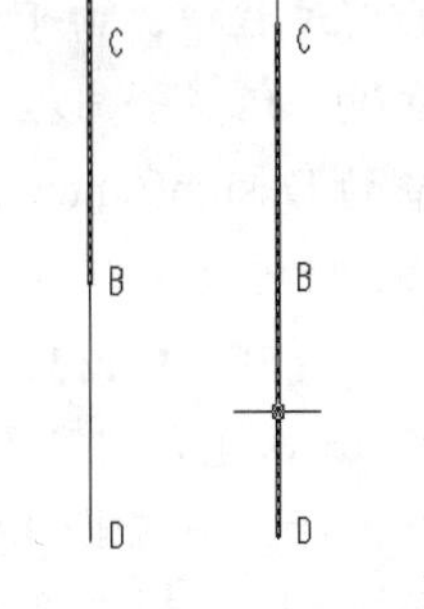

图 1.26 AB 线和 CD 线的关系

8. 从选择集中剔除

在编辑图形时，难免会选错对象，即将不该选择的对象选入选择集，这时可以使用【从选择集中剔除】命令将不该选择的图形对象从选择集中移出。

(1) 启动【删除】命令，命令行出现选择对象：提示，用前面学的选择对象的方法选中“床”“钢琴”及“花”等对象，如图 1.27 所示。

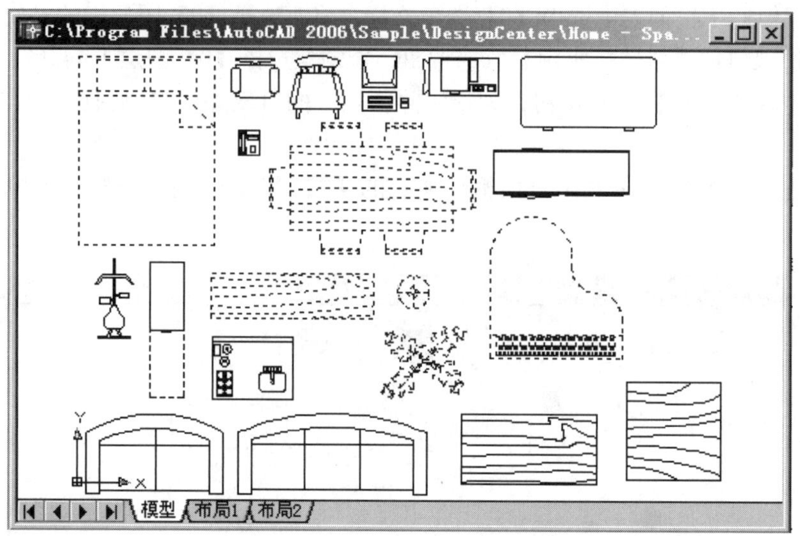

图 1.27　选择“家具”

(2) 将“钢琴”从选择集中剔除：按 Shift 键单击“钢琴”，“钢琴”由虚变实。被选中的对象呈虚线显示，没被选中的对象呈实线显示，“钢琴”呈实线显示说明已经将其从选择集中移出了。

(3) 按 Enter 键后被选中的对象即被删除，按 Ctrl+Z 快捷键返回。

本章小结

本章内容是 AutoCAD 最基本的知识和技巧。首先讲解了 AutoCAD 2006 用户界面的组成及工具栏、菜单栏、状态栏的基本使用方法，然后介绍了启动命令的方法等。为便于以后的学习，要求读者熟悉图 1.1 中所标出的工具栏、菜单栏、状态栏等的名称。

在绘图过程中，由于屏幕尺寸的限制，图形当前的显示可能不符合绘图需要，所以在本章还介绍了如何控制图形的显示状态。为了便于大家学习，本章使用 AutoCAD 软件自带的 DesignCenter 文件夹内的 Home–Space Planner 文件，讲解了控制图形的显示的方法，经过反复练习，读者必须掌握【平移】、【范围缩放】、【窗口缩放】、【实时缩放】及【前一视图】5 种基本的控制图形显示状态的方法。

同时，本章还介绍了 7 种常用的选择图形的方法，这些选择方法分别有各自的特点，在选择对象时，应根据具体情况灵活应用和组合这些选择方法，以求快速准确地得到所需要的选择集。这 7 种选择图形的方法是编辑图形的基础，应该熟练掌握。

本章还穿插介绍了启动命令的方法、删除和恢复命令，应在理解的基础上掌握这些命令。

上机指导

上机操作一：AutoCAD 2006 的启动与退出

【操作目的】

掌握 AutoCAD 2006 的启动与退出。

【操作内容】

1．启动

(1) 使用【开始】菜单启动 AutoCAD 2006。

执行【开始】|【程序】|【AutoCAD 2006】|【AutoCAD 2006 中文版】命令。

(2) 使用快捷方式启动 AutoCAD 2006。

在桌面上双击 AutoCAD 2006 快捷图标。

2．退出

(1) 执行【文件】|【退出】命令，退出 AutoCAD 2006。

(2) 在命令行中输入“QUIT”，然后按 Enter 键，退出 AutoCAD 2006。

(3) 单击主界面右上角的【关闭】按钮，退出 AutoCAD 2006。

上机操作二：工具条的设置

【操作目的】

练习添加、删除工具栏。

【操作内容】

(1) 将屏幕上的【绘图】工具栏拖到绘图区域任意位置，使其变成浮动工具栏。

(2) 单击【绘图】工具栏右上角的“关闭”按钮，关闭该工具栏。

(3) 右击界面上任意工具栏，弹出工具选项菜单。

(4) 选择工具选项菜单上的【绘图】命令，弹出【绘图】工具栏。

(5) 将其【绘图】工具栏拖到原来位置。

上机操作三：练习观察图形方法

【操作目的】

练习观察图形的方法。

【操作内容】

(1) 打开 C：\Program Files\AutoCAD 2006\Sample\DesignCenter 文件夹中的 House-Designer 文件。

(2) 使用【平移】、【实时缩放】、【窗口缩放】、【前一视图】及【范围缩放】等命令缩放图形。

上机操作四：练习选择对象的方法

【操作目的】

练习选择对象的方法。

【操作内容】

(1) 打开 C：\Program Files\AutoCAD 2006\Sample\DesignCenter 文件夹中的 House–Designer 文件。

(2) 使用【窗选】【交叉选】【拾取】【栅选】【快速选择】及【全部选择】等命令选择图形。

习　题

一、单选题

1．嵌套式按钮是由一系列相关命令组成的按钮组，在嵌套式按钮中，通常把(　　)按钮放在最上面。

A．最常用的　　B．刚刚使用过的　　C．过去使用过的

2．【正交】命令的快捷键为(　　)。

A．F2　　B．F9　　C．F8

3．【对象捕捉】命令的快捷键为(　　)。

A．F3　　B．F8　　C．F2

4．【文本窗口】命令的快捷键为(　　)。

A．F4　　B．F5　　C．F2

5．一般情况下按空格键与按 Enter 键的作用(　　)。

A．相同　　B．不相同　　C．差不多

6. 按(　　)键可中断正在执行的命令。

A．Esc　　B．Enter　　C．Ctrl

7．使用(　　)命令可以将图形文件中所有的图形居中并占满整个屏幕。

A．窗口缩放　　B．平移　　C．范围缩放

8．使用(　　)命令相当于用手将桌子上的图纸上下左右来回挪动。

A．前一视图　　B．平移　　C．实时缩放

9．当图形相对复杂时，【前一视图】命令经常和(　　)命令配合使用。

A．窗口缩放　　B．实时缩放　　C．范围缩放

10．进行选择对象操作时，从左上至右下或左下至右上为(　　)。

A．窗选　　B．全部选择　　C．交叉选

11．在命令行输入“E”后按 Enter 键，执行的是(　　)命令。

A．栅选　　B．删除　　C．范围缩放

12．按住鼠标的(　　)，指针会变成“手”的形状，执行【平移】命令。

A．左键　　B．中轴　　C．右键

13．在编辑图形选择对象时，如果选错对象，可以按（　　）键，同时单击该图形，即可将不该选择的对象从选择集中移出。

A．Shift　　B．Ctrl　　C．Alt

14．在命令行输入“Z”后按Enter键，再输入“E”后按Enter键，执行的是（　　）命令。

A．窗口缩放　　B．栅选　　C．范围缩放

15．使用【栅选】命令需在选择对象：提示下输入（　　）后按Enter键。

A．ALL　　B．C　　C．F

二、简答题

1．指出AutoCAD 2006用户界面的标题栏、菜单栏、工具栏、命令行、状态栏。

2．怎样将【绘图】工具栏关闭？试着重新将其显示出来。

3．将工具栏锁定后有什么好处？

4．命令行有什么作用？

5．学习AutoCAD时，什么样的姿势为标准的绘图姿势？

6．【正交】【对象捕捉】【极轴】【对象追踪】等非常重要的作图辅助工具在界面中的什么位置？

7．命令的启动方法有哪些？各有什么特点？

8．观察图形的方法有哪些？

9．选择对象的方法有哪些？

10．利用观察图形命令去观察图形，图形的尺寸是否真的变大或缩小了？

11．什么是交叉选？它有什么特点？

12．如何执行全选操作？它有什么特点？

13．绘图进行一段时间后，绘图区域的某些弧线和曲线会以折线的形式显示，如何处理？

14．观察图形的细小部位，可以使用什么命令调整图形的显示？

15．如果屏幕上【绘图】等工具栏全部被关闭，如何再次显示它们？

三、课后练习

1．打开Home–Space Planner文件，反复训练观察图形的方法。

2．打开Home–Space Planner文件，反复训练选择对象的方法。

【参考答案】

第2章 宿舍楼底层平面图的绘制(一)

教学目标

通过本章的学习，了解 AutoCAD 参数的设置方法和建筑平面图绘制的基本步骤，重点掌握绘制宿舍楼底层平面图时所涉及的基本绘图和编辑命令。理解图层的作用，掌握加载图层线型的方法、线型比例的设置方法以及坐标的输入方法。

教学要求

能力目标	相关知识	权重
了解创建新图形和保存图形的方法及图形参数的设定方法	创建新图形和保存图形的方法，单位、角度、角度测量、角度方向的设定方法	8%
在绘图过程中能够熟练地运用图层	掌握建立图层和加载线型的方法，掌握线型比例和当前图层的设定方法	10%
能够熟练地输入点的坐标	掌握相对直角坐标和相对极坐标的输入方法	12%
能够熟练地绘制宿舍楼底层平面图	了解平面图的绘制顺序，掌握绘制平面图中所涉及的基本绘图和编辑命令	70%

学习重点

学习前首先应熟读附录 3 中的宿舍楼底层平面图 (附图 3.1)，建筑的总尺寸、房间的开间、进深和门窗洞口的宽度等应能脱口而出。本章将介绍 AutoCAD 基本的绘图和编辑命令，大家应反复训练，达到脱书能够快速绘出平面图。动手能力稍弱的同学一定要克服心理障碍，AutoCAD 是一门实操课程，相信多练一定能取得好的效果。为了便于系统学习，大家应提前准备好 U 盘以存储课内操作，便于下次上课使用。

第 1 章介绍了 AutoCAD 2006 的基本操作，从第 2 章开始将介绍如何使用 AutoCAD 2006 绘制宿舍楼底层平面图 (附图 3.1)。

2.1　创建新图形

开始绘制宿舍楼底层平面图之前，需要建立一个新的图形。在 AutoCAD 2006 中创建一个新图形有以下几种方法。

【CAD绘图技巧】

1. 通过【启动】对话框新建图形

启动 AutoCAD 2006 后，打开如图 2.1 所示的【启动】对话框，单击【新建】按钮，并点选【公制】单选按钮，则进入一个新的图形。

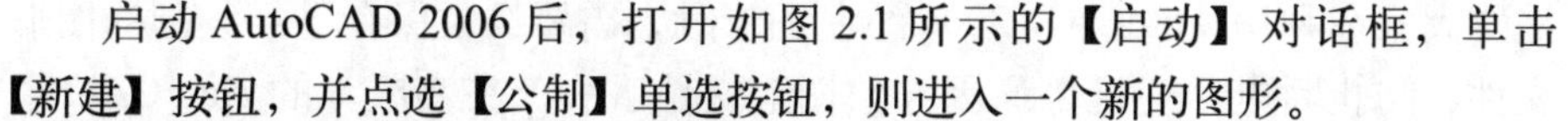

特别提示

执行菜单栏中的【工具】|【选项】命令，打开【选项】对话框。选择【系统】选项卡，可以在其中设定启动 AutoCAD 2006 后或新建图形时是否显示【启动】对话框。

2. 通过【文件】菜单创建新图

执行菜单栏中的【文件】|【新建】命令，默认状态下会打开【选择样板】对话框，在【名称】列表框中选择【acadiso.dwg】选项，或单击【打开】按钮右边的下拉按钮，选择【无样板打开 – 公制】选项 (图 2.2)，这样就形成了一个新建图形。

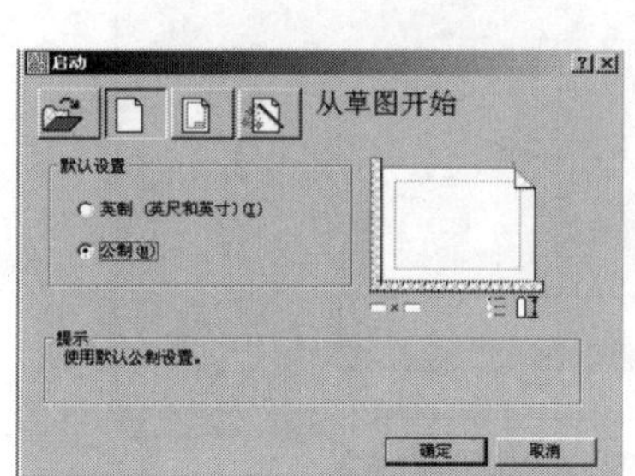

图 2.1　【启动】对话框

图 2.2　通过【文件】菜单创建新图

特别提示

【选择样板】对话框中的 acad.dwg 为英制无样板打开方式，acadiso.dwg 为公制无样板打开方式。

3. 通过样板进入一个新图形

在如图 2.2 所示的【选择样板】对话框中所显示的图形样板的制图标准和我们所遵循

的制图标准不一样，所以不适合在这里使用。在后面的章节中将介绍建立带有单位类型和精度、图层、捕捉、栅格和正交设置、标注样式、文字样式、线型和图块等信息的图形样板。通过用户自己建立的图形样板进入新图形，不需要再对单位类型、精度和标注样式等进行重复设置，从而使绘图速度大大提高。

2.2 保存图形

【CAD导入ps怎么设置就清晰了】

AutoCAD 2006 保存文件的方法和其他软件相同，在此不再赘述。这里提醒大家在利用 AutoCAD 2006 绘制图形时，需要经常保存已经绘制的图形文件，防止断电、死机等原因导致图形文件丢失。在高版本的 AutoCAD 中绘制的图形，在低版本的 AutoCAD 中通常打不开。如果用 AutoCAD 2006 绘制一个图形，而该图形文件需要在 AutoCAD 2002 中打开，就需要将该文件另存为低版本的 AutoCAD 文件类型，如图 2.3 所示。

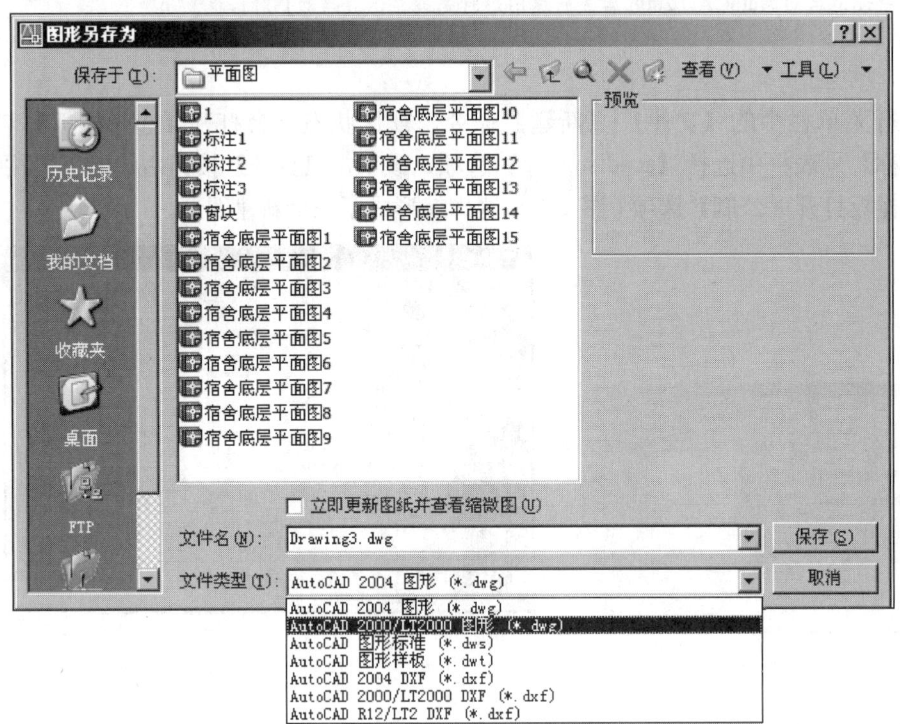

图 2.3 另存为低版本文件

执行菜单栏中的【工具】|【选项】命令，打开【选项】对话框，在【打开和保存】选项卡中的【文件安全措施】选项组中勾选【自动保存】复选框，并在【保存间隔分钟数】文本框中输入设定值，如图 2.4 所示。文件自动保存的路径在【选项】对话框中的

【文件】选项卡中可以查到，如图 2.5 所示。如果文件被删除，可以按照 C:\DOCUME ~ 1\admin\LOCALS ~ 1\Temp 路径打开临时文件夹，找到被自动保存的文件，并将其复制到自己的文件夹中。

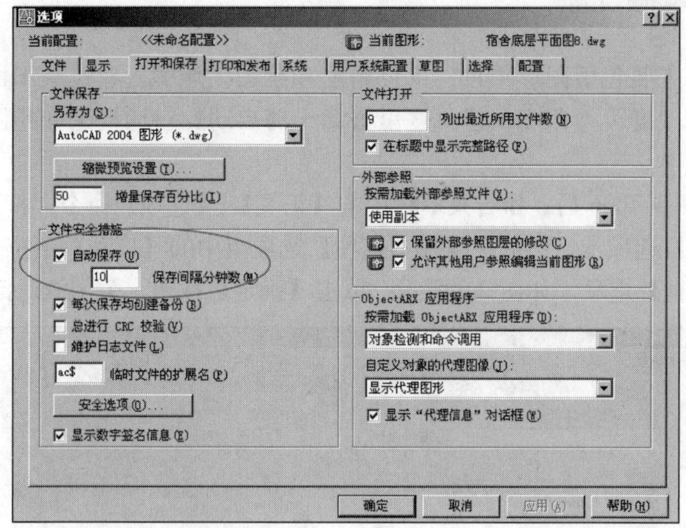

图 2.4 自动保存

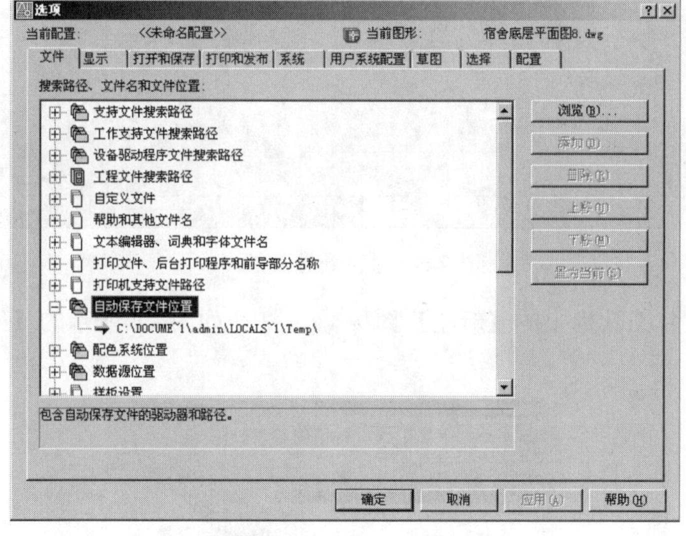

图 2.5 自动保存文件的路径

【几种修复dwg文件出错的方法】

特别提示

自动保存的文件为备份文件格式，文件扩展名为“.bak”，只有将其扩展名用重命名的方式改为“.dwg”后，才能在 AutoCAD 中打开该图形。

在高版本的 AutoCAD 中绘制的图形，在低版本的 AutoCAD 中打不开，并会给出“图形文件无效”的提示。

2.3 图形的参数

图形的参数主要包括图形单位、单位精度和绘图区域等。建筑施工图中以公制毫米为长度单位，以“度”为角度单位。这里借助于【启动】对话框来介绍图形参数和基本规定。

启动 AutoCAD 2006 后，执行菜单栏中的【工具】|【选项】命令，打开【选项】对话框。选择【系统】选项卡，然后在【基本选项】选项组中的【启动】下拉列表中选择【显示“启动”对话框】选项，如图 2.6 所示，单击【确定】按钮，关闭该对话框。

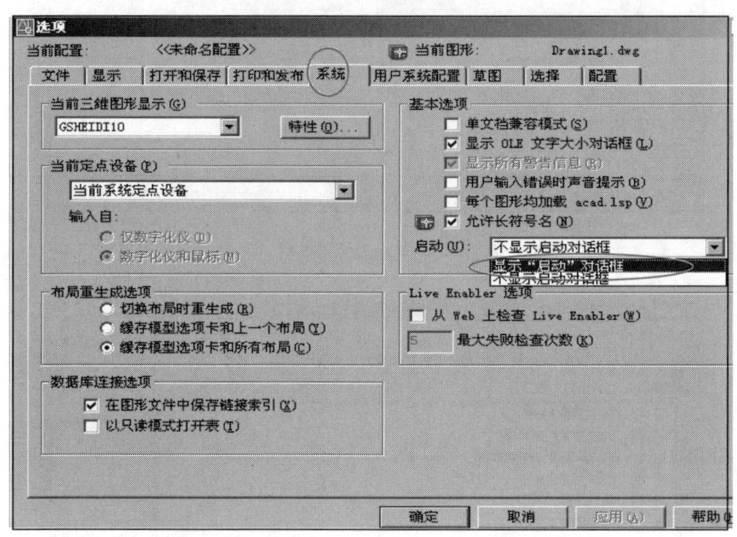

图 2.6 【系统】选项卡

单击【标准】工具栏上的【新建】图标，打开如图 2.7 所示的【创建新图形】对话框。

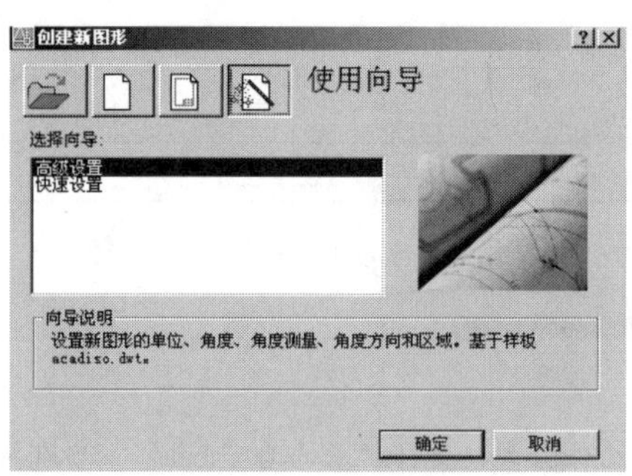

图 2.7 【创建新图形】对话框

单击【使用向导】按钮并选择【高级设置】选项后单击【确定】按钮，打开【高级设置】对话框。下面通过【高级设置】对话框分别介绍各图形参数。

特别提示

AutoCAD 2006【启动】对话框(图 2.1)和【创建新图形】对话框(图 2.7)两者在外观上基本相似，但在【创建新图形】对话框中不能打开图形，而利用【启动】对话框则可以在 AutoCAD 2006 启动时打开图形文件。

1. 单位

点选【小数】单选按钮，将精度设置为“0”，以确定长度单位为公制十进制，数值精度为小数点后零位，如图 2.8 所示，单击【下一步】按钮。

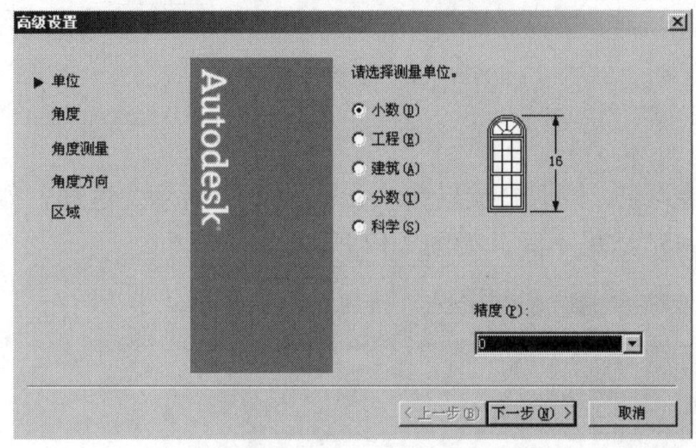

图 2.8 长度单位和精度

2. 角度

点选【十进制度数】单选按钮，将精度设置为“0”，以确定角度单位为“度”，数值精度为小数点后零位，如图 2.9 所示，单击【下一步】按钮。

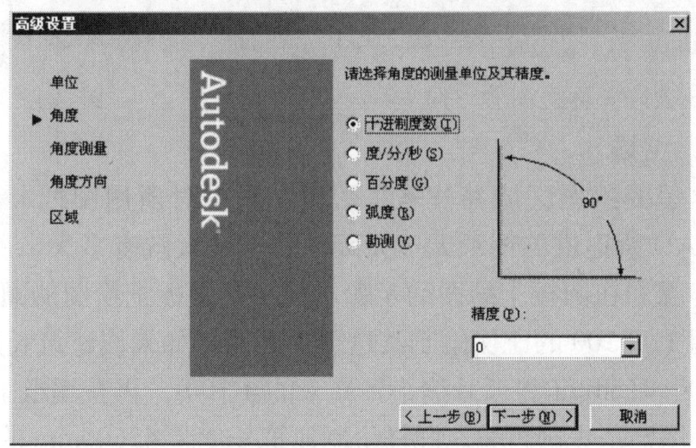

图 2.9 角度单位和精度

3. 角度测量

设定东方向为零角度的位置，如图 2.10 所示，单击【下一步】按钮。

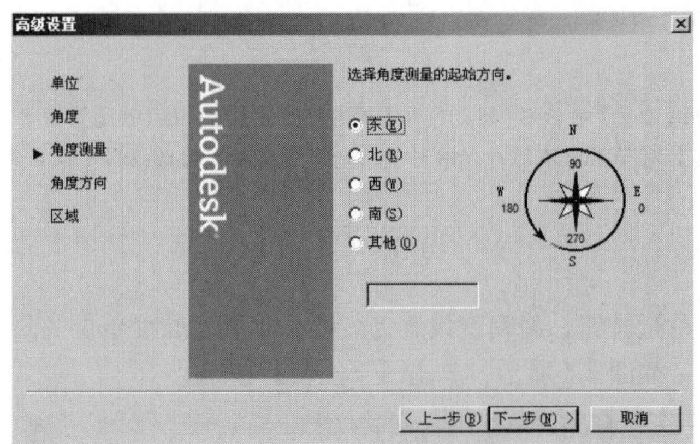

图 2.10　零角度的设定

4. 角度方向

选择逆时针旋转为正，顺时针旋转为负，如图 2.11 所示。这样，如果旋转一条 AB 水平线，旋转 45° 和 –45° 结果不同，如图 2.12 所示。

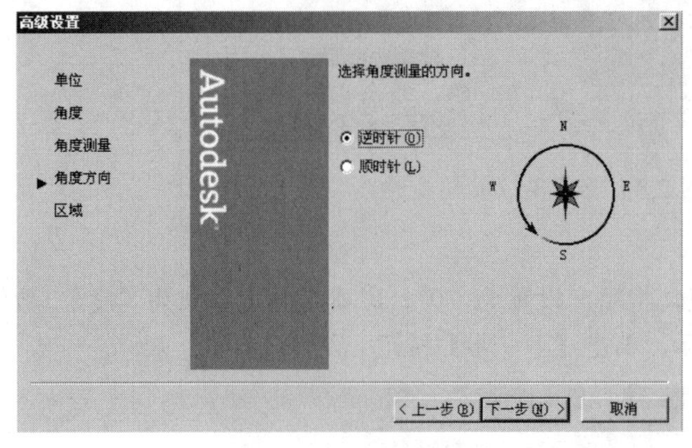

图 2.11　角度测量方向

A B B

(a) AB 旋转 45°

A B B

(b) AB 旋转 −45°

图 2.12　AB 线的旋转

5. 区域

【AutoCAD 区域的概念】

这里的绘图区域并非是在图板上绘图时所用图纸大小的概念，实际上 AutoCAD 所提供的图纸无边无际，想要多大就有多大，所以用 AutoCAD 绘图的步骤和在图板上绘图的步骤不同。在图板上绘图的顺序是先缩再画。例如，用 1 ：100 的比例绘制某建筑平面图，如果该建筑长度为 42600mm，首先计算 42600mm/100=426mm(将尺寸缩小到原来的 1/100)，再在图纸上绘制 426mm 长的线。用 AutoCAD 绘图则是先画再缩。同样绘制建筑长度为 42600mm 的某建筑平面图，先用 AutoCAD 绘制 42600mm 长的线 (按 1 ：1 的比例绘制图形)，打印时再将所绘制好的平面图整体缩小到原来的 1/100(42600mm/100=426mm) 即可。经过对比大家可以体会到，用 AutoCAD 绘图更加方便。

那么这里的区域是什么概念呢？你用过坐标纸吗？这里区域的大小决定的就是坐标纸显示的范围，坐标纸在 AutoCAD 里的概念就是“栅格”。

试一试，将【高级设置】对话框内的区域设置为10000mm×10000mm，如图2.13所示，然后单击【确定】按钮关闭【高级设置】对话框。执行菜单栏中的【工具】|【草图设置】命令，则打开【草图设置】对话框，选择【捕捉和栅格】选项卡，将捕捉和栅格的距离均设为300mm(因为在建筑中常用的模数是300mm)，如图2.14所示，然后单击【确定】按钮关闭【草图设置】对话框。将状态栏上的【捕捉】和【栅格】按钮打开(单击一下开启，再单击一下则关闭，状态栏上所有的按钮凹进去均为开启状态，凸出来均为关闭状态)，会发现屏幕上出现许多小点，小点显示的范围即区域的范围(这里是10000mm×10000mm)，小点之间的距离为300mm×300mm，同时还会发现光标在小点上跳动，这是【捕捉】命令在捕捉栅格点。由于绘制建筑施工图时【栅格】辅助工具使用较少，而【捕捉】辅助工具又是和【栅格】辅助工具配套使用的，所以很少打开这两个按钮。

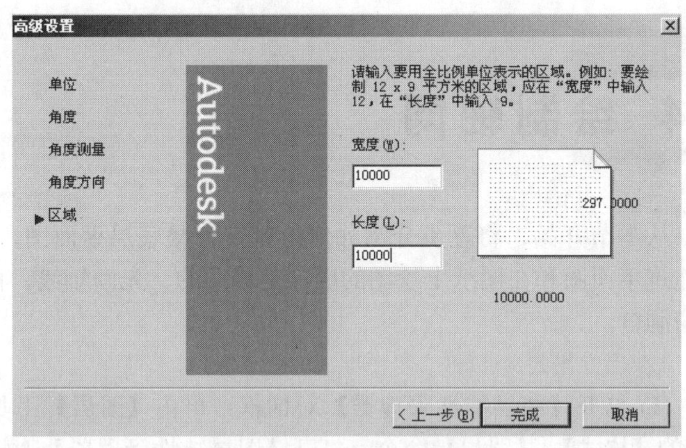

图 2.13　设定区域

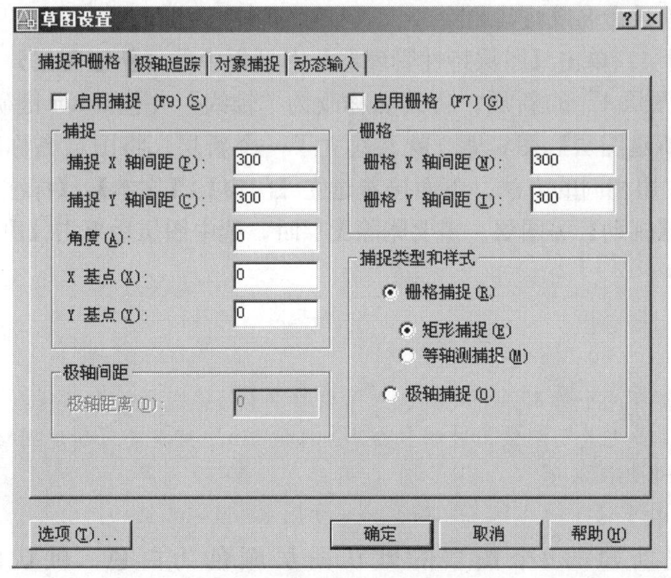

图 2.14　【捕捉和栅格】选项卡

特别提示

【捕捉】和【对象捕捉】是两个不同的作图辅助工具。【捕捉】功能用于捕捉栅格的点，而不能捕捉图形的特征点，这时需要打开【对象捕捉】功能来捕捉图形的特征点，如一条直线的两个端点或中点。

【捕捉】和【栅格】是配套使用的，在【草图设置】对话框中，【捕捉和栅格】选项卡的间距设定的尺寸也需相同。

栅格仅在图形界限中显示，它只作为绘图的辅助工具出现，而不是图形的一部分，所以只能看到，不能打印。

建筑施工图是以“毫米(mm)”为长度的绘图单位，在AutoCAD内输入“10000”就是10000mm，不需再输入“mm”。同样，输入角度时也不需再输入角度单位，如输入“45”就是45°。

2.4 绘制轴网

【绘制轴线】

从本节开始，将逐步介绍如何绘制宿舍楼底层平面图。用AutoCAD绘制建筑平面图和在图纸上绘图的顺序是相同的，先画轴线，再画墙，然后画门窗洞口。

1. 建立图层

(1) 打开【图层特性管理器】对话框：单击【图层】工具栏上的图标或执行菜单栏中的【格式】|【图层】命令，打开【图层特性管理器】对话框。在新建图形中AutoCAD自动生成一个特殊的图层，这就是【0】图层，【0】图层是AutoCAD固有的，因此不能为其重命名或将其删除。

(2) 建立新图层：单击【图层特性管理器】对话框中的【新建图层】图标，则产生一个默认名为“图层1”的新层，将其名称改为“轴线”并按Enter键确认。再按Enter键(或再单击【新建图层】图标)就又建立了一个新层，将图层名称改为“墙线”并按Enter键确认。用相同的方法，下面接着建立【门窗】、【文本】、【标注】、【楼梯】、【室外】、【柱子】及【辅助】等图层。需要删除图层时，选中图层后单击【删除图层】图标即可。

操作技巧

- 按Enter键有两个作用：一是确认或结束命令(如将图名改为“轴线”后，按Enter键确认)，二是重复刚刚使用过的命令(如再按Enter键重复【新建图层】的命令，则又建立了一个新图层)。
- 只要不是处于文字输入状态，按空格键等同于按Enter键。

注意，这里新建的9个图层的默认图层颜色为白色，默认的图层线型为Continuous(实线)，线宽为默认值，如图2.15所示。

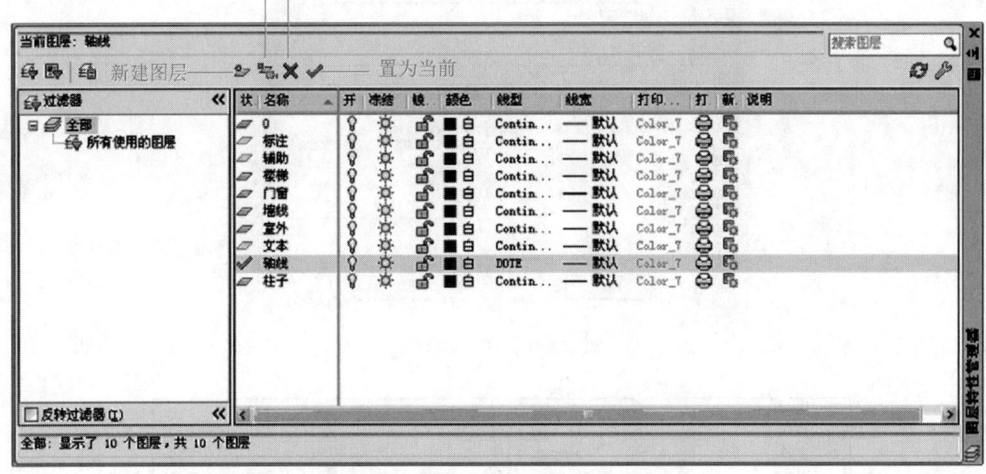

图 2.15 【图层特性管理器】对话框

(3) 修改图层颜色：单击【轴线】图层中的“白色”两个字，打开【选择颜色】对话框，选择个人喜欢的颜色作为该图层的颜色。用同样的方法更改其他图层的颜色。

特别提示

给图层设定不同的颜色便于用户观察和区分图形，下面是专业绘图软件所设定的主要图层的颜色，供大家参考：轴线层——红色、墙线层——灰色(9)、门窗层——青色、标注层——绿色、台阶层——黄色、楼梯层——黄色、阳台层——品红色、文字层——白色。

GB/T 50001—2010《房屋建筑制图统一标准》规定图层的命名应采用分级形式，每个图层名称由 2 ~ 5 个数据字段组成，其中第一级为专业代码，第二级为主代码。统一标准内给出的部分常用图层的名称见附录 2。

(4) 修改图层线型：前面共建立了 9 个图层，每个图层默认的线型均为 Continuous(实线)，但是大家知道建筑施工图中的轴线不是实线而是中心线，所以需要将【轴线】图层的 Continuous 线型换成 CENTER 线型或 DASHDOT 线型。

单击【轴线】图层的 Continuous 位置，打开【选择线型】对话框 (将该对话框喻为小抽屉)，小抽屉里没有 CENTER 线型，单击【加载】按钮打开【加载或重载线型】对话框 (将该对话框喻为大仓库)，找到 CENTER 线型并选中后单击【确定】按钮，如图 2.16 所示。这样就将大仓库内的 CENTER 线型拿到了小抽屉里。然后在【选择线型】对话框 (小抽屉) 中选中 CENTER 线型后单击【确定】按钮，关闭对话框。这时会发现【轴线】图层的线型换为 CENTER 线型，如图 2.17 所示。

(5) 设置默认线宽：AutoCAD 的默认线宽为 0.25mm，右击状态栏上的【线宽】按钮，在弹出的快捷菜单中选择【设置】命令，则打开【线宽设置】对话框，如图 2.18 所示，在此对话框中可查询或修改默认线宽。

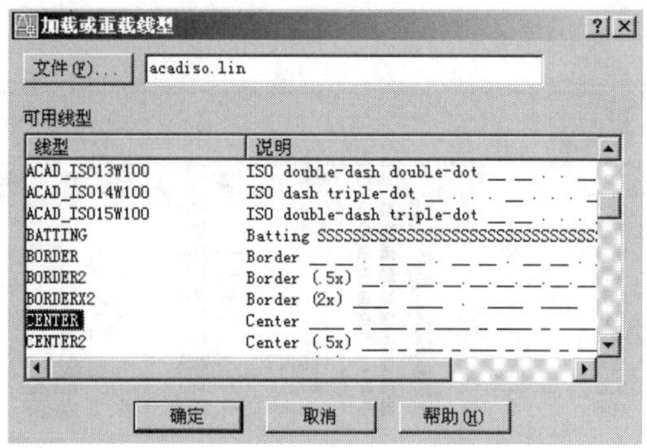

图 2.16　加载线型

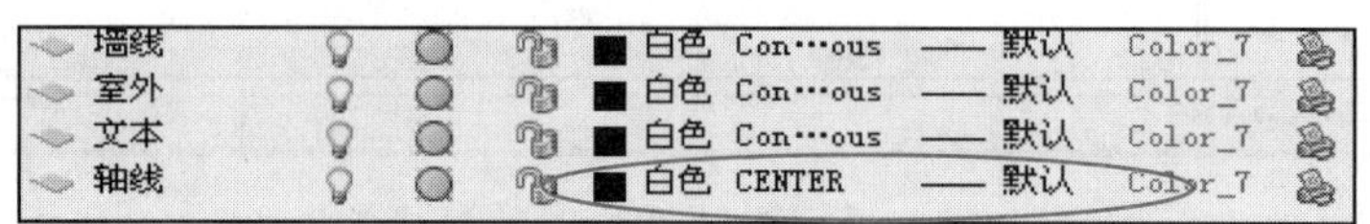

图 2.17　将【轴线】图层的线型加载为 CENTER

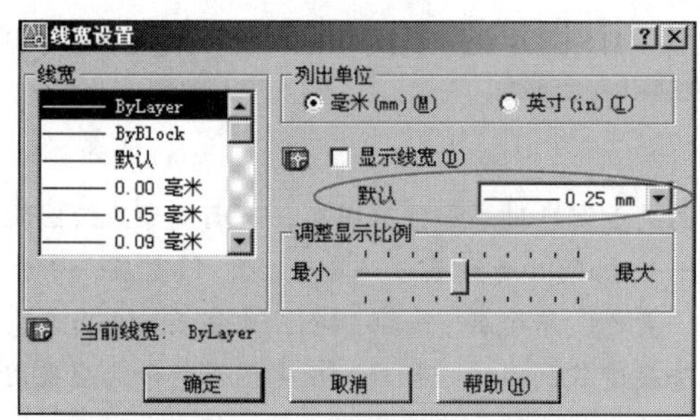

图 2.18　默认线宽设置

(6) 图层的理解：为了便于管理图形，AutoCAD 提供了图层的概念，图层实际上是透明的、没有厚度的且上下重叠放置的若干张图纸。刚才建立了 9 个图层，把轴线画在【轴线】图层上，把墙画在【墙线】图层上……这样从上往下看时，这些图形叠加在一起就是一个完整的建筑平面图。由于每一个图层都是透明的，所以图层是无上下顺序的。

这里共有 9 个图层，那么如果现在画一条线，该线画到哪个图层上了呢？“当前层”是哪个图层，该线就画在哪个图层上。【图层】工具栏上的【图层控制】选项窗口所显示的就是“当前层”，如图 2.19 所示。

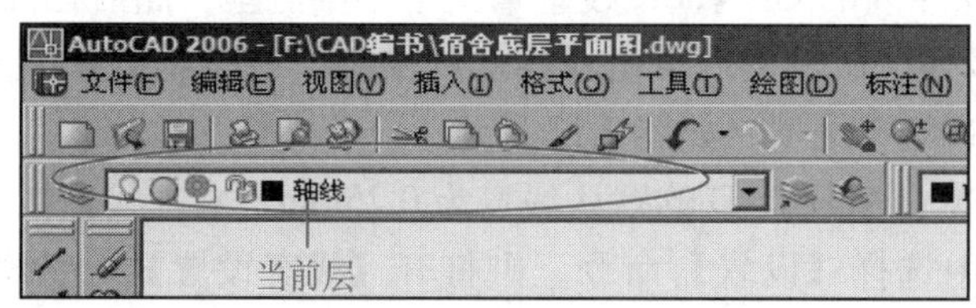

图 2.19　当前层

另外，在【图层特性管理器】对话框中还可以对每个图层进行关闭、冻结、锁定等操作。

2. 设置线型比例

执行菜单栏中的【格式】|【线型】命令，打开【线型管理器】对话框，如图 2.20 所示。该对话框中的【全局比例因子】文本框中的值和出图比例应保持基本一致，即如果出图比例为 1 ∶ 100,【全局比例因子】即为 100；出图比例为 1 ∶ 200,【全局比例因子】即为 200；出图比例为 1 ∶ 50,【全局比例因子】即为 50。当前对象的缩放比例是 1。

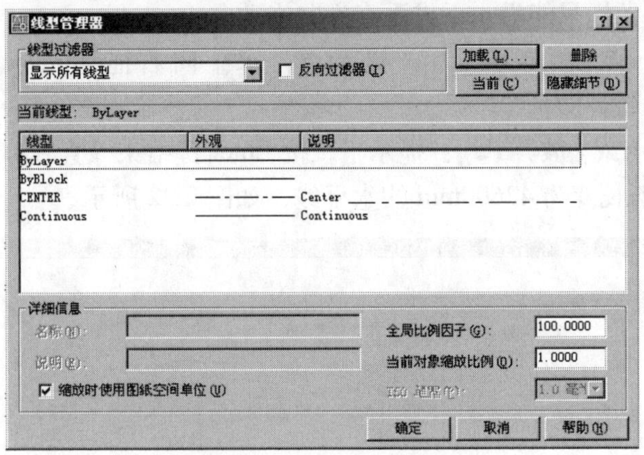

图 2.20 线型比例的设定

特别提示

线性比例控制整张图内的非 Continuous 线型的显示，全局比例因子值越小，每个绘图单位中生成的重复图案就越多，一般线型比例应与出图比例相协调。

3. 绘制纵向定位轴线 A

(1) 将【轴线】图层设置为当前层：单击【图层】工具栏上【图层控制】选项右侧的下拉按钮，在下拉列表中选择【轴线】图层，如图 2.21 所示。

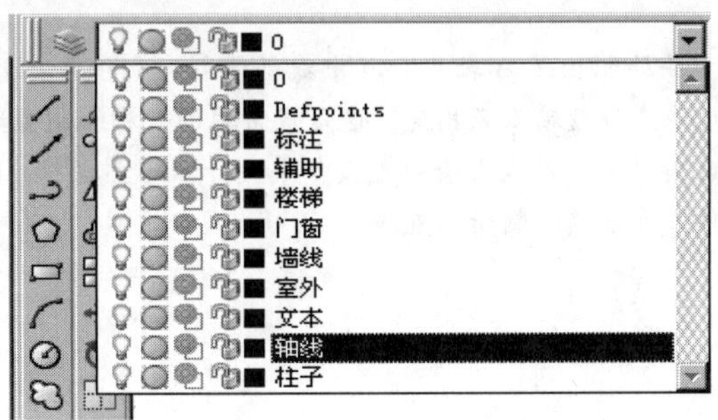

图 2.21 设置【轴线】图层为当前层

操作技巧

- 上述方法是一种将某图层设置为当前层的简单有效的方法，而不必打开【图层特性管理器】对话框去设置当前层。通过【图层控制】选项窗口还可以修改图层的开关、加锁和冻结等图层特性。

(2) 单击【绘图】工具栏上的【直线】图标或在命令行输入“L”后按 Enter 键，启动绘制直线命令。

① 在 line 指定第一点：提示下，在绘图区域左下角的任意位置单击，将该点作为 A 轴线的左端点，移动光标则会发现一条随着光标移动而移动的橡皮条。

② 单击状态栏上的【正交】按钮或按 F8 键 (F8 为【正交】功能的快捷键)，打开【正交】功能，这样光标只能沿水平或垂直方向拖动。

③ 在指定下一点或 [放弃 (U)]：提示下，水平向右拖动光标，并在命令行输入“42600”后按 Enter 键。

④ 在指定下一点或 [放弃 (U)]：提示下，按 Enter 键结束【直线】命令。

这样就画出一条长度为 42600mm 的水平线，如图 2.22 所示。

图 2.22　绘制 A 轴线

特别提示

上面用方向长度的方法绘制出了 A 轴线，其中线的绘制方向依靠打开【正交】功能并向右拖动光标来指定；线的长度依靠键盘输入来指定。这是最常用的一种绘制直线的方法。

如果不小心将直线绘制错了，可以在绘制直线命令执行中马上输入“U”执行【放弃】命令，取消上次绘制直线的操作并可继续绘制新的直线。

常见错误

- 如果执行第 (2) 步操作后，屏幕上没有图形显示，检查如图 2.19 所示的【图层控制】选项窗口内的轴线层左侧的灯泡是否亮着。

从图 2.22 中可以看到，绘图区只能看到 A 轴线的左端点而不能看到其右端点。这是因为新建图形具有距离眼睛较近的特点。

试一试，如果把一支钢笔放在眼前 10mm 处，能看到钢笔的两端吗？但把钢笔向前推移一段距离后，就可以看到钢笔的两个端点。

(3) 在命令行输入“Z”后按 Enter 键，再输入“E”后按 Enter 键，执行【范围缩放】命令，这样等于把图形由近推远，所以可以看到线的两个端点，如图 2.23 所示。

图 2.23　调整 A 轴线的显示

(4) 用【实时缩放】和【平移】命令将视图调至如图 2.24 所示的状态。

图 2.24　调整 A 轴线的位置

特别提示

默认设定对象的颜色和线型是“随层”(ByLayer) 的，所以将 A 轴线绘制在当前层【轴线】图层上后，其颜色和线型是和【轴线】图层的设定一致的。

(5) 执行【范围缩放】命令后，如果绘制出的 A 轴线显示的不是中心线，则做如下检查。

① 在【图层特性管理器】对话框中的【轴线】图层的线型是否加载为 CENTER(中心线) 或 DASHDOT(点画线)。

② 当前层是否为【轴线】图层。

③ 执行菜单栏中的【格式】|【线型】命令后，在打开的【线型管理器】对话框中的【全局比例因子】是否改为“100”。

4．生成 B ~ F 横向定位轴线

(1) 单击【修改】工具栏上的【偏移】图标或在命令行输入“O”并按 Enter 键，启动【偏移】命令，查看命令行。

① 在指定偏移距离或 [通过 (T)/ 删除 (E)/ 图层 (L)]< 通过 >：提示下，输入 B 轴线和 A 轴线之间的距离“5400”后按 Enter 键，表示偏移距离为 5400mm。

② 在选择要偏移的对象或 [退出 (E)/ 放弃 (U)] < 退出 >：提示下，单击选择 A 轴线，此时 A 轴线变虚。

③ 在指定要偏移的那一侧上的点或 [退出 (E)/ 多个 (M)/ 放弃 (U)] < 退出 >：提示下，在 A 轴线上侧任意位置单击，则生成 B 轴线。

④ 按 Enter 键结束【偏移】命令，结果如图 2.25 所示。

图 2.25　用【偏移】命令生成 B 轴线

(2) 用相同的方法生成 C ~ F 轴线，如图 2.26 所示。

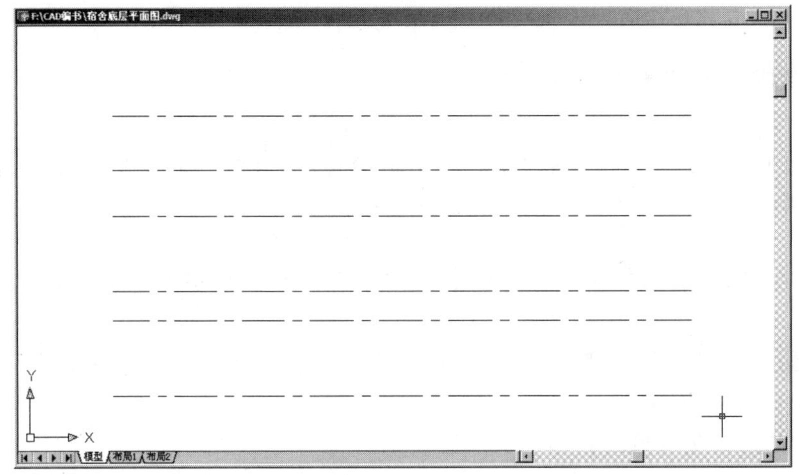

图 2.26　用【偏移】命令生成 C ~ F 轴线

5. 绘制 1 轴线

(1) 单击状态栏上的【对象捕捉】按钮或按 F3 键 (F3 为【对象捕捉】功能的快捷键)，打开【对象捕捉】功能。

(2) 单击【绘图】工具栏上的【直线】图标／或在命令行输入“L”后按 Enter 键，启动绘制直线命令。

① 在 line 指定第一点：提示下，将十字光标的交叉点放在 F 轴线的左端点处，出现黄色端点捕捉方块及端点光标提示后单击，则直线的起点绘制在 F 轴线的左端点处。

② 在指定下一点或 [放弃 (U)]：提示下，将十字光标的交叉点放在 A 轴线的左端点处，出现黄色端点捕捉方块及端点光标提示后单击，则直线的第二点绘制在了 A 轴线的左端点处。这样就画出了 1 轴线。

③ 按 Enter 键结束【直线】命令，如图 2.27 所示。

图 2.27 绘制 1 轴线

这样，通过捕捉直线的两个端点的方法绘制出了 1 轴线。

特别提示

【对象捕捉】按钮的作用是准确地捕捉图形对象的特征点，这里必须借助于【对象捕捉】按钮才能准确地寻找到 F 轴线和 A 轴线的左端点，否则就不能准确地绘制出 1 轴线。

常见错误

- 如果将光标放在 F 轴线或 A 轴线的左端点没有出现端点捕捉方块，查看是否启动绘制直线命令了。

6. 执行【偏移】命令生成 2 ~ 6 轴线

单击【修改】工具栏上的【偏移】图标或在命令行输入“O”并按 Enter 键，启动【偏移】命令。

① 在指定偏移距离或 [通过 (T)/ 删除 (E)/ 图层 (L)]< 通过 >：提示下，输入 1 轴线和

2 轴线之间的距离“3900”后按 Enter 键。

② 在选择要偏移的对象或 [退出 (E)/ 放弃 (U)] < 退出 >：提示下，单击选择 1 轴线，此时 1 轴线变虚。

③ 在指定要偏移的那一侧上的点或 [退出 (E)/ 多个 (M)/ 放弃 (U)] < 退出 >：提示下，单击 1 轴线右侧的任意位置，则生成 2 轴线。

④ 在选择要偏移的对象或 [退出 (E)/ 放弃 (U)] < 退出 >：提示下，单击选择 2 轴线，此时 2 轴线变虚。

⑤ 在指定要偏移的那一侧上的点或 [退出 (E)/ 多个 (M)/ 放弃 (U)]< 退出 >：提示下，单击 2 轴线右侧的任意位置，则生成 3 轴线。重复④～⑤步操作生成 4、5、6 轴线后按 Enter 键结束命令，结果如图 2.28 所示。

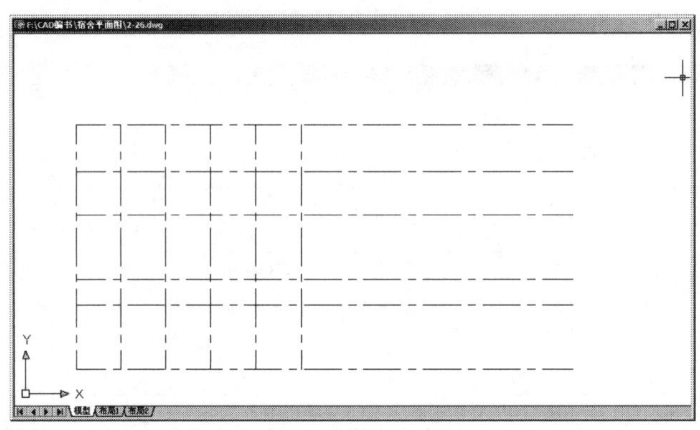

图 2.28 【偏移】命令生成 2 ～ 6 轴线

特别提示

【偏移】命令包含 3 步：指定偏移距离、指定偏移对象、指定偏移方向。

A ～ G 轴线的间距各不相同，所以每偏移一条轴线，都需要重新启动【偏移】命令并给出所要偏移的距离。但 1 ～ 6 轴线间的距离均为 3900mm，所以一次【偏移】命令就可以偏移出 2 ～ 6 轴线。

重复执行【偏移】命令生成 7 ～ 12 轴线，如图 2.29 所示。

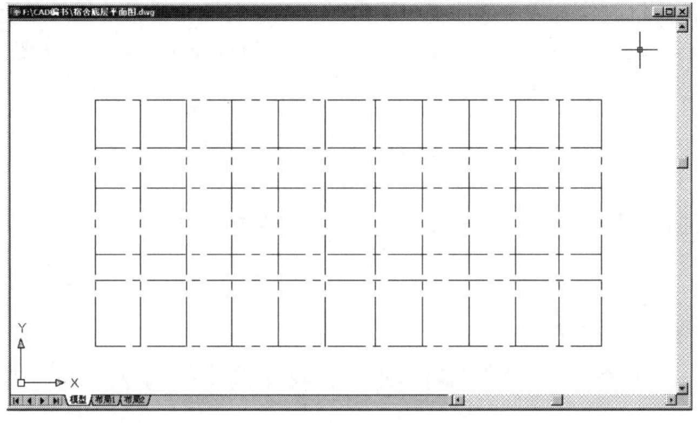

图 2.29 【偏移】命令生成 7 ～ 12 轴线

7. 修剪轴线

(1) 单击【修改】工具栏上的【修剪】图标或在命令行输入“TR”并按 Enter 键，启动【修剪】命令。

① 在选择对象或 <全部选择>：提示下，单击 5 轴线上的任意位置，则 5 轴线变虚。注意，该步骤所选择的对象是剪切边界，即下面将以 5 轴线为剪切边界来修剪 E、F 轴线。

② 在选择要修剪的对象，或按住 Shift 键选择要延伸的对象，或 [栏选 (F)/ 窗交 (C)/ 投影 (P)/ 边 (E)/ 删除 (R)/ 放弃 (U)]：提示下，将光标移至 E、F 轴线上，在 5 轴线左边的任意位置单击，这样就以 5 轴线为边界将 E、F 轴线位于 5 轴线左侧的部分剪掉了，结果如图 2.30 所示。

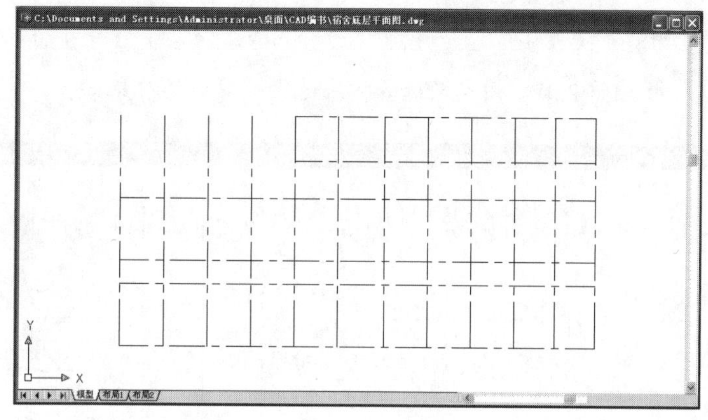

图 2.30 修剪 5 轴线左侧的 E、F 轴线

(2) 用同样的方法，以 6 轴线为边界将 E、F 轴线位于 6 轴线右边的部分剪掉，结果如图 2.31 所示。

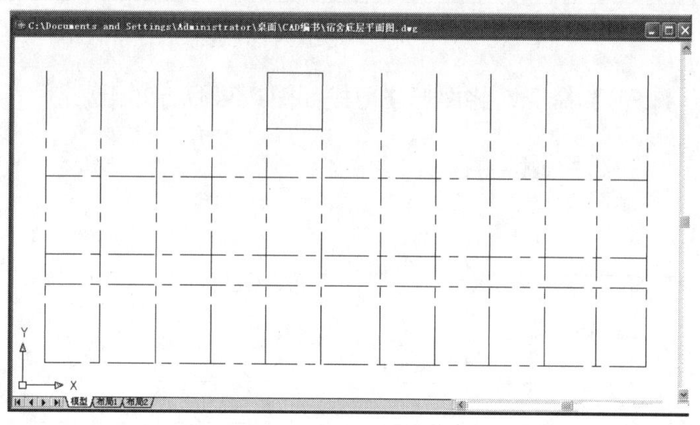

图 2.31 修剪 6 轴线右侧的 E、F 轴线

(3) 再次启动【修剪】命令。

① 在选择对象或 <全部选择>：提示下，按 Enter 键进入下一步命令。注意，这次没有选择剪切边界，而是按 Enter 键执行尖括号内的“全部选择”默认值，也就是说不选即为全选，图形文件中所有的图形对象都可以作为剪切边界。

② 在选择要修剪的对象，或按住 Shift 键选择要延伸的对象，或 [栏选 (F)/ 窗交 (C)/ 投影 (P)/ 边 (E)/ 删除 (R)/ 放弃 (U)]：提示下，执行交叉选 (从 M 点向 N 点拖动窗口)，如图 2.32 所示，将图形修剪成如图 2.33 所示的状态。

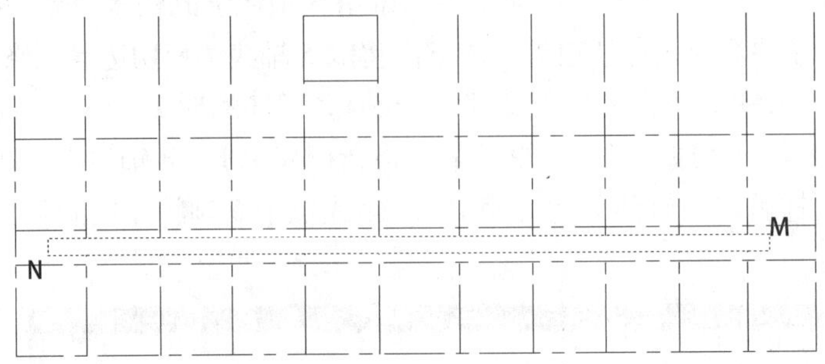

图 2.32　用交叉选的方法选择被剪切的对象

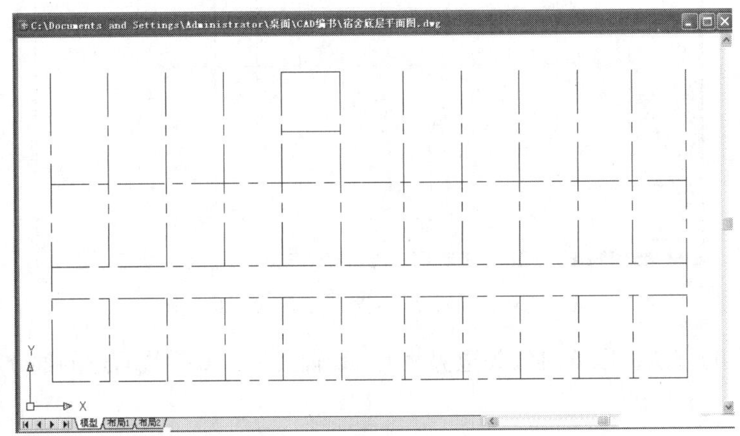

图 2.33　修剪走道内的轴线

(4) 重复执行【修剪】命令，将图形修剪成如图 2.34 所示的状态。

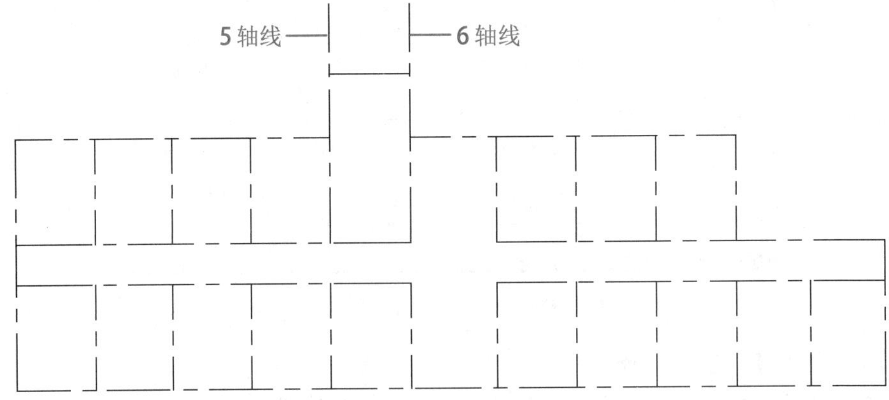

图 2.34　修剪后的图形

操作技巧

- 执行【修剪】命令时，先选剪切边界，后选被剪对象。
- 剪切边界可以选择，也可以按 Enter 键直接进入下一步命令。注意，不选即为全选，即所有的图形对象都是剪切边界。
- 修剪图形时，有时选择剪切边界方便，有时不选择剪切边界方便，大家应用心体会。
- 如果不小心将不该剪的轴线剪掉了，可以在【剪切】命令执行中马上输入“U”，取消上次剪切操作，并可以重新选择新的被剪切对象。

8. 进一步修整轴线

(1) 执行【偏移】命令，将 5 轴线向左偏移 600mm，6 轴线向右偏移 600mm，形成 1/4 和 1/6 轴线，结果如图 2.35 所示。

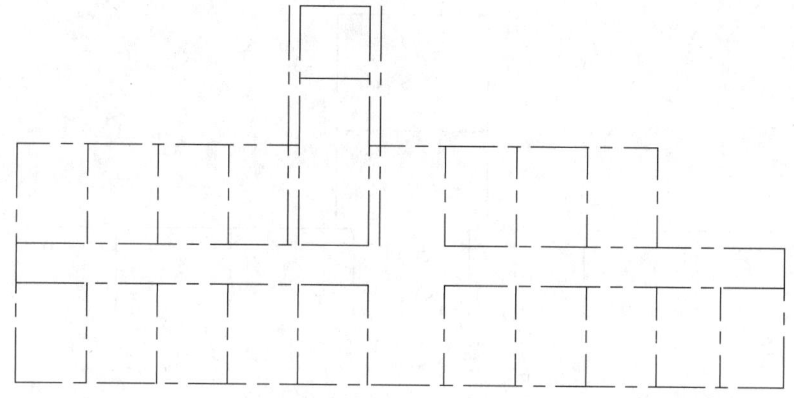

图 2.35 偏移生成 1/4 和 1/6 轴线

(2) 执行【修剪】命令，将图修改成如图 2.36 所示的状态。

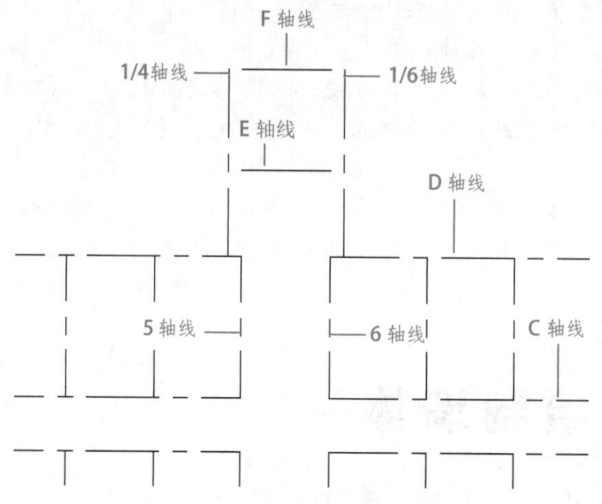

图 2.36 用【修剪】命令修剪后的图形

(3) 延伸 E、F 轴线。

单击【修改】工具栏上的【延伸】图标或在命令行输入“EX”并按 Enter 键，启动

【延伸】命令。

① 在选择对象或 <全部选择>：提示下，选择 1/4 和 1/6 轴线，则 1/4 和 1/6 轴线变虚。这样就选择 1/4 和 1/6 轴线作为延伸边界，即下面将把 E 和 F 轴线左端延伸至 1/4 轴线处，右端延伸至 1/6 轴线处。

② 按 Enter 键进入下一步命令。

③ 在选择要延伸的对象，或按住 Shift 键选择要修剪的对象，或 [栏选 (F)/ 窗交 (C)/ 投影 (P)/ 边 (E)/ 放弃 (U)]：提示下，分别单击 E 和 F 轴线的左右端点。

④ 按 Enter 键结束【延伸】命令，这时 E 和 F 轴线的左右两侧的端点分别延伸至 1/4 和 1/6 轴线处，如图 2.37 所示。

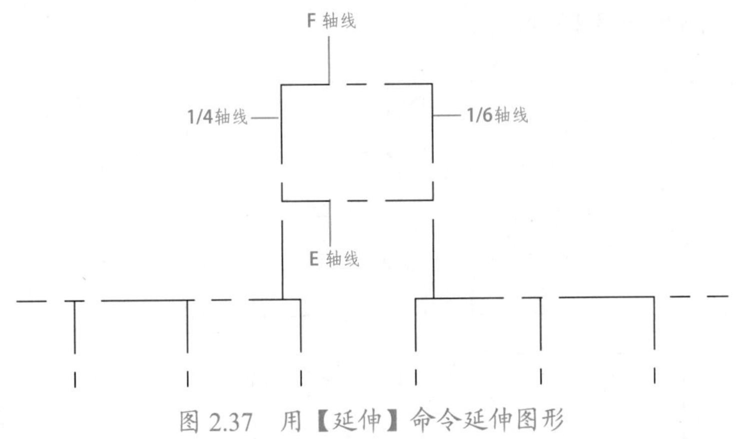

图 2.37　用【延伸】命令延伸图形

操作技巧

- 执行【延伸】命令时，先选延伸边界，后选被延伸对象。
- 延伸边界可以选择，也可以按 Enter 键直接进入下一步命令。注意，不选即为全选，即所有的图形对象都是延伸边界。
- 延伸图形时，有时选择延伸边界方便，有时不选择延伸边界方便，应用心体会。
- 【延伸】命令延伸的是线段的端点，在选择被延伸的对象时，应单击其靠近延伸边界的一端。
- 如果不小心将不该延伸的直线延伸了，可以在【延伸】命令执行中输入“U”，取消上次延伸操作，并可以重新选择新的被延伸对象。

2.5　绘制墙体

【绘制墙体】

1. 设置

单击【图层】工具栏上【图层控制】选项右侧的下拉按钮，在下拉列表中选择【墙线】图层，将【墙线】图层设置为当前层，如图 2.38 所示。

图 2.38 设置【墙线】图层为当前层

2. 用【多线】命令绘制墙体

(1) 执行菜单栏中的【绘图】|【多线】命令，或在命令行输入“ML”，启动【多线】命令，查看命令行。

_mline

当前设置：对正 = 上，比例 = 20.00，样式 = STANDARD

① 在指定起点或 [对正 (J)/ 比例 (S)/ 样式 (ST)]：提示下，输入“S”后按 Enter 键。

② 在输入多线比例 <20.00>：提示下，输入“240”(墙体厚度为 240mm) 后按 Enter 键。

通过①和②步，即把多线的比例由 20mm 更改为 240mm。

③ 在指定起点或 [对正 (J)/ 比例 (S)/ 样式 (ST)]：提示下，输入“J”后按 Enter 键。

④ 在输入对正类型 [上 (T)/ 无 (Z)/ 下 (B)] < 上 >：提示下，输入“Z”后按 Enter 键。

通过③和④步，将多线的对正方式由“上”对正改为“中心”对正，即“无”。经过①～④步操作后，命令行变为

_mline

当前设置：对正 = 无，比例 = 240.00，样式 = STANDARD

⑤ 在指定起点或 [对正 (J)/ 比例 (S)/ 样式 (ST)]：提示下，打开【对象捕捉】功能，捕捉 A 点作为多线的起点。

⑥ 在指定下一点或 [闭合 (C)/ 放弃 (U)]：提示下，分别捕捉 B、C、D、E、F 角点。

⑦ 在指定下一点或 [闭合 (C)/ 放弃 (U)]：提示下，输入“C”(Close) 启动【首尾闭合】命令。

这样，就绘制出一个封闭的外墙，结果如图 2.39 所示。

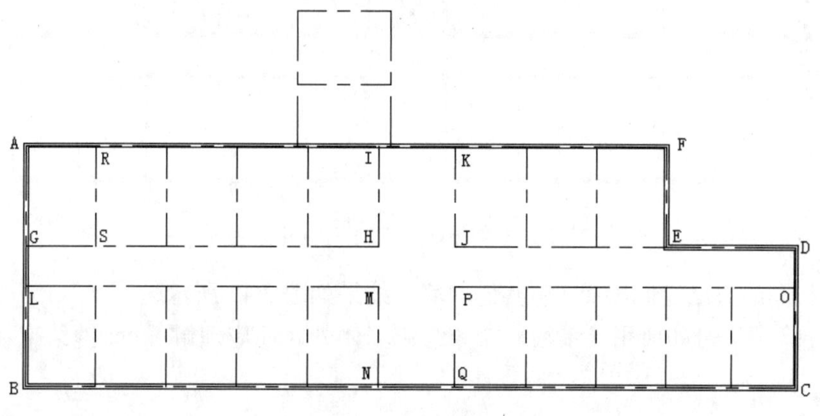

图 2.39 绘制封闭的外墙

(2) 按 Enter 键重复刚刚使用过的【多线】命令。可以看到，AutoCAD 会记住上一次“多线”的设置，即对正为“无”，比例为“240.00”。

① 在指定起点或 [对正 (J)/ 比例 (S)/ 样式 (ST)]：提示下，打开【对象捕捉】功能，捕捉 G 点作为多段线的起点。

② 在指定下一点或 [闭合 (C)/ 放弃 (U)]：提示下，分别捕捉 H、I 点。

③ 按 Enter 键结束命令，绘制出 GHI 内墙，结果如图 2.40 所示。

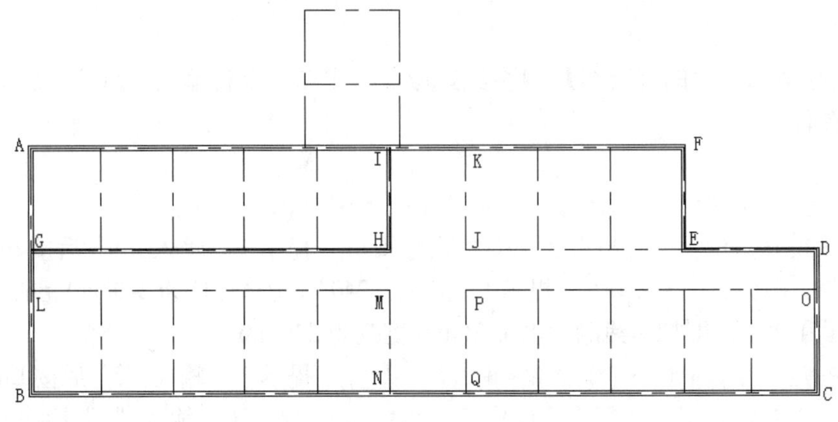

图 2.40　绘制 GHI 内墙

(3) 按 Enter 键重复执行【多线】命令，分别绘出 EJK、LMN、OPQ 这 3 段内墙，如图 2.41 所示。

(4) 按 Enter 键重复刚刚使用过的【多线】命令，捕捉如图 2.41 所示的 R 点和 S 点，则绘制出 RS 内墙，按 Enter 键结束命令。

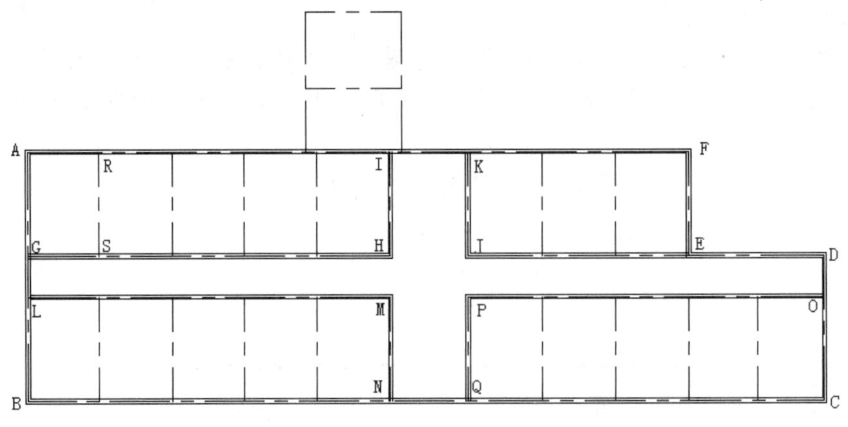

图 2.41　绘制 EJK、LMN、OPQ 内墙

(5) 用相同的方法绘制出 TU 等其他内墙，结果如图 2.42 所示。

此部分除了学习如何用【多线】命令绘制墙体外，还应理解 Enter 键结束和重复命令的作用。

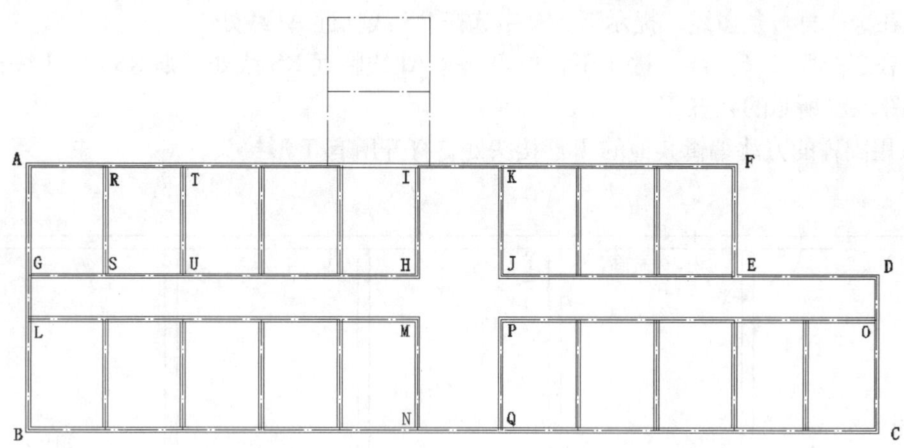

图 2.42 用【多线】命令绘制内墙

3. 编辑墙线（将 T 形墙线打通）

(1) 单击【图层】工具栏上的【图层控制】选项窗口旁边的下拉按钮，在下拉列表中单击【轴线】层灯泡图标，灯泡图标由黄变灰，【轴线】图层被关闭，如图 2.43 所示。

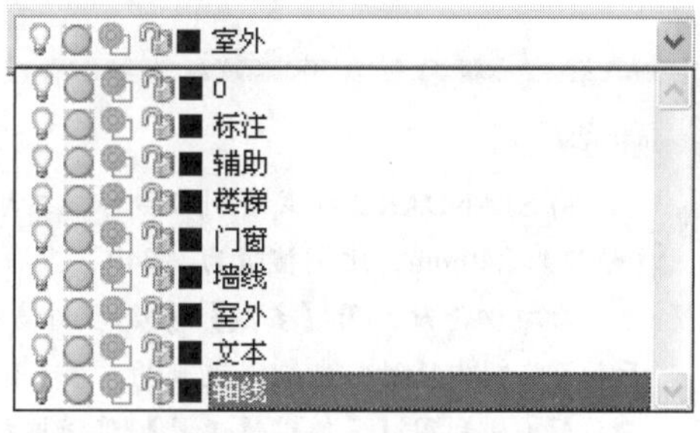

图 2.43 关闭【轴线】图层

(2) 执行菜单栏中的【修改】|【对象】|【多线】命令，或双击将要编辑的多线，打开【多线编辑工具】对话框。

① 单击【T 形打开】图标，如图 2.44 所示。

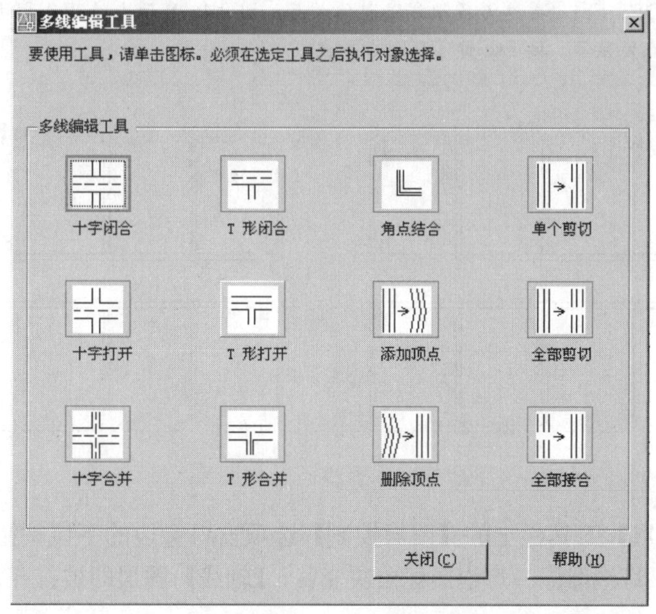

图 2.44 【多线编辑工具】对话框

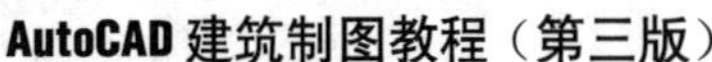

② 在选择第一条多线：提示下，单击选择 RS 线临近 AI 线处。

③ 在选择第二条多线：提示下，单击选择 AI 线临近 RS 线处，则 RS 和 AI 线相交处变成如图 2.45 所示的状态。

(3) 用同样的方法编辑其他的 T 形接头处，打开所有 T 形接头。

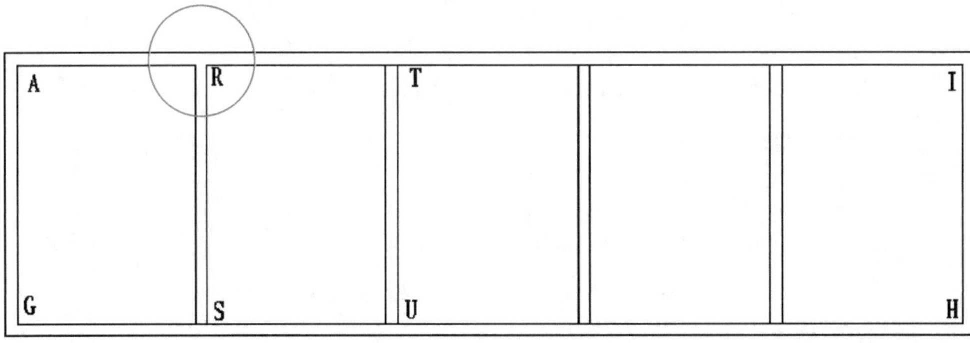

图 2.45　打开多线的 T 形接头

特别提示

用 STANDARD 样式绘制轴线标注在墙的中心线的墙时，对正方式应为“无”，比例即为墙厚（墙厚为 240mm，比例值设为“240”；墙厚为 120mm，比例值设为“120”）。

为减少修改，用【多线】命令绘制墙体的步骤为先外后内（先绘制外墙，后绘制内墙）；先长后短（绘制内墙时，先绘制较长的内墙（如 GHI、LMN 内墙），再绘制较短的内墙（如 RS 内墙））；先编辑（先利用【多线编辑工具】对话框打通 T 形接头处），后分解（用 Explode 命令将其分解）。

多线首尾闭合处应输入“C”并按 Enter 键结束命令。

理解多线的整体关系：在无命令的情况下，在 AB 线上单击，结果如图 2.46 所示。可以看出，AB、BC、CD、DE、EF、FA 这 6 段墙线是整体关系。图 2.46 显示出的蓝色方块是冷夹点，冷夹点在图形的特征点处显示，按 Esc 键可取消冷夹点。

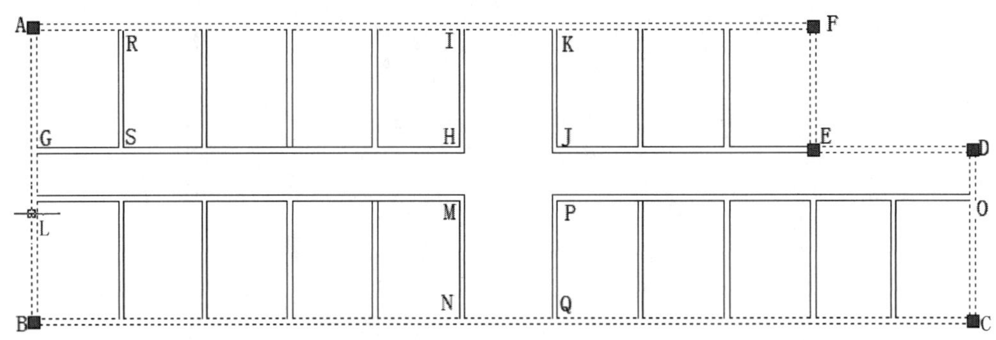

图 2.46　多线的整体关系

(4) 单击【图层】工具栏上的【图层控制】选项窗口旁边的下拉按钮，在下拉列表中单击【轴线】图层灯泡图标，灯泡图标由灰变黄，【轴线】图层即被打开。

2.6 坐标及动态输入

1. 坐标

1) 直角坐标

用 X 和 Y 坐标值表示的坐标为直角坐标。直角坐标分为绝对直角坐标和相对直角坐标。

(1) 绝对直角坐标：相对于当前坐标原点的坐标值，绝对直角坐标的输入方法为“X，Y”，如输入“18，26”，结果如图 2.47 所示。

(2) 相对直角坐标：相对于前一点的坐标值，相对直角坐标的输入方法为“@X，Y”，如输入“@16，16”，结果如图 2.48 所示。

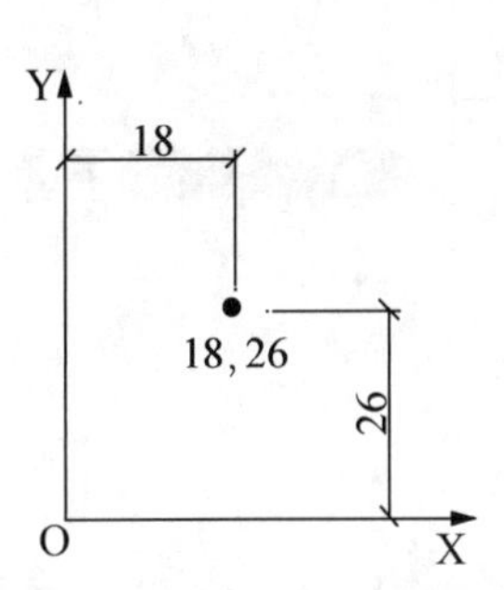

图 2.47 绝对直角坐标

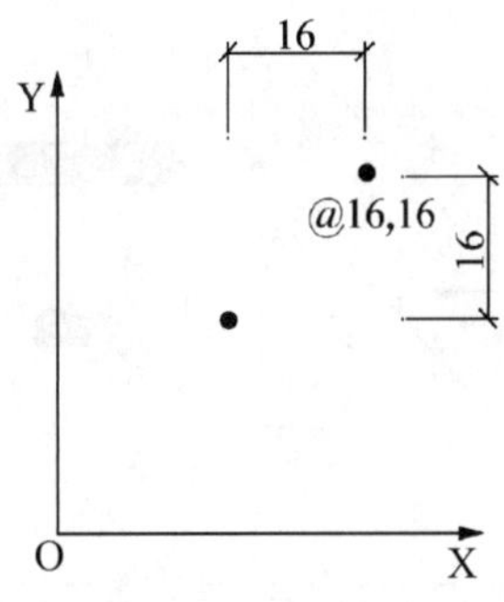

图 2.48 相对直角坐标

特别提示

直角坐标 X 和 Y 之间是英文输入法状态下的“逗号”而不是“点”。

2) 极坐标

用长度和角度表示的坐标为极坐标。

(1) 绝对极坐标：相对于当前坐标原点的极坐标值，绝对极坐标的输入方法为“长度 < 角度”，如输入“180<50”，结果如图 2.49 所示。

(2) 相对极坐标：相对于前一点的极坐标值，相对极坐标的输入方法为“@ 长度 < 角度”，如输入“@120<46”，结果如图 2.50 所示。

特别提示

极坐标的角度有正负之分。

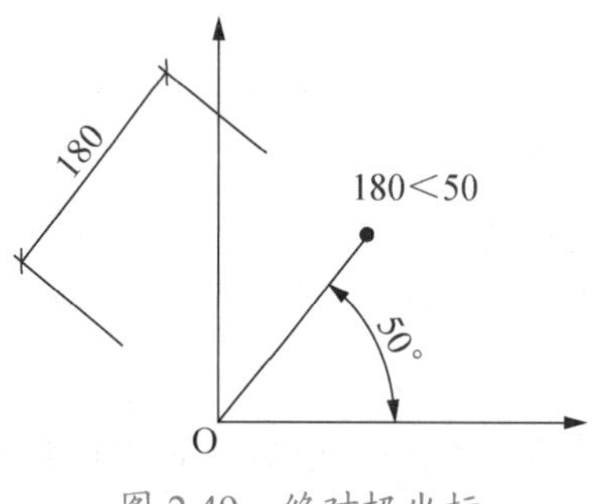

图 2.49　绝对极坐标

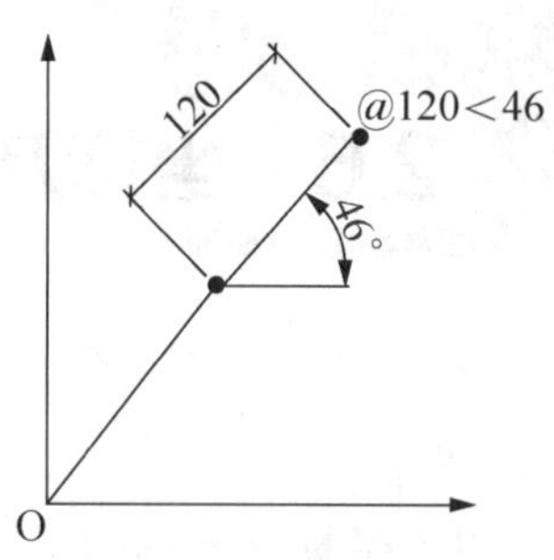

图 2.50　相对极坐标

2. 动态输入

动态输入是 AutoCAD 2006 新增的功能。将状态栏上的 DIY 按钮打开，系统就打开了动态输入功能，这样就可以在屏幕上动态输入某些参数，如直线的长度 (图 2.51) 和点的坐标 (图 2.52) 等。

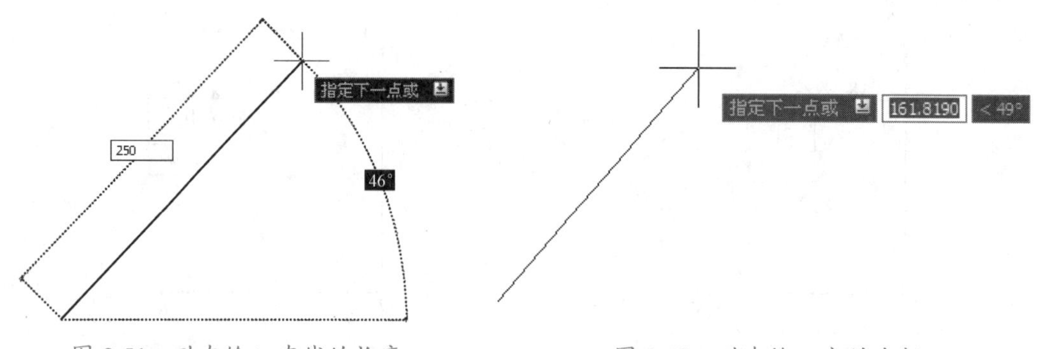

图 2.51　动态输入直线的长度　　图 2.52　动态输入点的坐标

2.7　绘制GZ3

在 1/4 轴线和 E 轴线相交处绘制尺寸为 500mm × 500mm 的构造柱，如图 2.53 所示。

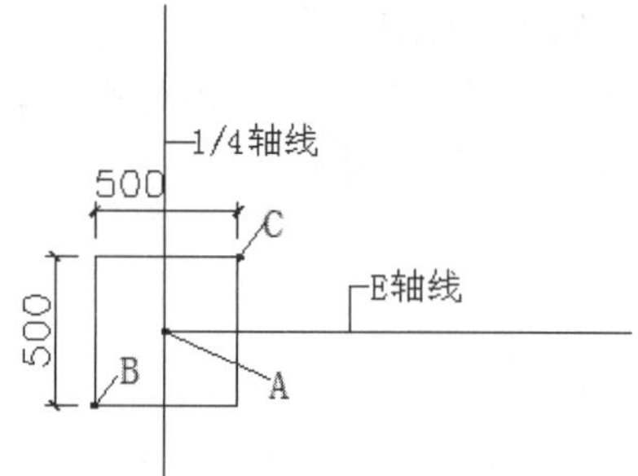

图 2.53　GZ3 的尺寸及位置

【绘制柱】

1. 设置当前层，调出【对象捕捉】工具栏

首先将当前层换为【柱子】图层，然后右击任意一个按钮，打开工具选项菜单，如图 2.54 所示。选择【对象捕捉】命令，调出【对象捕捉】工具栏。

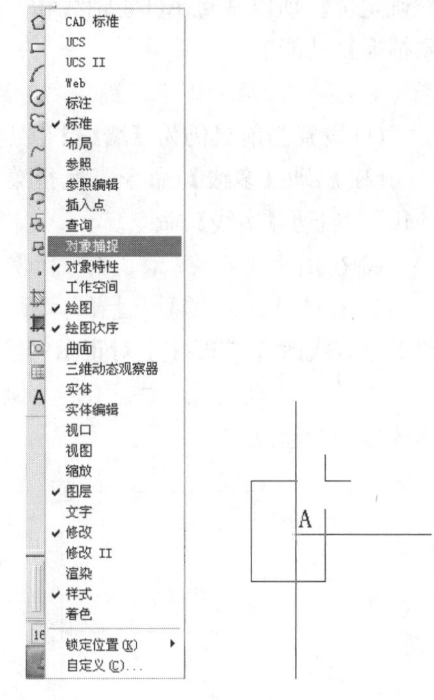

图 2.54 选择【对象捕捉】命令

图 2.55 绘制矩形的左下角点

2. 绘制第一个 GZ3

(1) 单击【绘图】工具栏上的【矩形】图标或在命令行输入“REC”并按 Enter 键，启动绘制矩形命令，命令行如下：

_rectang

指定第一个角点或 [倒角 (C)/ 标高 (E)/ 圆角 (F)/ 厚度 (T)/ 宽度 (W)]：

① 单击【对象捕捉】工具栏上的【捕捉自】图标。

② 在指定第一个角点或 [倒角 (C)/ 标高 (E)/ 圆角 (F)/ 厚度 (T)/ 宽度 (W)]：_from 基点：提示下，捕捉图 2.53 中的 A 点 (以 A 点作为确定矩形左下角的基点)。

③ 在指定第一个角点或 [倒角 (C)/ 标高 (E)/ 圆角 (F)/ 厚度 (T)/ 宽度 (W)]：_from 基点：< 偏移 >：提示下，输入矩形左下角点 B 相对于基点 A 的坐标“@–250，–250”，结果如图 2.55 所示，这样便绘出了矩形的左下角点。

④ 在指定另一个角点或 [面积 (A)/ 尺寸 (D)/ 旋转 (R)]：提示下，输入矩形右上角点 C 相对于 B 点的坐标“@500，500”，然后按 Enter 键结束命令。

(2) 本部分学习目的。

① 上面介绍了一个非常有用的作图辅助工具【捕捉自】，借助于【捕捉自】命令，通过 1/4 轴线和 E 轴线的交点 A 找到了矩形的左下角点 B。注意仔细区分上面第②和第③步命令行的细微区别。

② 学会画一定尺寸的矩形。

3. 复制出另外 3 个 GZ3

(1) 单击【修改】工具栏上的【复制】图标或在命令行输入“CO”并按 Enter 键，启动【复制】命令。

① 在选择对象：提示下，选择矩形柱，并按 Enter 键进入下一步命令。

② 在指定基点或 [位移 (D)]< 位移 >：提示下，捕捉 A 点 (1/4 轴线和 E 轴线的交点) 作为复制基点。

③ 在指定基点或 [位移 (D)]< 位移 >：指定第二个点或 < 使用第一个点作为位移 >：提示下，分别捕捉 1/4 轴线和 F 轴线的交点、1/6 轴线和 E 轴线的交点、1/6 轴线和 F 轴线的交点，这样便复制出另外 3 个柱子，如图 2.56 所示。

(2) 学习【复制】命令一定要理解基点的作用，基点的作用是使被复制出的对象能够

准确定位，所以基点 A(1/4 轴线和 E 轴线的交点) 必须准确地捕捉到 (注意一定打开【对象捕捉】功能)。

4. 继续学习利用【多线】命令绘制墙体

(1) 设置当前层仍为【墙线】图层。

(2) 启动【多线】命令。执行菜单栏中的【绘图】|【多线】命令，或在命令行输入“ML”，启动【多线】命令。

① 在指定起点或 [对正 (J)/ 比例 (S)/ 样式 (ST)]：提示下，输入“J”后按 Enter 键。

② 在输入对正类型 [上 (T)/ 无 (Z)/ 下 (B)] < 上 >：提示下，输入“T”后按 Enter 键，将对正方式改为“T”(上对正)，此时比例仍为“240”。

③ 在指定起点或 [对正 (J)/ 比例 (S)/ 样式 (ST)]：提示下，捕捉如图 2.57 所示的 A 点作为多线的起点。

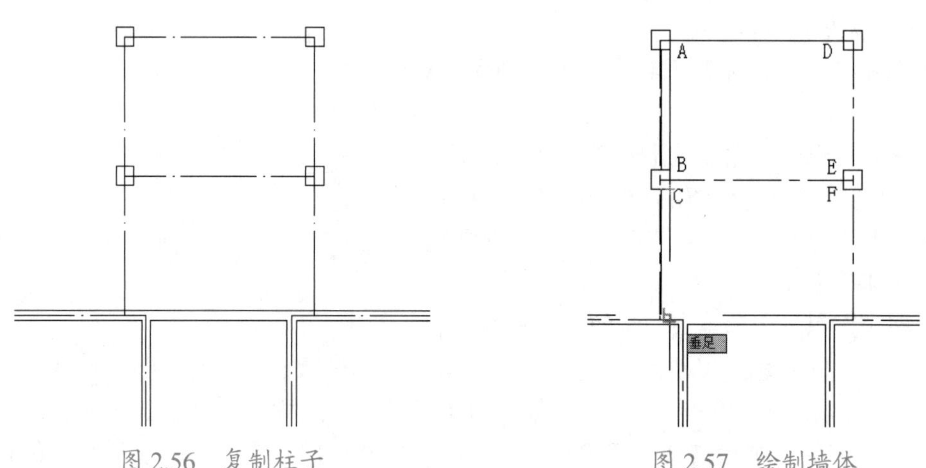

图 2.56　复制柱子　　　　图 2.57　绘制墙体

④ 在指定下一点或 [闭合 (C)/ 放弃 (U)]：提示下，捕捉 B 点作为多线的终点，按 Enter 键结束命令。

(3) 按 Enter 键重复【多线】命令。

① 在指定起点或 [对正 (J)/ 比例 (S)/ 样式 (ST)]：提示下，捕捉 C 点。

② 在指定下一点或 [闭合 (C)/ 放弃 (U)]：提示下，将光标向下拖至与外墙相接处会出现垂足捕捉，如图 2.57 所示，此时单击该点，然后按 Enter 键结束命令。

(4) 按 Enter 键重复【多线】命令。

在指定起点或 [对正 (J)/ 比例 (S)/ 样式 (ST)]：提示下，捕捉 A 点后将光标水平向右拖动，会发现墙的位置不正确，如图 2.58 所示，按 Esc 键取消命令。

(5) 再次按 Enter 键重复【多线】命令。

① 在指定起点或 [对正 (J)/ 比例 (S)/ 样式 (ST)]：提示下，捕捉 D 点。

② 在指定下一点或 [闭合 (C)/ 放弃 (U)]：提示下，将光标水平向左拖动，然后捕捉 A 点 (图 2.59)，并按 Enter 键结束命令，绘制出 DA 墙线。

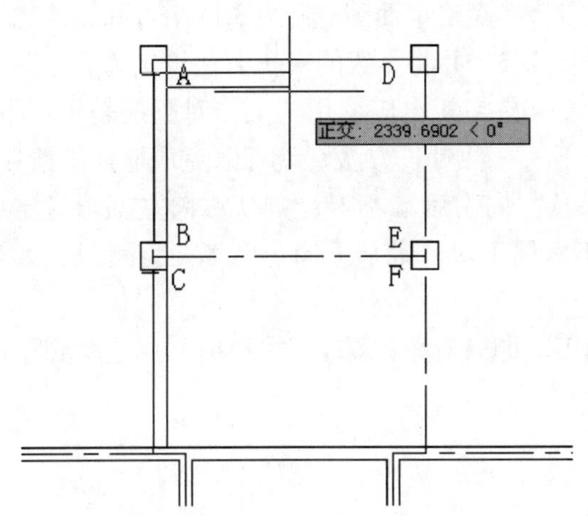

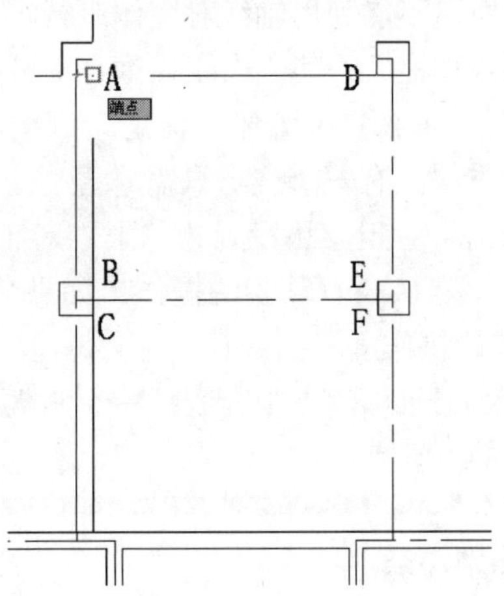

图 2.58 绘制 DA 墙的错误操作　　图 2.59 绘制 DA 墙的正确操作

(6) 按 Enter 键重复【多线】命令。

① 在指定起点或 [对正 (J)/ 比例 (S)/ 样式 (ST)]：提示下，捕捉 E 点。

② 在指定下一点或 [闭合 (C)/ 放弃 (U)]：提示下，将光标垂直向上拖动，然后捕捉 D 点，并按 Enter 键结束命令，绘制出 ED 墙线。

(7) 按 Enter 键重复【多线】命令。

① 在指定起点或 [对正 (J)/ 比例 (S)/ 样式 (ST)]：提示下，将光标放在 F 处会出现端点捕捉，此时不单击而是将光标向下拖动，这时出现虚线，将光标继续向下拖动至与 D 轴线外墙相接处，会出现交点捕捉 (黄色的“×”)，如图 2.60 所示，此时单击此处可绘制出这一段墙的下端点。

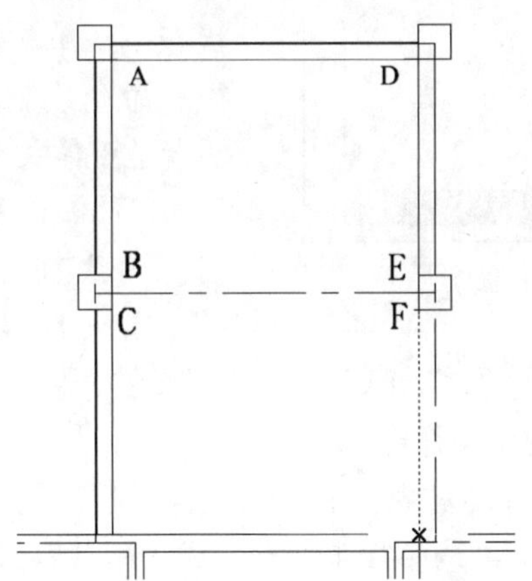

图 2.60 用【对象追踪】找墙的下端点

② 在指定下一点或 [闭合 (C)/ 放弃 (U)]：提示下，将光标向上拖动，捕捉 F 点，并按 Enter 键结束命令。

(8) 理解【多线】命令。

① 在“4．继续学习利用【多线】命令绘制墙体”中绘制的墙体的中心线和轴线不重

合，所以不能利用轴线对墙体进行定位。从宿舍楼底层平面图 (附图 3.1) 中可知，该部分的墙线和柱子的某个边线相重合，可以借助于 GZ3，并将多线的对正方法设定为“上”或“下”对正来定位墙体。但是绘制墙线时不太容易判断出应该用“上”对正还是用“下”对正方法。有一个技巧只需掌握“上”或“下”一种对正方法，就可以完成墙体的绘制。例如，将对正方法设置为“上”对正，如果从左向右画墙不对，则从右向左画墙肯定可以，如第 (4) 和 (5) 步的操作；如果从上向下画墙不对，则从下向上画墙肯定可以，如第 (6) 步的操作。

② 上面第 (7) 步介绍了一个重要的辅助工具即【对象追踪】，并利用 F 点追踪到了该段墙的下端点。

特别提示

本例建筑主体部位的绘图顺序为先画轴线，再由轴线定墙的位置。凸出部分的绘图顺序则为先画轴线，再由轴线定柱子的位置，然后由柱子定墙的位置。

5. 分解【多线】命令绘制的墙体

为了便于编辑墙体，用【多线】命令绘制的墙体经【多线编辑工具】编辑后应进行分解。

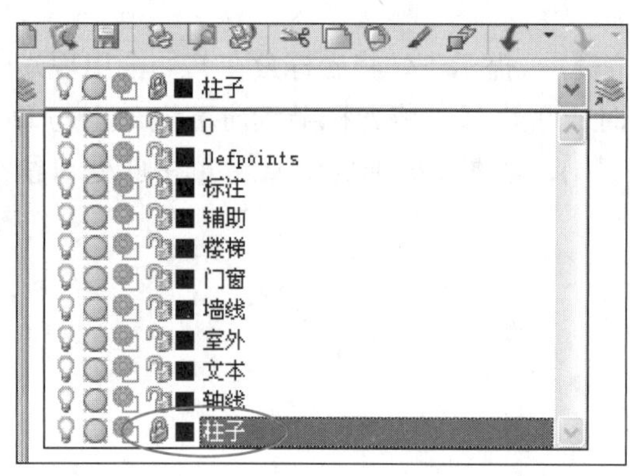

图 2.61 锁定【柱子】图层

(1) 打开当前层的下拉列表，将【柱子】图层锁定，即【柱子】图层被保护，不能对其进行任何编辑，这样就不能对其执行分解操作，如图 2.61 所示。

(2) 体会多线的特点：在命令行为空的状态下，单击某一根墙线，会发现用【多线】命令绘制的两根墙线同时变虚，说明两者是整体关系，可参见图 2.46。

(3) 单击【修改】工具栏上的【分解】图标或在命令行输入“X”并按 Enter 键，启动【分解】命令。

在选择对象：提示下，输入“ALL”后按 Enter 键，所有用【多线】命令绘制的墙线均变为虚线，然后按 Enter 键结束命令。

(4) 在命令行为空的状态下单击某一根墙线，会发现和第 (2) 步结果不同，此时仅一根线变虚。多线被分解后已经不再是多线了，它变成了用【直线】命令绘制的直线，所以不能再用【多线编辑工具】修改它。

6. 修整图形

(1) 将【轴线】图层关闭，同时将【柱子】图层解锁。

(2) 用【延伸】、【修剪】和【删除】命令将图 2.62 所示的图形编辑为如图 2.63 所示的状态。

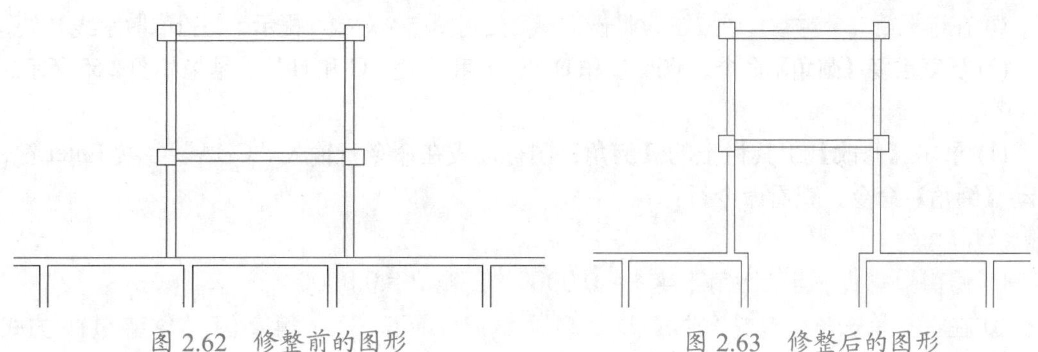

图 2.62 修整前的图形　　　　图 2.63 修整后的图形

2.8 绘制散水线

1. 偏移生成散水线

将外墙线向外偏移 900mm，如图 2.64 所示。之后需要对散水线的阴阳角进行修角处理。

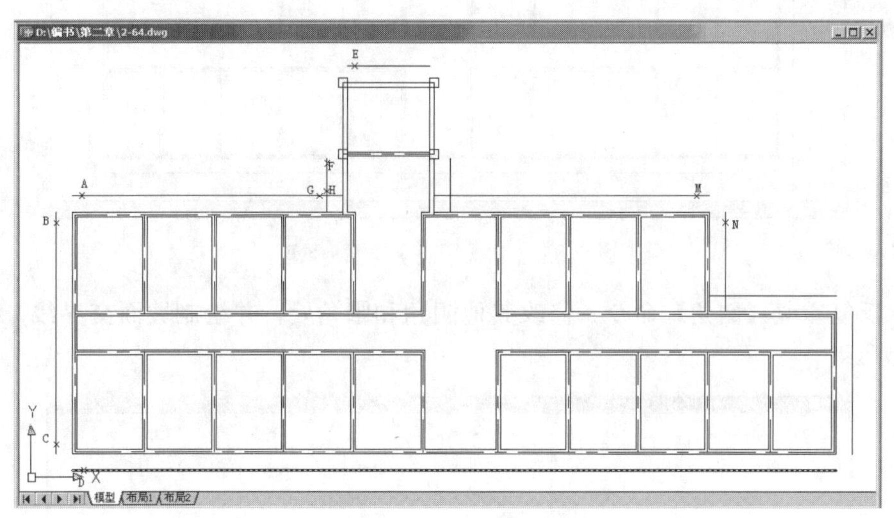

图 2.64 外墙线向外偏移 900mm

2. 用【圆角】命令修角

(1) 单击【修改】工具栏上的【圆角】图标或在命令行输入“F”并按 Enter 键，启动【圆角】命令，查看命令行：

fillet

当前设置：模式 = 修剪，半径 = 0.0000

① 在选择第一个对象或 [放弃 (U)/ 多段线 (P)/ 半径 (R)/ 修剪 (T)/ 多个 (M)]：提示下，拾取散水线 A 处。

② 在选择第二个对象，或按住 Shift 键选择要应用角点的对象：提示下，拾取散水线 B 处。

(2) 反复重复【圆角】命令，修改 C 和 D 处、E 和 F 处、G 和 H 处，结果如图 2.65 所示。

3. 用【倒角】命令修角

(1) 单击【修改】工具栏上的【倒角】图标或在命令行输入“CHA”并按 Enter 键，启动【倒角】命令，查看命令行：

_chamfer

(“修剪”模式) 当前倒角距离 1 = 0.0000，距离 2 = 0.0000

① 在选择第一条直线或 [放弃 (U) / 多段线 (P) / 距离 (D) / 角度 (A) / 修剪 (T) / 方式 (E) / 多个 (M)]：提示下，拾取图 2.65 中的散水线 M 处。

② 在选择第二条直线，或按住 Shift 键选择要应用角点的直线：提示下，拾取图 2.65 中的散水线 N 处。

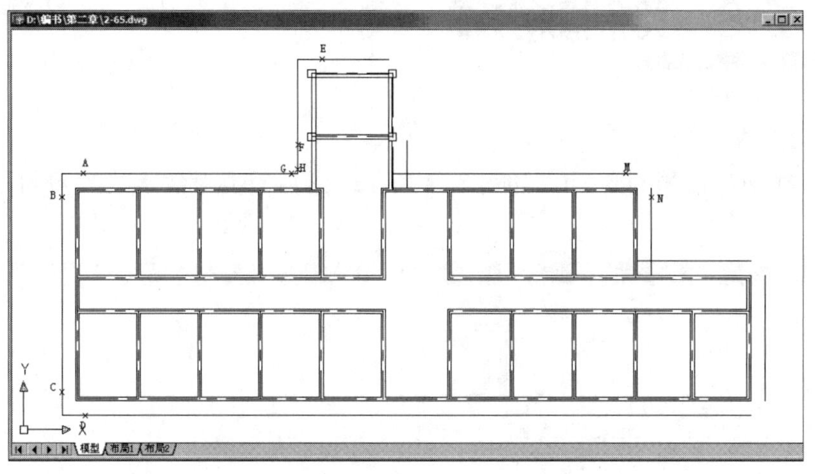

图 2.65　用【圆角】命令修角

(2) 反复重复【倒角】命令，修改其他阴角和阳角处，并绘制坡面交界线，结果如图 2.66 所示。

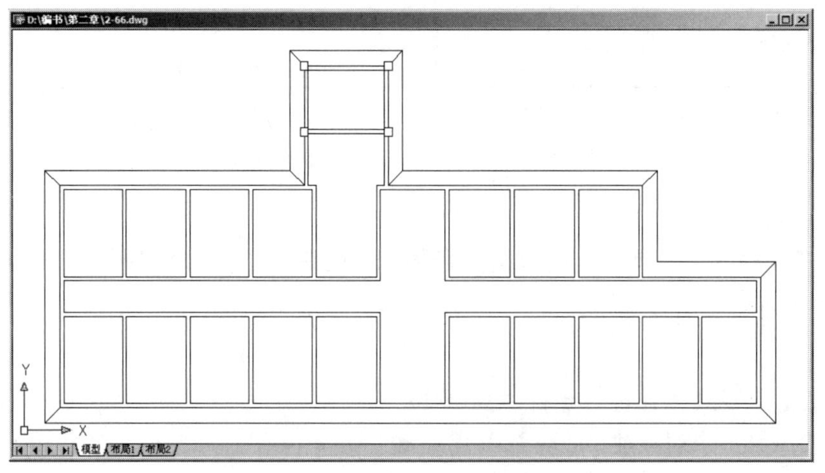

图 2.66　散水线和坡面交界线

4. 用【圆角】和【倒角】命令修角应满足的条件

用【圆角】和【倒角】命令都可以进行修角处理，修角包含两种情况，如图 2.67 所示。

图 2.67 修角处理的两种情况

① 用【圆角】命令进行修角必须满足两个条件：模式应为【修剪】模式，圆角半径为“0”。

② 用【倒角】命令进行修角也必须满足两个条件：模式应为【修剪】模式，倒角距离 1 和倒角距离 2 均为“0”。

5. 换图层

散水线是由墙线偏移而得到的，所以它目前位于【墙线】图层上，现在将其由【墙线】图层换到【室外】图层上，换图层有 3 种方法。

1) 利用【图层】工具栏换图层

(1) 在无命令情况下，单击散水线，出现夹点。此时【图层控制】选项窗口显示的就是目前该图形所位于的图层，可以用此方法查询某图形所位于的图层，如图 2.68 所示。

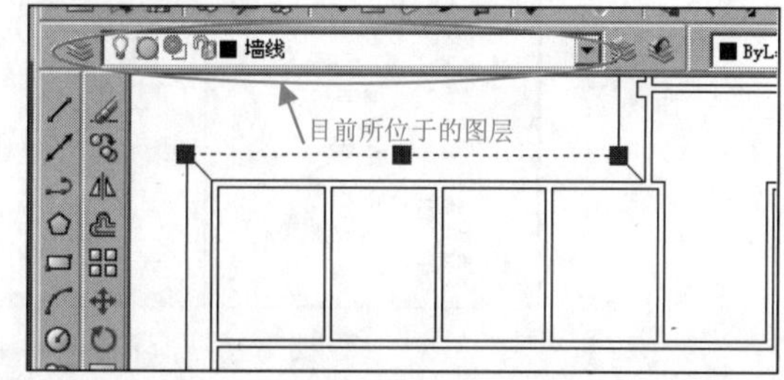

图 2.68 查询图形所位于的图层

(2) 单击【图层控制】选项窗口旁边的与下拉按钮，在下拉列表中选择【室外】图层，则该图形被换到【室外】图层上，如图 2.69 所示。

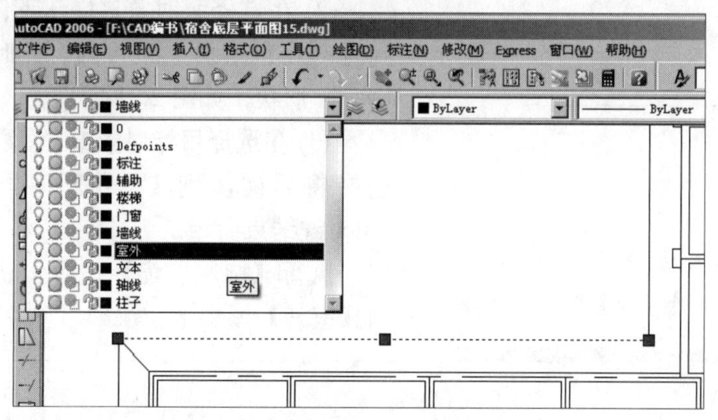

图 2.69 利用【图层】工具栏换图层

2) 利用【对象特性】命令换图层

(1) 在无命令情况下，单击位于【墙线】图层上的散水线，出现夹点。

(2) 单击【标准】工具栏上的【对象特性】图标或执行菜单栏中的【修改】|【特性】命令，打开【对象特性管理器】对话框。

(3) 在【对象特性管理器】对话框中的图层右侧的文本框内单击，出现下拉按钮，然后将其下拉列表打开，选中【室外】图层，如图 2.70 所示。

(4) 按 Esc 键取消夹点，则该图形被换到【室外】图层上。

3) 利用【特性匹配】命令换图层

只有利用【图层】工具栏或【对象特性管理器】将某一条散水线换图层后，才能用格式刷将剩余的其他散水线由【墙线】图层换到【室外】图层上。

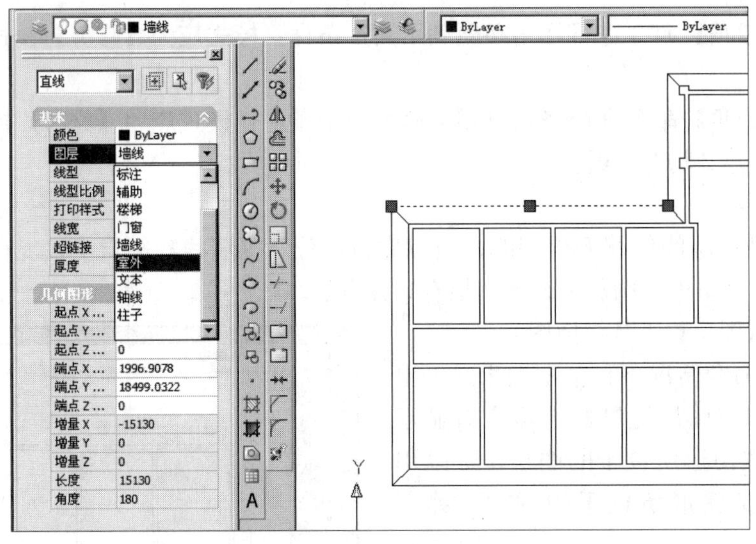

图 2.70　利用【对象特性】命令换图层

(1) 单击【标准】工具栏上的【特性匹配】图标或执行菜单栏中的【修改】|【特性匹配】命令。启动【特性匹配】命令。

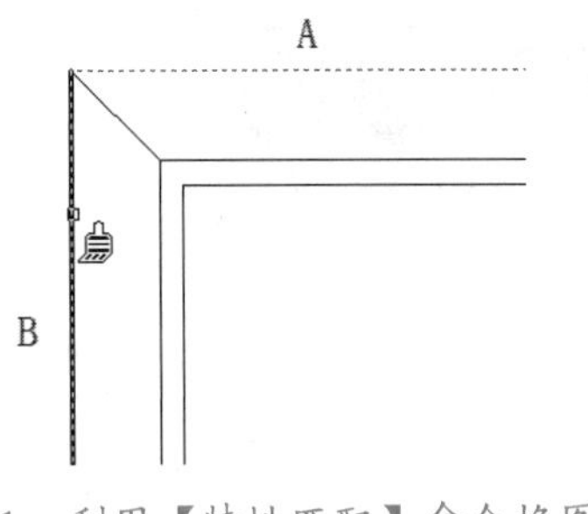

图 2.71　利用【特性匹配】命令换图层

(2) 在选择源对象：提示下，选择已经被换到【室外】图层上的 A 线。此时光标变成“大刷子”形状，如图 2.71 所示。

(3) 在选择目标对象或 [设置 (S)]：提示下，选择将要被换到【室外】图层的 B 线等，按 Enter 键结束命令。

执行【特性匹配】命令，将其他散水线换到【室外】图层上。

特别提示

学习【特性匹配】命令一定要理解源对象和目标对象的概念。例如，某班有 10 个学生，其中 9 个男生，1 个女生。如果要把男生变成女生，则女生为源对象，所有的男生则是目标对象。如果班里 10 名学生都是男生，没有女生，则无法使用【特性匹配】命令。

2.9 开门窗洞口

1. 绘制门窗洞口线

(1) 分别按 F8、F3、F11 键打开【正交】、【对象捕捉】、【对象追踪】功能，并将视图调整到如图 2.72 所示的状态。

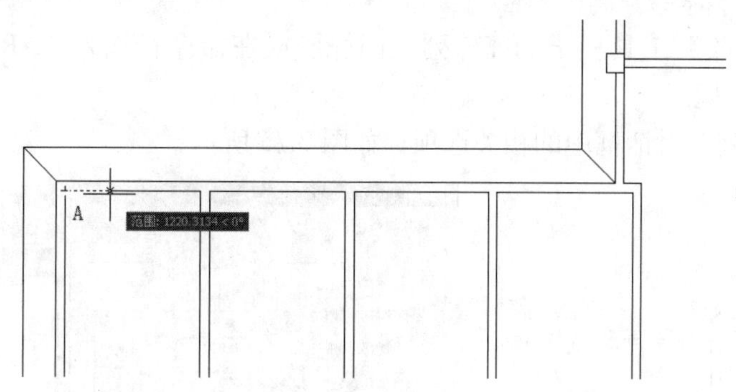

图 2.72 利用【对象追踪】找点的位置

(2) 单击【绘图】工具栏上的【直线】图标或在命令行输入“L”并按 Enter 键，启动绘制直线命令。

① 在 line 指定第一点：提示下，将光标放在左上角房间的阴角点 A 点处，不单击，待出现端点捕捉符号后，将光标轻轻地水平向右拖动，会出现一条虚线，如图 2.72 所示。然后输入“930”(该值为 A 点到窗洞口左下角点的距离，即 1050–120=930) 后按 Enter 键，直线的起点就画在门窗洞口的左下角点处。

② 在指定下一点或 [放弃 (U)]：提示下，将光标垂直向上拖动，然后输入“240”，如图 2.73 所示，按 Enter 键结束命令。

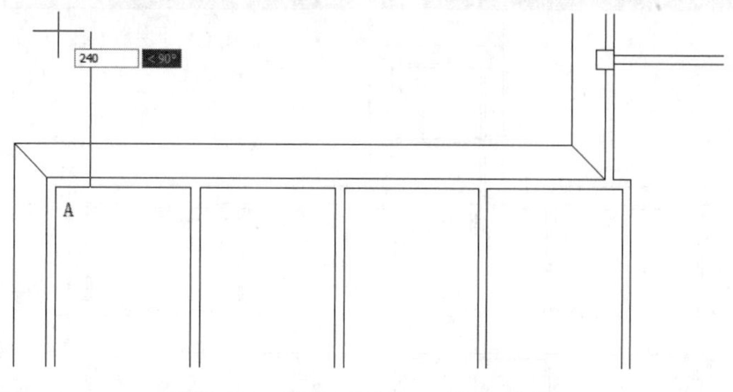

图 2.73 绘制 240mm 的垂直线

这样，在距离 A 点向右 930mm 处绘出一根 240mm 长的垂直线。

(3) 单击【修改】工具栏上的【偏移】图标或在命令行输入“O”并按 Enter 键，启动【偏移】命令。

① 在指定偏移距离或 [通过 (T)/ 删除 (E)/ 图层 (L)]< 通过 >：提示下，输入门窗洞口的宽度“1800”，然后按 Enter 键进入下一步命令。

② 在选择要偏移的对象，或 [退出 (E)/ 放弃 (U)] < 退出 >：提示下，用拾取的方法选择刚才绘制的 M 垂直线，此时该线变虚。

③ 在指定要偏移的那一侧上的点，或 [退出 (E)/ 多个 (M)/ 放弃 (U)] < 退出 >：提示下，单击 M 线右侧的任意位置，则生成门窗洞口右侧的 N 线，结果如图 2.74 所示，按 Enter 键结束命令。

2. 用【阵列】命令复制出其他门窗洞口线

(1) 单击【修改】工具栏上的【阵列】图标或在命令行输入“AR”并按 Enter 键，打开【阵列】对话框。

① 设置【阵列】对话框中的相关选项，如图 2.75 所示。

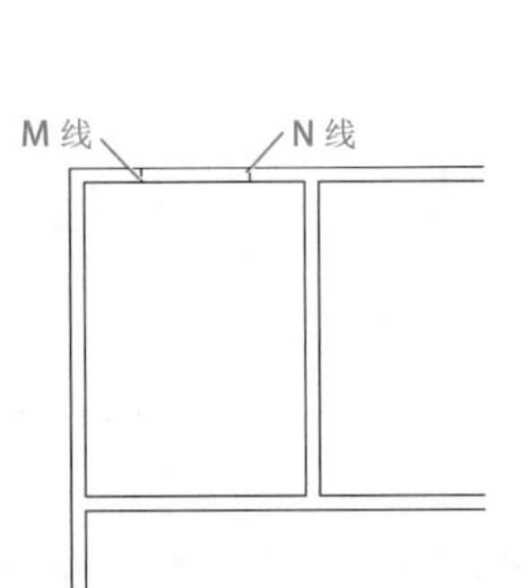

图 2.74　绘制门窗洞口线

图 2.75　【阵列】对话框

② 单击【阵列】对话框中的【选择对象】按钮，此时【阵列】对话框消失。然后选择图 2.74 中的 M、N 线后按 Enter 键，又返回对话框。单击【确定】按钮关闭对话框，结果如图 2.76 所示。

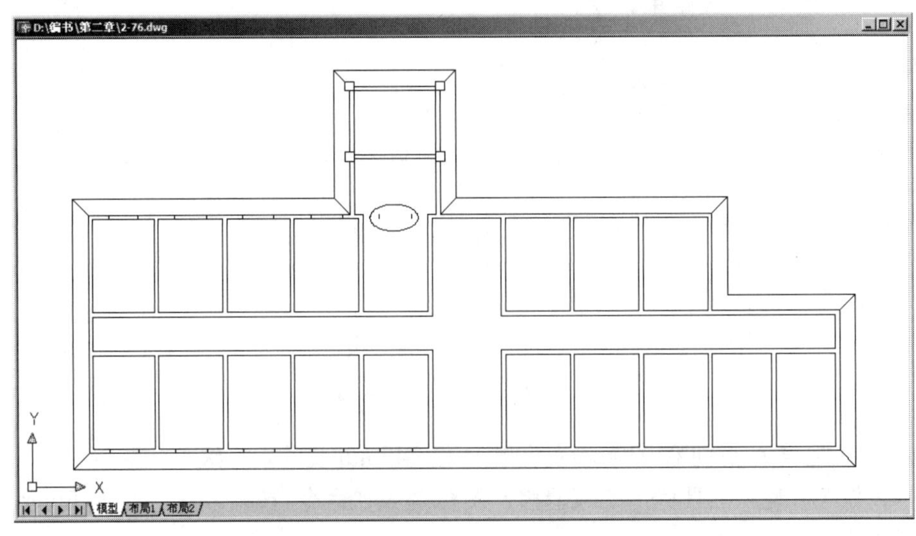

图 2.76　用【阵列】命令生成门窗洞口线

(2) 将图 2.76 中圆圈所圈定的两个短线擦除。

特别提示

用【阵列】命令复制对象时，行数和列数的计算应包括阵列对象本身。行间距和列间距有正负之分：行间距上为正，下为负；列间距右为正，左为负。

行偏移或列偏移计算方法为左到左或右到右或中到中，如门窗洞口左边到门窗洞口左边，或门窗洞口右边到门窗洞口右边，或门窗洞口中间到门窗洞口中间。

当行数和列数为 1 时，行偏移或列偏移内的值为任意值都是无效的。

【CAD软件如何绘制花图形】

(3) 参照宿舍楼底层平面图 (附图 3.1) 的尺寸，画出其他房间的门窗洞口并修剪成如图 2.77 所示的状态。

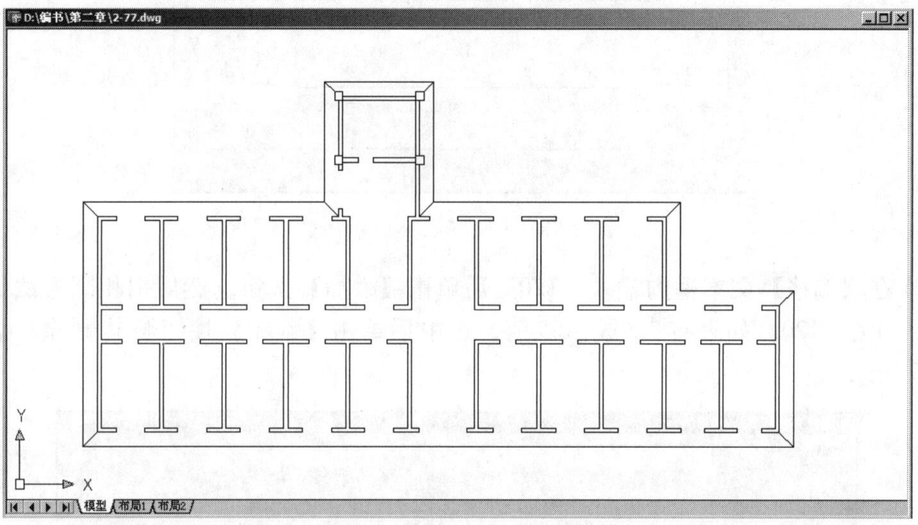

图 2.77　绘制其他门窗洞口线

2.10 绘制门窗

2.10.1 绘制窗

绘制窗有多种方法，这里主要介绍利用【多线】命令绘制窗。

1. 设置多线样式

(1) 执行菜单栏中的【格式】|【多线样式】命令，打开【多线样式】对话框。单击【新建】按钮，打开【创建新的多线样式】对话框，如图 2.78 所示。在【新样式名】文本框内输入“WINDOW”，单击【继续】按钮，打开【新建多线样式：WINDOW】对话框。

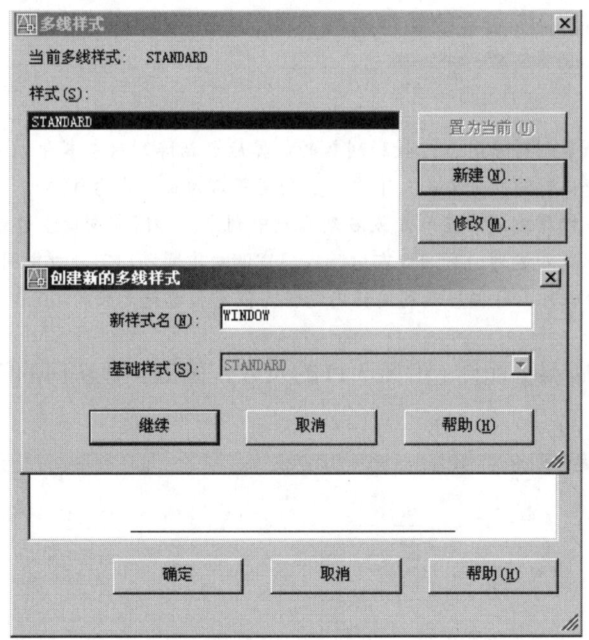

图 2.78　创建新的多线样式

(2) 在【偏移】文本框内输入“120”后单击【添加】按钮。然后用相同方法依次设定 40、–40、–120。如果有 0.5 或 –0.5 值，选中后单击【删除】按钮将其删除，结果如图 2.79 所示。

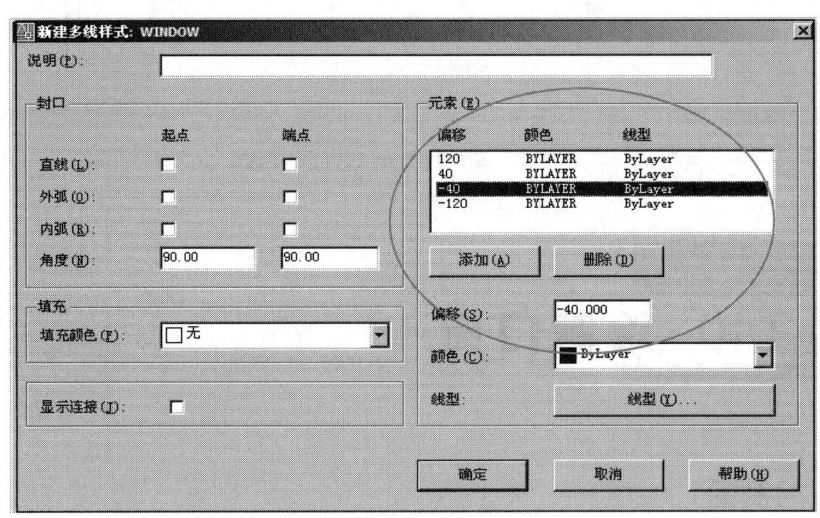

图 2.79　修改多线元素

(3) 单击【确定】按钮返回【多线样式】对话框，注意观察【预览：WINDOW】窗口内的图形和图 2.80 中是否一样，如果不同则说明多线元素设定有错。

(4) 在【样式】列表框中选中【WINDOW】选项，单击【置为当前】按钮，如图 2.80 所示，这样就将 WINDOW 样式设置为当前多线样式，单击【确定】按钮关闭对话框。

(5) 多线样式设定理解：设定多线样式时，在【元素】选项组的文本框内，如设定的值为正值，在中心线以上加一条线；如设定的值为负值，在中心线以下加一条线；如设定的值为0，则在中间位置加一条线，如图2.81所示。可以计算出第一根线和最后一根线之间的距离为240mm。观察图2.80会发现这里有STANDARD和WINDOW两种多线样式：STANDARD元素值为0.5和–0.5，所以STANDARD多线样式只有两根线，两根线之间的距离为1mm；WINDOW多线样式有4根线，第一根线和最后一根线之间的距离为240mm。

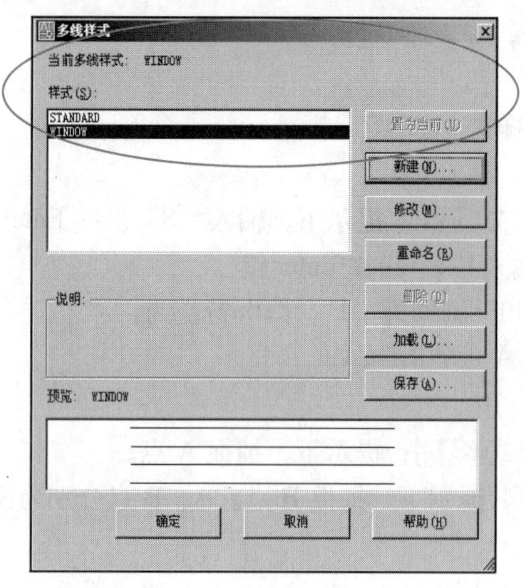

图 2.80　设置当前多线样式

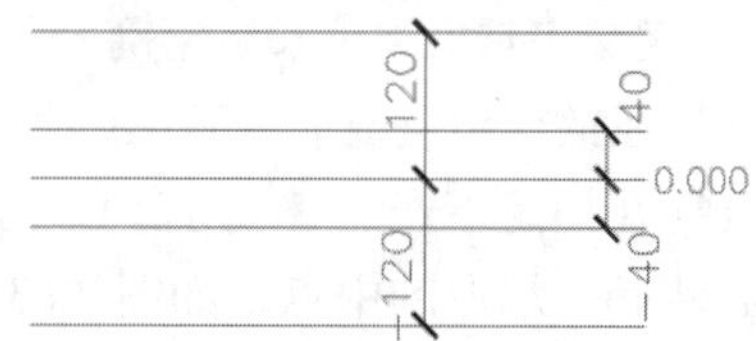

图 2.81　多线元素值和图形的关系

特别提示

部分北方寒冷地区的砖混房屋为满足保温要求，通常低、多层房屋的外墙为370mm墙，内墙为240mm墙。一般轴线标在距外墙内侧120mm处，如用【多线】命令绘制外墙，需建立370墙样式，【图元】文本框内需添加的偏移量分别为250、–120。

2. 利用【多线】命令绘制窗

1) 准备工作

(1) 换当前层：将当前层换为【门窗】图层(【轴线】图层仍为关闭状态)。

(2) 将当前多线样式设定为WINDOW样式(见图2.80)。

(3) 勾选【中点】复选框：右击状态栏上的【对象捕捉】按钮，从弹出快捷菜单中选择【设置】命令，则打开【草图设置】对话框。勾选【中点】复选框，如图2.82所示。

(4) 将视图调整至如图2.83所示的状态。

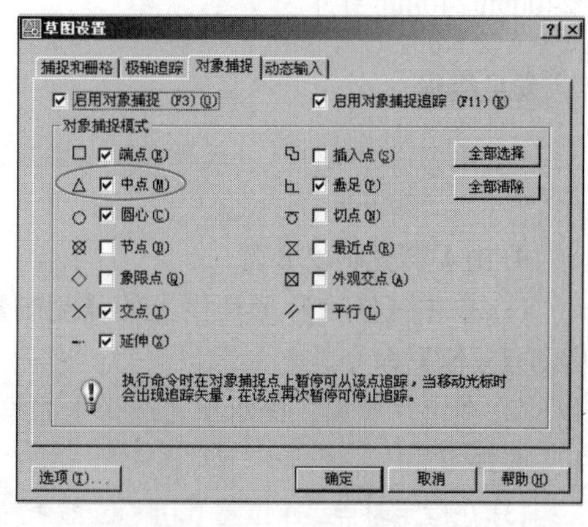

图 2.82　勾选【中点】复选框

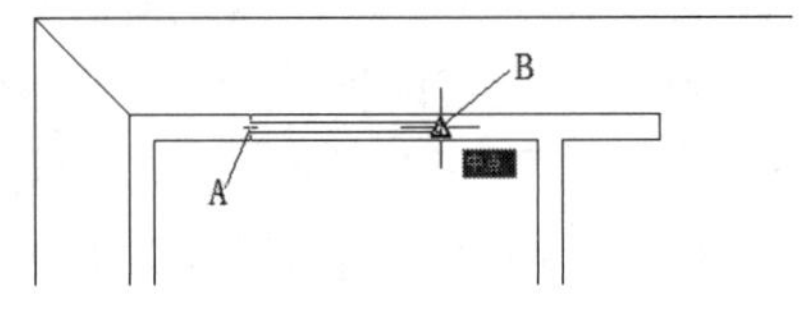

图 2.83　用【多线】命令绘制左上角的窗

2) 执行【多线】命令

执行菜单栏中的【绘图】|【多线】命令，查看命令行：

mline

当前设置：对正 = 无，比例 =240.00，样式 =WINDOW

指定起点或 [对正 (J)/ 比例 (S)/ 样式 (ST)]：

(1) 在指定起点或 [对正 (J)/ 比例 (S)/ 样式 (ST)]：提示下，输入“S”后按 Enter 键。

(2) 在输入多线比例 <240>：提示下，输入“1”后按 Enter 键。

经过 (1) 和 (2) 步操作后，将比例由“240”调整为“1”，命令行变为：

当前设置：对正 = 无，比例 = 1.00，样式 = WINDOW

指定起点或 [对正 (J)/ 比例 (S)/ 样式 (ST)]：

(3) 在指定起点或 [对正 (J)/ 比例 (S)/ 样式 (ST)]：提示下，捕捉 A 点。

(4) 在指定下一点或 [闭合 (C)/ 放弃 (U)]：提示下，捕捉 B 点。A、B 点分别为窗洞口左右 240mm 墙厚的中点，如图 2.83 所示。

(5) 按 Enter 键结束命令，这样就绘制出了 1 窗。

3) 理解【多线】命令中【比例】的设定

(1) 比例是用来放大或缩小图形的，比例值的大小为新尺寸 / 旧尺寸。比例值大于 1 为放大图形，比例值等于 1 为图形不变，比例值小于 1 为缩小图形。

(2) 在 2.5 中用 STANDARD 样式绘制了 240mm 厚的墙体，但多线 STANDARD 样式的两根线距离为“1”，需要将其变为“240”，则比例 = 新尺寸 / 旧尺寸 =240/1=240。

(3) 2.10.1 中用 WINDOW 样式绘制窗，WINDOW 样式的多线的第一根和最后一根线的距离为 240mm，门窗洞口的宽度也为 240mm，则比例 = 新尺寸 / 旧尺寸 =240mm/240mm=1。

常见错误

- 利用 WINDOW 多线样式绘制窗后，如需绘制墙时，应先将 STANDARD 多线样式置为当前样式。

4) 由 1 窗复制出 2 窗

(1) 单击【修改】工具栏上的【复制】图标或在命令行输入“CO”并按 Enter 键，启动【复制】命令。

(2) 在选择对象：提示下，选择上面绘制的 1 窗作为被复制的对象，并按 Enter 键进入下一步命令。

(3) 在指定基点或 [位移 (D)] < 位移 >：提示下，捕捉 1 窗洞口的左下角点作为复制基点。

(4) 在指定基点或 [位移 (D)] < 位移 >：指定第二个点或 < 使用第一个点作为位移 >：

提示下，捕捉2窗洞口的左下角点，如图2.84所示。

(5) 按Enter键结束命令。

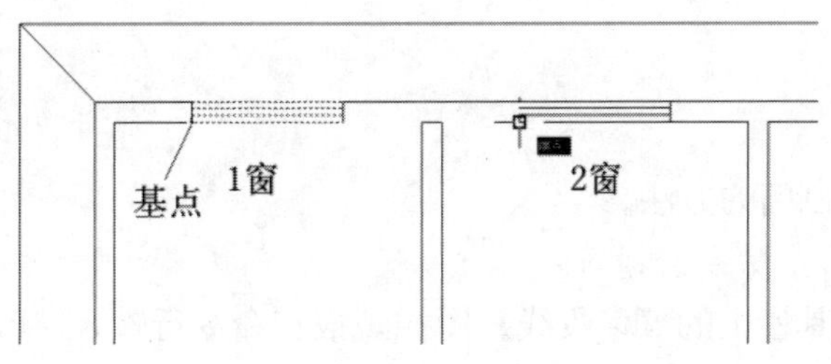

图2.84 靠基点定位复制门窗

5) 由1窗复制出3窗

(1) 单击【修改】工具栏上的【复制】图标，启动【复制】命令。

(2) 在选择对象：提示下，选择1窗作为被复制的对象，并按Enter键进入下一步命令。

(3) 在指定基点或[位移(D)]<位移>：提示下，在绘图区任意单击一点作为复制基点。

(4) 在指定基点或[位移(D)]<位移>：指定第二个点或<使用第一个点作为位移>：提示下，打开【正交】功能，将光标垂直向下拖动，输入"12900"(该值为A轴线与D轴线之间的距离)，如图2.85所示，然后按Enter键。

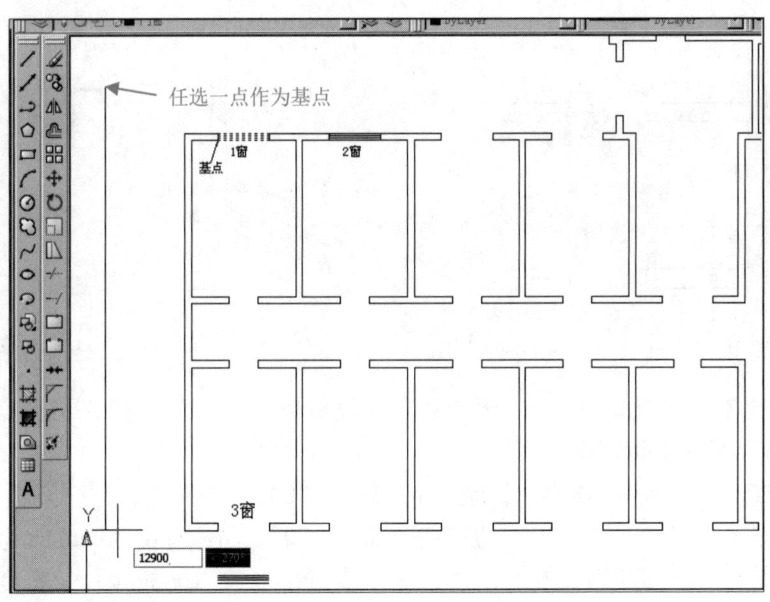

图2.85 靠距离定位复制门窗

(5) 按Enter键结束【复制】命令。

6) 理解【复制】命令

(1) 由1窗复制出2窗时，被复制出的2窗是依靠基点得到准确定位的，所以此时必须准确地捕捉基点。

(2) 由 1 窗复制出 3 窗时，被复制出的 3 窗是依靠距离得到准确定位的，此时基点可选在任意位置，“12900”是 1 窗和 3 窗之间的垂直距离，所以必须打开【正交】功能。

2.10.2 绘制门

下面介绍两种绘制门的方法。

1. 利用【多段线】命令绘制门

单击【绘图】工具栏上的【多段线】图标或在命令行输入“PL”并按 Enter 键，启动绘制多段线命令。

【绘制门】

(1) 在指定起点：提示下，捕捉门洞口右侧垂直线的中点作为起点，如图 2.86 所示。

(2) 在当前线宽为 0.0000，指定下一个点或 [圆弧 (A)/ 半宽 (H)/ 长度 (L)/ 放弃 (U)/ 宽度 (W)]：提示下，输入“W”后按 Enter 键，指定要修改线宽。

(3) 在指定起点宽度 <0.0000>：提示下，输入“50”。

(4) 在指定端点宽度 <0.0000>：提示下，输入“50”，表示将线宽改为 50mm。打开【正交】功能，并将光标垂直向上拖动。

(5) 在指定下一个点或 [圆弧 (A)/ 半宽 (H)/ 长度 (L)/ 放弃 (U)/ 宽度 (W)]：提示下，输入“1000”后按 Enter 键。这样就画出线宽为 50mm、长度为 1000mm 的门扇，如图 2.87 所示。

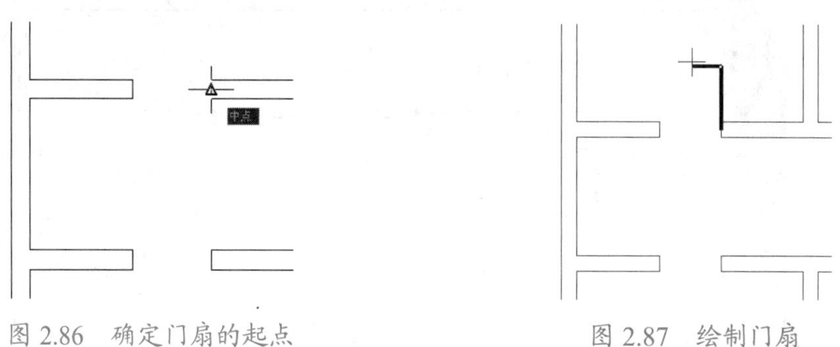

图 2.86　确定门扇的起点　　图 2.87　绘制门扇

(6) 在指定下一点或 [圆弧 (A)/ 闭合 (C)/ 半宽 (H)/ 长度 (L)/ 放弃 (U)/ 宽度 (W)]：提示下，输入“W”后按 Enter 键。

(7) 在指定起点宽度 <0.0000>：提示下，输入“0”。

(8) 在指定端点宽度 <0.0000>：提示下，输入“0”，将线宽由 50mm 改为 0mm。

(9) 在指定下一点或 [圆弧 (A)/ 闭合 (C)/ 半宽 (H)/ 长度 (L)/ 放弃 (U)/ 宽度 (W)]：提示下，输入“A”后按 Enter 键，指定将要绘制圆弧。

(10) 在指定圆弧的端点或 [角度 (A)/ 圆心 (CE)/ 闭合 (CL)/ 方向 (D)/ 半宽 (H)/ 直线 (L)/ 半径 (R)/ 第二个点 (S)/ 放弃 (U)/ 宽度 (W)]：提示下，输入“CE”后按 Enter 键，说明将要用指定圆心的方式绘制圆弧。

(11) 在指定圆弧的圆心：提示下，捕捉 A 点 (门扇的起点) 作为圆弧的圆心，如图 2.88 所示。

(12) 在指定圆弧的端点或 [角度 (A)/ 长度 (L)]：提示下，打开【正交】功能，将光标水平向左拖动 (图 2.89)，在任意位置单击，确定逆时针绘制的 1/4 个圆弧。

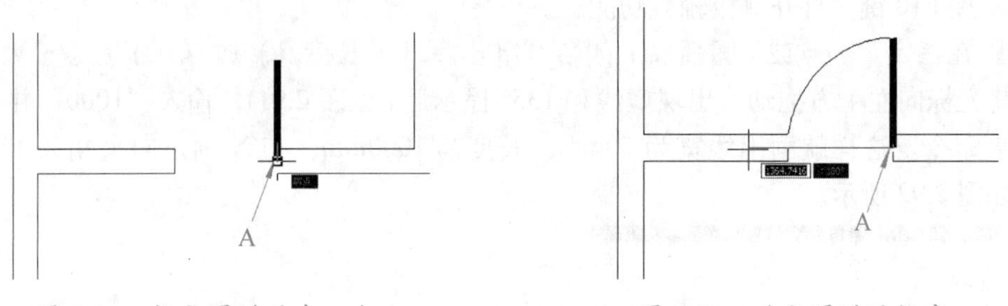

图 2.88　指定圆弧的中心点　　　　图 2.89　确定圆弧的长度

(13) 按 Enter 键结束命令。

> 特别提示
>
> 多段线又称为多义线，即多种意义的线，用它可以绘制“0”宽度的线，也可以绘制具有一定宽度的线；可以绘制直线，也可以绘制圆弧。用多段线连续绘出的直线和圆弧是整体关系，可以用【分解】命令将多段线分解。多段线被分解后，线宽将变为“0”。

2. 利用【极轴】按钮、方向长度方式画线及【圆弧】命令绘制门

(1) 右击状态栏上的【极轴】按钮，从弹出的快捷菜单中选择【设置】命令，则打开【草图设置】对话框，设置相关选项，如图 2.90 所示。

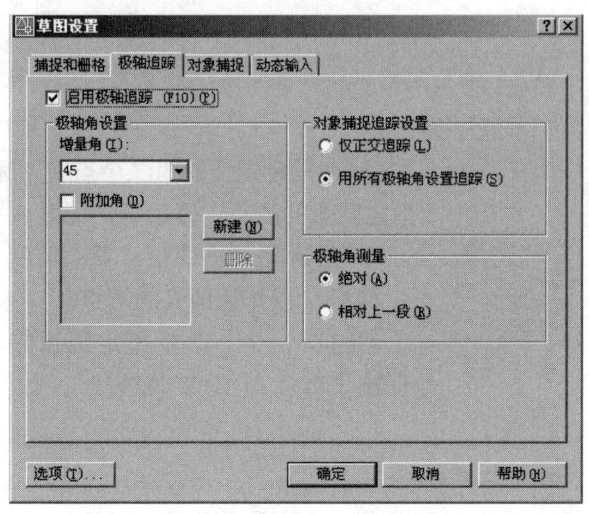

图 2.90　【草图设置】对话框

(2) 单击【绘图】工具栏上的【多段线】图标或在命令行输入“PL”并按 Enter 键，启动绘制多段线命令。

① 在指定起点：提示下，捕捉如图 2.91 所示的 A 点作为线的起点。

② 在当前线宽为 0.0000，指定下一个点或 [圆弧 (A)/ 半宽 (H)/ 长度 (L)/ 放弃 (U)/ 宽度 (W)]：提示下，输入“W”后按 Enter 键。

③ 在指定起点宽度 <0.0000>：提示下，输入“50”。

④ 在指定端点宽度 <0.0000>：提示下，输入“50”，这样就将线宽改为“50”。

⑤ 按 F10 键，打开【极轴】功能。

⑥ 在指定下一点或 [圆弧 (A)/ 闭合 (C)/ 半宽 (H)/ 长度 (L)/ 放弃 (U)/ 宽度 (W)]：提示下，将光标向左上方拖动，出现虚线和 135° 提示后 (见图 2.91)，输入“1000”并按 Enter 键结束命令。这样就画出线宽为 50mm、长度为 1000mm、与 X 轴正向夹角为 135° 的门扇，如图 2.92 所示。

特别提示

用方向长度的方式画线，不仅可以画水平线和垂直线，而且还可以绘制有一定角度的线。

(3) 执行菜单栏中的【绘图】|【圆弧】|【起点、圆心、端点】命令。

① 在 _arc 指定圆弧的起点或 [圆心 (C)]：提示下，捕捉 B 点作为圆弧的起点。

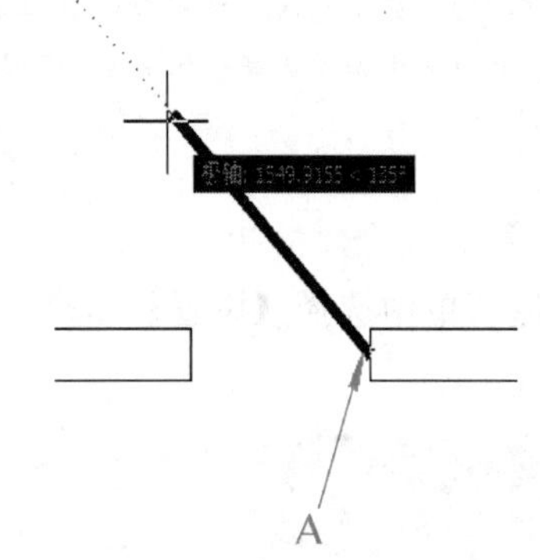

图 2.91　门扇的拖动方向

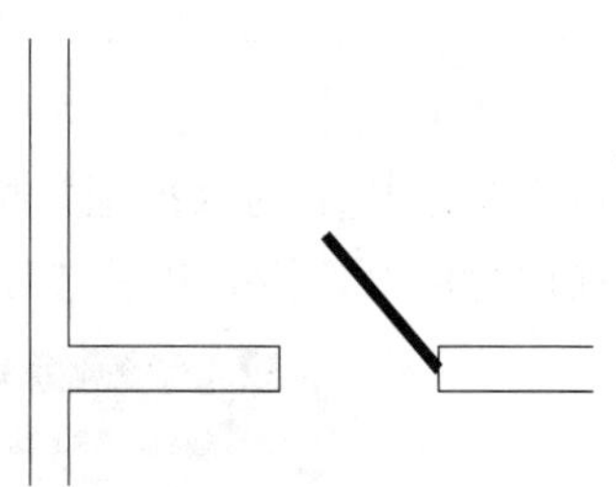
图 2.92　绘制出的门扇

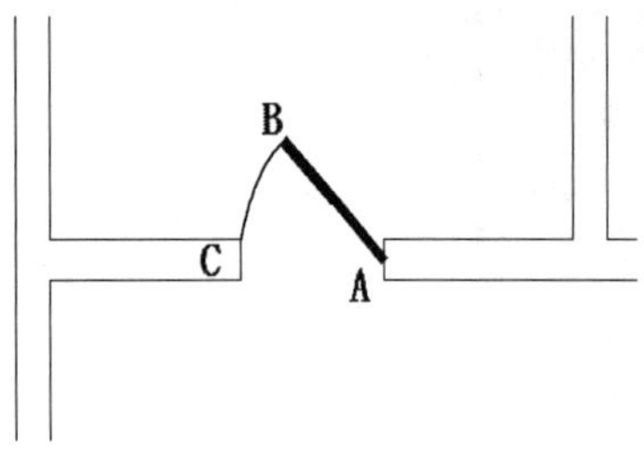

图 2.93　绘制门扇的轨迹线

② 在指定圆弧的第二个点或 [圆心 (C)/ 端点 (E)]：_c 指定圆弧的圆心：提示下，捕捉 A 点作为圆弧的圆心。

③ 在指定圆弧的端点或 [角度 (A)/ 弦长 (L)]：提示下，捕捉 C 点作为圆弧的端点。

通过①、②、③步指定圆弧的起点、圆心和端点，绘制出了圆弧 (门扇的轨迹线)，如图 2.93 所示。

特别提示

默认状态下，圆弧和椭圆弧均为逆时针方向绘制，所以在执行绘制圆弧操作时，应按逆时针的方向确定起点和端点的位置。因此 B 点应作为圆弧的起点，C 点应作为圆弧的端点。如果将 A 和 C 颠倒，则会增加绘图步骤。

3. 绘制值班室大门

(1) 用【复制】命令将 A 门复制到 B 处，如图 2.94 所示。

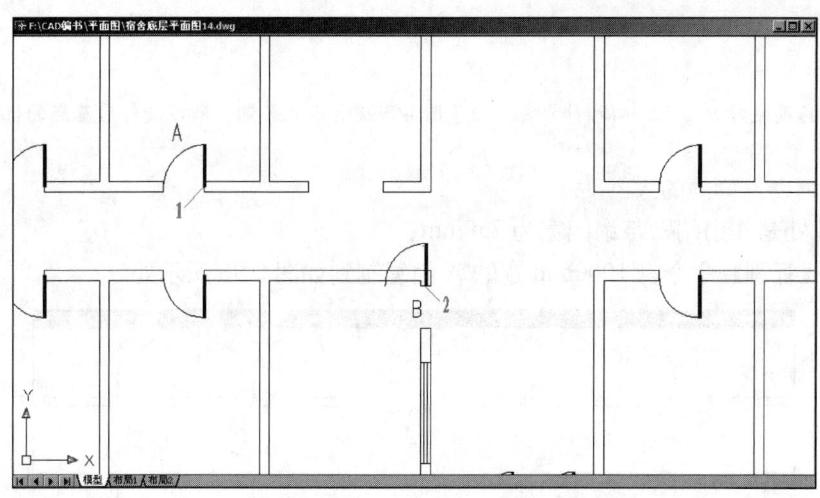

图 2.94　将 A 门复制到 B 处

① 单击【修改】工具栏上的【复制】图标，启动【复制】命令。

② 在选择对象：提示下，选择 A 门作为被复制的对象，并按 Enter 键进入下一步命令。

③ 在指定基点或 [位移 (D)] < 位移 >：提示下，捕捉 A 门的 1 点作为复制基点。

④ 在指定基点或 [位移 (D)] < 位移 >：指定第二个点或 < 使用第一个点作为位移 >：提示下，捕捉 B 门洞口的 2 点。这样，就将 A 门复制到了 B 门洞口处。

(2) 用【旋转】命令将 B 门旋转到位。

① 单击【修改】工具栏上的【旋转】图标或在命令行输入“RO”并按 Enter 键，启动【旋转】命令。

② 在选择对象：提示下，选择 B 门，此时该门变虚，按 Enter 键进入下一步命令。

③ 在指定基点：提示下，选择 2 点作为 B 门旋转的基点。

④ 在指定旋转角度，或 [复制 (C)/ 参照 (R)]<0>：提示下，输入“90”，按 Enter 键结束命令，结果如图 2.95 所示。

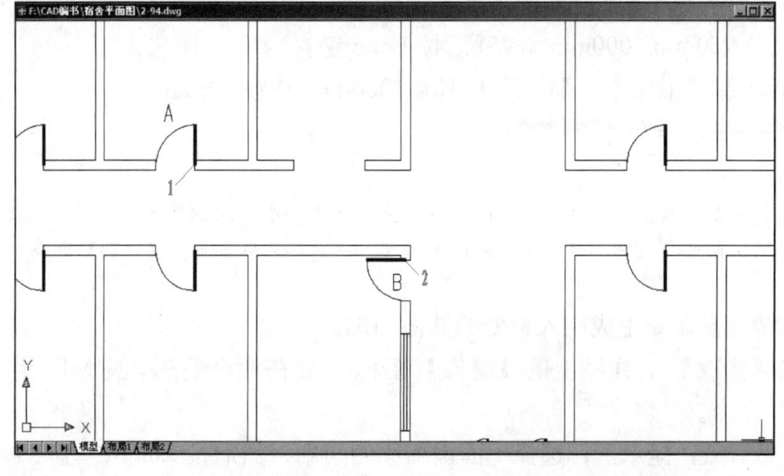

图 2.95　旋转 B 门

特别提示

旋转角度逆时针为正，顺时针为负。由于图形围绕着基点转动，所以旋转后基点的位置不变。

4. 绘制出入口处的大门

出入口处是 4 扇门，每扇门宽为 750mm。

(1) 用【复制】命令将 1000mm 宽的 A 门复制到如图 2.96 所示处。

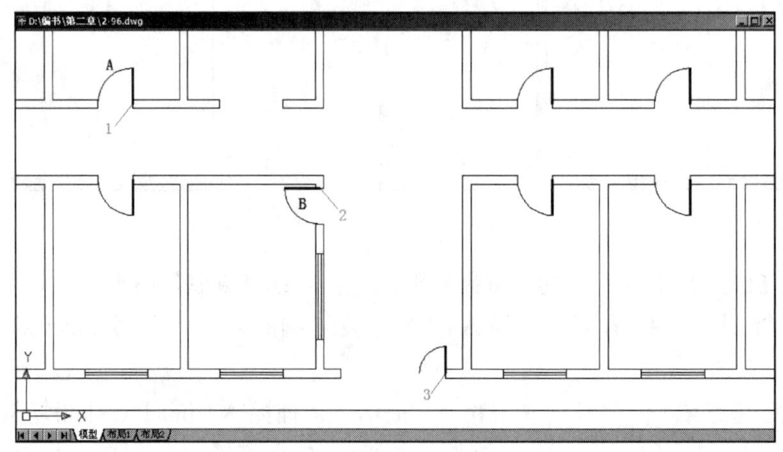

图 2.96 复制门扇

(2) 由于出入口处每扇门的宽度为 750mm，所以需要把刚才复制生成的门扇缩小成 750mm。

① 单击【修改】工具栏上的【比例】图标或在命令行输入“SC”并按 Enter 键，启动【比例】命令。

② 在选择对象：提示下，选择出入口处的门，此时该门变虚，按 Enter 键进入下一步命令。

③ 在指定基点：提示下，选择图 2.96 中的 3 点作为缩放的基点。

④ 在指定比例因子或 [复制 (C)/ 参照 (R)] <1.0000>：提示下，输入“0.75”(比例 = 新尺寸 / 旧尺寸 750mm/1000mm=0.75) 后按 Enter 键。

⑤ 按 Enter 键结束命令，则该门大小由 1000mm 变为 750mm。

特别提示

【比例】命令是将图形沿 X、Y 方向等比例地放大或缩小，比例因子 = 新尺寸 / 旧尺寸。当图形沿着 X、Y 方向变大或缩小时，基点的位置不变。一定要理解基点在【比例】命令中的作用。

(3) 用【镜像】命令生成出入口处的其他门扇。

① 单击【修改】工具栏上的【镜像】图标或在命令行输入“MI”并按 Enter 键，启动【镜像】命令。

② 在选择对象：提示下，选择上面被缩小的门扇，然后按 Enter 键进入下一步命令。

③ 在指定镜像线的第一点：提示下，捕捉 B 点 (图 2.97) 作为镜像线的第一点。

④ 在指定镜像线的第二点：提示下，打开【正交】功能，将光标垂直向下拖动，如图 2.97 所示，在任意位置单击。

通过③步和④步的操作，就指定了一条起点在 B 点的垂直镜像线。

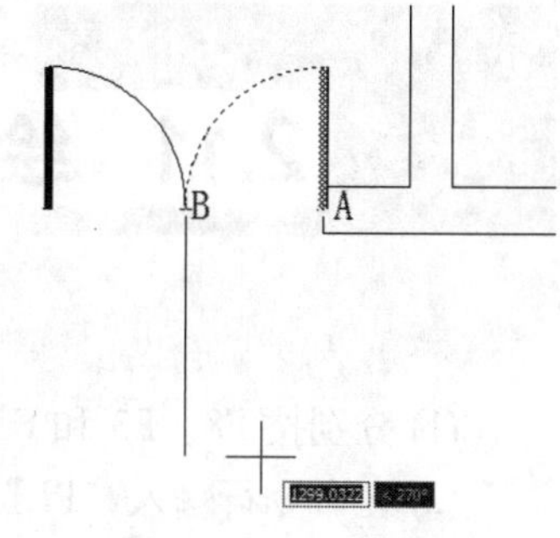

图 2.97 指定镜像线

⑤ 在要删除源对象吗？[是 (Y)/ 否 (N)] <N>：提示下，按 Enter 键执行尖括号里的默认值“N”，即不删除源对象，结果如图 2.97 所示。如果需要删除源对象，则输入“Y”后按 Enter 键。

(4) 多次重复【镜像】命令并执行【删除】命令，结果如图 2.98 所示。

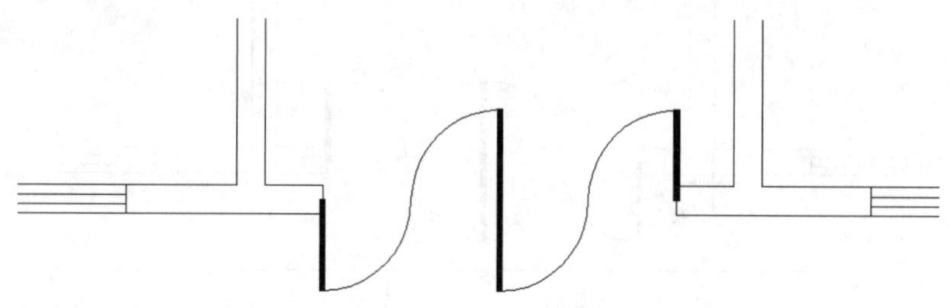

图 2.98 镜像生成出入口处的大门

特别提示

镜像是对称于镜像线的对称复制，一定要理解镜像线的作用。

(5) 用前面已经学过的【阵列】、【复制】和【镜像】命令，将绘制出的门窗复制到其他洞口内并修改门扇的开启方向，结果如图 2.99 所示。

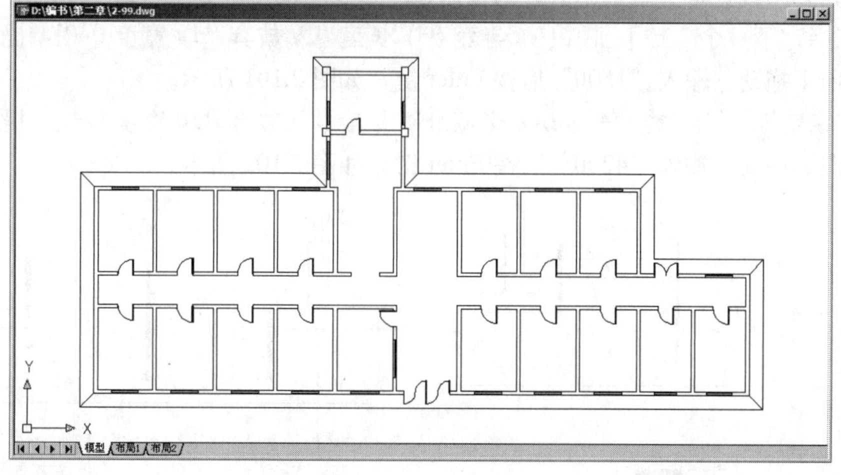

图 2.99 形成所有门窗

2.11 绘制台阶

1. 绘制内侧台阶线

(1) 分别按 F8、F3 和 F11 键打开【正交】、【对象捕捉】和【对象追踪】功能。

(2) 在命令行输入“PL”后按 Enter 键，启动绘制多段线命令。

① 在指定起点：提示下，捕捉如图 2.100 所示的 A 点，但不单击，将光标水平向左轻轻拖动，拖出虚线后，输入“600”并按 Enter 键。利用【对象追踪】并借助 A 点，找到多段线的起点位置，此时应注意看命令行的第 2 行，查看当前线宽。

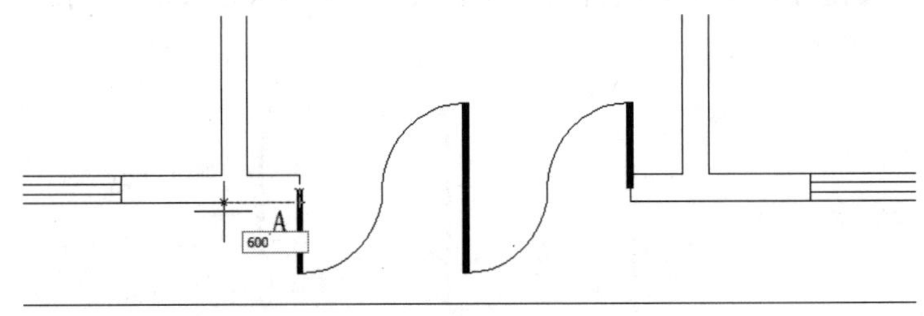

图 2.100 借助 A 点寻找多段线的起点

② 当前线宽为 50.0000，在指定下一个点或 [圆弧 (A)/ 半宽 (H)/ 长度 (L)/ 放弃 (U)/ 宽度 (W)]：提示下，输入“W”后按 Enter 键，表示要修改多段线的宽度。

③ 在指定起点宽度 <50.0000>：提示下，输入“0”后按 Enter 键，表示将多段线的起点宽度改为“0”。

④ 在指定端点宽度 <0.0000>：提示下，按 Enter 键执行尖括号内的默认值“0.0000”，表示将多段线的端点宽度也改为“0”。这样就将多段线的宽度由 50mm 改为 0mm。

注意，如果线宽本身就是“0”，则不需②～④步的操作。

⑤ 在指定下一个点或 [圆弧 (A)/ 半宽 (H)/ 长度 (L)/ 放弃 (U)/ 宽度 (W)]：提示下，将光标垂直向下拖动，输入“1500”后按 Enter 键，如图 2.101 所示。

⑥ 在指定下一个点或 [圆弧 (A)/ 半宽 (H)/ 长度 (L)/ 放弃 (U)/ 宽度 (W)]：提示下，将光标水平向右拖动，输入“4200”后按 Enter 键，如图 2.102 所示。

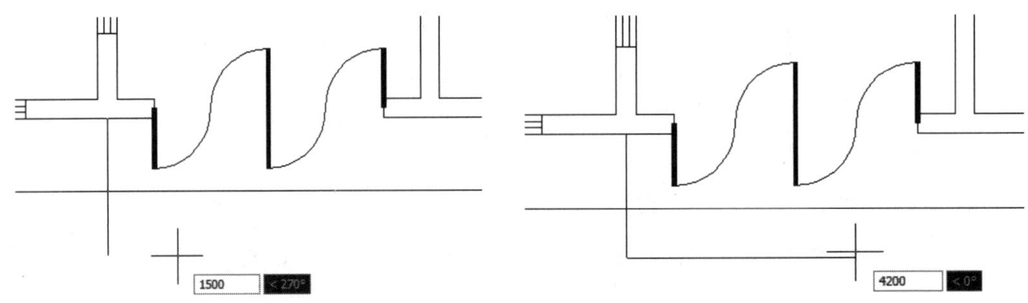

图 2.101 光标向下拖动并输入“1500”　　图 2.102 光标向右拖动并输入“4200”

⑦ 在指定下一个点或 [圆弧 (A)/ 半宽 (H)/ 长度 (L)/ 放弃 (U)/ 宽度 (W)]：提示下，将光标垂直向上拖动，输入“1500”后按 Enter 键结束命令，结果如图 2.103 所示。

2. 偏移生成其他台阶

将上面所绘制的多段线向外偏移 3 个“300”，结果如图 2.104 所示。

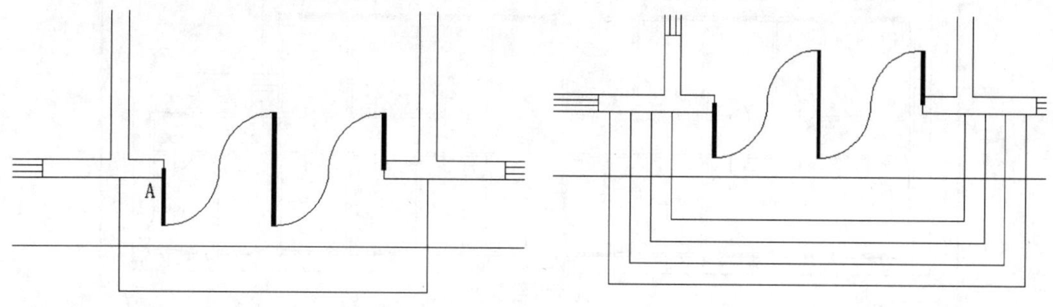

图 2.103 绘制台阶的内侧踏步线 图 2.104 向外偏移形成另外 3 条踏步线

> **特别提示**
>
> 偏移时会发现用【多段线】命令绘制的 3 条内侧踏步线同时向外偏移，可以进一步体会到多段线的整体特点。想一想，如果用【直线】命令绘制内侧踏步线，执行【偏移】命令后结果会如何呢？

3. 修剪和台阶重合的散水线

在命令行输入“TR”并按 Enter 键，启动【剪切】命令。

(1) 在选择剪切边 ...，选择对象或 < 全部选择 >：提示下，选择台阶 B 线作为剪切边，如图 2.105 所示。按 Enter 键进入下一步命令。

(2) 在选择要修剪的对象，或按住 Shift 键选择要延伸的对象，或 [栏选 (F)/ 窗交 (C)/ 投影 (P)/ 边 (E)/ 删除 (R)/ 放弃 (U)]：提示下，选择与台阶重合的散水线，结果如图 2.106 所示。

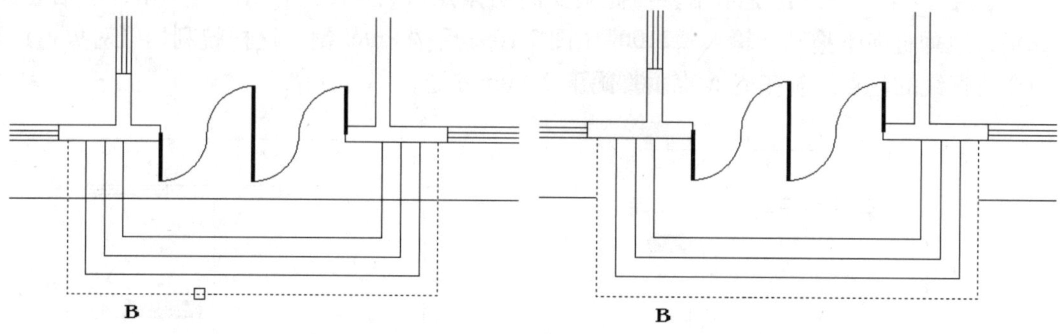

图 2.105 选择 B 线为剪切边 图 2.106 修剪与台阶重合的散水线

按照宿舍楼底层平面图 (附图 3.1) 的尺寸，用相同的方法绘制出平面图中的另一个台阶，结果如图 2.107 所示。

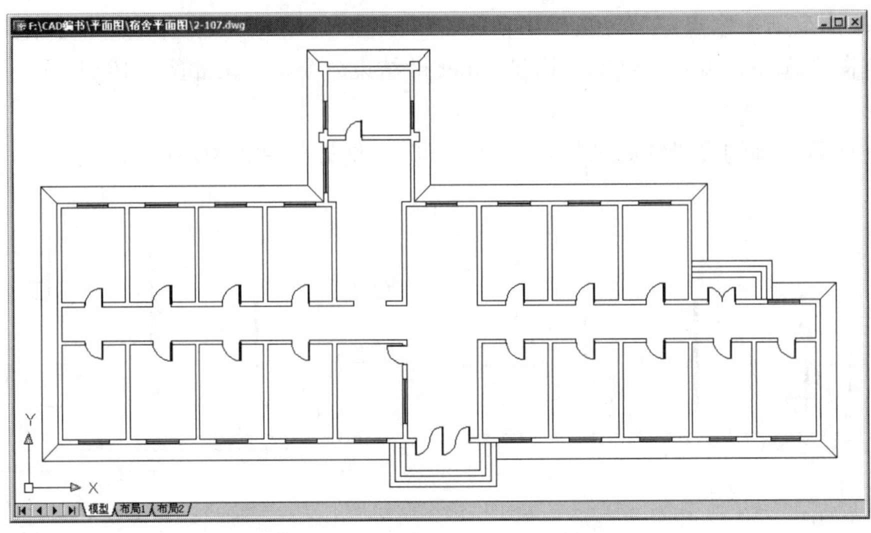

图 2.107　绘制出另一个台阶

2.12　绘制标准层楼梯

【绘制楼梯】

一层楼梯平面图比较简单，本节将学习标准层楼梯平面图的绘制。

1. 绘制楼梯踏步线

(1) 将【楼梯】图层设置为当前层。

(2) 执行菜单栏中的【绘图】|【直线】命令，并且打开【正交】、【对象捕捉】和【对象追踪】功能。

① 在指定第一点：提示下，捕捉楼梯间阴角点 A 点 (图 2.108)，不单击，然后将光标轻轻地垂直向下拖动，输入“2100” (图 2.109) 后按 Enter 键。这样就利用【对象追踪】命令将直线的起点绘制在离 A 点垂直向下 2100mm 处。

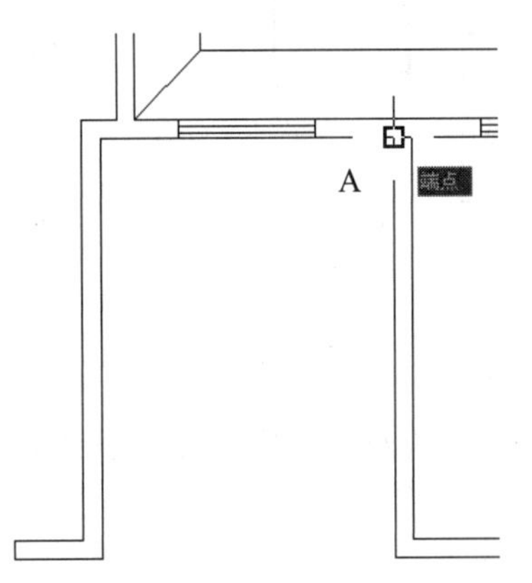

图 2.108　捕捉 A 点

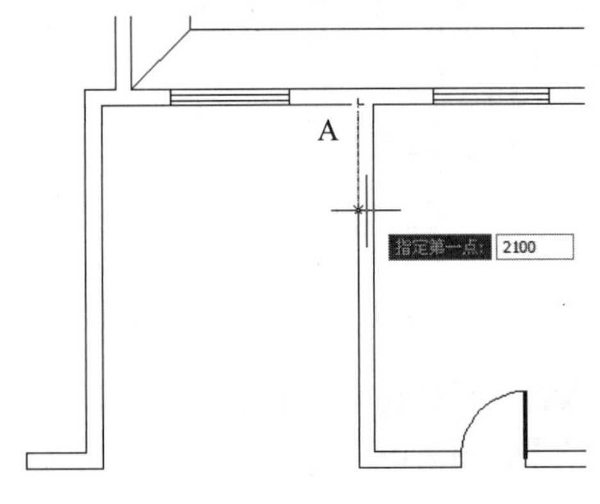

图 2.109　轻轻地垂直向下拖动鼠标

② 在指定下一点或 [放弃 (U)]：提示下，将光标水平向左拖动到如图 2.110 所示处，出现垂足捕捉后单击，按 Enter 键结束命令。

(3) 利用夹点编辑生成其他踏步线。

① 在无命令时单击刚才所绘制出的直线，在直线的左、右端点和中点处将出现蓝色的冷夹点，如图 2.111 所示。

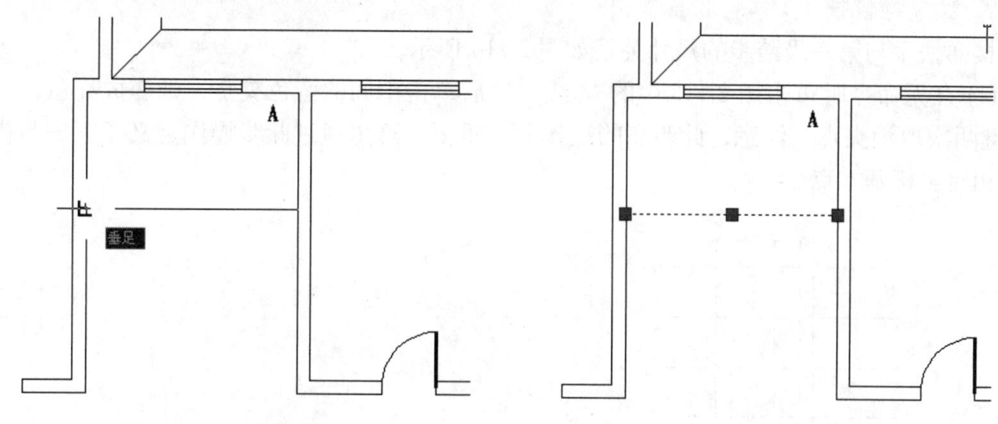

图 2.110　垂足捕捉　　　　图 2.111　显示冷夹点

② 在其中一个夹点上单击使其变成红夹点 (热夹点)，如图 2.112 所示。

查看命令行，此时命令行显示出【拉伸】命令，反复按 Enter 键，将会发现【拉伸】、【移动】、【旋转】、【比例缩放】和【镜像】5 个命令滚动出现。现在，我们使命令滚动到【移动】状态。

③ 在指定移动点或 [基点 (B)/ 复制 (C)/ 放弃 (U)/ 退出 (X)]：提示下，输入“C”后按 Enter 键，启动【复制】子命令。

④ 在指定移动点或 [基点 (B)/ 复制 (C)/ 放弃 (U)/ 退出 (X)]：提示下，打开【正交】功能，将光标垂直向下拖动，分别输入“300”按 Enter 键、“600”按 Enter 键……依次以 300 为倍数逐步增加，最后输入“2700”按 Enter 键结束命令，结果如图 2.113 所示。

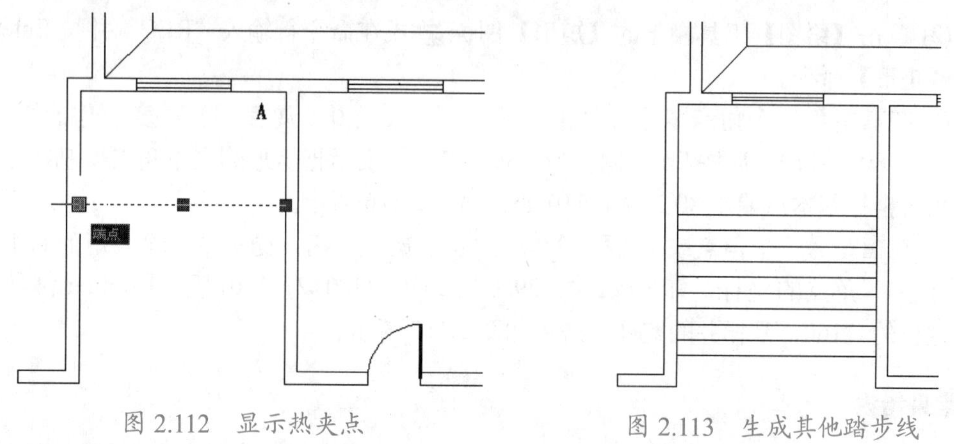

图 2.112　显示热夹点　　　　图 2.113　生成其他踏步线

上面是利用夹点编辑执行了【复制】命令，由一个踏步线复制出另外 9 个踏步线。

特别提示

为了介绍夹点编辑命令，这里利用夹点编辑生成了其他踏步线。其实用【偏移】或【阵列】命令生成其他踏步线更为方便。

2. 绘制楼梯扶手

楼梯扶手与第一级踏步的尺寸关系如图 2.114 所示。

(1) 在无命令时单击图 2.115 中的 M 线，然后单击中间的蓝色夹点，则变成红色，按 Esc 键两次取消夹点。注意，此步骤的操作非常重要，这里通过此步操作定义了下一步操作的相对坐标基本点。

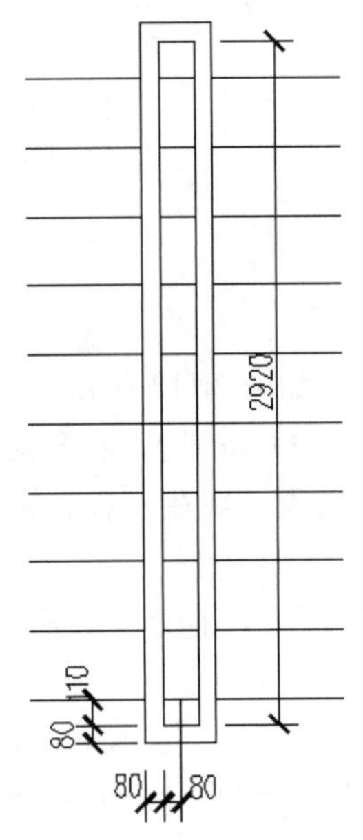

图 2.114 扶手与踏步的关系

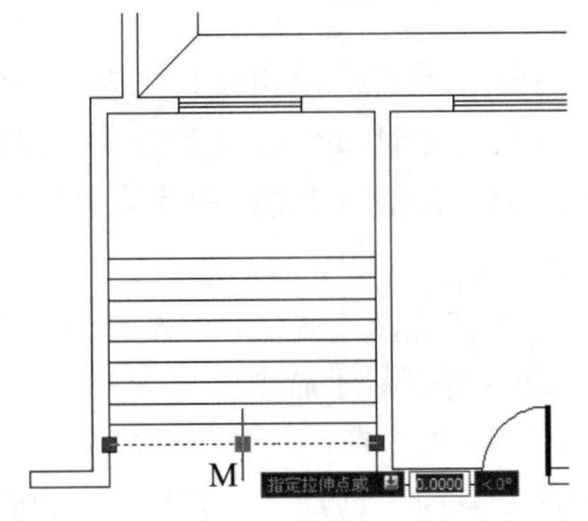

图 2.115 定义相对坐标基点

(2) 单击【绘图】工具栏上的【矩形】图标或在命令行输入“REC”并按 Enter 键，启动【矩形】命令。

① 在指定第一个角点或 [倒角 (C)/ 标高 (E)/ 圆角 (F)/ 厚度 (T)/ 宽度 (W)]：提示下，输入“@–80，–110”后按 Enter 键。“@–80，–110”表示把矩形的左下角点绘制在刚才定义的相对坐标基本点偏左 80、偏下 110 处，如图 2.116 所示。

② 在指定另一个角点或 [面积 (A)/ 尺寸 (D)/ 旋转 (R)]：提示下，输入矩形右上角点相对于左下角点的坐标，即“@160，2920”(2920=2700+2 × 110) 后，按 Enter 键结束命令。这里的“160”是梯井的宽度，结果如图 2.117 所示。

常见错误

- 在 (1) 步定义相对坐标的基点后，不能加入其他命令，必须立即执行【矩形】命令，否则要重新定义。

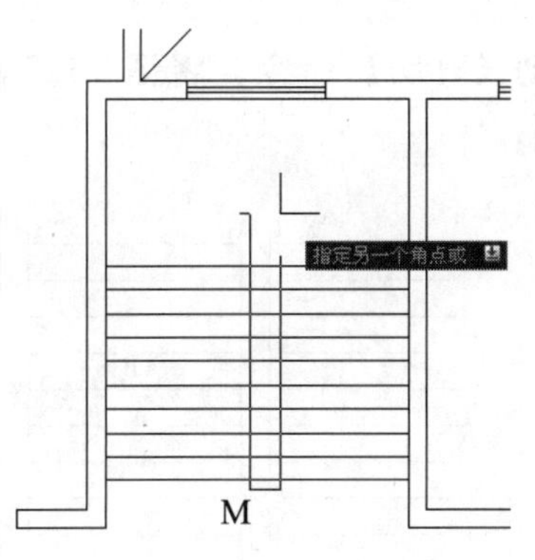

图 2.116 绘制矩形的左下角点

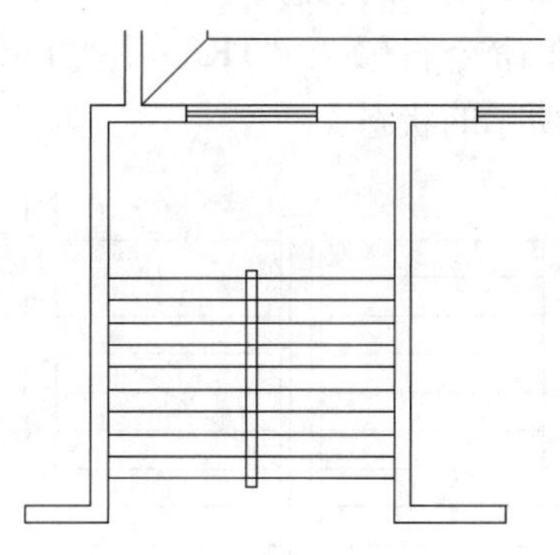

图 2.117 绘制出矩形

(3) 使用【偏移】命令将矩形向外偏移 80mm。

(4) 在命令行输入“TR”并按 Enter 键，启动【剪切】命令，选择外部的矩形为剪切边界，将图形修剪至如图 2.118 所示的状态。

3. 绘制楼梯折断线

(1) 打开【对象捕捉】功能，在右侧楼梯段上绘制出一条斜线，如图 2.119 所示。

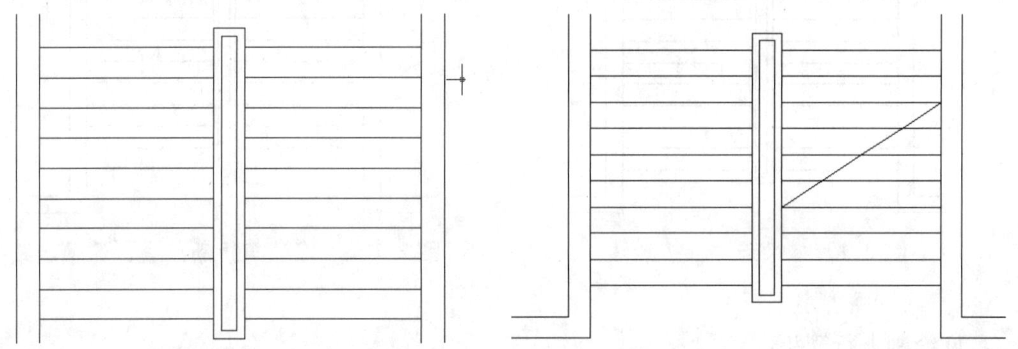

图 2.118 修剪扶手和梯井内的踏步线　　　　图 2.119 绘制斜线

(2) 执行菜单栏中的【修改】|【延伸】命令，将斜线下端延伸至扶手的外侧，结果如图 2.120 所示。

(3) 单击【修改】工具栏上的【打断】图标或在命令行输入“BR”并按 Enter 键，启动【打断】命令。

① 在 break 选择对象：提示下，用拾取的方法选择斜线作为打断的对象。

② 在指定第二个打断点或 [第一点 (F)]：提示下，输入“F”后按 Enter 键，表示要重新选择第一打断点。

可以把选择对象的点作为第一打断点，也可输入“F”，要求重新选择第一打断点。

③ 在指定第一个打断点：提示下，关闭【对象捕捉】功能，单击如图 2.121 所示的 A 点位置，选择 A 点为第一个打断点。

④ 在指定第二个打断点：提示下，单击如图 2.121 所示的 B 点位置，选择 B 点为第二个打断点，结果将斜线打断，形成一个 AB 口。

⑤ 关闭【正交】功能，执行菜单栏中的【绘图】|【多段线】命令，将图 2.121 绘制

成如图 2.122 所示的状态。

⑥ 在命令行输入“TR”并按 Enter 键，启动【剪切】命令，将图 2.122 修剪成如图 2.123 所示的状态。

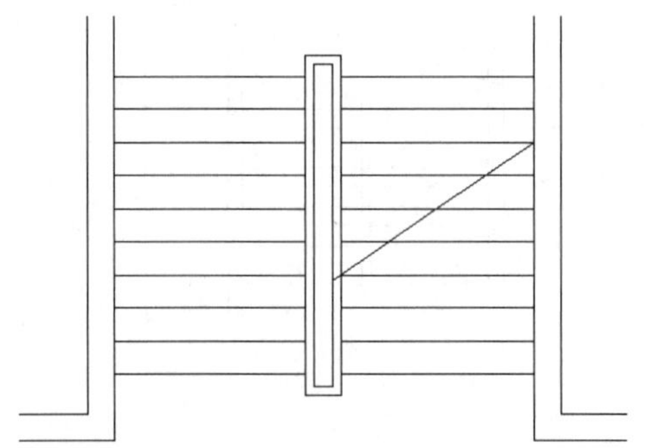
图 2.120　延伸斜线下端至扶手外侧

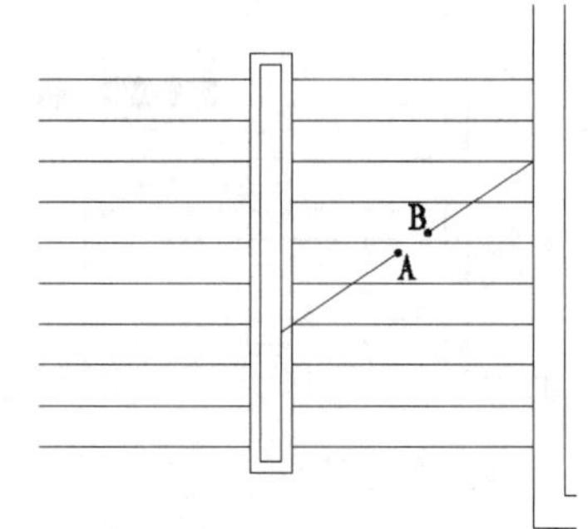

图 2.121　将斜线在 A 点和 B 点处打断

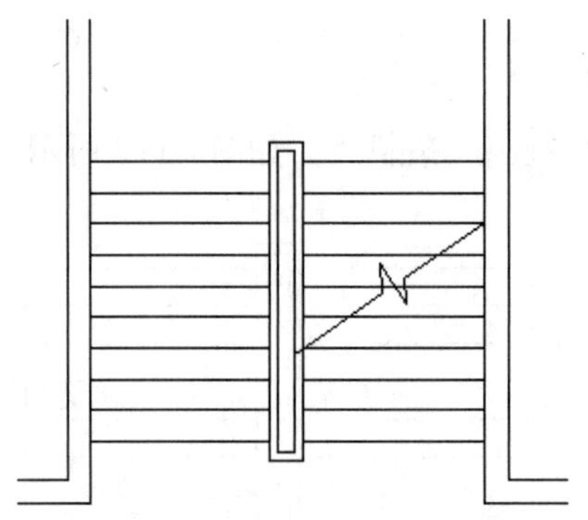
图 2.122　绘制楼梯折断线

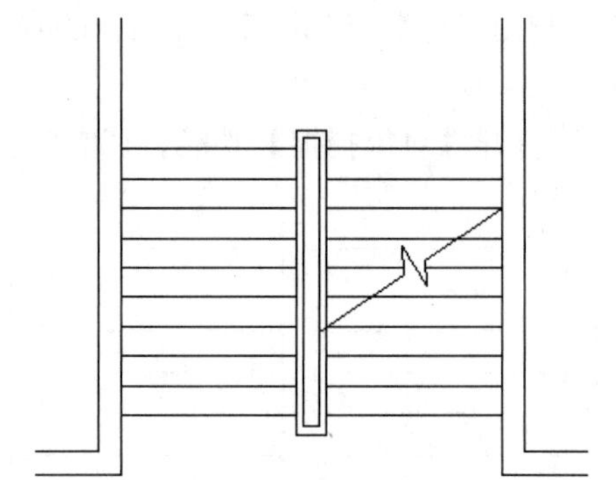
图 2.123　修剪与折断线重合的踏步线

4. 绘制楼梯上下行箭头

1) 绘制上行箭头

(1) 打开【正交】、【对象捕捉】、【对象追踪】功能。单击【绘图】工具栏中的【多段线】图标 或在命令行输入“PL”并按 Enter 键，启动绘制多段线命令。

(2) 在当前线宽为 0.0000，指定起点或 [圆弧 (A)/ 半宽 (H)/ 长度 (L)/ 放弃 (U)/ 宽度 (W)]：提示下，将光标放在如图 2.124 所示的踏步线的中点，此时不单击，将光标轻轻地垂直向下拖动，当拖至上行箭头杆起点的位置时单击。这样就通过【对象追踪】命令寻找到了上行箭头杆起点的位置，并且保证将其绘制在右侧梯段的中心。

(3) 在指定下一个点或 [圆弧 (A)/ 半宽 (H)/ 长度 (L)/ 放弃 (U)/ 宽度 (W)]：提示下，关闭【对象捕捉】功能，将光标垂直向上拖动至如图 2.125 所示的位置，并单击，这样就绘出了上行箭头的杆。

特别提示

并非任何时候打开【对象捕捉】功能都有利于绘图，此时如果打开【对象捕捉】功能，则会影响箭头杆上端点位置的确定。

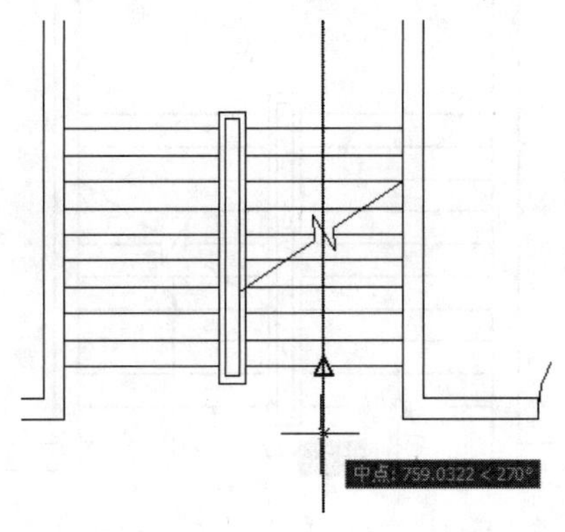

图 2.124 寻找上行箭头杆起点的位置

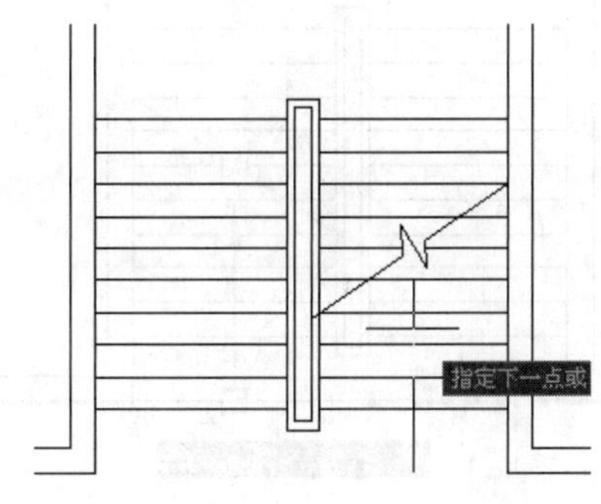

图 2.125 确定上行箭头杆终点的位置

(4) 在指定下一个点或 [圆弧 (A)/ 半宽 (H)/ 长度 (L)/ 放弃 (U)/ 宽度 (W)]：提示下，输入“W”后按 Enter 键，表示要改变线的宽度。

(5) 在指定起点宽度 <0.0000>：提示下，输入“80”后按 Enter 键，表示将线的起点宽度改为 80mm。

(6) 在指定端点宽度 <80.0000>：提示下，输入“0”后按 Enter 键，表示将线的端点宽度改为 0mm。

(7) 在指定下一点或 [圆弧 (A)/ 闭合 (C)/ 半宽 (H)/ 长度 (L)/ 放弃 (U)/ 宽度 (W)]：提示下，将光标垂直向上拖动，输入“400”后按 Enter 键，表示垂直向上绘制长度为 400mm 的多段线。

上面通过 (4) ~ (7) 步绘制了一个起点宽度为 80mm、端点宽度为 0mm、长度为 400mm 的多段线，即箭头，结果如图 2.126 所示。

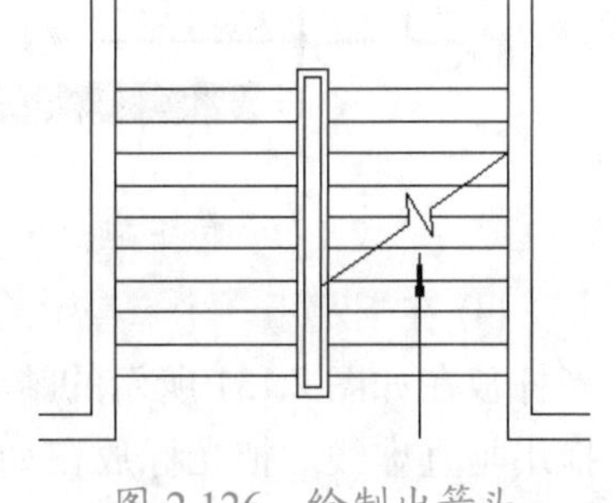

图 2.126 绘制出箭头

2) 绘制下行箭头

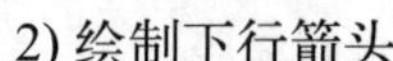

(1) 打开【正交】、【对象捕捉】、【对象追踪】功能。单击【绘图】工具栏中的【多段线】图标或在命令行输入“PL”并按 Enter 键，启动绘制多段线命令。

(2) 在当前线宽为 0.0000，指定起点或 [圆弧 (A)/ 半宽 (H)/ 长度 (L)/ 放弃 (U)/ 宽度 (W)]：提示下，将光标放在如图 2.127 所示的上行箭头杆的端点处，此时不单击，然后将光标轻轻地向左拖动，拖出一条水平虚线。将光标放在如图 2.128 所示的左侧梯段踏步线中点，此时出现中点捕捉，同样不单击，并把光标轻轻地垂直向下拖动，拖出一条垂直虚线，如图 2.129 所示。然后将光标放在水平和垂直虚线相交处并单击，确定下行箭头杆的起点位置。

利用【对象追踪】功能寻找的下行箭头杆的起点位置，要符合两个要求：一是保证下行箭头的位置在左侧梯段上居中；二是保证下行箭头起点的位置和已绘制的上行箭头起点的位置对齐。

(3) 在指定下一个点或 [圆弧 (A)/ 半宽 (H)/ 长度 (L)/ 放弃 (U)/ 宽度 (W)]：提示下，将光标垂直向上拖动至如图 2.130 所示的位置，然后单击，绘出了下行第一段箭头杆。

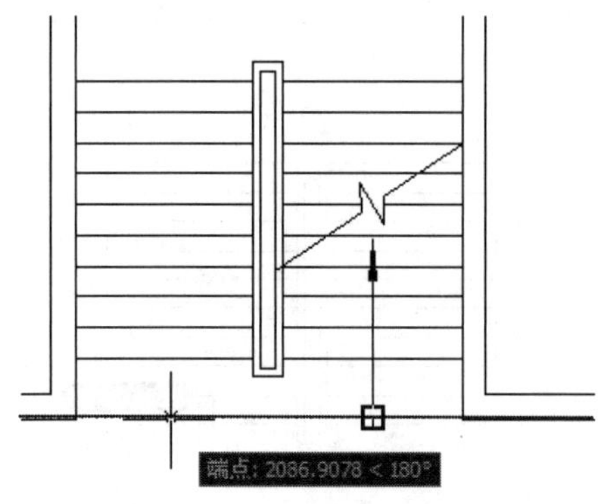

图 2.127　向左拖出水平虚线

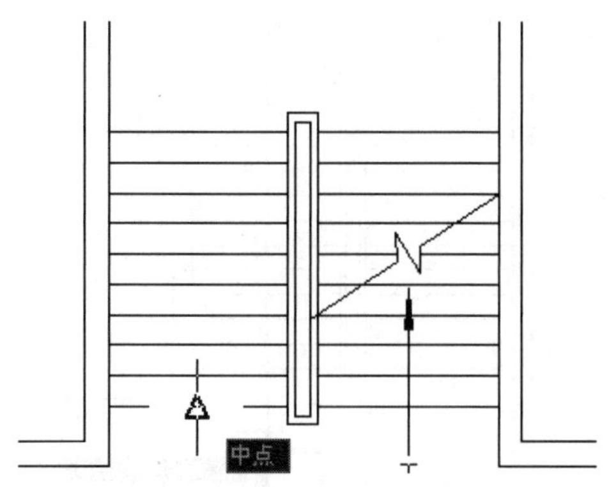

图 2.128　光标放在左侧梯段踏步线中点

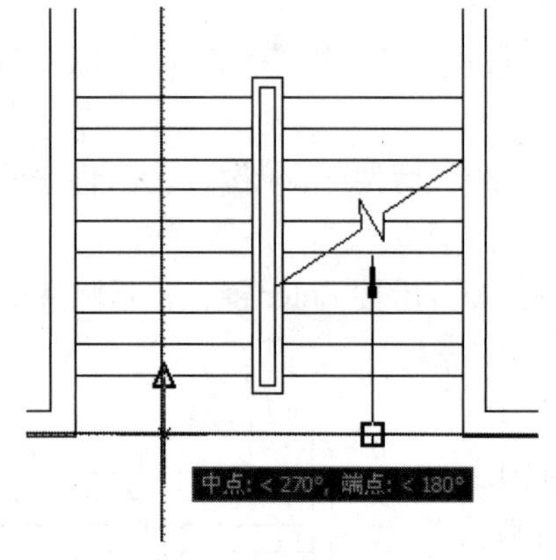

图 2.129　向下拖出垂直虚线

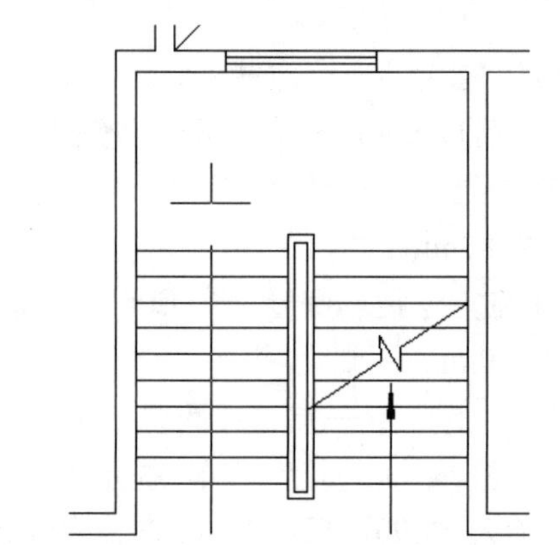

图 2.130　绘出下行第一段箭头杆

(4) 在指定下一个点或 [圆弧 (A)/ 半宽 (H)/ 长度 (L)/ 放弃 (U)/ 宽度 (W)]：提示下，将光标放在如图 2.131 所示的踏步线的中点位置，此时不单击，然后将光标垂直向上拖动，拖出垂直虚线。把光标放在如图 2.132 所示的水平线和垂直虚线的交点位置，然后单击，以确定下行第二段箭头杆的长度，并保证第三段箭头杆的位置居中于右侧梯段。

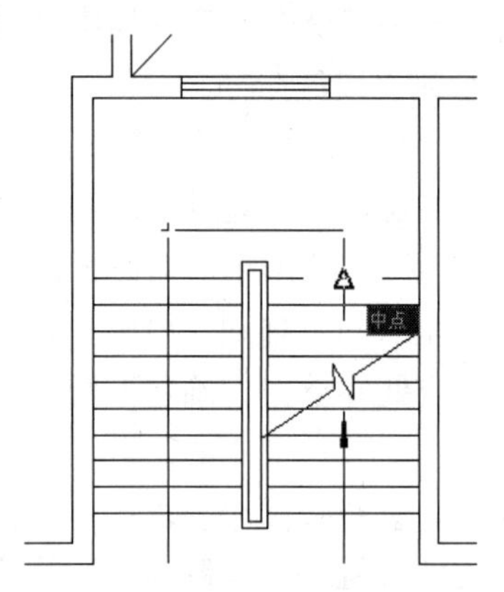

图 2.131　光标放在踏步线的中点

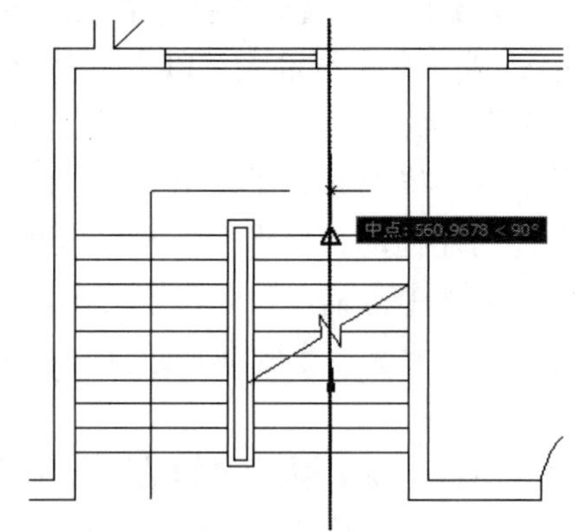

图 2.132　寻找水平线和垂直虚线的交点

(5) 在指定下一个点或 [圆弧 (A)/ 半宽 (H)/ 长度 (L)/ 放弃 (U)/ 宽度 (W)]：提示下，关闭【对象捕捉】功能，将光标垂直向下拖至如图 2.133 所示的位置，同时单击，确定第三段箭头杆的长度。

(6) 在指定下一个点或 [圆弧 (A)/ 半宽 (H)/ 长度 (L)/ 放弃 (U)/ 宽度 (W)]：提示下，输入“W”后按 Enter 键。

(7) 在指定起点宽度 <0.0000>：提示下，输入“80”后按 Enter 键。

(8) 在指定端点宽度 <80.0000>：提示下，输入“0”后按 Enter 键。

(9) 在指定下一点或 [圆弧 (A)/ 闭合 (C)/ 半宽 (H)/ 长度 (L)/ 放弃 (U)/ 宽度 (W)]：提示下，将光标垂直向下拖动，输入“400”后按 Enter 键，结果如图 2.134 所示。

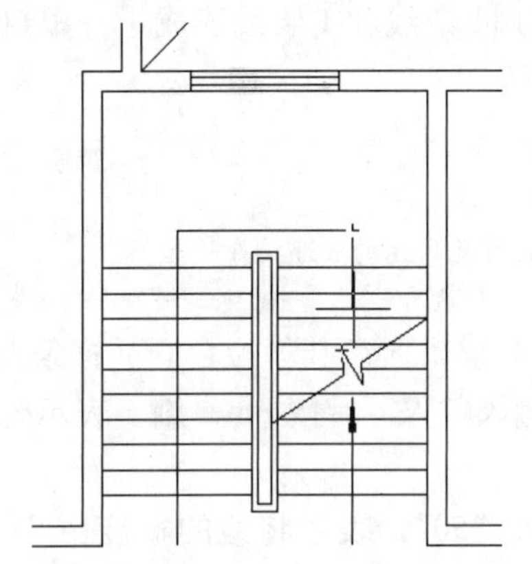

图 2.133 确定第三段箭头杆的长度

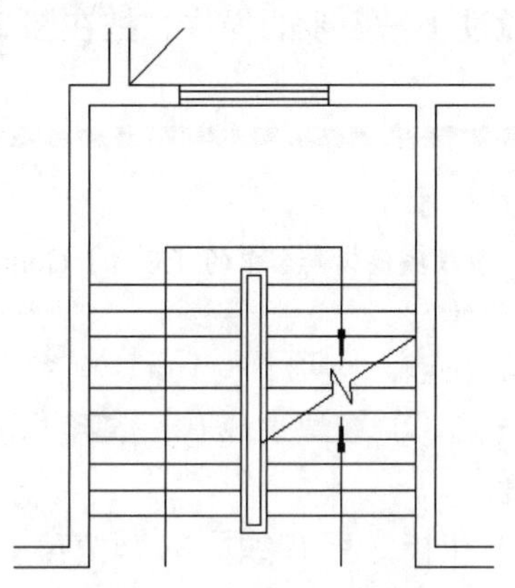

图 2.134 绘制出箭头

2.13 整理平面图

1. 连接并加粗墙线

(1) 将【楼梯】【门窗】【室外】和【轴线】图层冻结，如图 2.135 所示。

(2) 执行菜单栏中的【修改】|【对象】|【多段线】命令，或在命令行输入“PE”并按 Enter 键，启动编辑多段线命令。

① 在选择多段线或 [多条 (M)]：提示下，选择如图 2.136 所示的 1 墙线，此时该墙线变虚。

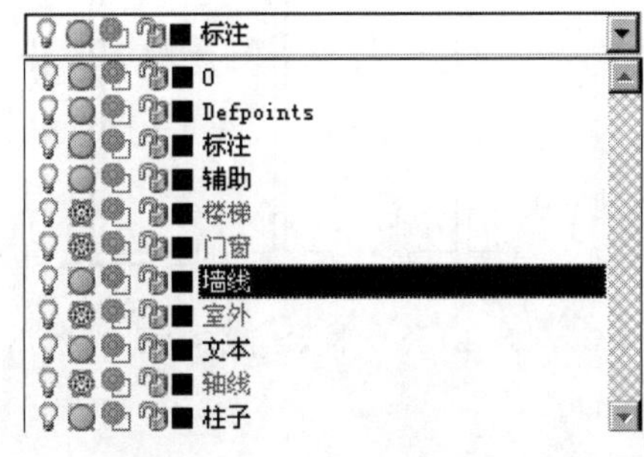

图 2.135 冻结部分图层

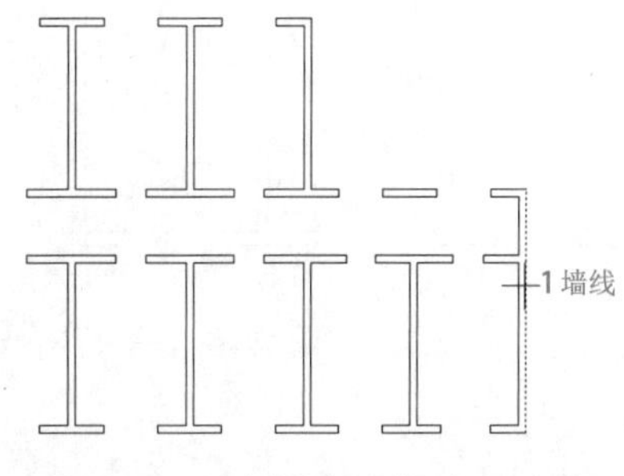

图 2.136 选择要编辑的 1 墙线

② 在选定的对象不是多段线，是否将其转换为多段线？<Y>：提示下，按 Enter 键执行尖括号内的默认值“Y”(Yes)，表示要将 1 墙线转化为多段线。

③ 在输入选项 [闭合 (C)/ 合并 (J)/ 宽度 (W)/ 编辑顶点 (E)/ 拟合 (F)/ 样条曲线 (S)/ 非曲线化 (D)/ 线型生成 (L)/ 放弃 (U)]：提示下，输入“J”后按 Enter 键，表示要启动【合并】子命令。

④ 在选择对象：提示下，按照图 2.137 所示的方法选择对象后按 Enter 键，以确定将要合并的墙线。

通过① ~ ④步的操作，把在图 2.137 中选择的 11 条线和 1 墙线连成了一根封闭的多段线。

> 特别提示
>
> 多段线编辑命令中的【合并】(Join) 子命令，只能将首尾相连的线连接在一起。

⑤ 在输入选项，[打开 (O)/ 合并 (J)/ 宽度 (W)/ 编辑顶点 (E)/ 拟合 (F)/ 样条曲线 (S)/ 非曲线化 (D)/ 线型生成 (L)/ 放弃 (U)]：提示下，输入“W”后按 Enter 键，表示要改变线的宽度。

⑥ 在指定所有线段的新宽度：提示下，输入“50”，表示将线的宽度由“0”改为“50”。

⑦ 按 Enter 键结束命令，结果如图 2.138 所示。

通过第⑤ ~ ⑦步，利用多段线编辑命令将① ~ ④步形成的封闭多段线的宽度由 0mm 加粗至 50mm。

(3) 可以利用多段线编辑命令内的【多条】命令，将平面图中所有封闭的线段，通过一次操作实现连接和加粗的目的。

由于在第 (2) 步连接并加粗了部分墙线，所以在操作前先按 Ctrl+Z 快捷键或单击【标准】工具栏上的放弃图标，取消上次操作。

① 仍将【轴线】、【门窗】、【室外】图层冻结。

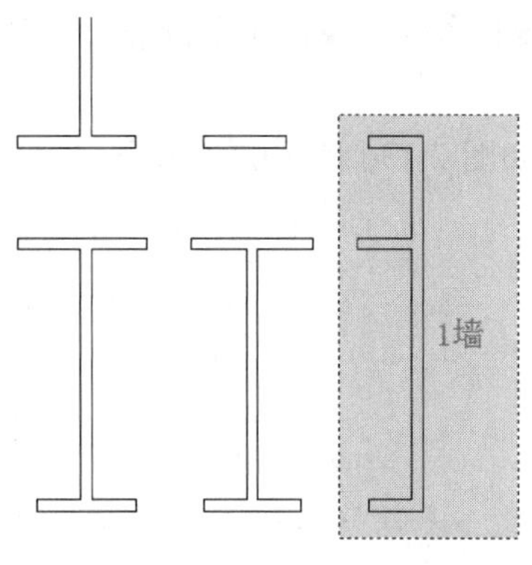

图 2.137　选择要合并的墙线

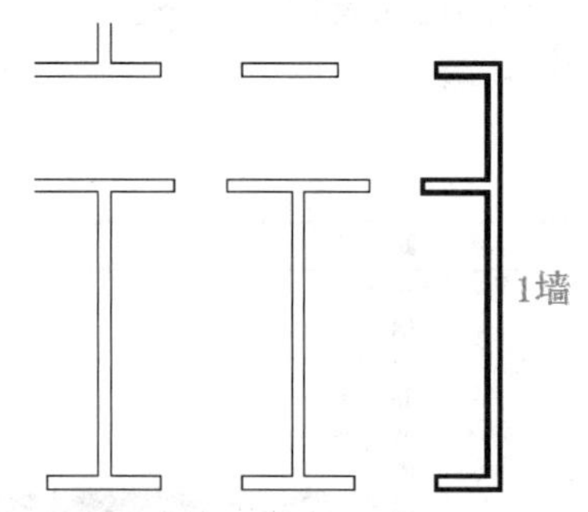

图 2.138　将合并后的墙线加粗

特别提示

如果图层被关闭，该图层上的图形对象就不能在屏幕上显示或由绘图仪输出，但重新生成图形时，图形对象仍将重新生成，执行全选 (ALL) 命令时，被关闭图层上的图形对象会被选中。

如果图层被冻结，该图层上的图形对象也不能在屏幕上显示或由绘图仪输出，在重新生成图形时，图形对象则不会重新生成，执行全选 (ALL) 命令时，被冻结图层上的图形对象也不会被选中。

② 执行菜单栏中的【修改】|【对象】|【多段线】命令，或在命令行输入“PE”并按 Enter 键，启动编辑多段线命令。

③ 在选择多段线或 [多条 (M)]：提示下，输入“M”后按 Enter 键，表示一次要编辑多条多段线。

④ 在选择对象：提示下，输入“ALL”后按 Enter 键，表示选择屏幕上所有显示的图形对象作为多段线编辑命令的编辑对象，结果屏幕上显示的所有图形变虚，如图 2.139 所示。

⑤ 在选择对象：提示下，按 Enter 键进入下一步命令。

⑥ 在是否将直线和圆弧转换为多段线？[是 (Y)/ 否 (N)]? <Y>：提示下，按 Enter 键，执行尖括号内的默认值“Y”(Yes)，表示将所有选中的对象转化为多段线。

⑦ 在输入选项 [闭合 (C)/ 合并 (J)/ 宽度 (W)/ 编辑顶点 (E)/ 拟合 (F)/ 样条曲线 (S)/ 非曲线化 (D)/ 线型生成 (L)/ 放弃 (U)]：提示下，输入“J”后按 Enter 键，表示要启动【合并】子命令。这样，便将第④步全选的对象中所有首尾相连的对象连接在一起。

⑧ 在输入模糊距离或 [合并类型 (J)]<0.0000>：提示下，按 Enter 键，表示执行尖括号内默认的模糊距离“0.0000”。

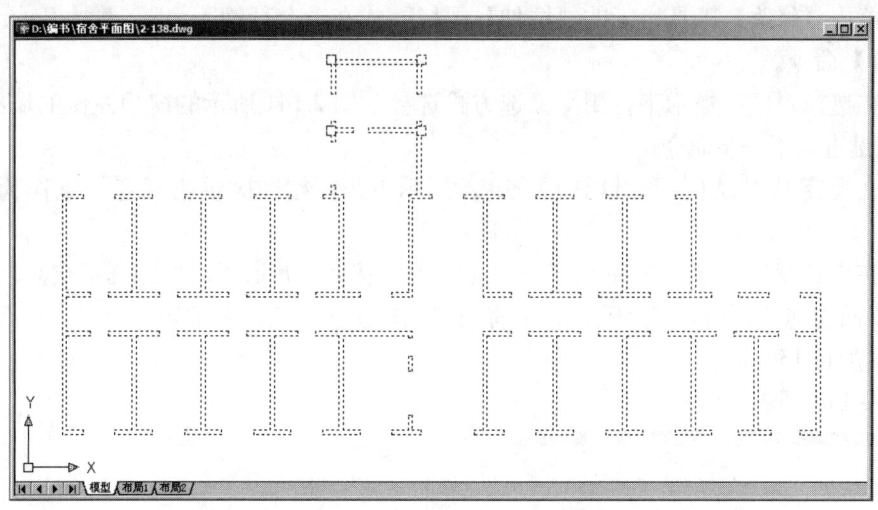

图 2.139 选择屏幕上所有显示的图形对象

⑨ 在输入选项，[打开 (O)/ 合并 (J)/ 宽度 (W)/ 编辑顶点 (E)/ 拟合 (F)/ 样条曲线 (S)/ 非曲线化 (D)/ 线型生成 (L)/ 放弃 (U)]：提示下，输入“W”后按 Enter 键，表示要改变线的宽度。

⑩ 在指定所有线段的新宽度：提示下，输入“50”，表示将线的宽度由“0”改为“50”，结果如图 2.140 所示。

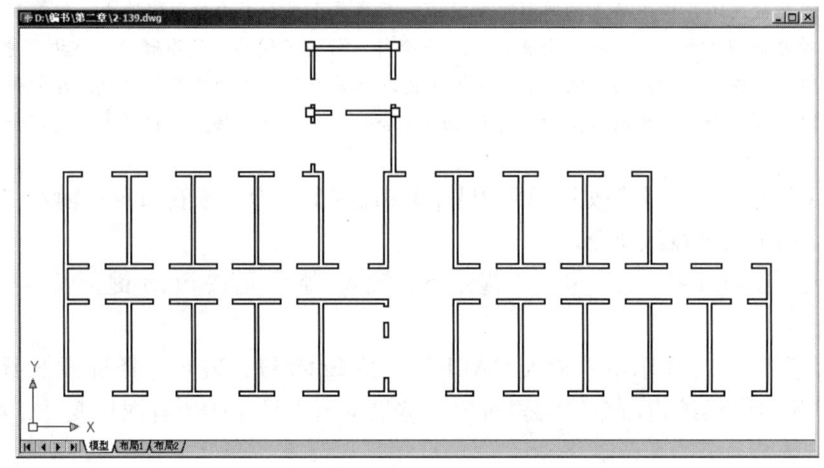

图 2.140　加粗后的墙线和柱子

2．修改门窗洞口尺寸

通常，在检查平面图的过程中，可能会发现门窗洞口尺寸和设计要求不相符合。例如，11 和 12 轴线间的宿舍门窗洞口的宽度应为 1800mm，但画成了 1500mm，这时需用【拉伸】命令对其进行修改。

(1) 用【拉伸】命令使门窗洞口左侧墙段向左缩短 150mm。

① 关闭【轴线】图层。

② 单击【修改】工具栏上的【拉伸】图标或在命令行输入“S”并按 Enter 键，启动【拉伸】命令。

③ 在选择对象：提示下，用交叉选方式选择如图 2.141 所示的窗户左侧的墙线和窗，按 Enter 键进入下一步命令。

④ 在指定基点或 [位移 (D)]< 位移 >：提示下，在绘图区单击任意一点作为拉伸的基点。

⑤ 在指定第二个点或 < 使用第一个点作为位移 >：提示下，打开【正交】功能，将光标水平向左拖动，输入“150”，表示将门窗洞口左侧的墙向左缩短“150”，那么门窗洞口则向左加长 150mm。

⑥ 按 Enter 键结束命令。

> 特别提示
>
> 【拉伸】命令要求必须用交叉选（从右向左拖动窗口）的方式选择对象，交叉选窗口的位置决定对象被拉伸的位置。

(2) 用同样的方法使门窗洞口右侧墙段向右缩短 150mm。这样门窗洞口则由 1500mm 变成 1800mm，但应注意，选择拉伸对象的方法应如图 2.142 所示。

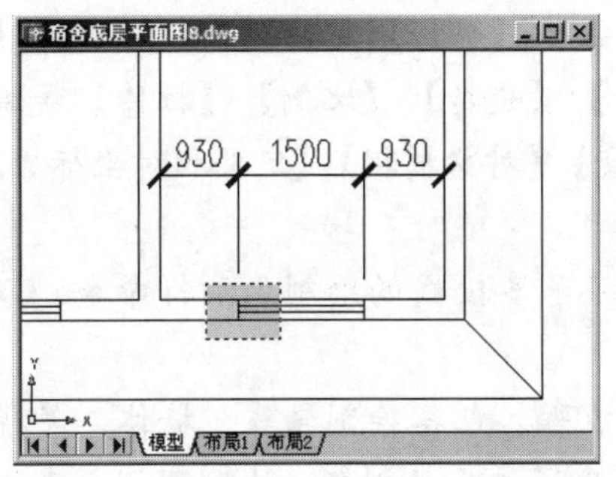

图 2.141 向左拉伸门窗洞时选择对象的方法

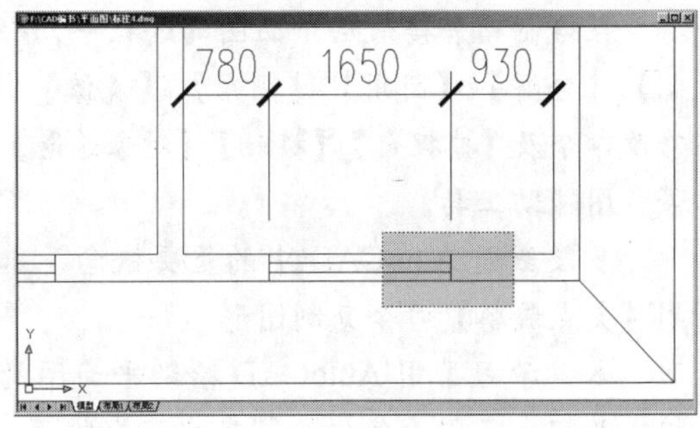

图 2.142 向右拉伸门窗洞时选择对象的方法

命令链接

- 【对象捕捉】用来捕捉图形对象的特征点，打开【对象捕捉】后，只有执行绘图命令，光标放在图形对象的特征点时才会出现对象捕捉符号。【捕捉】是用来捕捉栅格点的，打开【捕捉】后，光标会蹦来蹦去。如果光标会蹦来蹦去，而无法将光标放在图形的特征点上时，请关闭【捕捉】。
- 【捕捉自】命令是利用对象捕捉命令所含的捕捉点来确定图形的起始点，【定义相对坐标基点】命令是利用夹点(图形的特征点)来确定图形的起始点。【定义相对坐标基点】命令使用较为方便，【捕捉自】命令适应性更强。
- 利用【直线】和【多段线】命令都能绘制几何图形，利用【直线】命令绘制的几何图形的各边是独立的，利用【多段线】命令绘制的几何图形的各边是整体。
- 【复制】【偏移】【旋转】【缩放】【阵列】及【镜像】命令都可以实现复制对象。
- 【复制】【移动】【旋转】及【缩放】命令内都含有基点的设定。

【CAD画线条技巧】

本章小结

本章在学习了 AutoCAD 的基本知识和操作技巧的基础上，开始进入建筑平面图的实际操作。在绘制宿舍楼底层平面图(附图 3.1)的过程中，大家学会了相关的基本绘图命令和编辑命令。本章所学的内容非常重要，希望通过将命令融入绘图中的讲解方法，使大家更好地理解并掌握本章介绍的基本命令和操作技巧。

回顾一下本章学到的基本知识和基本概念。

在开始绘图之前，首先应该掌握如何创建新图形，怎样保存绘制的图形，怎样打开一个已存盘的图形，如何设置绘图参数，利用 AutoCAD 绘图与利用图纸绘图的区别等基本知识。

本章还介绍了最基本也是最重要的绘图命令——画直线、多线样式的设定、画多线、画矩形和圆弧，以及使用图层、线型比例的设置等。

在绘制宿舍楼底层平面图的过程中，介绍了【偏移】【剪切】【延伸】【多段线编辑】【复制】【分解】【圆角】【倒角】【镜像】【打断】【旋转】【比例】【拉伸】等编辑修改命令及【捕捉自】【极轴】【对象追踪】【正交】【对象捕捉】【定义相对坐标原点】等作图辅助工具。

多段线是 AutoCAD 中的重要概念，本章学习了多段线的绘制和编辑命令，以及用【夹点编辑】命令复制图形。

本章学习了用 AutoCAD 绘制平面图的基本步骤，包括绘制轴线、墙体，怎样在墙上开窗、开门，怎样绘制散水和台阶等。大家应通过反复训练，达到理解并熟练地掌握 AutoCAD 基本命令的目的。

【几何练习】

上机指导

上机操作一：加载线型

【操作目的】

练习加载虚线 (HIDDEN)、中心线 (CENTER) 及双点划线 (PHANTOM2)。

【操作内容】

(1) 执行菜单栏中的【格式】|【线型】命令，打开【线型管理器】对话框，在【全局比例因子】文本框中输入“50”。

(2) 绘制长度为 9000mm 的直线，向下偏移 500mm 生成其他直线。

(3) 加载 HIDDEN、CENTER 及 PHANTOM2 后按图 2.143 所示要求更换线型。

9000

图 2.143　加载线型

上机操作二：绘制五角星

【操作目的】

练习相对坐标的输入，以及【直线】【点】【圆】和【正多边形】等绘图命令。

【操作内容】

方法一：按照图 2.144 所示坐标，使用相对坐标和【直线】命令绘制五角星。

方法二：使用【正多边形】及【直线】命令绘制任意大小五角星。

方法三：使用【圆】【点】及【直线】命令绘制任意大小五角星。

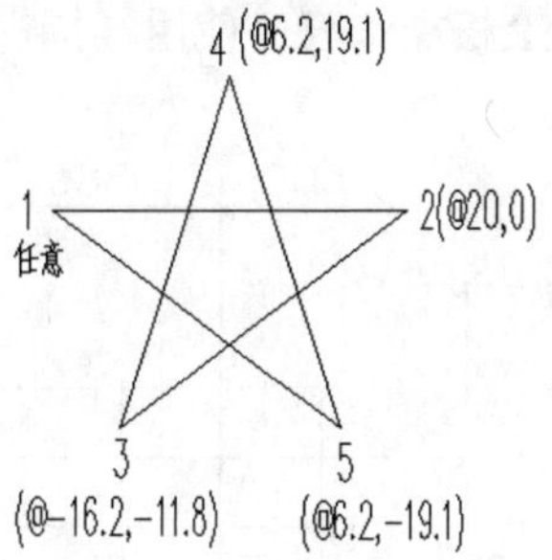

图 2.144 绘制五角星

上机操作三：绘制圆弧

【操作目的】

绘制图 2.145 所示的图形，练习【直线】及【圆弧】等绘图命令。

【操作内容】

(1) 使用【直线】命令绘制图形的上半部分。

(2) 执行菜单栏中的【绘图】|【圆弧】|【起点、端点、半径】命令绘制 2 圆弧：起点为 A，端点为 B，圆弧半径为 –20。

(3) 重复执行以上命令绘制 1 圆弧：起点为 A，端点为 B，圆弧半径为 20。

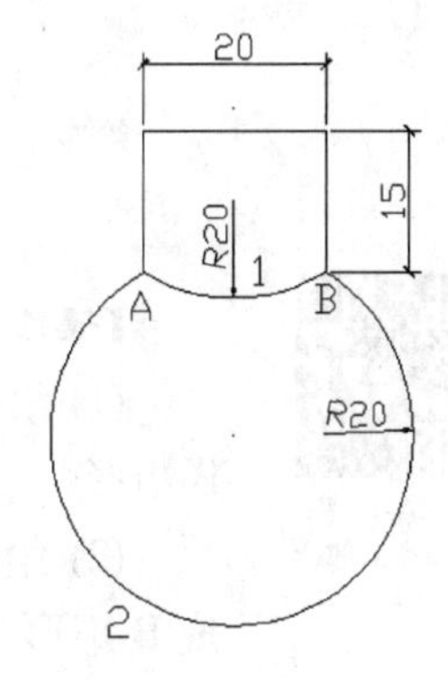

图 2.145 绘制圆弧

上机操作四：绘制餐桌和凳子

【操作目的】

练习【定义相对坐标基点】【矩形】【偏移】【中点捕捉】【环形阵列】【分解】、三点画弧及【修剪】等命令。

【操作内容】

(1) 绘制 1000mm × 1000mm 矩形，绘制右下角矩形内图案。

(2) 执行两次【环形阵列】命令生成桌面图形。

(3) 用定义相对坐标基点和【矩形】命令绘制凳子，并修改成图 2.146 所示的效果。

(4) 借助于辅助线 (桌子的对角线)，用夹点编辑命令将图 2.146 变成如图 2.147 所示的效果。

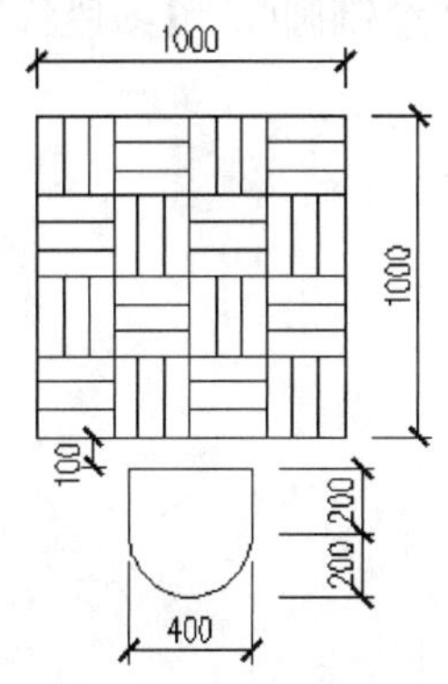

图 2.146 绘制餐桌和凳子

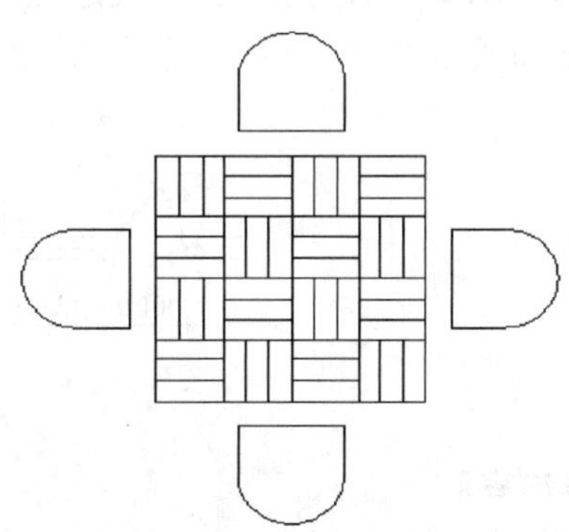

图 2.147 生成其他凳子

上机操作五：使用【捕捉自】定位矩形

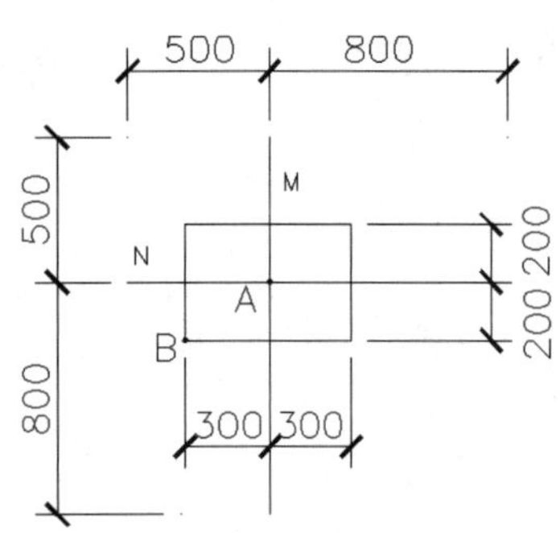

图 2.148 绘制矩形

【操作目的】

练习使用【捕捉自】命令借助于A点确定B点的位置，练习【矩形】命令和相对坐标的输入命令。

【操作内容】

(1) 按图 2.148 所示尺寸绘制 M 和 N 线。

(2) 绘制 600mm × 400mm 矩形。

上机操作六：绘制并旋转或缩放矩形

【操作目的】

练习【旋转】和【缩放】命令的基点选择及矩形命令。

【CAD怎样按参照缩放比例】

【操作内容】

(1) 绘制图 2.149 和图 2.150 中的 300mm × 120mm 矩形 A 并将它们旋转成 B 矩形。

(2) 绘制图 2.151 和图 2.152 中的 500mm × 200mm 矩形 A 并将它们缩放成 B 矩形。

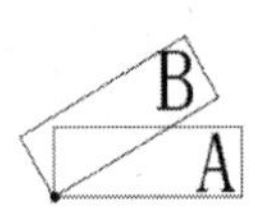

图 2.149 旋转矩形 (1)

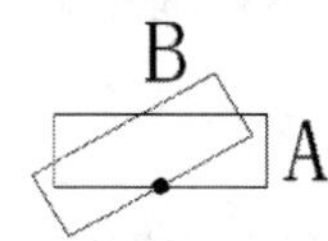

图 2.150 旋转矩形 (2)

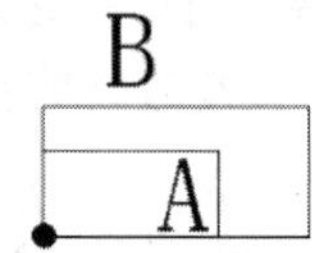

图 2.151 缩放矩形 (1)

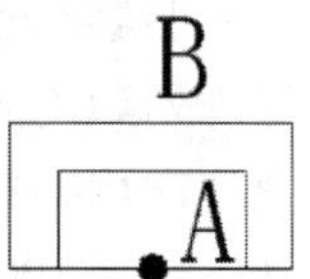

图 2.152 缩放矩形 (2)

上机操作七：绘制并镜像门

【操作目的】

绘制图 2.153 所示图形，练习【起点、圆心、端点】命令绘制圆弧，【多段线】【极轴】和【镜像】命令。

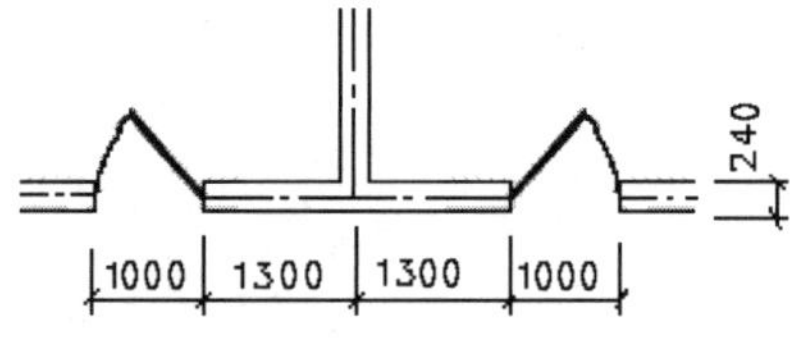

图 2.153 绘制并镜像门

【操作内容】

(1) 绘制墙体并开门洞口。

(2) 绘制右侧的门扇和门轨迹线。

(3) 镜像复制生成左侧的门。

上机操作八：绘制面盆

【操作目的】

绘制图 2.154 所示图形，练习【椭圆】【直线】【圆】【修剪】及【倒角】命令。

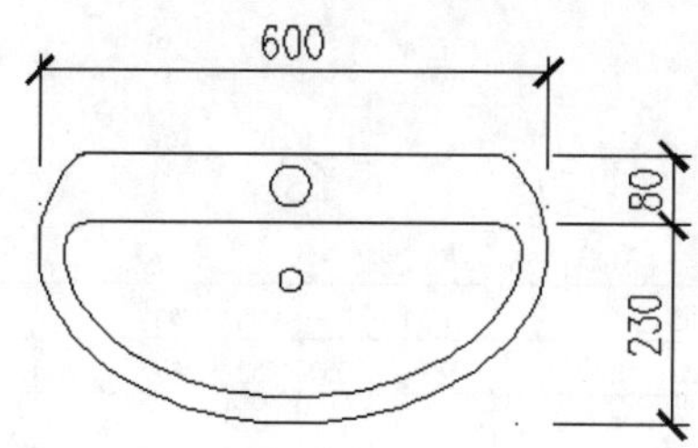

图 2.154 绘制面盆

【操作内容】

(1) 绘制椭圆：长轴为 600mm，短轴为 400mm，将椭圆向内偏移 30mm。

(2) 绘制直线，并修剪。

(3) 绘制倒圆角，半径为 30mm。

(4) 绘制圆，半径分别 15mm 和 20mm。

上机操作九：绘制组合图形

【操作目的】

绘制图 2.155 所示图形，练习【直线】【圆】【多边形】【矩形】【点】【复制】【修剪】【延伸】【镜像】【偏移】等绘图和编辑命令。

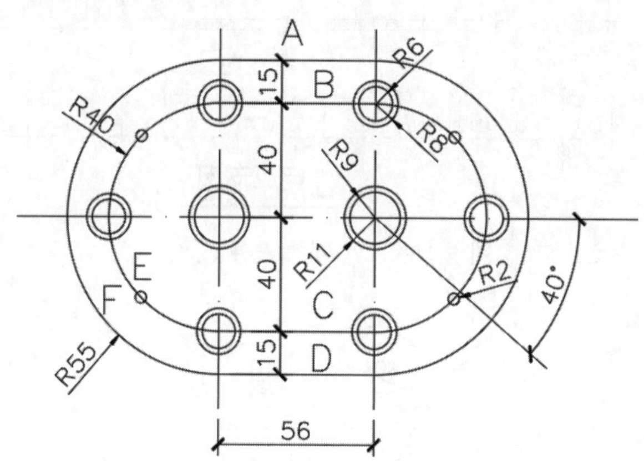

图 2.155 绘制组合图形

【操作内容】

(1) 绘制直线 A，偏移生成直线 B、C 和 D。

(2) 绘制倒圆角，半径为任意值，生成 E 和 F 半圆。

(3) 按尺寸绘制左侧五组圆。

(4) 镜像生成右侧圆。

【如何在CAD中画不规则图形】

上机操作十：绘制二层平面图

【操作目的】

综合练习前两章所学命令。

【操作内容】

绘制图 2.156 所示图形。

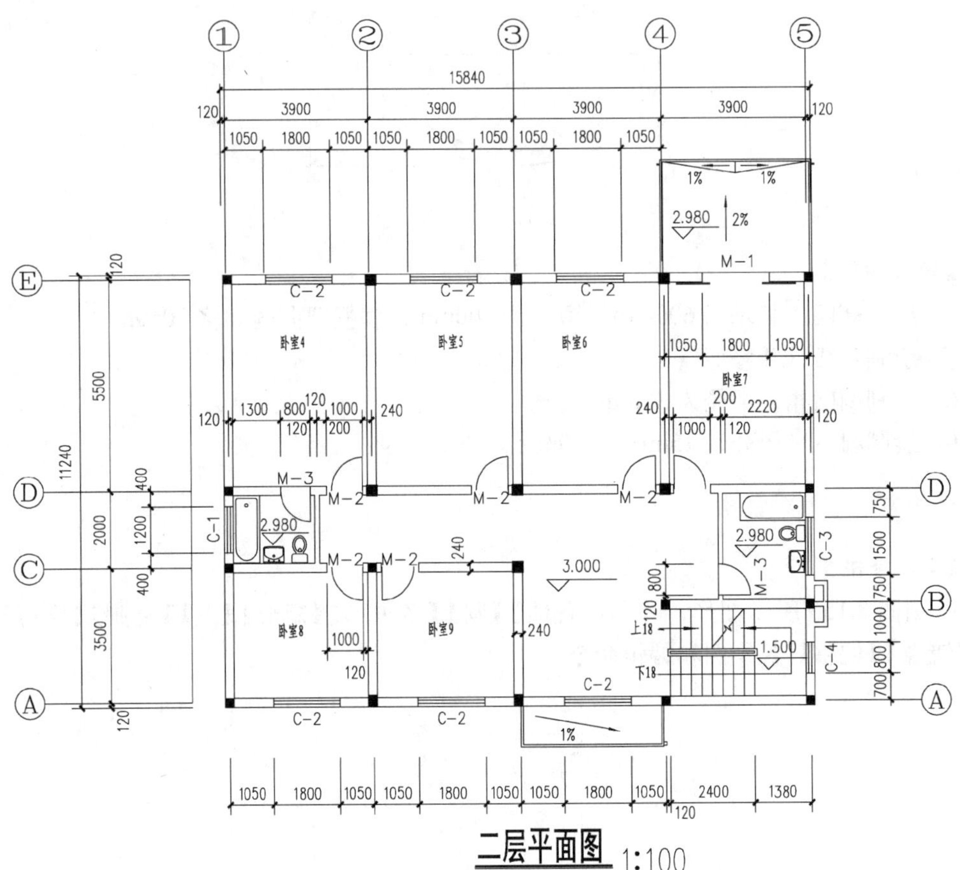

图 2.156　绘制二层平面图

一、单选题

1.【选择样板】对话框中的 acad.dwg 为（　　）。

A．英制无样板打开　　B．英制有样板打开　　C．公制无样板打开

2．默认状态下 AutoCAD 零角度的方向为（　　）。

A．东向　　B．西向　　C．南向

3．默认状态下 AutoCAD 零角度测量方向为（　　）。

A．逆时针为正　　B．顺时针为正　　C．都不是

4.【对象捕捉】辅功工具用于捕捉(　　)。

A．栅格点

B．图形对象的特征点

C．既可捕捉栅格点又可捕捉图形对象的特征点

5.【轴线】图层应将线型加载为(　　)。

A．HIDDEN　　B．CENTER　　C．Continuous

6．AutoCAD 的默认线宽为(　　)。

A．0.2mm　　B．0.15mm　　C．0.25mm

7.【线型管理器】对话框中的【全局比例因子】文本框中的值与(　　)一致。

A．出图比例　　B．绘图比例　　C．两者均可

8．(　　)键为【正交】辅助工具的快捷键。

A．F3　　B．F8　　C．F9

9．在执行绘图命令和编辑图形过程中，如果操作出错，可以马上输入(　　)执行【放弃】命令，以取消上次的操作。

A．M　　B．Z　　C．U

10．新建图形具有距离用户(　　)的特点。

A．比较远　　B．不近也不远　　C．比较近

11．在命令行输入“Z”后按 Enter 键，再输入“E”后按 Enter 键，会启动(　　)命令。

A．范围缩放　　B．实时缩放　　C．窗口缩放

12．执行【延伸】命令，在选择被延伸的对象时，应单击(　　)。

A．靠近延伸边界的一端

B．远离延伸边界的一端

C．中间的位置

13．用【多线】命令绘制轴线与中心线重合的墙时，对正方式应为(　　)。

A．无　　B．上对正　　C．下对正

14．用【多线】命令绘制 240mm 厚的墙，比例为(　　)。

A．120　　B．60　　C．240

15．用【多线】命令绘制墙时，应用(　　)样式。

A．STANDARD　　B．WINDOW　　C．DOOR

16．夹点通常显示在图形对象的特征点处，按(　　)键可取消夹点。

A．Enter　　B．Shift　　C．Esc

17．用【圆角】命令进行修角必须满足两个条件：模式应为【修剪】模式，圆角半径应为(　　)。

A．10　　B．20　　C．0

18．用【阵列】命令复制对象时，行数和列数的计算应(　　)被阵列对象本身。

A．不包括　　B．包括　　C．包括行，不包括列

19．比例命令是将图形沿 X、Y 方向 (　　) 地放大或缩小。

A．等比例　　B．不等比例　　C．既可等比例又可不等比例

20．默认状态下圆弧为 (　　) 绘制。

A．逆时针方向　　B．顺时针方向　　C．参照圆心

二、简答题

1．Enter 键有哪些作用?

2．利用 AutoCAD 绘图和利用图板绘图有什么区别?

3．设定当前层的方法有哪些?

4．如何查询图形对象所在的图层?

5．如果绘制出的轴线显示的不是中心线时，应做哪些检查？

6．简述执行【偏移】命令的具体步骤。

7．默认状态下多线的当前设置是什么?

8．简述相对直角坐标的输入方法。

9．简述相对极坐标的输入方法。

10．为减少修改，用【多线】命令绘制墙体的步骤是什么?

11．冻结图层和关闭图层有什么区别?

12．如果当前层是一个被关闭或冻结的图层，在绘图时会出现什么问题?

13．如果某图层是一个被锁定的图层，在编辑或修改该层上的图形时会出现什么情况?

14．简述【打断】和【打断于点】这两个命令的区别。

15．利用多段线绘制一个矩形，在首尾闭合处执行“C”命令和用捕捉的方法闭合有什么区别?

16．如何改变多段线的线宽?

17．简述【比例】和【拉伸】命令的区别，以及执行【比例】命令时比例因子的计算方法。

18．简述【复制】【拉伸】等编辑命令中基点的作用。

19．用【多段线】和【直线】命令分别绘制一个矩形，然后执行【偏移】命令，所得的结果是否相同?

20．简述定义相对坐标基点的方法。

21．【0】图层能否被重新命名或被删除?

22．某同学加载了 CENTER 线型，而在【图层特性管理器】对话框中【轴线】图层的线性仍为 Continuous，为什么?

【参考答案】

第3章 宿舍楼底层平面图的绘制(二)

教学目标

本章主要介绍用 AutoCAD 绘图时最难理解的符号类对象的尺寸的确定问题，要求必须掌握常用符号在不同比例图形内的形状、尺寸及线宽的确定方法，以及文字和尺寸标注格式的设定方法、输入文字和标注尺寸的方法及编辑文字和尺寸标注的方法；同时掌握图块的制作和使用方法，理解在制作图形类图块和符号类图块时尺寸确定方法的区别；了解在 AutoCAD 中制作表格的方法，了解在 AutoCAD 设计中心和不同的图形窗口中交换图形对象的方法；掌握长度、面积的测量方法。

教学要求

能力目标	相关知识	权重
能在各种比例的图形中确定符号类对象的尺寸	符号类对象的尺寸的计算方法	15%
能在各种比例的图形中标注文字并修改已写的字体	文字格式、文字高度的确定方法、单行文字和多行文字及 ED 等文字编辑方法	25%
能在各种比例的图形中标注尺寸并修改已标注出的尺寸	尺寸标注的格式、尺寸标注工具栏上的标注命令及各种尺寸标注的编辑方法	25%
能测量房间的面积和线的长度，会在各种比例的图形中绘制表格	DISTANCE 命令和 AREA 命令	5%
能制作门窗等图形类图块及标高等符号类图块	创建块 (Make Block) 和写块 (Write Block) 命令，插入图块，图块的属性，编辑已制作和已插入的图块	25%
能在两个以上图形之间相互交换图形、图块、图层及文字、标注和表格等的样式	AutoCAD 设计中心和多文档的设计	5%

学习重点

复习并掌握《房屋建筑制图统一标准》相关规定。仔细阅读命令链接及课后习题。

3.1 图纸内符号的理解

1. 平面图的内容

为便于理解和学习，把平面图中的内容分成两类。

(1) 图形类对象：轴线、墙、门窗、楼梯、散水和台阶等。

(2) 符号类对象：文字、标注、图框、标高符号、定位轴线编号、详图索引符号、详图符号、剖面符号、断面符号和指北针等。

2. 建筑平面图内符号类对象的绘制方法

在第 2 章主要学习了宿舍楼底层平面图图形的绘制，本章将继续学习符号类对象的绘制。通过第 2 章的学习，大家可以深切地体会到，在 AutoCAD 中各种图形对象是按 1 ∶ 1 的比例绘制的，但符号类对象的绘制和图形类对象截然不同。所有符号类对象出图 (打印在图纸上) 后的尺寸是一定的，但在 AutoCAD 内的尺寸 (出图前的尺寸) 是不定的，其随着出图比例变化而变化。以标高符号为例，无论出图比例为 1 ∶ 100 还是 1 ∶ 50，或其他比例，打印在图纸上 (出图后) 的标高符号都是一样大小，其尺寸要求如图 3.1 所示。如果出图比例为 1 ∶ 100，在 AutoCAD 内绘图时需将标高符号的尺寸放大 100 倍，则标高符号的尺寸应变成如图 3.2 所示的大小，这样打印出图时按 1 ∶ 100 的比例将图形缩小到原来的 1/100 后，尺寸正好和图 3.1 相同。依此类推，如果出图比例为 1 ∶ 50，在 AutoCAD 内绘图时需要将标高符号的尺寸放大 50 倍，打印时再缩小到原来的 1/50 后，尺寸正好和图 3.1 相同。也就是说，所有符号类对象在 AutoCAD 里绘制的尺寸，都是将《房屋建筑制图统一标准》内所规定的尺寸乘以一定比例所得。常用符号的形状和尺寸见表 3–1。

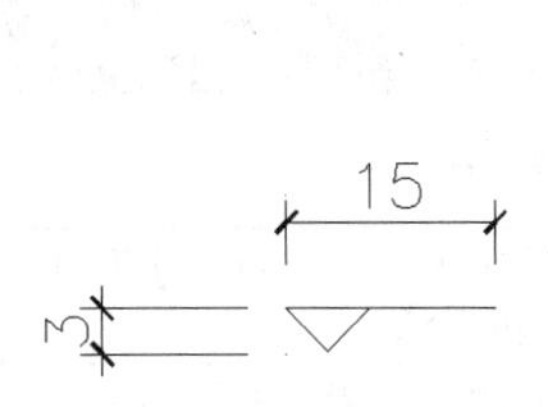

图 3.1　标高符号的尺寸

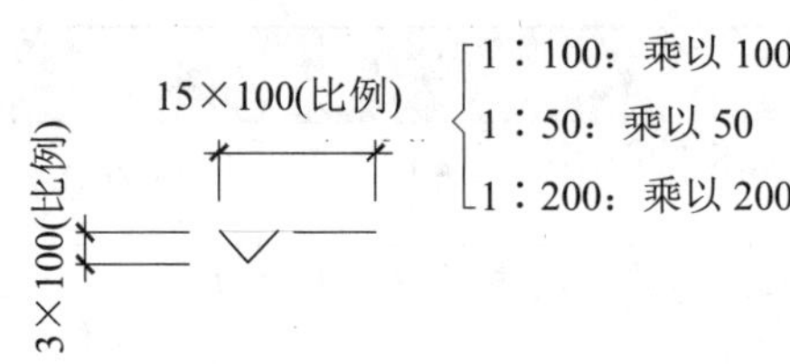

图 3.2　各种比例图中标高尺寸的放大方法

表 3–1　常用符号的形状和尺寸

名　称	形　状	粗　细	出图后的尺寸	出图前的尺寸
定位轴线编号圆圈	A	细实线	圆的直径为 8mm	8mm × 比例
			详图上圆的直径为 10mm	10mm × 比例
标高	B, A	细实线	*A* 为 3mm	*A* = 3mm × 比例
			B 为 15mm	*B* = 15mm × 比例

续表

名　称	形　状	粗　细	出图后的尺寸	出图前的尺寸
指北针	 N A	细实线	圆的直径为 24mm	24mm× 比例
			A 为 3mm	*A*=3mm× 比例
详图索引符号	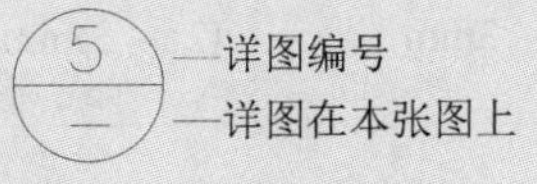 5 — 详图编号 详图在本张图上	均为细实线	圆的直径为 10mm	10mm× 比例
	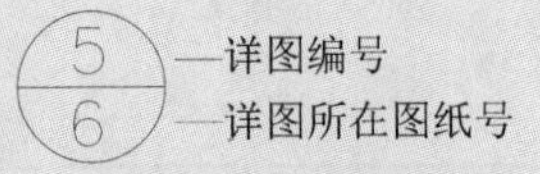 5 6 详图编号 详图所在图纸号			
	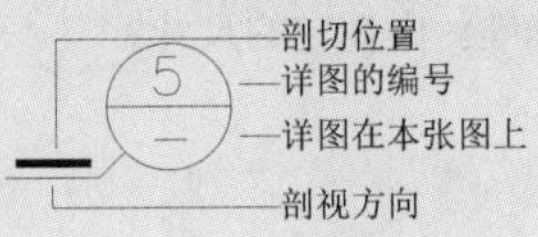 剖切位置 5 — 详图的编号 详图在本张图上 剖视方向			
局部剖切索引符号	 剖切位置 5 — 详图的编号 详图在本张图上 剖视方向	圆和剖视方向为细实线	圆的直径为 10mm	10mm× 比例
	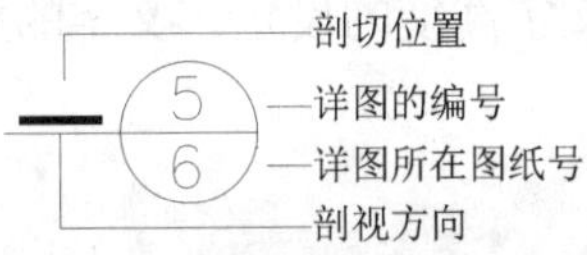 剖切位置 5 6 详图的编号 详图所在图纸号 剖视方向	剖切位置为粗实线	剖切位置线长度为 6～10mm 剖切位置线宽度可为 0.5mm	线长： (6～10)mm× 比例 线宽： 可设定为 0.5mm× 比例
详图符号	 2	圆为粗实线	圆的直径为 14mm	14mm× 比例
	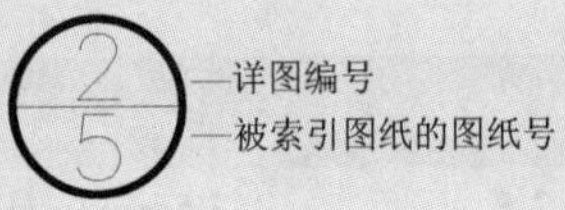 2 5 详图编号 被索引图纸的图纸号		线宽度可为 0.5mm	线宽：0.5mm× 比例
剖切符号	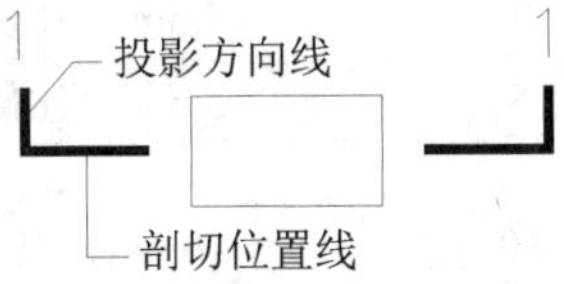 1　1 投影方向线 剖切位置线	剖切位置线为粗实线	剖切位置线长度为 6～10mm 剖切位置线宽度可为 0.5mm	线长： (6～10)mm× 比例 线宽： 可设定为 0.5mm× 比例
		投影方向线为粗实线	投影方向线长度为 4～6mm 投影方向线宽度可为 0.5mm	线长： (4～6)mm× 比例 线宽： 可设定为 0.5mm× 比例
断面的剖切符号	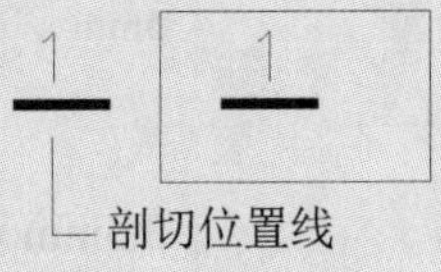 1　1 剖切位置线	剖切位置线为粗实线	剖切位置线长度为 6～10mm 剖切位置线宽度可为 0.5mm	线长： (6～10)mm× 比例 线宽： 可设定为 0.5mm× 比例

续表

名　称	形　状	粗　细	出图后的尺寸	出图前的尺寸
对称符号	A　C　B	对称线为细中心线	A 为 6 ~ 10mm	(6 ~ 10)mm × 比例
		平行线为细实线	B 为 2 ~ 3mm	(2 ~ 3)mm × 比例
			C 为 2 ~ 3mm	(2 ~ 3)mm × 比例
折断符号		细实线		

注：出图后的尺寸就是 GB/T 50001—2010《房屋建筑制图统一标准》内规定的尺寸。

3.2　文字的标注方法

下面分以下 4 步介绍图内文字的标注方法：图内文字高度的设定、文字的格式、标注文字、文字的编辑。

3.2.1　图内文字高度的设定

参照天正建筑，将图内的文字高度分成表 3–2 中所列的几种情况，供大家参考。

表 3–2　文字高度的大小

序　号	类　型		出图后的字高 /mm	出图前的字高
1	一般字体		3.5	3.5mm × 比例
2	定位轴线编号		5	5mm × 比例
3	图名		7	7mm × 比例
4	图名旁边的比例		5	5mm × 比例
5	详图符号 1	2	10	10mm × 比例
6	详图符号 2	2/5	5	5mm × 比例
7	详图索引符号	5/6	3.5	3.5mm × 比例

3.2.2 文字的格式

这里需要建立3种文字样式，每种文字样式的设定和用途见表3–3。

表3–3 文字的格式

样式名	字 体	宽高比	在【文字样式】对话框内的高度	勾选【使用大字体】复选框及大字体的选择	用 途
Standard	simplex.shx	0.7	0	gbcbig.shx	用于写阿拉伯数字和汉字
轴标	complex.shx	1	0	gbcbig.shx	用于标注纵、横向定位轴线的编号、详图编号及汉字
中文	T仿宋_GB2312	0.7	0		用于写汉字

按照表3–3设定的3种字体既能写英文又能写数字和汉字，表3–3内的用途是以图面美观为原则，参照天正专业绘图软件设置的。

特别提示

AutoCAD 2006可以调用两种字体文件，一种是AutoCAD自带的字体文件(位于安装目录：\AutoCAD2006\Fonts下)，扩展名均为.shx。一般情况下，优先使用这些字体，因为其占用磁盘空间较小。另一种是Windows字库(位于C：\WINDOWS\Fonts下)，只要不勾选【使用大字体】复选框，就可以调用这些字体，但这类字体占用磁盘空间较大。

注意：大字体gbcbig.shx为汉字字体。

1. 修改Standard字体样式

(1) 执行菜单栏中的【格式】|【文字样式】命令，打开【文字样式】对话框。默认状态下，在【文字样式】对话框中只有Standard一种文字样式，如图3.3所示，且默认状态下，Standard文字样式的字体为txt.shx。

下面对Standard文字样式的设定进行修改。

(2) 将Standard文字样式的字体修改为simplex.shx。

① 确认中文输入法已经关闭后，打开【字体名】下拉列表，输入“s”，此时字体名自动滚动到“simplex.shx”选项，如图3.4所示，然后选择该字体名即可。

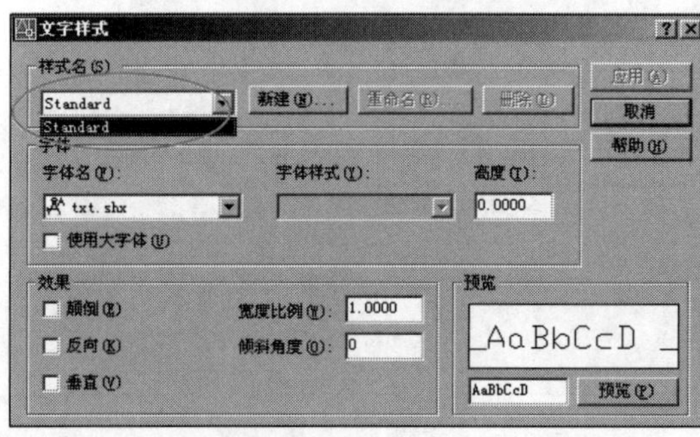

图3.3 默认状态下的文字样式

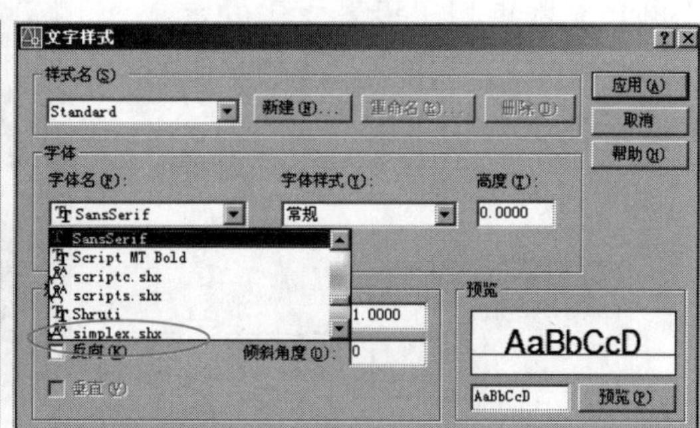

图3.4 选择字体名simplex.shx

② 勾选【使用大字体】复选框，然后打开【大字体】下拉列表，选择“gbcbig.shx”选项，如图 3.5 所示。

③ 将【文字样式】对话框中的【宽度比例】值改为“0.7”，高度仍然为“0”，其他设定不变，单击【应用】按钮后关闭对话框。

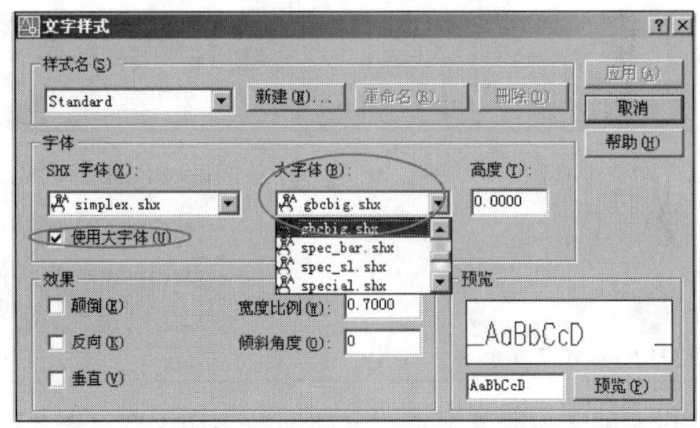

图 3.5　选择“gbcbig.shx”大写字体

特别提示

对【文字样式】对话框中的参数进行修改后，一定要单击【应用】按钮，使其成为有效设置后再单击【关闭】按钮关闭对话框，否则会前功尽弃。

设定了大字体 gbcbig.shx 的 Standard 字体样式，用 simplex.shx 写阿拉伯数字，用 gbcbig.shx 写汉字。

设定了大字体 gbcbig.shx 的【轴标】字体样式，用 complex.shx 写阿拉伯数字和英文字体，用 gbcbig.shx 写汉字。

2. 建立中文文字样式

(1) 执行菜单栏中的【格式】|【文字样式】命令，打开【文字样式】对话框。

(2) 单击【新建】按钮，打开【新建文字样式】对话框，在【样式名】文本框中输入“中文”，如图 3.6 所示，单击【确定】按钮，返回【文字样式】对话框。

(3) 如图 3.7 所示，将字体名改为“T 仿宋 _GB2312”，宽度比例改为“0.7”，高度为“0”，然后单击【应用】按钮，使设置有效后再单击【关闭】按钮关闭对话框。

【文字样式】对话框中的【宽度比例】文本框用于设置文字的宽高比。宽度为 1，高度为 1.4 的字体的宽度比例即为“0.7”。

图 3.6　【新建文字样式】对话框

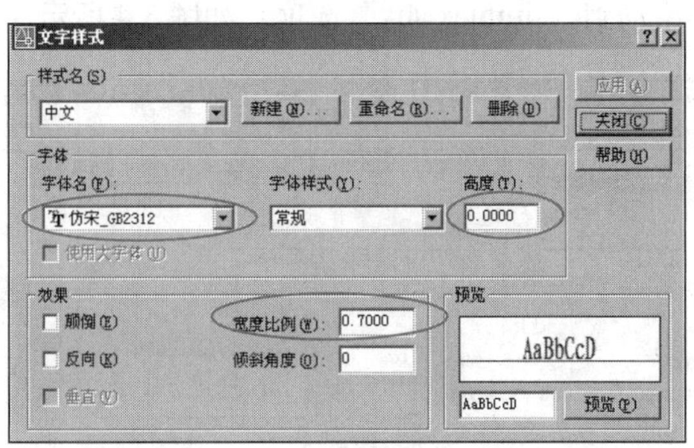

图 3.7　中文字体样式的设置

以上学习了建立Standard文字样式和中文文字样式，试按照表3–3的要求，建立轴标文字样式。

特别提示

“中文”样式的字体名是“T 仿宋 _GB2312”，而不是“T@ 仿宋 _GB2312”，前者用于横排字体，后者是倒体字，用于竖排字体。

在【文字样式】对话框中将【高度】设置为“0”，这样在进行文字标注时，字体高度是可变的，可根据需要设定。

3.2.3 标注文字

标注文字有单行文字和多行文字两种方法。

1. 标注单行文字

(1) 将【文字】图层设置为当前层。

(2) 将当前字体样式设为中文样式。设定当前字体样式常用的方法有3种。

① 在【文字样式】对话框中设置：在【文字样式】对话框中的【样式名】文本框内，看到的字体名即为当前字体样式，如图3.8所示。

② 在【样式】工具栏内设定当前字体样式，如图3.9所示。

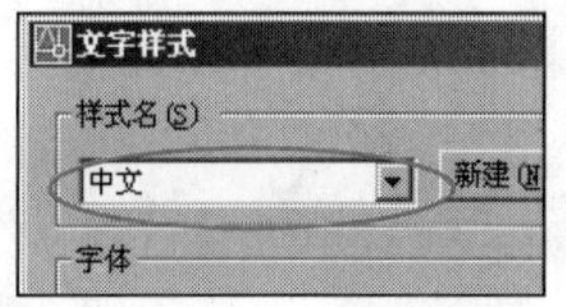

图3.8 在【文字样式】对话框中设置当前字体样式

图3.9 在【样式】工具栏内设置当前字体样式

③ 如果用【多行文字】命令标注字体，在【多行文字编辑器】内也可以置换当前文字样式。

(3) 执行菜单栏中的【绘图】|【文字】|【单行文字】命令，或在命令行输入“DT”并按Enter键，启动【单行文字】命令。

① 在指定文字的起点或[对正(J)/样式(S)]：提示下，在宿舍楼底层平面图的“门厅”内单击一点，作为文字标注的起点位置。

② 在指定高度<2.5000>：提示下，输入“300”，表示标注的字体高度为300mm。

特别提示

如果在【文字样式】对话框中设定了文字的高度，则在执行【单行文字】命令时，不会出现指定文字的起点或[对正(J)/样式(S)]：的提示，AutoCAD则按照【文字样式】对话框中设定的文字高度来标注文字。

③ 在指定文字的旋转角度<0>：提示下，按Enter键，执行尖括号内的默认值“0”，表示文字不旋转。

特别提示

文字的旋转角度和【文字样式】对话框中的文字的倾斜角不同：文字的旋转角度是指一行文字相对于水平方向的角度，文字本身没有倾斜，而文字的倾斜角度是指文字本身倾斜的角度。

④ 打开中文输入法，输入“宿舍楼门厅”，按 Enter 键确认。

⑤ 再次按 Enter 键结束命令。

2. 标注多行文字

(1) 将【文字】图层设置为当前层。

(2) 单击【绘图】工具栏上的【多行文字】图标A或在命令行输入“T”后按 Enter 键。

① 在指定第一角点：提示下，在宿舍楼底层平面图的“值班室”内单击一点，作为文字框的左上角点。

② 在指定对角点或 [高度 (H)/ 对正 (J)/ 行距 (L)/ 旋转 (R)/ 样式 (S)/ 宽度 (W)]：提示下，将光标向右下角拖出矩形框 (见图 3.10) 后单击，此时打开【文字格式】对话框和文字输入区域。

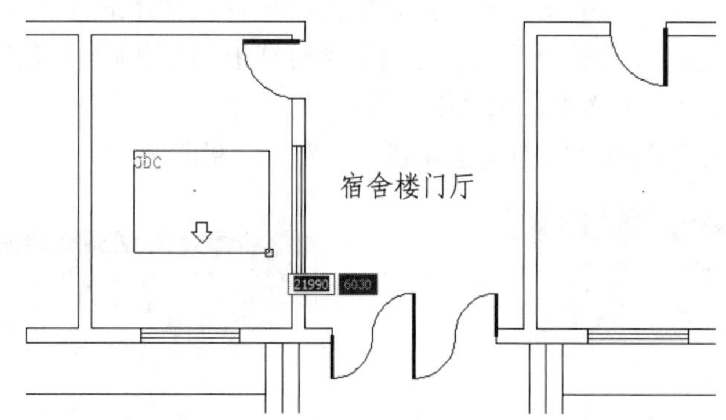

图 3.10　拖出多行文字的矩形窗口

操作技巧

- 矩形框的大小将影响输入文字的排列情况。

③ 在【文字格式】对话框中将当前字体设置为“中文”，字高设为“300”，然后在文字输入区域内输入“值班室”，如图 3.11 所示，单击【确定】按钮关闭对话框。

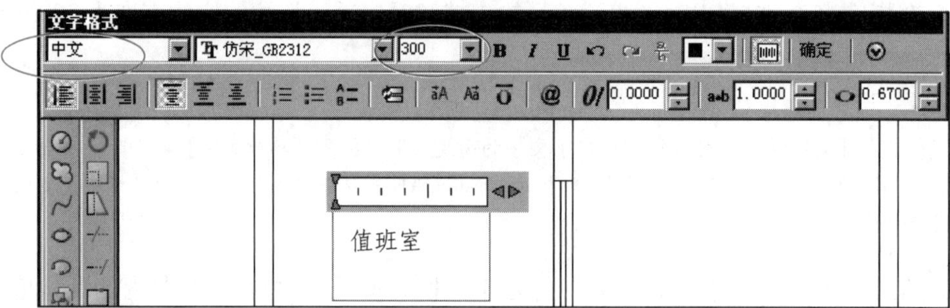

图 3.11　用【多行文字】命令输入“值班室”

3. 多行文字的理解

(1) 多行文字是指在指定的范围内(该范围即执行【多行文字】命令时所拖出的矩形框)进行文字标注，当文字的长度超过此范围时，AutoCAD 会自动换行。

(2) 标注多行文字比标注单行文字要灵活，在多行文字的【文字格式】对话框和文字输入区域内可以设置当前文字样式、字体名、字高或做其他的文字编辑工作。

(3) 用【多行文字】命令所标注的文字为整体。多行文字经【分解】命令分解后，则变成单行文字。

4. 特殊字符的输入

1) 常用特殊字符的输入方法

常用特殊字符的输入方法见表 3–4。

表 3–4 常用特殊字符的输入方法

表 示	输 入
度 (°)	%%d
正负	%%p
直径	%%c

2) 用【多行文字】命令输入特殊字符

单击【绘图】工具栏上的【多行文字】图标 A 或在命令行输入“T”后按 Enter 键启动【多行文字】命令。

① 在指定第一角点：提示下，在宿舍平面图内单击一点，将其作为文字框的左上角点。

② 在指定对角点或 [高度 (H)/ 对正 (J)/ 行距 (L)/ 旋转 (R)/ 样式 (S)/ 宽度 (W)]：提示下，光标向右下角拖出矩形框后单击。

③ 在【文字格式】对话框中将当前字体样式设为 Standard 字体，字高设为“300”。

④ 在文字输入区域内右击，从弹出的快捷菜单中执行【符号】|【正 / 负】命令，如图 3.12 所示，接着输入“0.000”。

⑤ 单击【确定】按钮关闭对话框，这样就输入了“±0.000”。

图 3.12 利用快捷菜单输入特殊字符

操作技巧

- 直径“ϕ”只能用英文字体样式输入，如用中文字体样式(如仿宋体)输入，则会出现乱码“□”。

5. 设计说明等大量文字的输入方法

利用【单行文字】或【多行文字】命令，在 AutoCAD 内输入设计说明等大量文字内容比较麻烦。可以在 Word 内将设计说明写好，然后复制到多行文字的输入窗口内，再根据需要进行修改。

3.2.4 文字的编辑

可以用 3 种方法修改文字：第一种是利用文字编辑命令，第二种是利用【对象特征管理器】，第三种是利用格式刷。

【CAD图形打开字体乱码怎么解决】

1. 利用文字编辑命令

(1) 执行菜单栏中的【修改】|【对象】|【文字】|【编辑】命令，或在命令行输入“ED”并按 Enter 键，或双击被修改的文字，启动编辑文字命令。

① 在选择注释对象或 [放弃 (U)]：提示下，选择要修改的文字，这里选择前面用单行文字标注的“宿舍楼门厅”，则“宿舍楼门厅”被激活，如图 3.13 所示，将其修改为“门厅”，按 Enter 键确认即可。

② 再次按 Enter 键结束命令。

(2) 如果利用文字编辑命令编辑用多行文字标注的“值班室”，则弹出多行文字编辑器，在编辑器内可以对文字的内容、高度等进行修改，如图 3.14 所示。

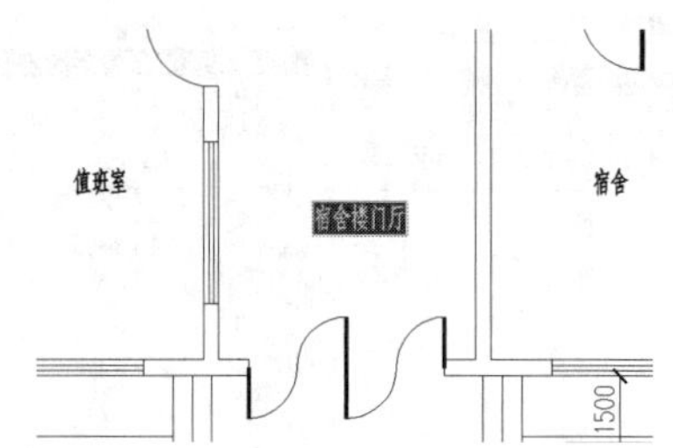

图 3.13 利用文字编辑命令编辑单行文字

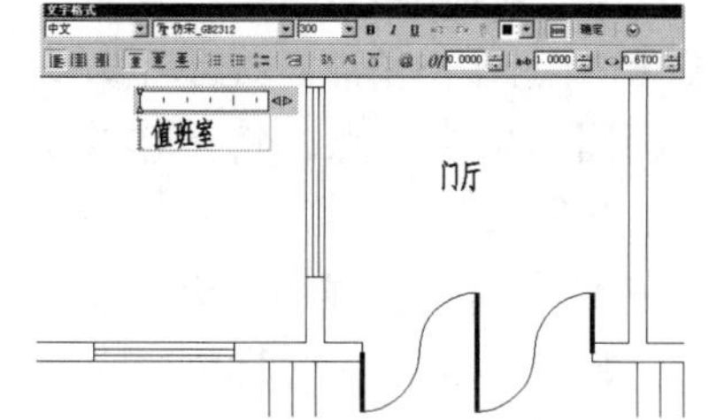

图 3.14 利用文字编辑命令编辑多行文字

特别提示

对比图 3.13 和图 3.14 可知，利用文字编辑命令编辑单行文字，只能修改文字的内容，而用文字编辑命令编辑多行文字时，可对文字的内容、高度、文字样式、是否加粗字体等多项内容进行修改。

2. 利用【对象特征管理器】

(1) 执行菜单栏中的【修改】|【特性】命令，打开【对象特征管理器】，或单击【标注】工具栏上的图标，或在命令行输入“PR”并按 Enter 键。

(2) 在无命令的状态下单击“宿舍楼门厅”，此时【对象特征管理器】内左上方下拉列表内出现【文字】选项，并且在【对象特征管理器】中列出“宿舍楼门厅”字体的特性描述，如图 3.15 所示，包括文字样式、文字高度、文字内容等，在这里可对其所有特性进行修改。

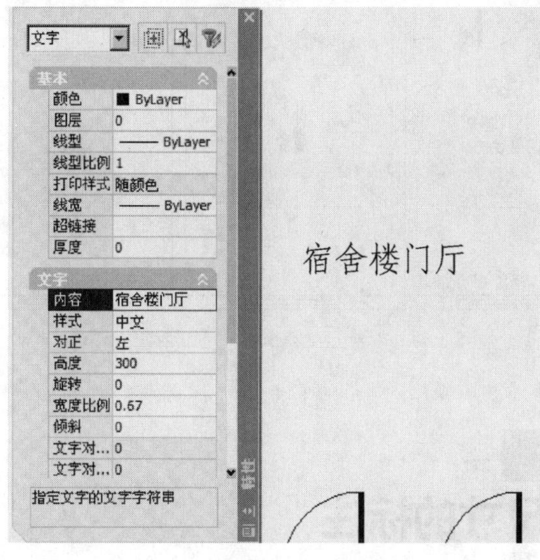

图 3.15 利用【对象特征管理器】修改文字

3. 利用格式刷

首先，在【文字样式】对话框中将当前字体设定为Standard样式(字体名为simplex)，然后用【单行文字】命令在几间“宿舍”内注写“宿舍”，则会出现如图3.16所示的大字体gbcbig.shx样式的中文字，用格式刷将其修改为“值班室”所用的仿宋体样式。

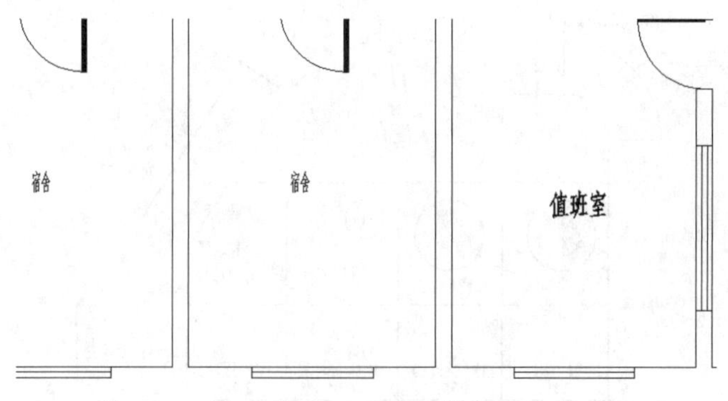

图 3.16 大字体 gbcbig.shx 样式写的中文字

① 执行菜单栏中的【修改】|【特性匹配】命令，或单击【标准】工具栏上的图标，或在命令行输入“MA”并按Enter键，启动【特性匹配】命令。

② 在选择源对象：提示下，单击选择“值班室”，此时光标变成“大刷子”的形状。

③ 在选择目标对象或 [设置 (S)]：提示下，选择“宿舍”，则“宿舍”变成了仿宋体，如图3.17所示，按Enter键结束命令。

操作技巧

- 单行和多行文字均可作为【修剪】命令的剪切边界。

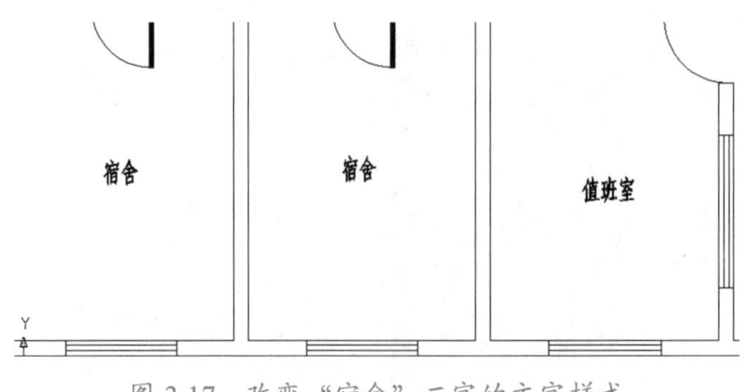

图 3.17　改变“宿舍”二字的文字样式

3.3　尺寸的标注

3.3.1　尺寸标注基本概念的图解

尺寸标注的组成、尺寸标注的类型及【新建标注样式】对话框中部分参数等概念的解释如图 3.18 所示。

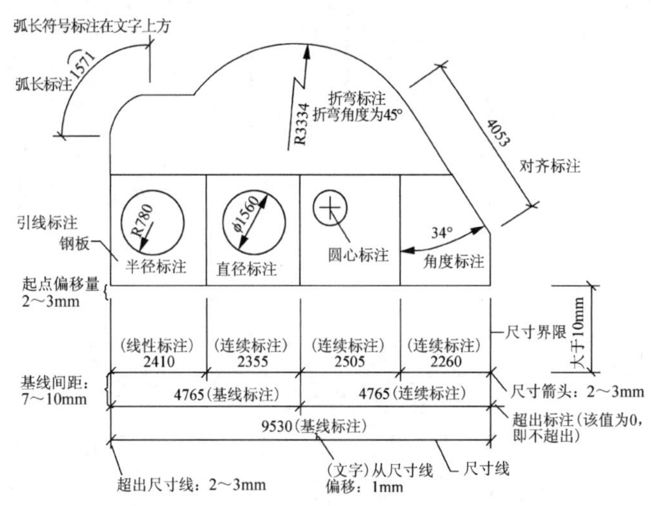

图 3.18　尺寸标注基本概念的图解

下面分 3 步介绍尺寸标注：尺寸标注样式、标注尺寸、修改尺寸标注。

3.3.2　尺寸标注样式

在 AutoCAD 内标注尺寸同样应遵循建筑制图标准的规定。根据建筑制图标准的要求，这里建立 4 种标注样式，每种标注样式的作用见表 3–5。

表 3–5 尺寸标注样式

标注样式	作 用	备 注
标注	用于所有的尺寸标注	
半径	用于标注圆弧或圆的半径	与标注是父与子关系
直径	用于标注圆弧或圆的直径	与标注是父与子关系
角度	用于标注角度大小	与标注是父与子关系

1. 建立标注样式

(1) 执行菜单栏中的【格式】|【标注样式】命令或【标注】|【标注样式】命令，打开【标注样式管理器】对话框。在 AutoCAD 默认状态下，只有【ISO–25】一种样式，如图 3.19 所示。

(2) 单击【标注样式管理器】对话框右侧的【新建】按钮，打开【创建新标注样式】对话框，在【新样式名】文本框中输入“标注”，如图 3.20 所示，【基础样式】为 ISO–25，也就是说标注是在 ISO–25 样式的基础上修改而成的。

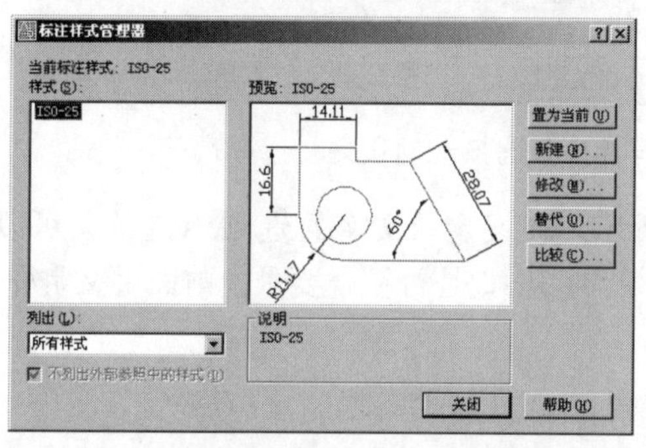

图 3.19 【标注样式管理器】对话框

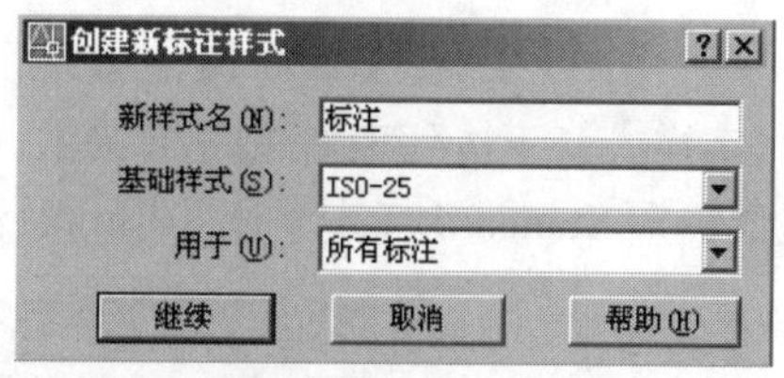

图 3.20 【创建新标注样式】对话框

(3) 单击【继续】按钮，打开【新建标注样式：标注】对话框，该对话框中共有 7 个选项卡，下面分别来设定。

①【直线】选项卡的设定如图 3.21 所示。

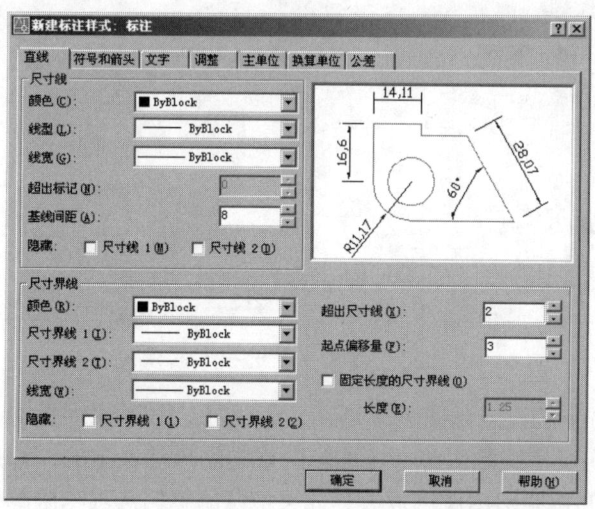

图 3.21 【直线】选项卡的设定

② 【符号和箭头】选项卡的设定如图 3.22 所示。

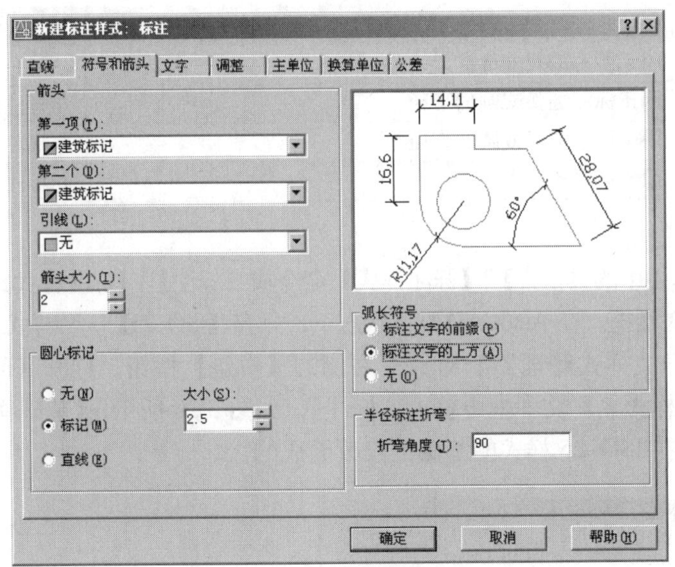

图 3.22 【符号和箭头】选项卡的设定

③【文字】选项卡的设定如图 3.23 所示。在设定【文字】选项卡之前，可以单击【文字样式】下拉列表右边的...按钮，查看文字的格式是否符合要求。前面讲文字样式时，已经设定 Standard 样式字体为 simplex 字体。

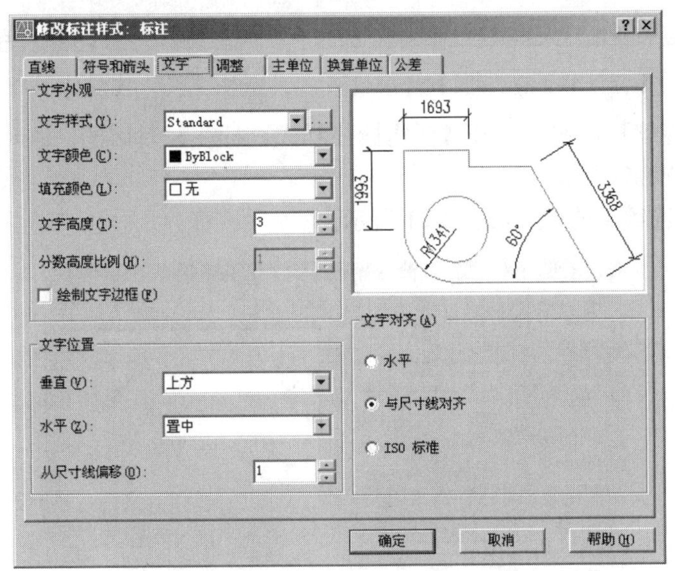

图 3.23 【文字】选项卡的设定

④【调整】选项卡的设定如图 3.24 所示。【直线】、【符号和箭头】及【文字】选项卡内的设定都是按照《房屋建筑制图统一标准》内规定的尺寸设定的，都是出图后的尺寸。在 AutoCAD 内需将它们按照出图比例放大。如果把【调整】选项卡内的【使用全局比例】设定为 100，则前面所有已设定的尺寸将被放大 100 倍。如【箭头大小】(图 3.22) 尺寸变为

2mm×100=200mm，【超出尺寸线】(图 3.21) 尺寸变为 2mm×100=200mm。在打印时，又将图整体缩小到原来的 1/100，所以出图后【箭头大小】尺寸为 200mm/100=2mm，【超出尺寸线】尺寸为 200mm/100=2mm，和《房屋建筑制图统一标准》内规定的尺寸是一致的。

【调整】选项卡内的【使用全局比例】和出图比例应一致。出图比例为 1 ∶ 100 时，【使用全局比例】设定为 100；出图比例为 1 ∶ 200 时，【使用全局比例】设定为 200；出图比例为 1 ∶ 50 时，【使用全局比例】设定为 50。

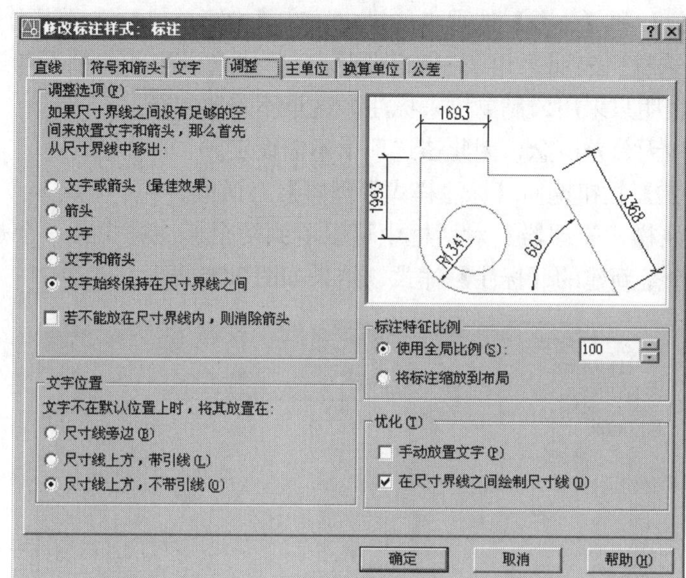

【AutoCAD中怎样去掉圆弧标注的延长线】

图 3.24 【调整】选项卡的设定

⑤【主单位】选项卡的设定如图 3.25 所示。

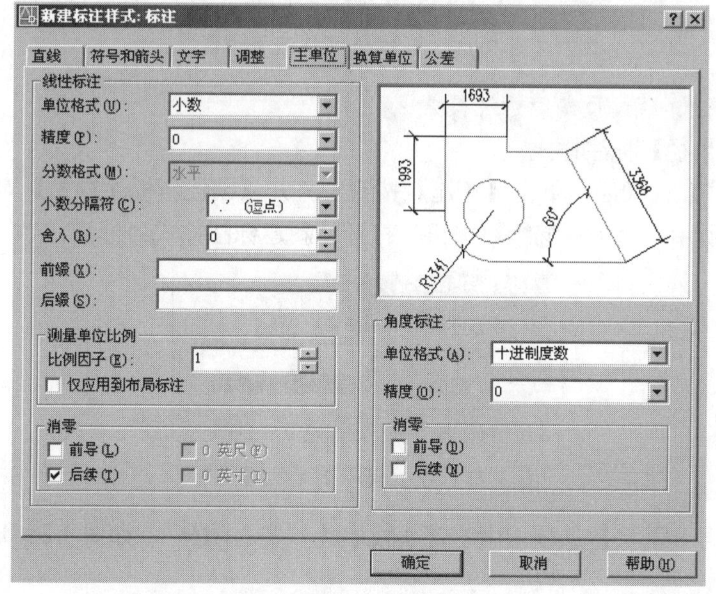

图 3.25 【主单位】选项卡的设定

特别提示

【主单位】选项卡内的测量比例因子为 1 时，为如实标注，如线长为 1000mm，标注出的尺寸也为 1000mm。测量比例因子为大于 1 或小于 1 的值时，则不再为如实标注，如果测量比例因子为 0.5，线长为 1000mm，标注出的尺寸为 500mm；如果测量比例因子为 1.6，线长为 1000mm，标注出的尺寸为 1600mm。

⑥【换算单位】和【公差】选项卡的设定。在【换算单位】选项卡内，如果勾选【显示换算单位】复选框，表明采用公制和英制双套单位来标注；如果不勾选【显示换算单位】复选框，则表明只采用公制单位来标注。这里不需要勾选。

建筑施工图内无公差概念，因此该选项卡不需设定。

⑦ 单击【确定】按钮返回【标注样式管理器】对话框。

此时在【标注样式管理器】对话框中可以看到两个标注样式：一个是默认的【ISO-25】样式；另一个是新建的【标注】样式，结果如图 3.26 所示。

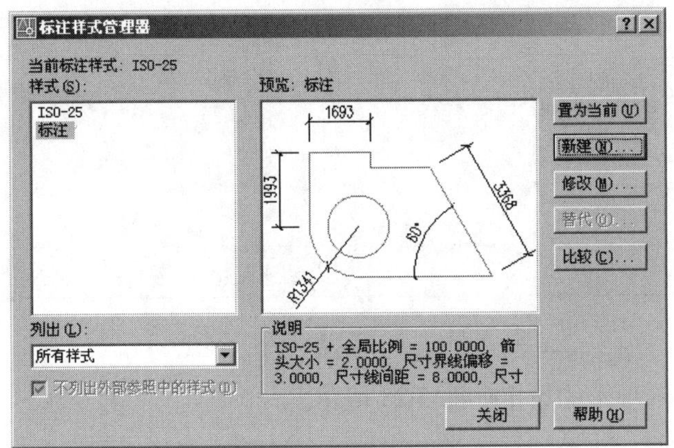

图 3.26 新建的【标注】样式

2. 建立半径、直径及角度标注样式

(1) 建立【半径】标注样式。

选中【标注】样式后，单击【新建】按钮，打开【创建新标注样式】对话框，其参数设定如图 3.27 所示，单击【继续】按钮，打开【新建标注样式：标注：半径】对话框。

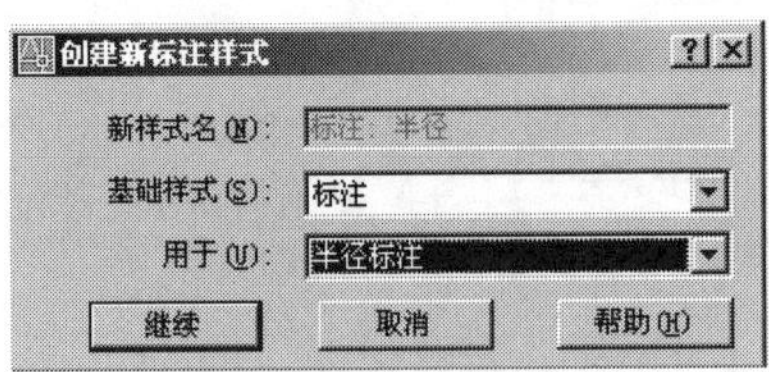

图 3.27 建立【半径标注】样式

① 将【符号和箭头】选项卡内的箭头设定为“实心闭合”，如图 3.28 所示。

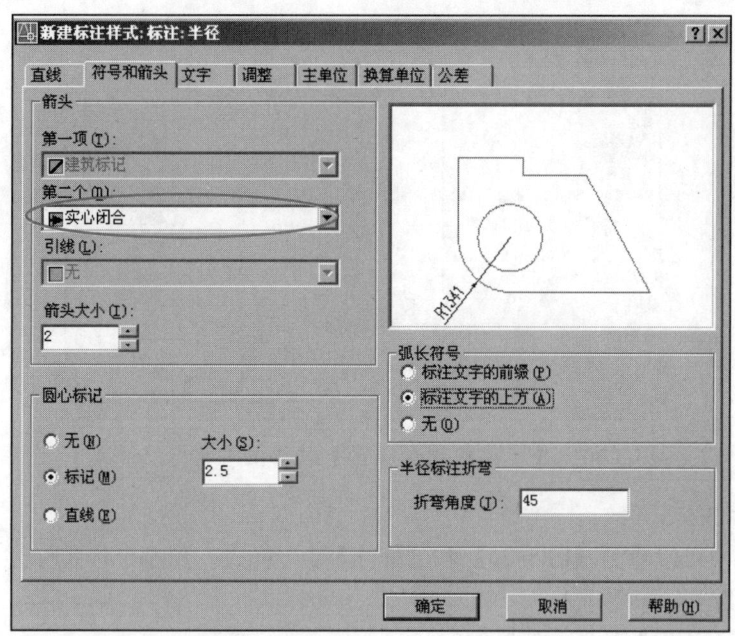

图 3.28 将箭头设定为“实心闭合”

②【调整】选项卡的设定如图 3.29 所示。

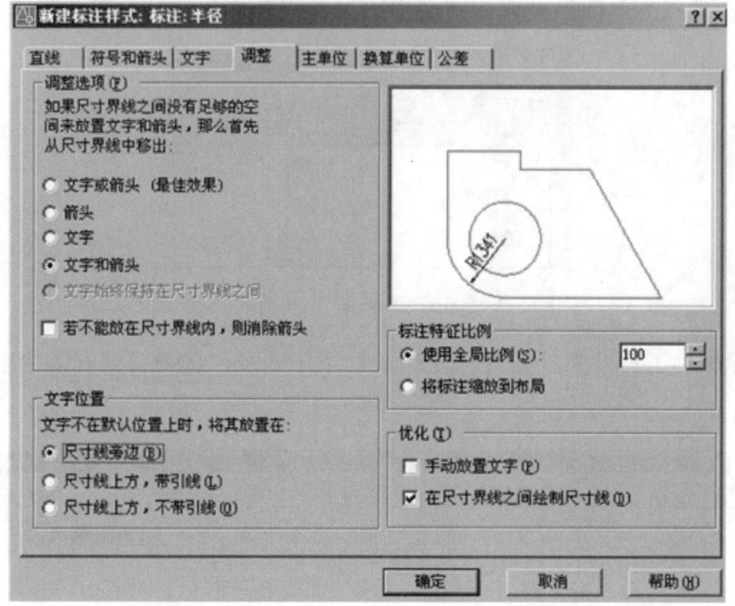

图 3.29 设定【调整】选项卡

(2) 用同样的方法建立【直径】和【角度】标注样式，结果如图 3.30 所示。

注意图 3.30 中的半径、直径和角度与标注的显示关系，这种关系称为父与子的关系。半径、直径和角度犹如标注所生的 3 个“儿子”，家里分工明确，遇到线性尺寸，“父亲”标注；遇到半径、直径或角度时，3 个“儿子”分别去标注。

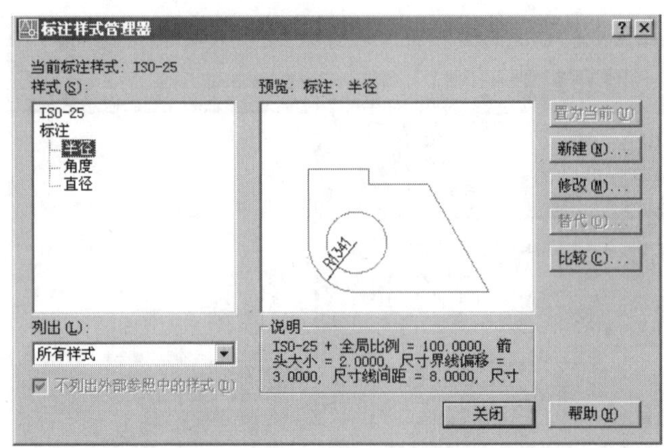

图 3.30　【标注样式管理器】对话框内的标注样式

3. 当前标注样式

从图 3.30 中可以看到【ISO–25】和【标注】2 个样式。用哪个样式标注，就应将哪个标注样式设置为当前标注样式。

设置当前标注样式的方法有 3 个。

(1) 在【标注样式管理器】对话框的左上角有当前标注样式的显示，如图 3.31 中所示的当前标注样式为【标注】。在【标注样式管理器】对话框中选中将要设置为当前的标注样式，然后单击【置为当前】按钮，被选中的【标注】样式就被设置为当前标注样式。

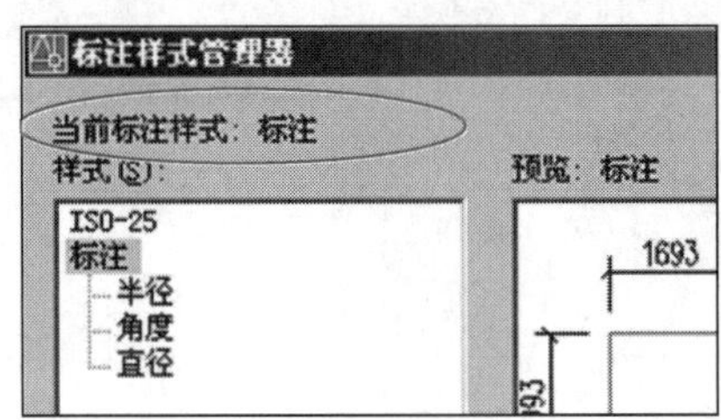

图 3.31　【标注样式管理器】中当前标注样式的显示

(2) 在【标注】工具栏中打开【标注样式】下拉列表，选中将要置为当前的标注样式，如图 3.32 所示。

图 3.32　在【标注】工具栏中设置当前标注样式

(3) 在【样式】工具栏内设定当前标注样式，如图 3.33 所示。

图 3.33　在【样式】工具栏中设定当前标注样式

4. 对“当前”概念的总结

回忆一下在前面所讲的内容里，涉及“当前”概念的内容共有 5 处。

(1) 图层：图形是绘制在当前层上的。

(2) 多线：前面讲了 STANDARD 和 WINDOW 两种多线样式。绘制墙线时，须将 STANDARD 样式设置为当前样式；绘制窗户时须将 WINDOW 样式设置为当前样式。

(3) 文字：前面建立了 Standard、【轴标】和【中文】3 种文字样式，当前样式是哪一种，写的就是哪种字体。

(4) 标注：除了 AutoCAD 自带的【ISO–25】样式，前面还建立了标注(本身带有 3 个父子关系)样式，用哪种标注样式去标注，就应将哪种标注样式置为当前。

(5) 表格：后面将具体介绍设定表格样式以及设置当前表格样式的方法。

3.3.3 参照附图3.1标注外墙3道尺寸

1. 准备工作

(1) 生成辅助线：将台阶左边的散水线向下偏移 1500mm 生成辅助线，如图 3.34 所示。

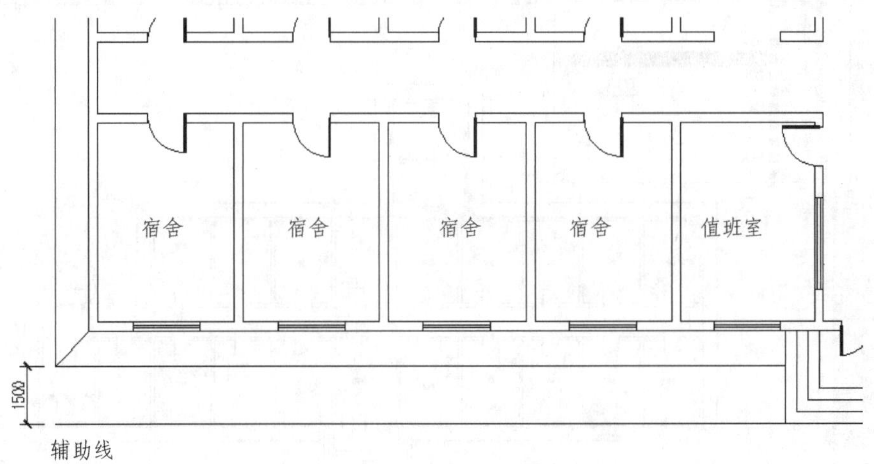

图 3.34 由散水线生成辅助线

(2) 加长辅助线：在命令行无命令的状态下选中辅助线，会出现 3 个蓝色的夹点。单击右侧的夹点，该夹点变红，打开【正交】功能，将光标水平向右拖动至如图 3.35 所示的位置。

(3) 换图层：辅助线是由散水线偏移形成的，所以辅助线目前位于【室外】图层上。需要将其换到【辅助】图层上。

① 在命令行无命令的状态下选中辅助线，会出现 3 个蓝色的夹点。

② 如图 3.36 所示，打开【图层控制】下拉列表，选中【辅助】图层。

③ 按 Esc 键取消夹点。

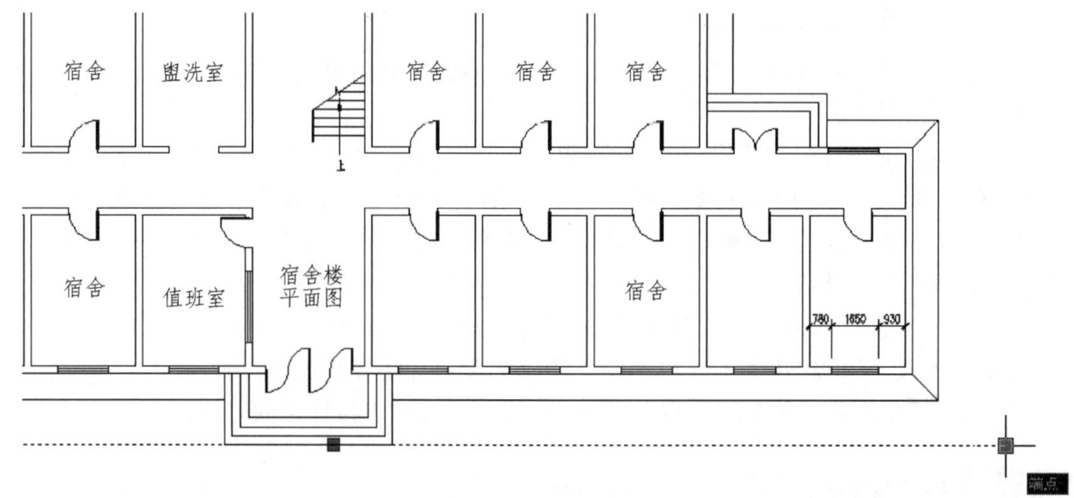

图 3.35　向右拖长辅助线

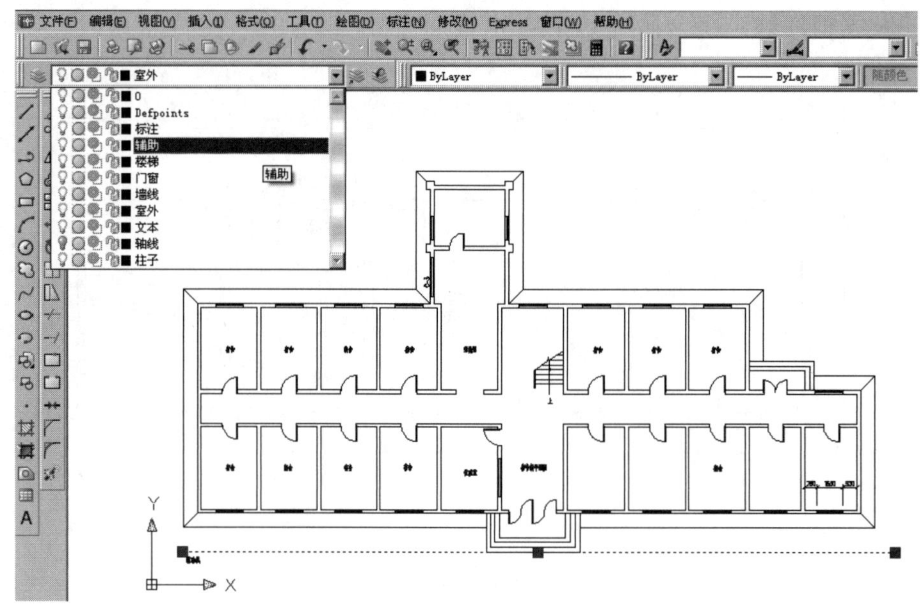

图 3.36　换当前图层

(4) 打开【轴线】图层，将【门窗】层和【室外】图层关闭，如图 3.37 所示。

(5) 用【窗口放大】命令将视图调整至如图 3.38 所示状态。

(6) 将【标注】样式置为当前标注样式。

2. 标注第一道墙段的长度和洞口宽度尺寸

(1) 执行菜单栏中的【标注】|【线性】命令，启动线性标注命令。

① 在指定第一条尺寸界线原点或 < 选择对象 >：提示下，捕捉 A 轴线和 1 轴线的交点、但不单击，将光标轻轻地垂直向下拖至辅助线上，出现交点捕捉后 (图 3.38) 单击，将该点作为线性标注的第一条尺寸界线的原点。

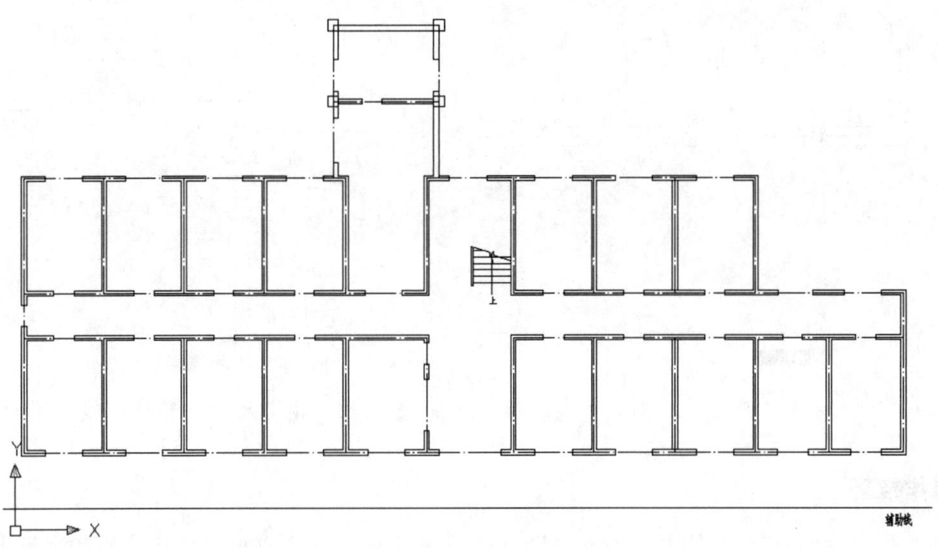

图 3.37　关闭【门窗】图层和【室外】图层

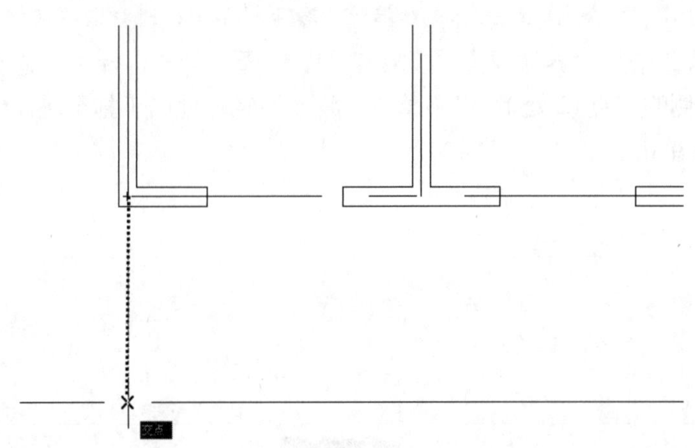

图 3.38　在辅助线上确定第一条尺寸界线的原点

② 在指定第二条尺寸界线原点：提示下，捕捉 A 轴线和门窗洞口左侧的交点 (1 处)，但不单击，将光标轻轻地向下拖至辅助线上，出现交点捕捉后 (图 3.39) 单击，将该点作为线性标注的第二条尺寸界线的原点。

③ 在指定尺寸线位置或 [多行文字 (M)/ 文字 (T)/ 角度 (A)/ 水平 (H)/ 垂直 (V)/ 旋转 (R)]：提示下，将光标垂直向下拖动，输入“1000” (图 3.40)，指定尺寸线和辅助线之间的距离为 1000mm，按 Enter 键结束命令。

常见错误

- 使用【线性】标注命令标注完第一个尺寸后，如果只能看到尺寸线和尺寸界限，看不到尺寸箭头及文字等内容时，则肯定没有设定【调整】选项卡内的【使用全局比例】。

(2) 执行菜单栏中的【标注】|【连续】命令，执行连续标注操作，AutoCAD 自动将连续标注连接到刚刚所标注的尺寸线上。

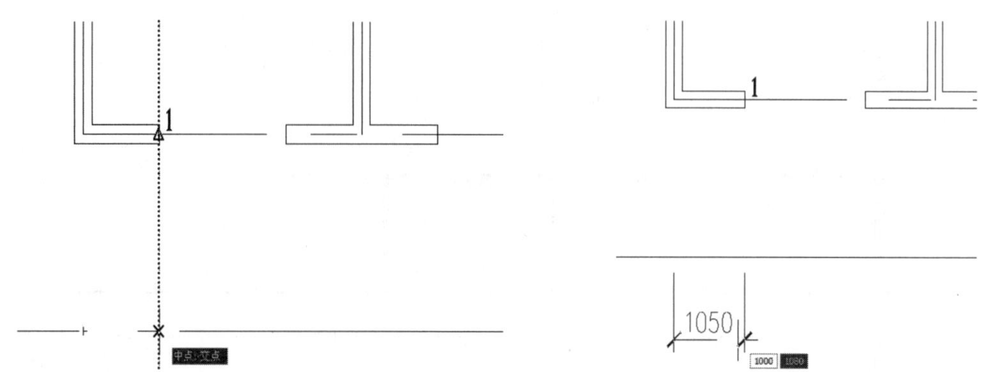

图 3.39　在辅助线上确定第二条尺寸界线的原点　　图 3.40　指定尺寸线和辅助线之间的距离

操作技巧

- 执行连续标注操作时，AutoCAD 自动将连续标注连接到刚刚所标注的尺寸线上。如果 AutoCAD 自动连接的尺寸线不是所需要连接的尺寸线，按 Enter 键，执行尖括号内的“选择”命令，在“选择连续标注”命令提示下，选择需要连接的尺寸线。

① 在指定第二条尺寸界线原点或 [放弃 (U)/ 选择 (S)] < 选择 >：提示下，捕捉 A 轴线和门窗洞口右侧的交点 (2 处)，但不单击，将光标轻轻地向下拖至辅助线上，出现交点捕捉后 (图 3.41) 单击。

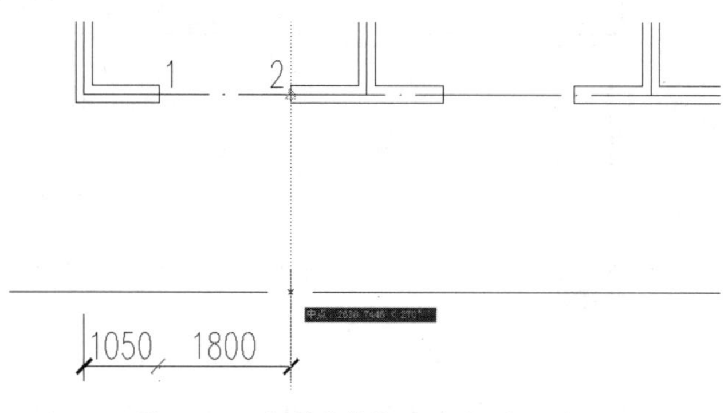

图 3.41　用【连续】命令标注尺寸

② 在指定第二条尺寸界线原点或 [放弃 (U)/ 选择 (S)] < 选择 >：提示下，用相同的方法依次向后操作，结果如图 3.42 所示。在操作过程中，可以透明使用【平移】命令调整视图，以方便操作。

特别提示

为了使尺寸界线的原点在一条线上，这里设置了辅助线，这样标注出的尺寸线比较整齐。

在连续标注的过程中，如果某次标注出现错误，可以在命令执行过程中输入“U”，以取消这次错误操作。

墙段长度和洞口宽度的第一道尺寸线的第一个尺寸是用【线性】命令标注出来的，而第一道尺寸线的其他尺寸是使用【连续】命令标注出来的。

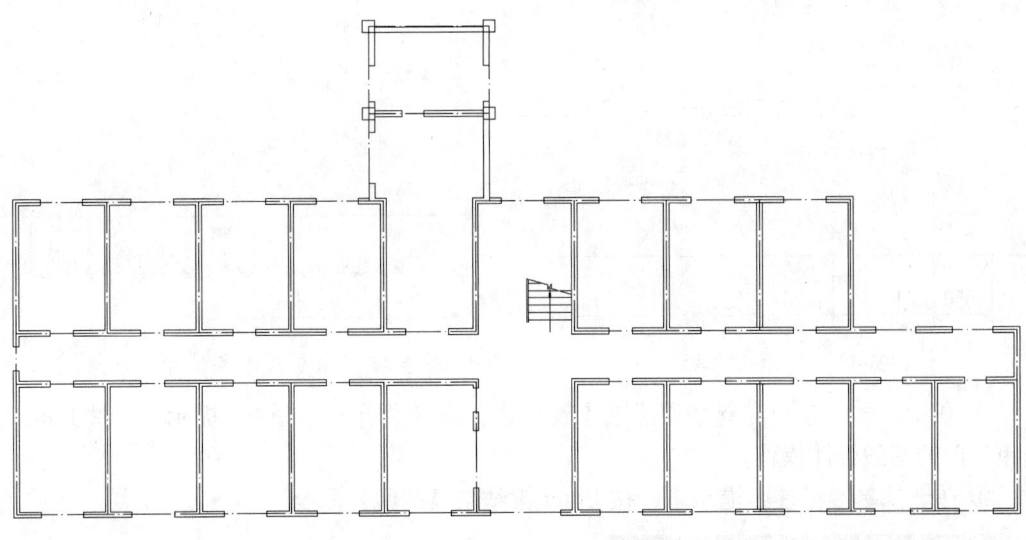

图 3.42 标注第一道尺寸线

3. 标注第二道轴线尺寸

(1) 执行菜单栏中的【标注】|【基线】命令，执行基线标注操作，光标将自动连接到刚刚所标注的尺寸线上，如图 3.43 所示。

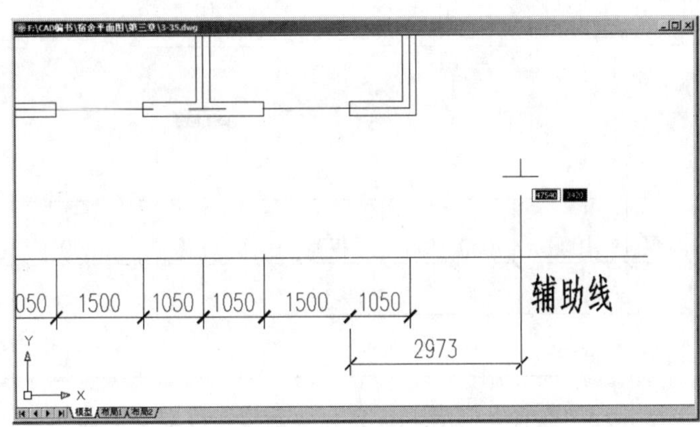

图 3.43 基线标注自动连接到刚刚所标注的尺寸线上

(2) AutoCAD 自动连接的标注不是所需要的标注，所以在指定第二条尺寸界线原点或 [放弃 (U)/ 选择 (S)] < 选择 >：提示下，按 Enter 键执行尖括号内的默认值“选择”，表示要重新选择基准标注。

① 在选择基准标注：提示下，将光标放在如图 3.44 所示的“1050”尺寸线的左侧，然后单击以选择基准标注。

② 在指定第二条尺寸界线原点或 [放弃 (U)/ 选择 (S)] < 选择 >：提示下，将光标向右上拖动，捕捉如图 3.45 所示的位置，以指定第二条尺寸界线原点。

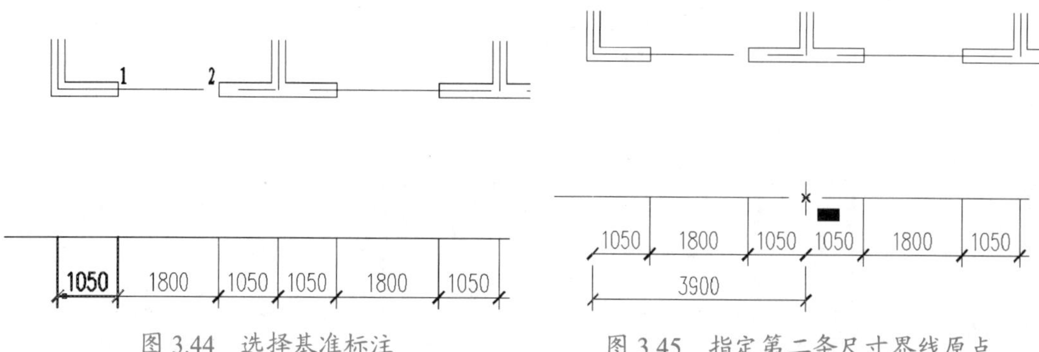

图 3.44　选择基准标注　　　　图 3.45　指定第二条尺寸界线原点

③ 在指定第二条尺寸界线原点或 [放弃 (U)/ 选择 (S)] < 选择 >：提示下，按 Enter 键结束当前的基线标注操作。

④ 在选择基准标注：提示下，按 Enter 键结束【基线】命令。

特别提示

在连续标注或基线标注后，应连续按两次 Enter 键才能结束连续标注或基线标注过程。

(3) 执行菜单栏中的【标注】|【连续】命令，执行连续标注操作，光标自动连接到刚才用【基线】命令所标注的尺寸线上，如图 3.46 所示。

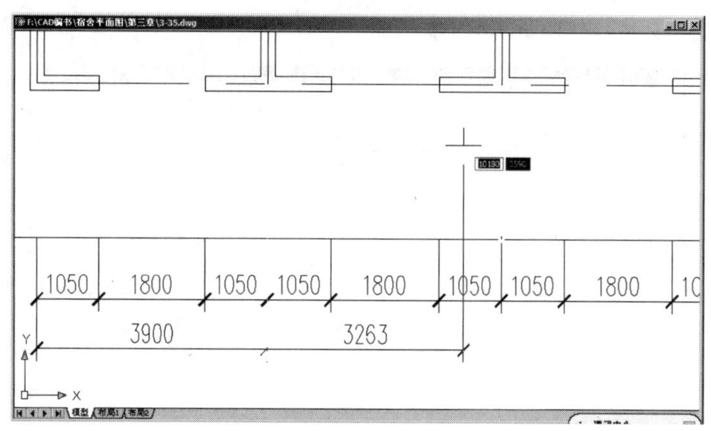

图 3.46　连续标注自动连接到刚才所标注的尺寸线上

① 在指定第二条尺寸界线原点或 [放弃 (U)/ 选择 (S)] < 选择 >：提示下，依次向右分别捕捉与轴线相对应的尺寸界线的原点，如图 3.47 所示。

② 按 Enter 键结束【连续】命令，结果如图 3.48 所示。

特别提示

标注轴线之间距离的第二道尺寸线的第一个尺寸是用【基线】命令出来的，而第二道尺寸线的其他标注是用【连续】命令标注出来的。

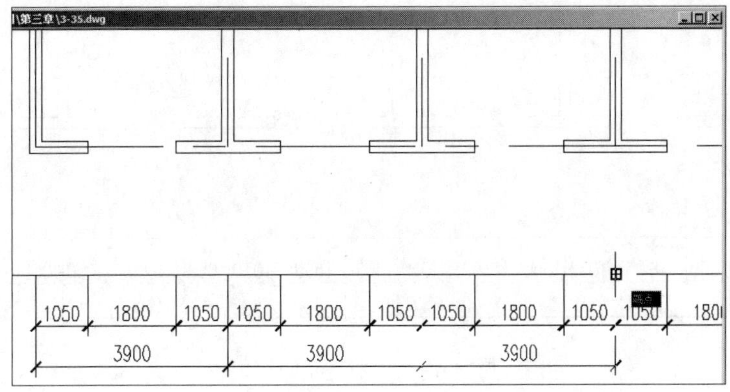

图 3.47 捕捉与轴线相对应的尺寸界线的原点

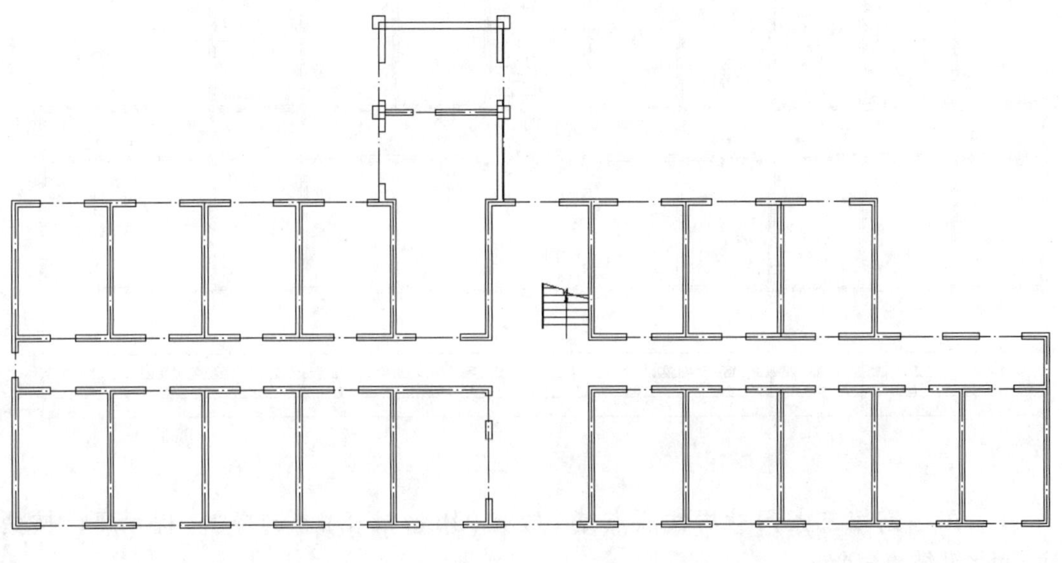

图 3.48 标注出轴线尺寸

4. 标注总尺寸

(1) 执行菜单栏中的【标注】|【基线】命令，执行基线标注操作，光标自动连接到刚刚所标注的尺寸线上，同样 AutoCAD 自动连接的标注不是所需要的标注，所以在指定第二条尺寸界线原点或 [放弃 (U)/ 选择 (S)] < 选择 >：提示下，按 Enter 键执行尖括号内的默认值“选择”。

(2) 在选择基准标注：提示下，选择如图 3.49 所示的“3900”尺寸线的左侧。

(3) 在指定第二条尺寸界线原点或 [放弃 (U)/ 选择 (S)] < 选择 >：提示下，将光标向右上拖动，捕捉如图 3.50 所示的第 12 根轴线的尺寸界线的起点作为第二条尺寸界线原点。

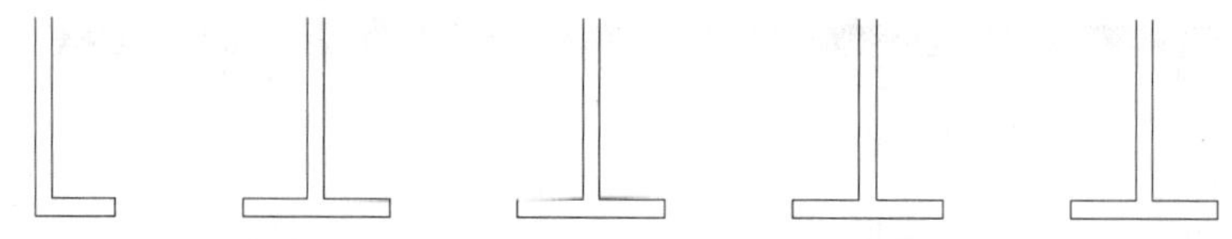

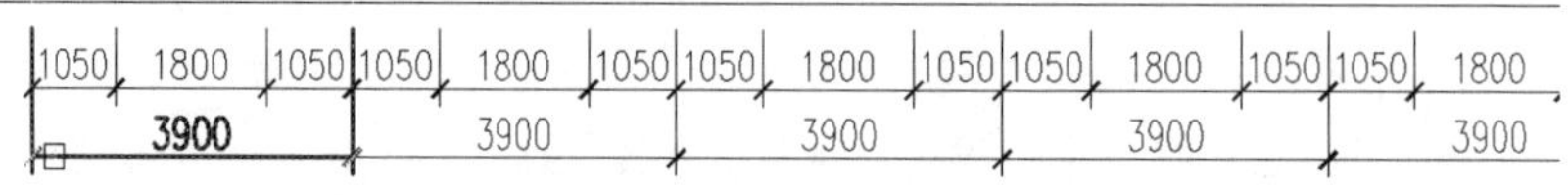

图 3.49　选择基准标注

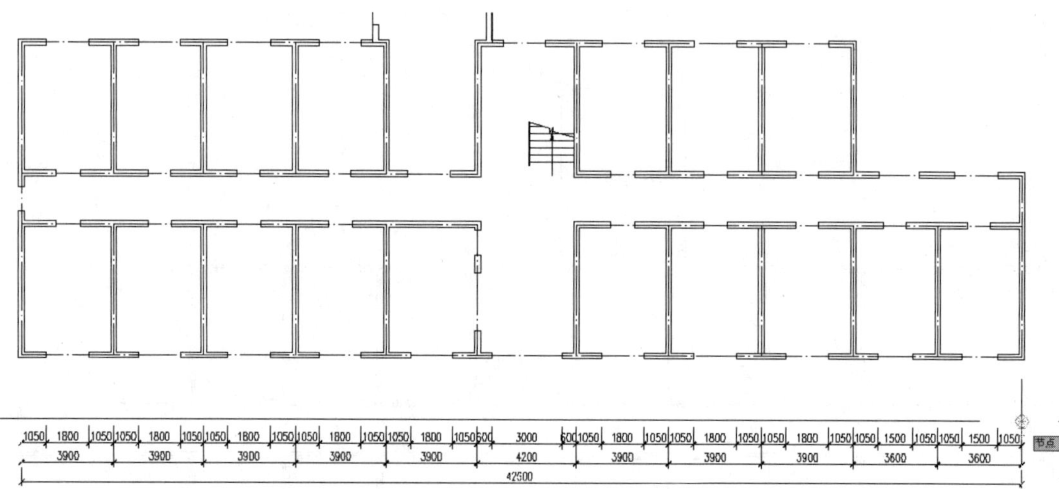

图 3.50　指定第二条尺寸界线原点

(4) 在指定第二条尺寸界线原点或 [放弃 (U)/ 选择 (S)] < 选择 >：提示下，按两次 Enter 键结束命令。

> 特别提示
>
> 第三道总尺寸用【基线】命令标注。

5. 标注其他尺寸

(1) 用相同的方法标注宿舍楼底层平面图中其他外部尺寸。

(2) 打开【图层】工具栏上的【图层控制】选项下拉列表，将【辅助】图层冻结。

3.3.4 标注内部尺寸

1. 准备工作

(1) 当前标注样式仍为【标注】样式。

(2) 将视图调整至如图 3.51 所示的状态。

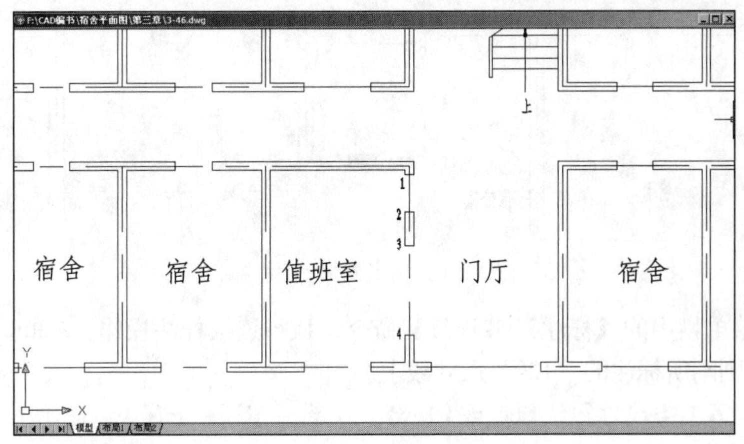

图 3.51　调整视图

2．标注“值班室”的内部尺寸

(1) 执行菜单栏中的【标注】|【线性】命令，执行线性标注操作。

① 在指定第一条尺寸界线原点或 <选择对象>：提示下，捕捉如图 3.52 所示的右上方阴角点作为线性标注的第一条尺寸界线的原点。

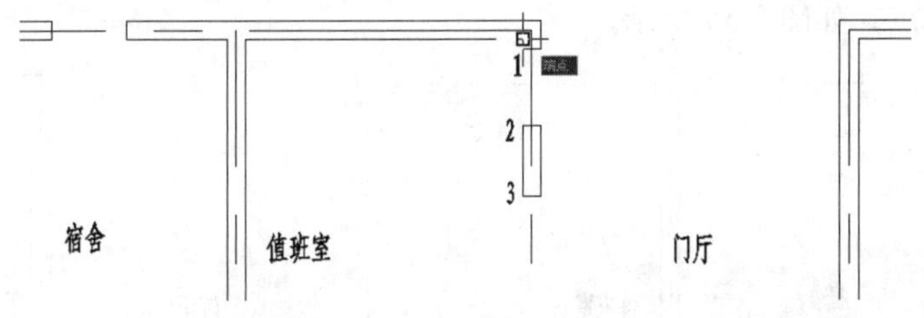

图 3.52　指定第一条尺寸界线原点

② 在指定第二条尺寸界线原点：提示下，捕捉如图 3.53 所示的“门洞口”左上角点 (1 处) 作为线性标注的第二条尺寸界线的原点。

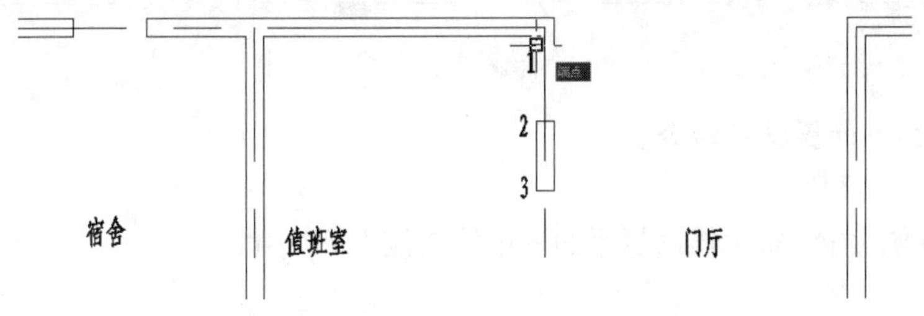

图 3.53　指定第二条尺寸界线原点

③ 在指定尺寸线位置或 [多行文字 (M)/ 文字 (T)/ 角度 (A)/ 水平 (H)/ 垂直 (V)/ 旋转 (R)]：提示下，将光标水平向左拖动，输入“1500”(图 3.54)，以指定尺寸线和捕捉点之间的距离为 1500mm，然后按 Enter 键结束命令。

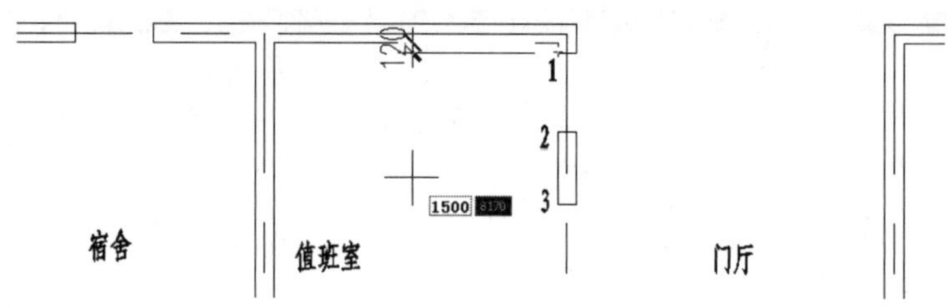

图 3.54　指定尺寸线位置

(2) 执行菜单栏中的【标注】|【连续】命令，执行连续标注操作，AutoCAD 自动将连续标注连接到刚刚所标注的“120”尺寸线上。

① 在指定第二条尺寸界线原点或 [放弃 (U)/ 选择 (S)]< 选择 >：提示下，捕捉“门洞口”的左下角点 (2 处)。

② 在指定第二条尺寸界线原点或 [放弃 (U)/ 选择 (S)]< 选择 >：提示下，捕捉“窗洞口”的左上角点 (3 处)。

③ 在指定第二条尺寸界线原点或 [放弃 (U)/ 选择 (S)]< 选择 >：提示下，捕捉“窗洞口”的左下角点 (4 处)。

④ 在指定第二条尺寸界线原点或 [放弃 (U)/ 选择 (S)]< 选择 >：提示下，捕捉“值班室”右下角阴角点，如图 3.55 所示。

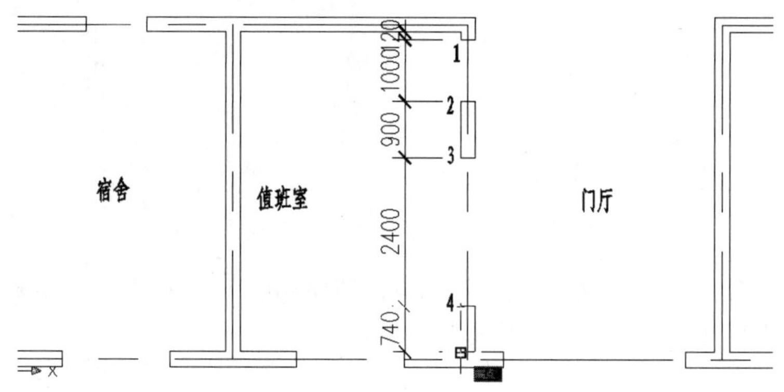

图 3.55　标注值班室内部尺寸

⑤ 按两次 Enter 键结束命令。

3. 标注其他尺寸

用相同的方法标注宿舍楼底层平面图中的其他内部尺寸。

3.3.5 修改尺寸标注

1. 修改文字的内容 (画错标对)

左下角 1 和 2 轴线之间的宿舍开间为“3900”，现在将其改为“4200”。

1) 用【对象特性管理器】修改

(1) 在命令行无命令的情况下，选中左下角 1 和 2 轴线之间的“3900”尺寸线，出现

5 个蓝色夹点，依此可以理解尺寸标注的整体关系。

(2) 单击【标准】工具栏上的【对象特性】图标或在命令行输入“PR”并按 Enter 键，打开【对象特征管理器】。

(3) 向下拖动左侧的滚动条直至如图 3.56 所示位置，并在【文字替代】文本框内输入“4200”，然后按 Enter 键确认。

(4) 关闭【对象特性管理器】，按 Esc 键取消夹点。这样 1 和 2 轴线之间的尺寸由“3900”变为“4200”。

2) 用多行文字编辑器修改

(1) 执行菜单栏中的【修改】|【对象】|【文字】|【编辑】命令，或在命令行输入“ED”并按 Enter 键，启动编辑文字命令。

(2) 在选择注释对象或 [放弃 (U)]：提示下，在左下角 1 和 2 轴线之间的尺寸线上的“3900”文字上单击，则弹出文字编辑器，并且“3900”尺寸线被激活 (图 3.57)，将其修改为“4200”。然后单击【确定】按钮，关闭对话框。

图 3.56 在【文字替代】文本框内输入“4200”

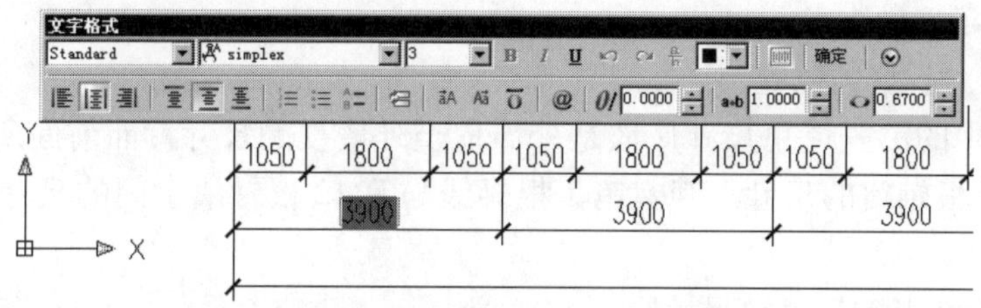

图 3.57 在文字编辑器内激活“3900”尺寸

2. 用夹点编辑调整文字的位置

观察图 3.55，在前面所标注出的“值班室”的内部尺寸中，“门垛”宽度“120”尺寸标注的文字位置不合适，现在来调整“120”尺寸标注文字的位置。

(1) 在无命令的状态下选中“120”尺寸线，如图 3.58 所示，将出现 5 个蓝色的夹点，其中有一个夹点位于“120”文字上，该夹点是控制“120”文字位置的夹点。

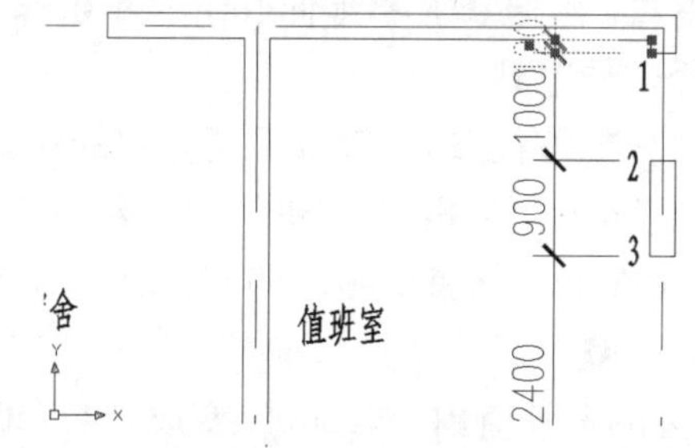

图 3.58 在无命令的状态下选中“120”尺寸线

(2) 单击文字“120”上的夹点，该夹点由蓝色 (冷夹点) 变成红色 (热夹点)，这时文字“120”附着到了光标上。

(3) 在拉伸，指定拉伸点或 [基点 (B)/ 复制 (C)/ 放弃 (U)/ 退出 (X)]：提示下，移动光标将文字“120”放到如图 3.59 所示的位置。

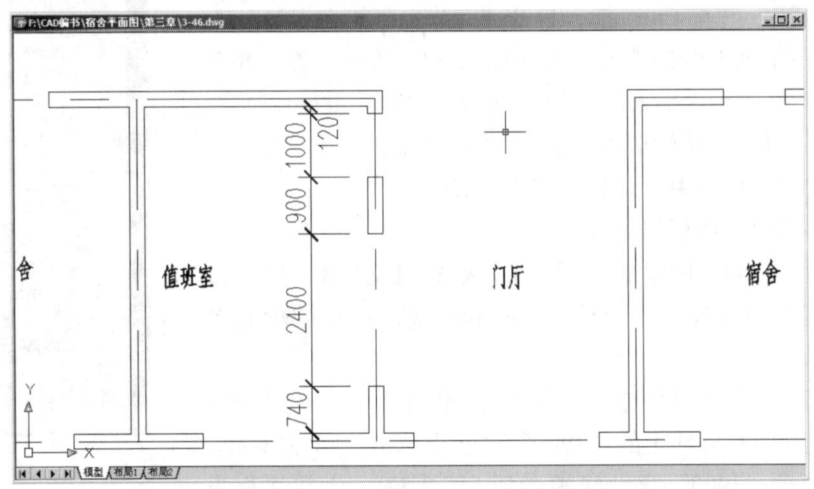

图 3.59　调整“120”文字的位置

(4) 按 Esc 键取消夹点。

3. 修改尺寸界线的位置

外包尺寸中的第三道总尺寸应该是外墙皮至外墙皮的尺寸，而前面所标注的是第 1 根轴线至第 12 根轴线的尺寸。观察第 1 根轴线与第 12 根轴线之间的尺寸，目前该值为“42600”。

用延伸命令延长第三道总尺寸线。

(1) 单击【修改】工具栏上的【延伸】图标或在命令行输入“EX”并按 Enter 键。

(2) 在选择对象或 < 全部选择 >：提示下，选择如图 3.60 所示的外墙外边线 A，则 A 墙线变虚，指定了外墙线 A 作为延伸边界。

(3) 按 Enter 键进入下一步。

(4) 在选择要延伸的对象，或按住 Shift 键选择要修剪的对象，或 [栏选 (F)/ 窗交 (C)/ 投影 (P)/ 边 (E)/ 放弃 (U)]：提示下，输入“E”并按 Enter 键。

(5) 在输入隐含边延伸模式 [延伸 (E)/ 不延伸 (N)] < 不延伸 >：提示下，输入“E”并按 Enter 键，表示沿自然路径延伸边界。

(6) 在选择要延伸的对象，或按住 Shift 键选择要修剪的对象，或 [栏选 (F)/ 窗交 (C)/ 投影 (P)/ 边 (E)/ 放弃 (U)]：提示下，单击“42600”尺寸线的左端点，这时第三道总尺寸左边的尺寸界线延伸到外墙线 A 处，结果如图 3.60 所示。

(7) 按 Enter 键，结束【延伸】命令。

再次观察，第三道总尺寸的尺寸值由“42600”变成“42720”。

(8) 重复 (1) ~ (7) 步，修改第三道总尺寸右边的尺寸界线，最后总尺寸变为外墙皮至外墙皮之间的尺寸，尺寸值为“42840”。

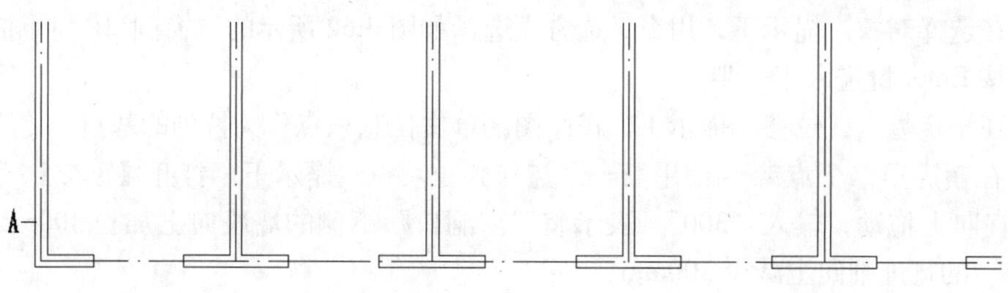

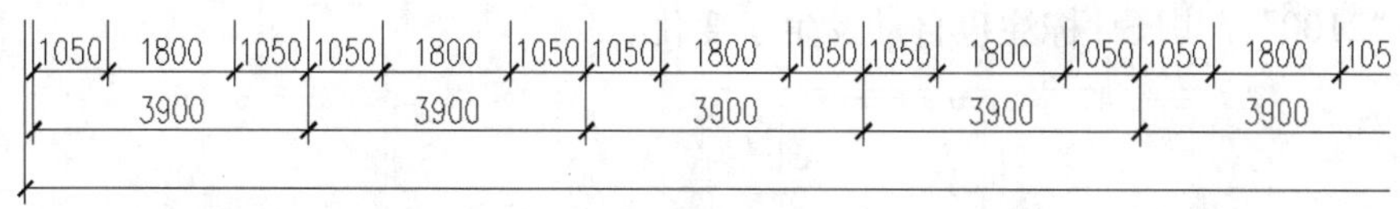

图 3.60　向左延伸尺寸线

特别提示

【延伸】命令可以用于延伸尺寸标注，并会自动更新尺寸标注值。

延伸边界和被延伸的对象有实际相交和隐含相交两种，如图 3.61 所示，如果是隐含相交则应执行【边】子命令，将隐含边延伸模式修改为延伸模式。

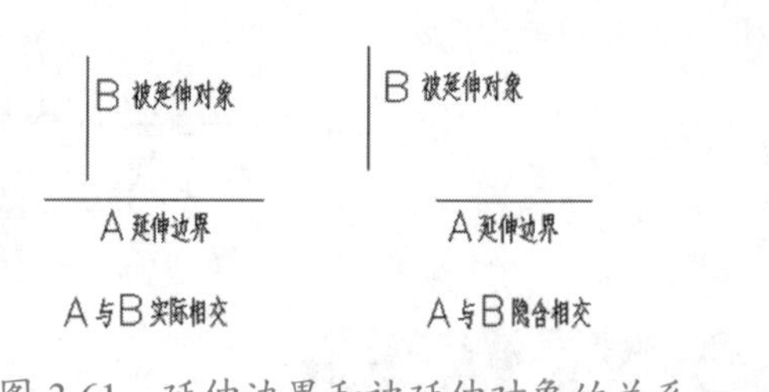

图 3.61　延伸边界和被延伸对象的关系

4. 尺寸标注和图形的联动关系

(1) 将视图调整至如图 3.62 所示的状态。

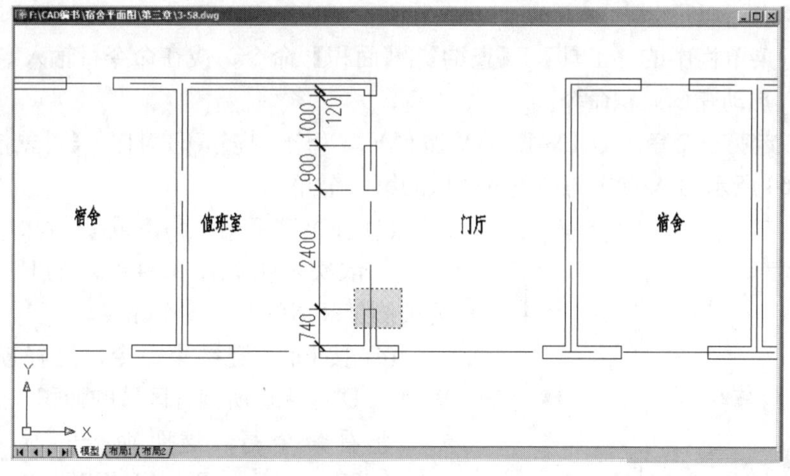

图 3.62　选择被拉伸的对象

(2) 单击【修改】工具栏上的【拉伸】图标或在命令行输入“S”并按 Enter 键，启动【拉伸】命令。

① 在选择对象：提示下，用交叉选方式选择如图 3.62 所示的“窗洞口”下侧的墙线。

② 按 Enter 键进入下一步。

③ 在指定基点或位移：提示下，在绘图区单击任意一点作为拉伸的基点。

④ 在指定第二个点或 <使用第一个点作为位移>：提示下，打开【正交】功能，将光标垂直向上拖动，输入“300”，表示将“窗洞口”下侧的墙段向上加长 300mm，那么“窗洞口”的宽度则向上减少 300mm。

⑤ 按 Enter 键结束命令，结果如图 3.63 所示。

观察图 3.63，可以理解尺寸标注和图形的联动关系，将“窗洞口”的大小由“2400”修改成“2100”，其尺寸标注也自动发生了变化。

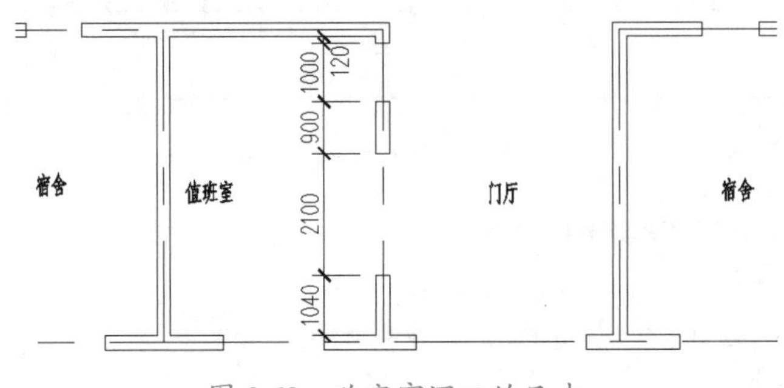

图 3.63　改变窗洞口的尺寸

3.4　测量面积和长度

1. 测量房间面积

(1) 执行菜单栏中的【工具】|【查询】|【面积】命令，或在命令行输入“AREA”后按 Enter 键，启动查询面积命令。

(2) 在指定第一个角点或 [对象 (O)/ 加 (A)/ 减 (S)]：提示下，打开【对象捕捉】功能，单击如图 3.64 所示的 A 点作为被测量区域的第一个角点。

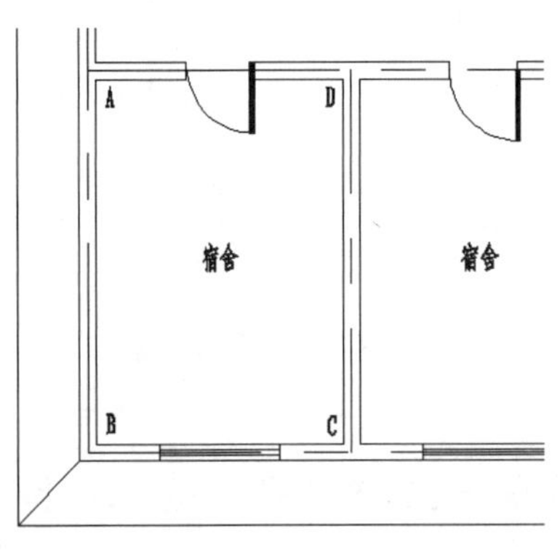

图 3.64　测量“宿舍”的净面积

(3) 在指定下一个角点或按 Enter 键全选：提示下，依次单击如图 3.64 所示的 B、C、D 点作为被测量区域的其他 3 个角点。

(4) 按 Enter 键结束命令，这样就测量出 A、B、C、D 这 4 点所围合区域的面积。

查看命令行，这时命令行显示出“面积 =18722671.1537，周长 =17552.0506”。表示 AutoCAD 测量出由 A、B、C、D 这 4 点定义区域的面积为 18722671.1537mm^2，即该宿舍的净面积约为 18.7m^2；A、B、C、D 这 4 点定义区域的周长为 17552.0506mm，约为 17.6m。

2. 测量 BC 内墙的长度

(1) 执行菜单栏中的【工具】|【查询】|【距离】命令，或在命令行输入“DI”后按 Enter 键，启动查询距离命令。

(2) 在指定第一点：提示下，捕捉图 3.64 中的 B 点作为测量距离的第一点。

(3) 在指定第二点：提示下，捕捉图 3.64 中的 C 点作为测量距离的第二点。

查看命令行，这时命令行显示“距离 =3660.0000，BC 线在 XY 平面中的倾角 =0，与 XY 平面的夹角 =0，X 增量 =3660.0000，Y 增量 =0.0000，Z 增量 =0.0000”。AutoCAD 测出 BC 内墙的长度为 3660mm。

操作技巧

- 【距离】命令除了可以查询直线的实际长度外，还可以查询直线的角度、直线的水平投影和垂直投影的长度。

3.5 制作和使用图块

3.5.1 图块的特点

图块是一组图形实体的总称。在一个图块中，各图形实体可以拥有自己的图层、线型、颜色等特性，但 AutoCAD 却是把图块当作一个单独的、完整的对象来操作。在 AutoCAD 中，使用图块具有以下优点。

1. 提高绘图效率

在建筑施工图中有大量重复使用的图形，如果将其作成图块(相当于人们玩的积木)，形成图块库，当需要某个图块时，将其拿来放到图中即可。这样就把复杂的图形绘制过程变成几个简单图块的拼凑，避免了大量的重复工作，大大提高了绘图的效率。

2. 节省磁盘空间

每个图块都是由多个图形对象组成的，但 AutoCAD 是把图块作为一个整体图形单元来进行存储的，这样会节省大量的磁盘空间。

3. 便于图形的修改

在实际工作中，经常需要反复修改图形，如果在当前图形中修改或更新一个之前定义的图块，AutoCAD 将会自动更新图中已经插入的所有图块，这就是图块的联动性能。

在施工图中，可以做成图块的对象有窗、门、图框、标高符号、定位轴线编号、详图索引符号、详图符号、剖面符号、断面符号和指北针等。这里将上述可制作为图块的对象分成两大部分。

(1) 图形类：窗、门。

(2) 符号类：图框、标高符号、定位轴线编号、详图索引符号、详图符号、剖面符号、断面符号和指北针等。

制作图形类和符号类图块时，图块尺寸的确定方法不一样，所以这里分别学习这两类图块的制作。另外，图块最好做在【0】图层上，因为作在【0】图层上的图块具有吸附功能，能够吸附在图层上，而作在非【0】图层上的图块是引入图层，专业绘图软件通常靠图块来引入图层。

下面分别介绍图形类和符号类图块的制作方法，以及如何使用图块和图块的修改。

3.5.2 图形类图块的制作和插入

【CAD中将图形定义为图块】

1. 制作和使用“门”图块

1) 绘制图形

(1) 将【0】图层设置为当前层。为便于使用，这里绘制 1000mm 宽的门扇以作为“门”图块。

> 特别提示
>
> 单扇门的宽度有 750mm、800mm、900mm 及 1000mm 等，这里将“门”图块的尺寸定为 1000mm，因为插入图块时缩放比例 = 新的门扇宽度 /1000，任何一个值除以 1 都很好计算。

(2) 绘制门扇：单击【绘图】工具栏上的【多段线】图标或在命令行输入“PL”并按 Enter 键，启动绘制多段线命令。

① 在指定起点：提示下，在屏幕上任意单击一点作为多段线的起点。

② 在当前线宽为 0.0000，指定下一个点或 [圆弧 (A)/ 半宽 (H)/ 长度 (L)/ 放弃 (U)/ 宽度 (W)]：提示下，输入“W”后按 Enter 键。

③ 在指定起点宽度 <0.0000>：提示下，输入“50”。

④ 在指定端点宽度 <0.0000>：提示下，输入“50”，这样就将线宽改为 50mm。按 F8 键打开【正交】功能。

⑤ 在指定下一点或 [圆弧 (A)/ 闭合 (C)/ 半宽 (H)/ 长度 (L)/ 放弃 (U)/ 宽度 (W)]：提示下，将光标垂直向上拖动，输入“1000”后按 Enter 键结束命令，结果如图 3.65 所示。

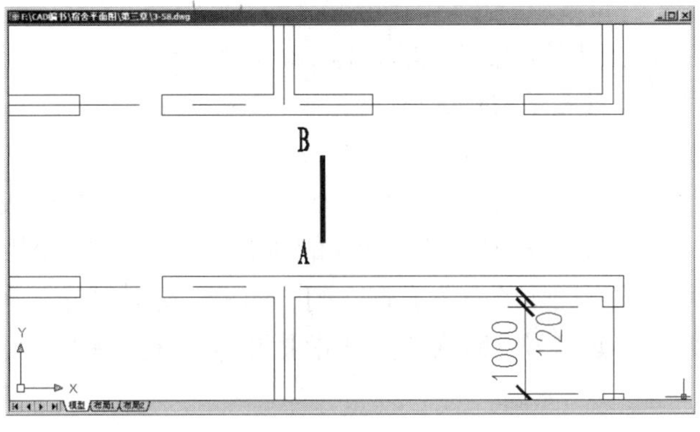

图 3.65　绘制门扇

(3) 绘制门的轨迹线：执行菜单栏中的【绘图】|【圆弧】|【圆心、起点、角度】命令。

① 在指定圆弧的起点或 [圆心 (C)]：_c 指定圆弧的圆心：提示下，捕捉如图 3.66 所示的 A 点作为圆弧的圆心。

② 在指定圆弧的起点：提示下，捕捉如图 3.66 所示的 B 点作为圆弧的起点。

③ 在指定圆弧的端点或 [角度 (A)/ 弦长 (L)]：_a 指定包含角：提示下，输入“–90”，指定圆弧的角度为 –90°，结果如图 3.66 所示。

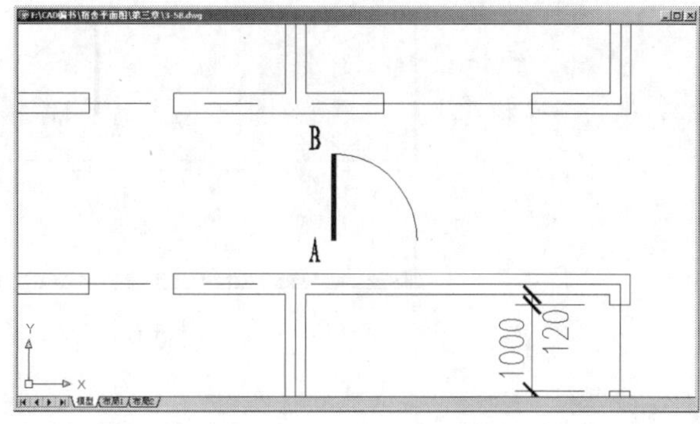

图 3.66　绘制门的轨迹线

2) 定义属性

通常图块带有一定的文字信息，这里将图块所携带的文字信息称为属性，“门”图块所携带的文字信息就是门的编号。

(1) 执行菜单栏中的【绘图】|【块】|【属性定义】命令，打开【属性定义】对话框。

(2) 如图 3.67 所示，设定【属性定义】对话框后单击【确定】按钮，此时 M1 的左下角点附着在光标处，这是因为【文字选项】选项组中的【对正】方式为左对正。

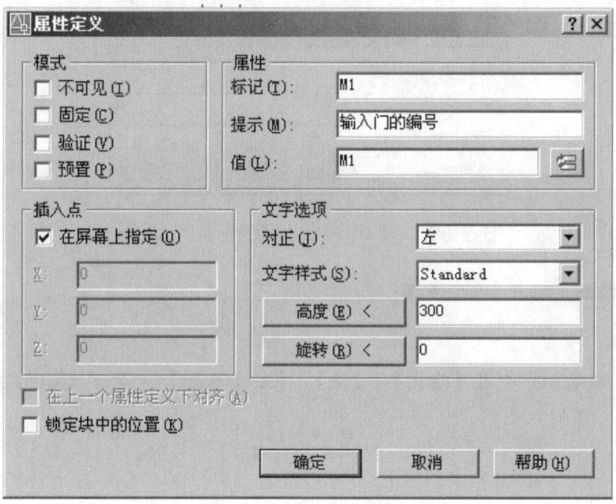

属性定义
模式：不可见 (I)　固定 (C)　验证 (V)　预置 (P)
属性：标记 (T)：M1　提示 (M)：输入门的编号　值 (L)：M1
插入点：☑ 在屏幕上指定 (O)　X：0　Y：0　Z：0
文字选项：对正 (J)：左　文字样式 (S)：Standard　高度 (E) < 300　旋转 (R) < 0
在上一个属性定义下对齐 (A)
锁定块中的位置 (K)
确定　取消　帮助 (H)

图 3.67　【属性定义】对话框的设定

特别提示

如图 3.67 所示，【属性定义】对话框中的【值】文本框内设定的是插入图块时命令行出现的属性的默认值。通常将经常使用的属性值或较难输入的属性值设定为默认值。

注意，不要勾选【属性定义】对话框中的【锁定块中的位置】复选框，否则图块插入后门的编号 M1 的位置会被锁定，而无法修改。

(3) 在指定起点：提示下，参照图 3.68 放置门编号“M1”的位置。

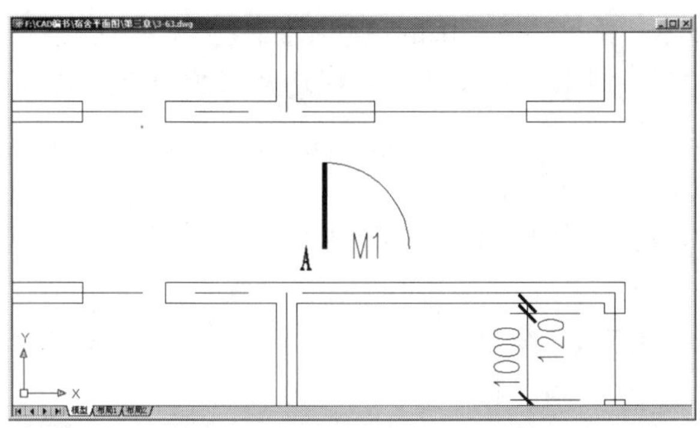

图 3.68　M1 的位置

特别提示

如果 M1 的位置放偏了，可以利用【移动】命令将其移到合适位置。

(4) 如果需要修改已经定义的属性值，可输入“ED”并按 Enter 键。在选择注释对象或 [放弃 (U)]：提示下，选择刚才定义的属性值 M1，则会打开如图 3.69 所示的【编辑属性定义】对话框。在此对话框中可以对【标记】、【提示】及【默认】进行修改。

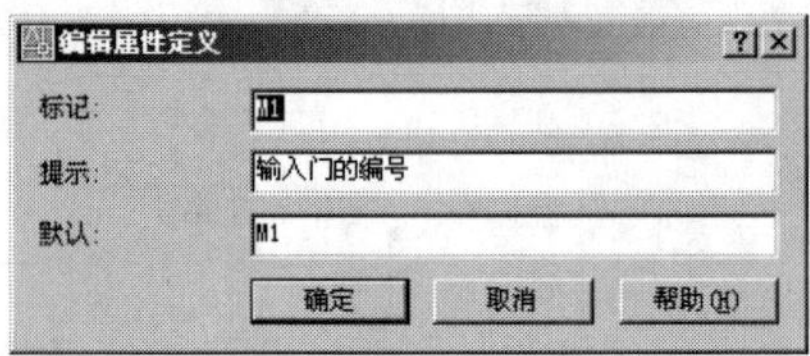

图 3.69　【编辑属性定义】对话框

特别提示

图 3.68 中的门编号 M1 是用【绘图】|【块】|【定义属性】命令定义出的，而不是用【文字】命令写出的。

3) 制作图块

制作图块的方法有两种，一个是创建块 (Make Block)，另一个是写块 (Write Block)。这里用创建块的方法制作“门”图块。

(1) 单击【绘图】工具栏上的【创建块】图标或在命令行输入“B”后按 Enter 键，打开【块定义】对话框。

(2) 在对话框中【名称】文本框内输入“门”，以指定块的名称，如图 3.70 所示。

(3) 单击【块定义】对话框中的【选择对象】按钮，对话框消失。

(4) 在选择对象：提示下，如图 3.71 所示，选择门和编号 M1 后按 Enter 键返回对话框。

(5) 单击【块定义】对话框中的【拾取点】按钮，对话框消失。

(6) 在指定插入基点：提示下，捕捉如图 3.72 所示的 A 点作为图块插入时的定位点，此时对话框自动返回。

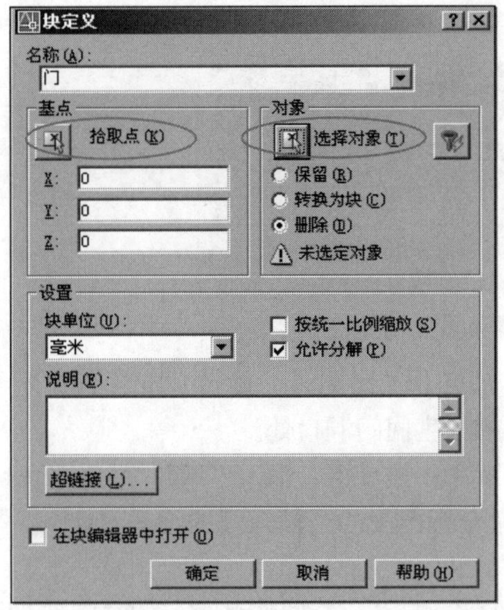

图 3.70 【块定义】对话框

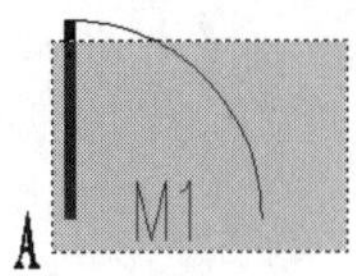

图 3.71 选择制作图块的对象

图 3.72 确定“门”图块基点

(7) 单击【确定】按钮关闭对话框。观察图 3.70 可知，在【对象】选项组中点选【删除】单选按钮，所以，对话框关闭后，被制作成图块的对象消失。

特别提示

基点的作用是当图块插入时，通过基点将被插入的图块准确地定位，所以必须理解基点的作用，并应学会正确地确定基点的位置。

4) 插入“门”图块

下面将图块插入宽度为 800mm 的卫生间的门洞口内。

(1) 单击【绘图】工具栏上的【插入块】图标或在命令行输入“I”后按 Enter 键，则打开【插入】对话框。

(2) 在【插入】对话框的【名称】下拉列表中选择“门”图块。

(3) 由于“门洞口”尺寸为 800mm，而“门”图块的宽度为 1000mm，所以“门”图块插入时 X 和 Y 应等比例缩小，缩放比例为新尺寸 / 旧尺寸 =800mm/1000mm=0.8。如图 3.73 所示，在对话框中勾选【统一比例】复选框，并将比例设定为“0.8”，旋转角度设定为“0”。

(4) 单击【确定】按钮，关闭对话框。此时“门”图块基点的位置附着在光标上，如图 3.74 所示。

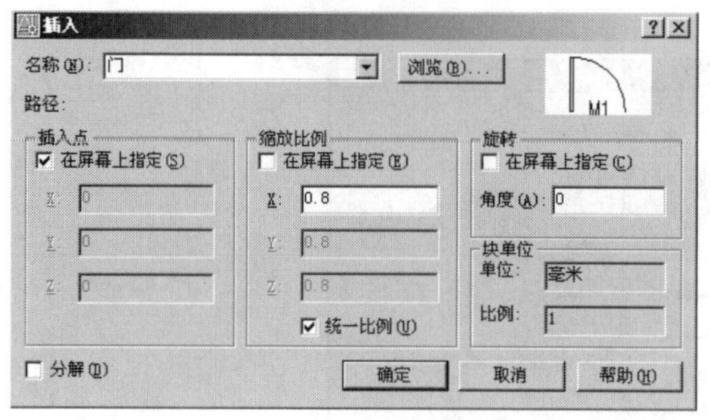

图 3.73　【插入】对话框

图 3.74　图块基点和光标的关系

(5) 在指定插入点或 [基点 (B)/ 比例 (S)/ 旋转 (R)/ 预览比例 (PS)/ 预览旋转 (PR)]：提示下，捕捉如图 3.75 所示的卫生间门洞口处。

(6) 在输入门的编号 <M1>：提示下，输入“M3”后按 Enter 键结束命令。

注意，在第 (6) 步中命令行出现的“输入门的编号 <M1>：”是图 3.67 中自己设定的提示 (输入门的编号) 和值 (M1)。

(7) 在命令行无命令的状态下，单击刚才插入的“门”图块，结果如图 3.76 所示，“门”图块整体变虚，并在图块基点处显示蓝色夹点，这说明组成图块的各因素形成了一个整体。

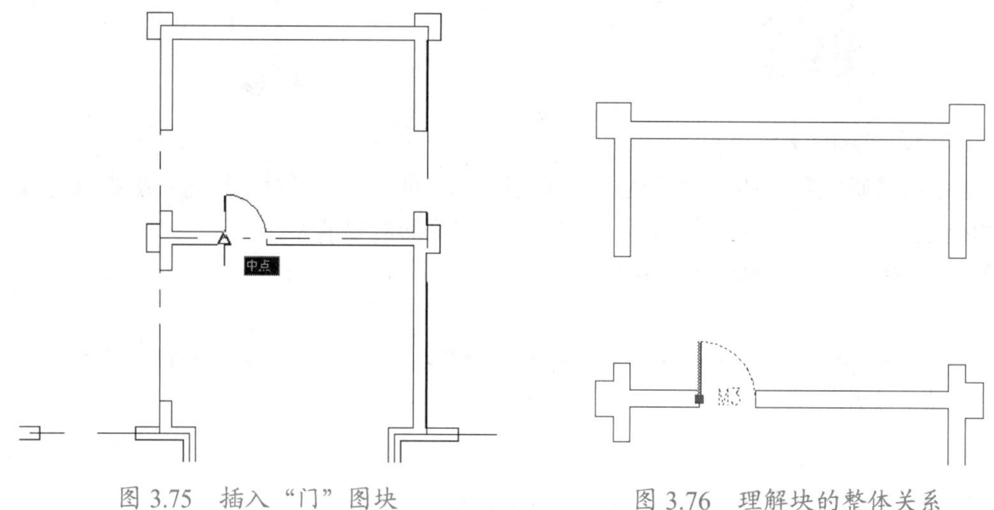

图 3.75　插入“门”图块

图 3.76　理解块的整体关系

特别提示

组成图块的所有元素是一个整体，Explode(分解) 命令可将图块分解为单个对象，Explode 命令是 Block 命令的逆过程。

5) 修改属性

(1) 执行菜单栏中的【修改】|【对象】|【属性】|【单个】命令。

(2) 在选择块：提示下，将光标放在刚才插入的“门”图块上单击，选择刚才插入的“门”图块，立即打开【增强属性编辑器】对话框 (双击“门”图块也能打开此对话框)。

(3) 在【属性】选项卡中，将值改为“M2”，如图 3.77 所示。

(4) 在【文字选项】选项卡中，将文字高度修改为“300”，如图 3.78 所示。

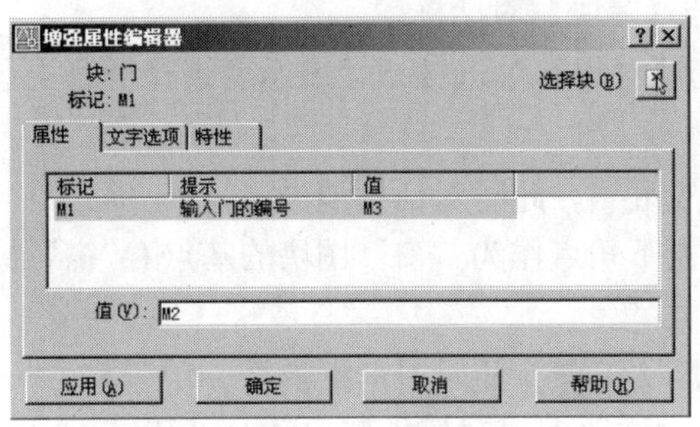

图 3.77 将属性值修改为“M2”

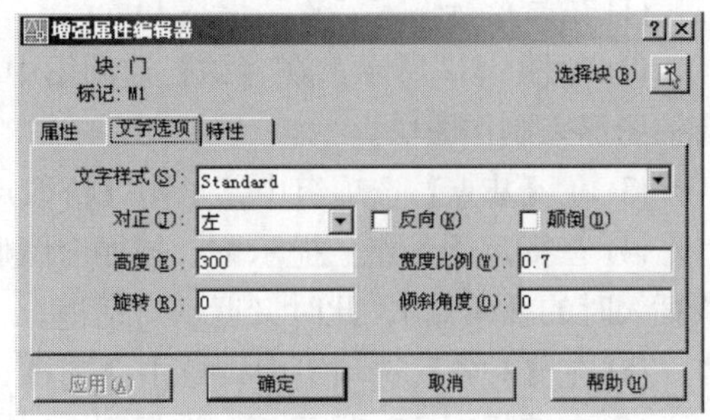

图 3.78 修改文字高度和宽度比例

(5) 单击【确定】按钮关闭对话框。

这样，就将插入的“门”图块的属性由“M3”改为“M2”，且文字高度由“240”修改为“300”。

2. 制作和使用“窗”图块

1) 绘制图形

将【0】图层设为当前层，如图 3.79 所示绘制窗图形。

2) 定义属性

按照如图 3.80 所示的参数设置【属性定义】对话框，并将 C-1 属性值放置在如图 3.81 所示的位置。

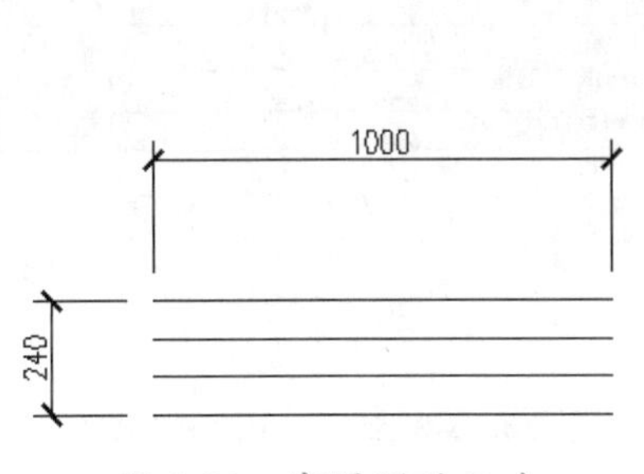

图 3.79 窗图形的尺寸

属性定义
模式
不可见(I)
固定(C)
验证(V)
预置(P)
属性
标记(T): C-1
提示(M): 输入门窗编号
值(L): C-1
插入点
在屏幕上指定(O)
X: 0
Y: 0
Z: 0
文字选项
对正(J): 左
文字样式(S): Standard
高度(E) < 300
旋转(R) < 0
在上一个属性定义下对齐(A)
锁定块中的位置(K)
确定 取消 帮助(H)

图 3.80 【属性定义】对话框

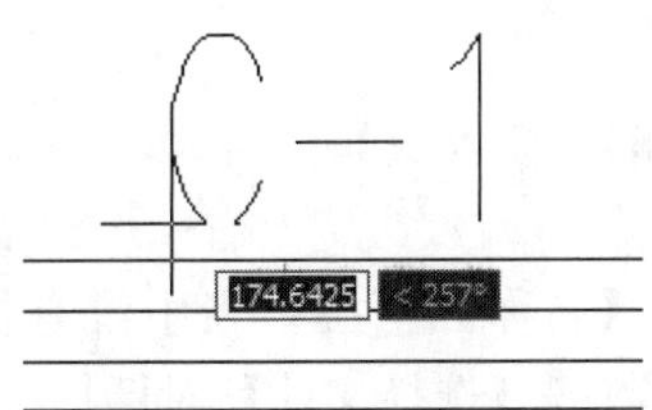

图 3.81 放置属性值 C–1

3) 制作图块

这里用写块 (Write Block) 的方法制作“窗”图块。

(1) 在命令行输入“W”后按 Enter 键，打开【写块】对话框。

(2) 如图 3.82 所示，在【源】选项组中点选【对象】单选按钮，表示要选择屏幕上已有的图形来制作图块。

(3) 在【基点】选项组中，单击【拾取点】按钮，此时对话框消失。

(4) 在**指定插入点**：提示下，捕捉窗图形的左下角点作为“窗”图块的基点 (“窗”图块插入时的插入点)，此时又返回对话框。

(5) 在【对象】选项组中，单击【选择对象】按钮，此时对话框消失。

(6) 在**选择对象**：提示下，选择图 3.81 中的“窗”图形和属性值 C–1 作为需要定义为块的对象，然后按 Enter 键返回对话框。

(7) 在【对象】选项组中，点选【从图形中删除】单选按钮，即块制作好后将源对象删除，如图 3.82 所示。

(8) 在【目标】选项组中，单击【浏览】按钮...，打开【浏览图形文件】对话框，确定该块的存盘位置并给该块命名，如图 3.83 所示。单击【保存】按钮，返回【写块】对话框。

(9) 单击【确定】按钮，关闭【写块】对话框。

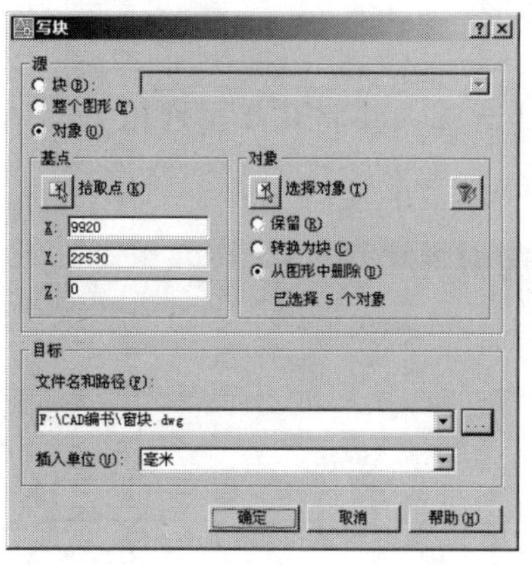

图 3.82 【写块】对话框

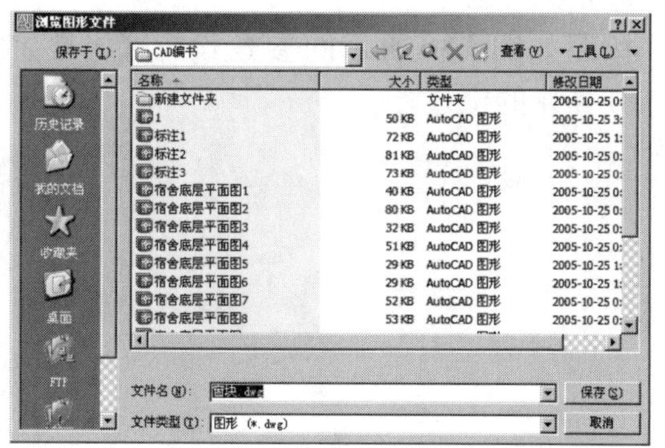

图 3.83 确定块名和存盘路径

特别提示

用写块 (Write Block) 方式制作的图块是一个存盘的块，其具有公共性，可在任何 CAD 文件中使用。用创建块 (Make Block) 方式制作的图块不具有公共性，只能在本文件中使用。

4) 插入图块

(1) 单击【绘图】工具栏上的【插入块】图标或在命令行输入“I”后按 Enter 键，打开【插入】对话框。

(2) 若在【插入】对话框的【名称】下拉列表中没有找到“窗”图块，如图 3.84 所示。单击旁边的【浏览】按钮，打开【选择文件】对话框，找到刚才存盘的“窗”图块后单击【打开】按钮，返回【插入】对话框。

(3) 不勾选【统一比例】复选框，设定【插入】对话框中的缩放比例：X设置为“2.4”，Y设置为“1”，Z设置为“1”。

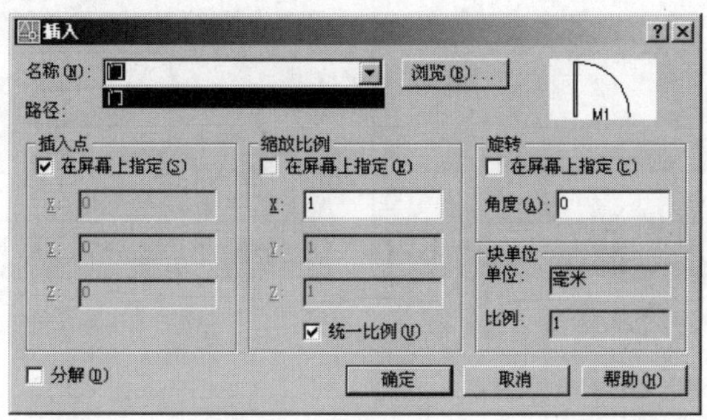

图 3.84 【名称】下拉列表中无“窗”图块

特别提示

前面制作的“窗”图块的尺寸为1000mm(X)×240mm(Y)，插入“窗”图块的洞口尺寸为2400mm×240mm，所以【插入】对话框中缩放比例：X设置为2.4(1000mm×2.4=2400mm)，Y设置为1(240mm×1=240mm)。

(4) 将【插入】对话框中的旋转角度设置为“90”。

(5) 单击【确定】按钮，对话框消失。此时“窗”图块基点的位置附着在光标上。

(6) 在指定插入点或 [基点 (B)/ 比例 (S)/ 旋转 (R)/ 预览比例 (PS)/ 预览旋转 (PR)]：提示下，在如图 3.85 所示处单击，将“窗”图块插到该处。

(7) 在输入门窗编号 <C–1>：提示下，按 Enter 键执行尖括号内“C–1”默认值，结果如图 3.86 所示。

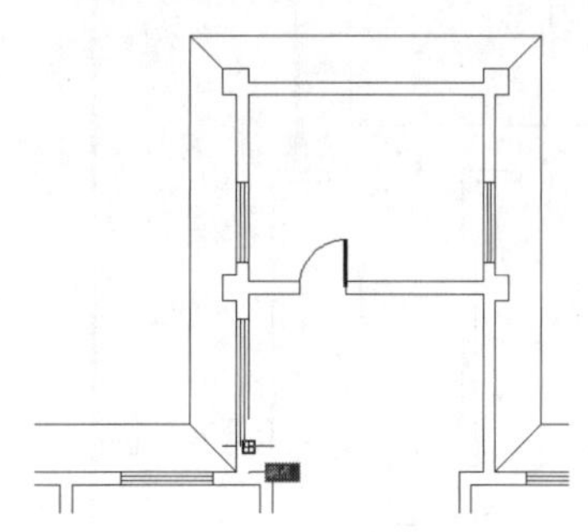

图 3.85 捕捉插入点

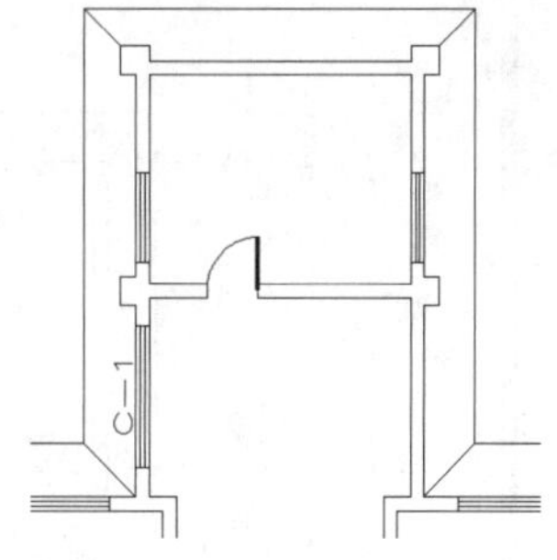

图 3.86 插入的窗图块

5) 修改图块的属性

(1) 双击刚才插入的“窗”图块，打开【增强属性编辑器】对话框。

(2) 在【属性】选项卡中，将属性值由“C–1”修改为“C–3”，如图 3.87 所示。

(3) 在【文字】选项卡中，将宽度比例由“1.6”修改为“0.7”，如图 3.88 所示。

(4) 单击【确定】按钮关闭对话框。

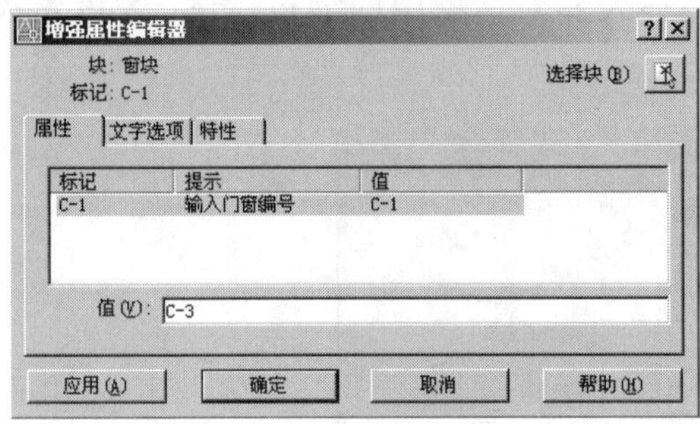

图 3.87　修改属性值

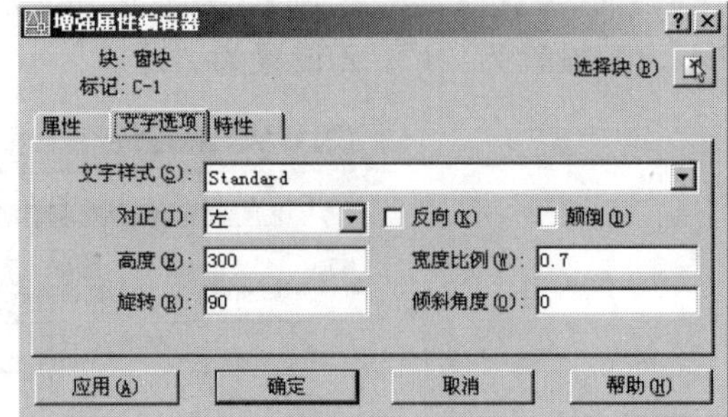

图 3.88　修改宽度比例

特别提示

由图 3.80 中的【属性定义】对话框可知，在定义窗编号属性时所选择的文字样式为“Standard”，该文字样式的宽度比例为“0.7”，但“窗”图块在插入时，沿 X 方向放大为 2.4 倍，所以其宽度比例变成 0.7×2.4=1.6，需要将其改回“0.7”。

6) 插入 4 个窗

用【多重插入】命令插入 D 轴线上 1 ～ 5 轴线之间的 4 个 1800mm 窗。

(1) 在命令行输入“MINSERT”后按 Enter 键。

① 在输入块名或 [?]：提示下，输入“窗块”。

② 在指定插入点或 [基点 (B)/ 比例 (S)/X/Y/Z/ 旋转 (R)/ 预览比例 (PS)/PX/PY/PZ/ 预览旋转 (PR)]：提示下，单击如图 3.89 所示的位置以确定插入点。

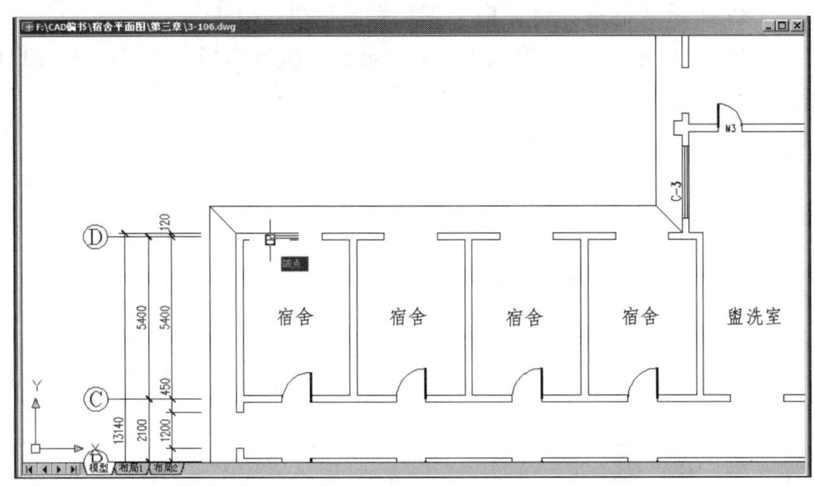

图 3.89　确定图块的插入点

③ 在输入 X 比例因子，指定对角点，或 [角点 (C)/XYZ]<1>：提示下，输入“1.8”(1800/1000)。

④ 在输入 Y 比例因子或 < 使用 X 比例因子 >：提示下，输入“1”(240/240)。

⑤ 在指定旋转角度 <0>：提示下，按 Enter 键执行默认值“0”。

⑥ 在输入行数 (...) <1>：提示下，按 Enter 键执行默认值“1”。

⑦ 在输入列数 (|||) <1>：提示下，输入“4”。

⑧ 在指定列间距 (|||)：提示下，输入“3900”。

⑨ 在输入门窗编号 <C–1>：提示下，按 Enter 键执行默认值“C–1”。

结果如图 3.90 所示，一次插入了 4 个窗。

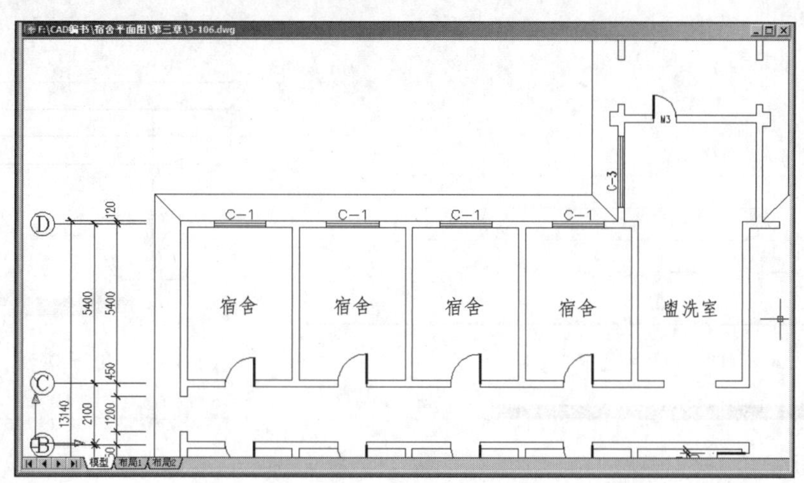

图 3.90 利用 MINSERT 命令插入“窗”图块

(2) 双击插入的“窗”图块，打开【增强属性编辑器】对话框，将【文字】选项卡中的【宽度比例】由“1.206”修改为“0.7”。

特别提示

用 MINSERT 命令一次插入的若干个图块为整体关系，不能用分解命令将其分解。同时，每个图块具有相同的属性值、比例系数和旋转方向。

7) 插入 5 个窗

用【多重插入】命令插入 A 轴线上 1 ～ 6 轴线之间的 5 个 1800mm 窗。

(1) 利用【块编辑器】命令修改“窗”图块。块编辑器的作用是对图块库内的图块进行修改。

① 执行菜单栏中的【工具】|【块编辑器】命令，打开【编辑块定义】对话框，如图 3.91 所示。

② 选择“窗”图块，单击【确定】按钮，进入【块编辑器】。

③ 如图 3.92 所示，选中“C–1”，出现蓝色夹点。将光标放在蓝色夹点上单击，该夹点变红，然后垂直向下拖动光标，将

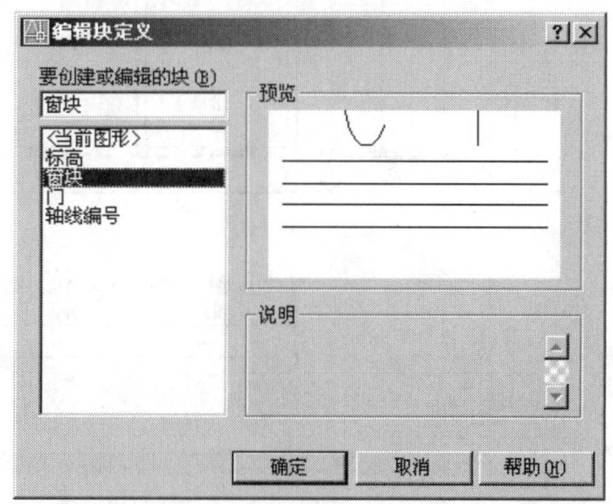

图 3.91 【编辑块定义】对话框

“C–1”放在如图 3.93 所示处。

④ 单击【块编辑器】上部的【关闭块编辑器】按钮，则弹出【是否将修改保存到窗块】信息提示对话框，单击【是】按钮以保存修改。

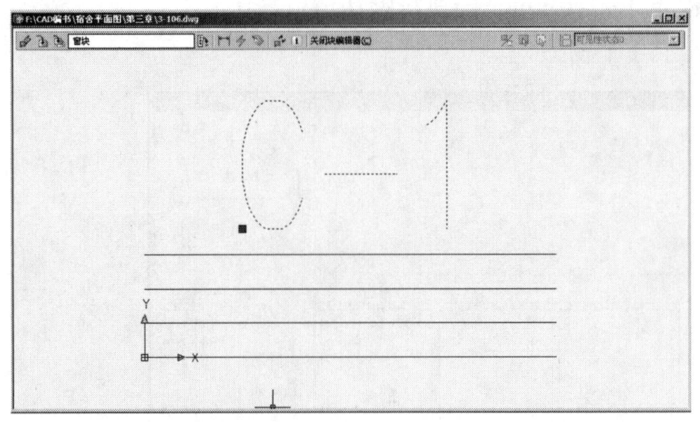

图 3.92　选中“C–1”

图 3.93　向下挪动“C–1”

特别提示

菜单栏中的【工具】|【块编辑器】命令是对用创建块 (Make Block)、写块 (Write Block) 命令做好的图块 (图块库内的图块) 进行修改，而【工具】|【外部参照和块在位编辑】|【块在位编辑参照】命令是对已经插入到图形中的图块进行修改。

(2) 用【多重插入】命令插入 A 轴线上 1 ～ 6 轴线之间的 5 个 1800mm 窗，结果如图 3.94 所示。注意观察图 3.90 和图 3.94 中“C–1”的不同位置。

(3) 在【增强属性编辑器】对话框中，将【文字】选项卡中的【宽度比例】由“1.206”修改为“0.7”。

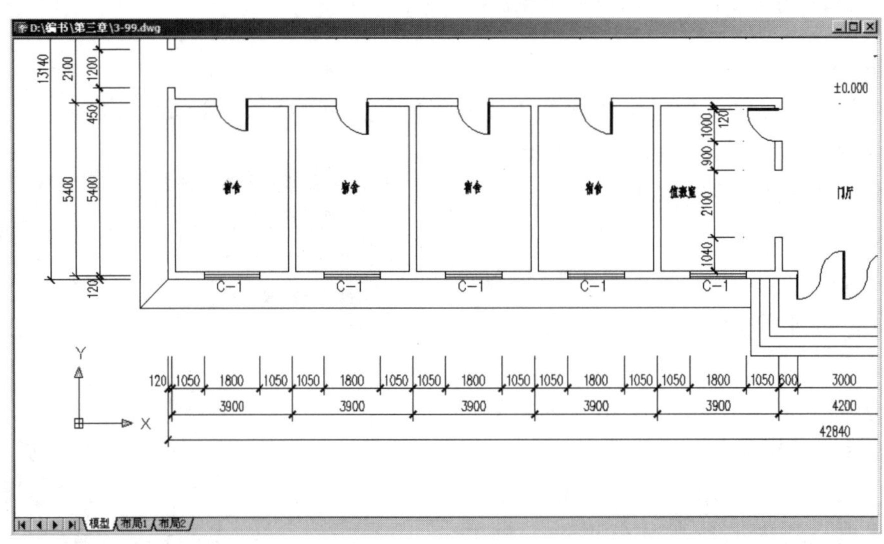

图 3.94　插入 A 轴线上 1 ～ 6 轴线之间的 5 个 1800mm 窗

3.5.3 符号类图块的制作和插入

所有符号类图块均按《房屋建筑制图统一标准》内规定的尺寸绘制，插入图形时，再按照出图比例放大。

1. 标高图块的制作和插入

1) 绘制图形

(1) 将【0】图层设置为当前层。

(2) 绘制标高图形。

① 绘制 15mm 的水平线。

② 将该水平线向下偏移 3mm。

③ 右击【极轴】按钮，从弹出的快捷菜单中选择【设置】命令，则会打开【草图设置】对话框，选择【极轴追踪】选项卡，其相关设置如图 3.95 所示。

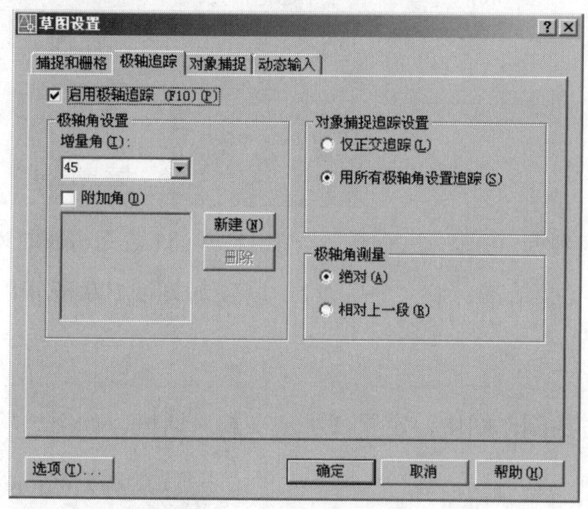

图 3.95 设置【极轴追踪】选项卡

④ 按 F10 键打开【极轴】功能，并启动【直线】命令。

⑤ 在 _line 指定第一点：提示下，捕捉如图 3.96 所示的 A 点。

⑥ 在指定下一点或 [放弃 (U)]：提示下，将光标沿 45° 方向向右下方拖动，直至出现交点捕捉 (图 3.96) 后单击。

⑦ 在指定下一点或 [放弃 (U)]：提示下，将光标沿 45° 方向向右上方拖动，直至出现交点捕捉 (图 3.97) 后单击。

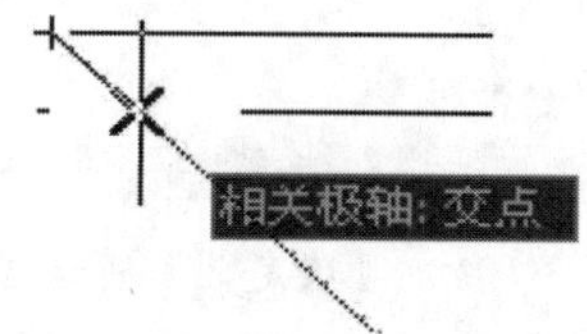

图 3.96 寻找下面的水平线和 45° 斜线的交点

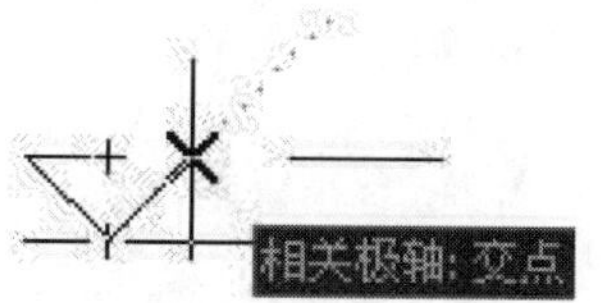

图 3.97 寻找上面的水平线和 45° 斜线的交点

⑧ 擦除下面的水平线，结果如图 3.98 所示。

2) 定义属性

标高块所携带的属性是标高值。

(1) 执行菜单栏中的【绘图】|【块】|【定义属性】命令，打开【属性定义】对话框。

(2) 如图 3.99 所示设定对话框后，单击【确定】按钮，对话框消失。此时“±0.000”的左下角点附着在光标处。

图 3.98　标高符号

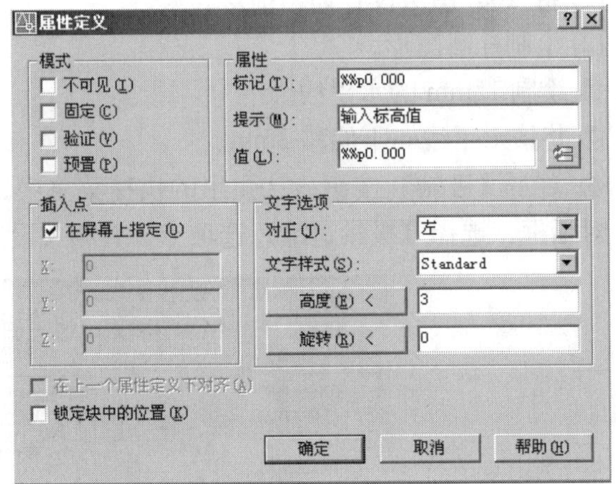

图 3.99　设定【属性定义】对话框

(3) 在指定起点：提示下，将“±0.000”放到如图 3.100 所示的位置后单击以确定“±0.000”的位置。

3) 制作图块

(1) 用创建块的方法制作图块，设置【块定义】对话框，如图 3.101 所示。

图 3.100　“±0.000”的放置位置　　　图 3.101　【块定义】对话框

(2) 捕捉如图 3.102 所示的点作为“标高”图块的基点。

(3) 选择如图 3.103 所示的标高图形和属性作为需要定义为块的对象。

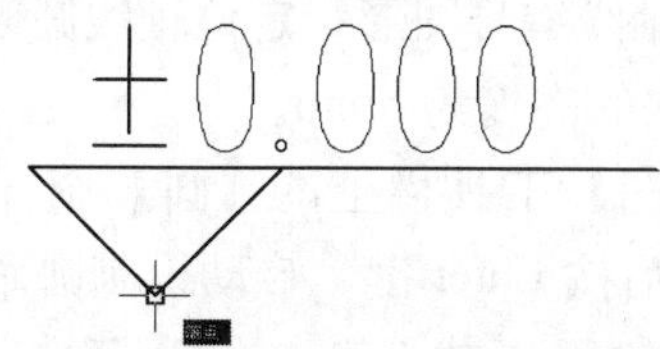

图 3.102　确定“标高”块的基点

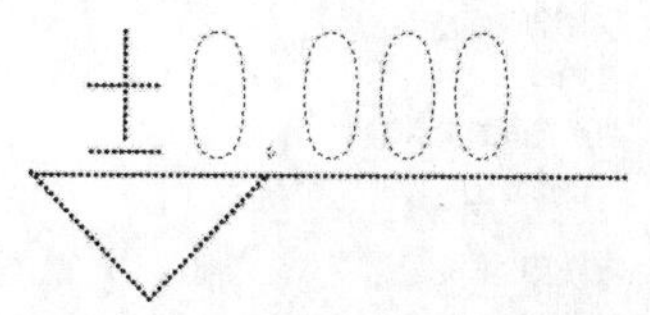

图 3.103　选择制作“标高”块的对象

4) 插入“标高”图块

(1) 单击【绘图】工具栏上的【插入块】图标或在命令行输入“I”后按 Enter 键，打开【插入】对话框。

(2) 在【插入】对话框中的【名称】下拉列表中选择“标高”图块。对话框中的其他设置如图 3.104 所示，单击【确定】按钮。

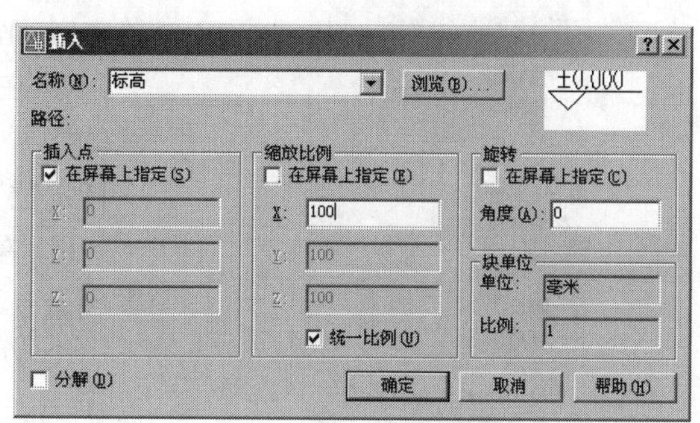

图 3.104　插入“标高”图块对话框

(3) 在指定插入点或 [基点 (B)/ 比例 (S)/ 旋转 (R)/ 预览比例 (PS)/ 预览旋转 (PR)]：提示下，在如图 3.105 所示处单击，将“标高”图块插入到该位置。

(4) 在输入标高值 <?.000>：提示下，按 Enter 键执行尖括号内的默认值。

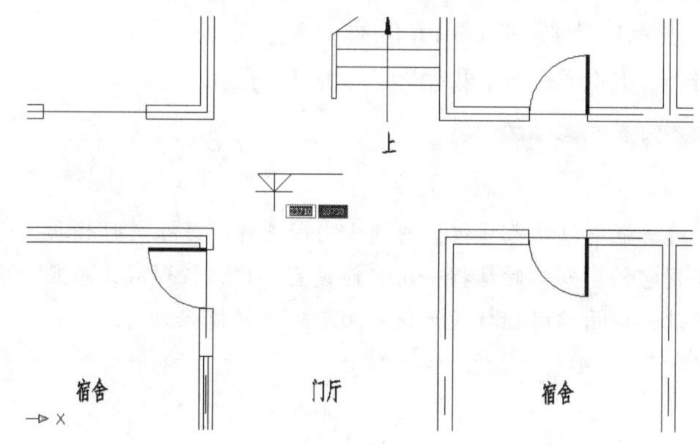

图 3.105　确定“标高”图块的位置

特别提示

因为是《房屋建筑制图统一标准》内规定的尺寸绘制标高符号，所以插入“标高”图块时，应在如图 3.104 所示的【插入】对话框中等比例地设定 X 和 Y 的缩放比例，如果将其插入 1 ∶ 100 的图中，缩放比例为 100，即将标高符号放大 100 倍；如果是插入 1 ∶ 200 的图中，缩放比例为 200，即将标高符号放大 200 倍；如果是插入 1 ∶ 50 的图中，缩放比例为 50，即将标高符号放大 50 倍。

2. 定位轴线编号图块的制作和插入

1) 绘制图形

(1) 将【0】图层设置为当前层。

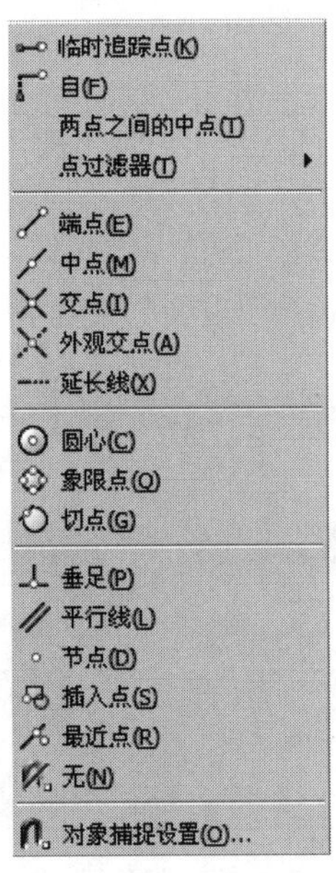

图 3.106 【临时捕捉】快捷菜单

(2) 绘制定位轴线编号图形：定位轴线圆圈的直径为 8mm，编号文字的高度为 5mm。

(3) 单击【绘图】工具栏上的【圆】图标或在命令行输入“C”后按 Enter 键，启动绘制圆命令。

① 在指定圆的圆心或 [三点 (3P)/ 两点 (2P)/ 相切、相切、半径 (T)]：提示下，在绘图区域任意位置单击以确定圆心的位置。

② 在指定圆的半径或 [直径 (D)]：提示下，输入圆的半径“4”，按 Enter 键。这样就绘制出一个圆心在指定位置，半径为 4mm 的圆。

(4) 在命令行输入“L”后按 Enter 键，启动绘制直线命令。

① 在指定第一点：提示下，左手按着 Shift 键，右手右击，则会弹出【临时捕捉】快捷菜单，如图 3.106 所示，选择【象限点】选项。

② 如图 3.107 所示，将光标放在圆上部的象限点处单击。

③ 在指定下一点或 [放弃 (U)]：提示下，打开【正交】功能，将光标向上拖动，输入“12”后按 Enter 键，表示向上绘制 12mm 的垂直线。

④再次按 Enter 键结束命令，结果如图 3.108 所示。

特别提示

在【草图设置】对话框中【对象捕捉】选项卡内所选择的是永久性捕捉，允许同时选择多个捕捉方式，可以随时使用它们。而临时捕捉一次只能设置一种捕捉形式，而且只能使用一次，当需要时必须再次设置。因此一般用临时捕捉设置使用频率较少的捕捉方式。

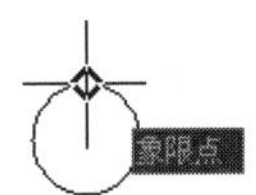

图 3.107 确定直线的起点

图 3.108 定位轴线图形

2) 定义属性

(1) 执行菜单栏中的【绘图】|【块】|【定义属性】命令，打开【属性定义】对话框。按照图 3.109 所示设置【属性定义】对话框。单击【确定】按钮，关闭对话框。

(2) 在指定起点：提示下，按图 3.110 所示捕捉圆心处，结果如图 3.111 所示。

3) 用创建块的方法制作图块

块名为“轴线编号”，基点选择在直线的上端点。

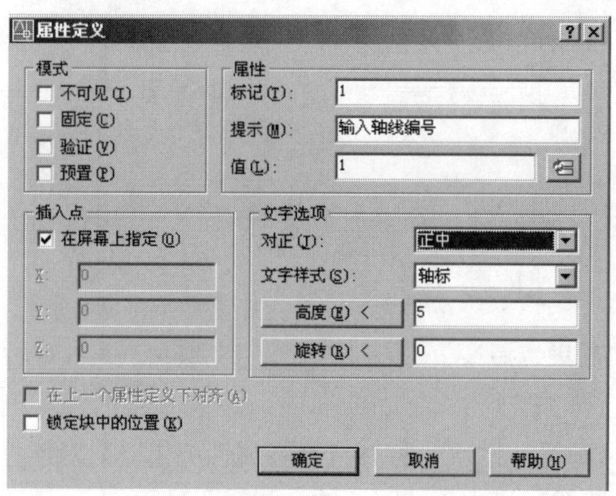

图 3.109 【属性定义】对话框

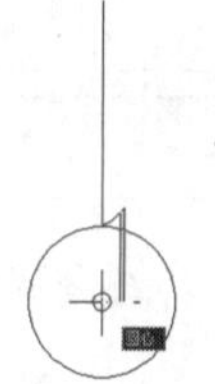

图 3.110 将属性放在圆心处

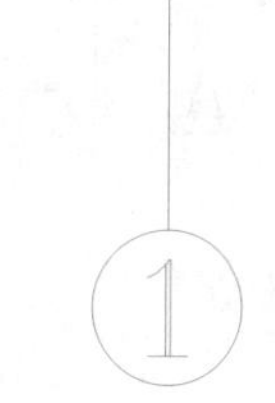

图 3.111 定位轴线

4) 插入图块

(1) 在命令行输入“I”后按 Enter 键，打开【插入】对话框。设置对话框相关参数，如图 3.112 所示，单击【确定】按钮关闭对话框。

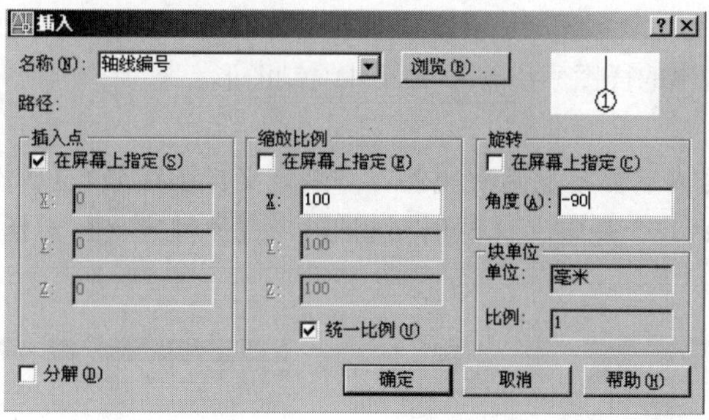

图 3.112 【插入】对话框

(2) 在指定插入点或 [基点 (B)/ 比例 (S)/ 旋转 (R)/ 预览比例 (PS)/ 预览旋转 (PR)]：提示下，捕捉如图 3.113 所示的点作为插入点。

(3) 在输入轴线编号 <1>：提示下，输入“A”后按 Enter 键，结果如图 3.114 所示，可以发现文字“A”的方向不对，需要修改。

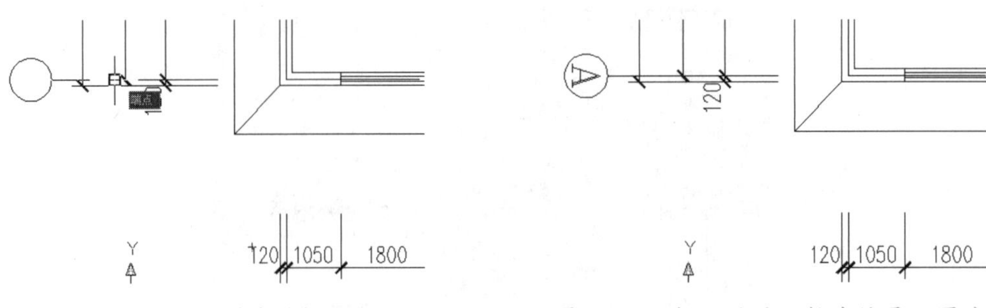

图 3.113　确定图块的插入点　　　　图 3.114　插入后的“轴线编号”图块

5) 编辑属性

双击插入的“轴线编号”图块，打开【增强属性编辑器】对话框，将【文字】选项卡内的【旋转】参数由“270”修改为“0”，结果如图 3.115 所示。

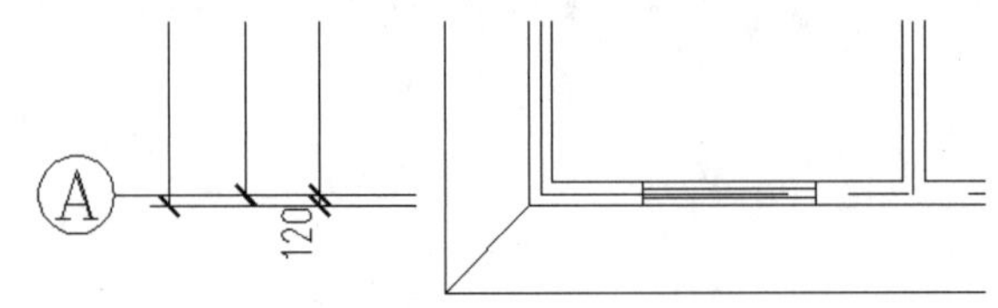

图 3.115　属性值修改后文字“A”的方向符合要求

操作技巧

- 横向定位轴线编号为“10”以上的定位轴线编号的图块，其属性值的宽度比例应由“1”修改成“0.8”。

3. 详图索引符号图块的制作

1) 绘制图形

按照表 3–1 中给出的详图索引符号的尺寸绘制图形。

2) 定义属性

在详图索引符号内需要定义两次属性：一是定义详图编号（【属性定义】对话框设置如图 3.116 所示），另一个是定义详图所在图纸号（【属性定义】对话框的设置如图 3.117 所示）。

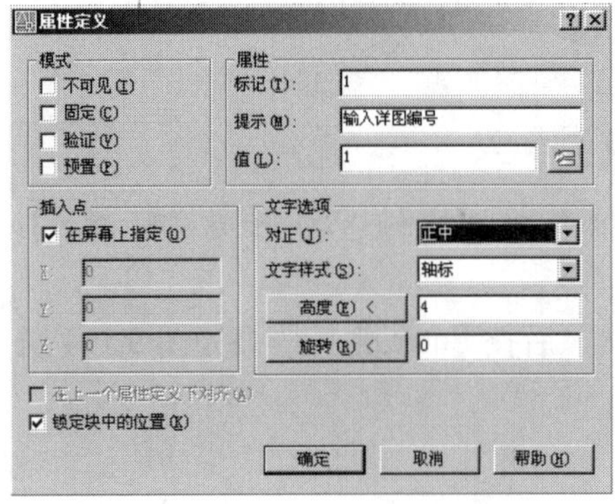

图 3.116　定义详图编号属性

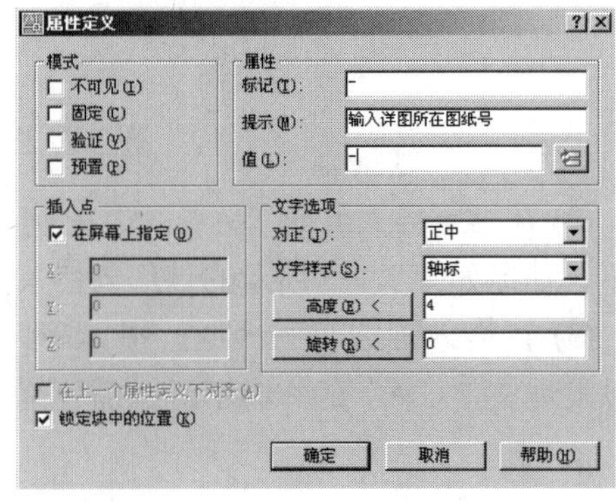

图 3.117　定义详图所在图纸号

3) 创建“详图索引符号”图块

用【创建块】命令制作名称为“详图索引符号”的图块。

特别提示

如果图块定义了两个以上的属性，则在插入图块时命令行会出现两次以上的“输入……”的提示，根据提示输入相应的属性。

3.6 表　格

下面分三步介绍表格：表格样式的设定、绘制表格、编辑表格。

3.6.1 表格的样式(1：100的比例)

(1) 执行菜单栏中的【格式】|【表格样式】命令，打开【表格样式】对话框，如图3.118所示。

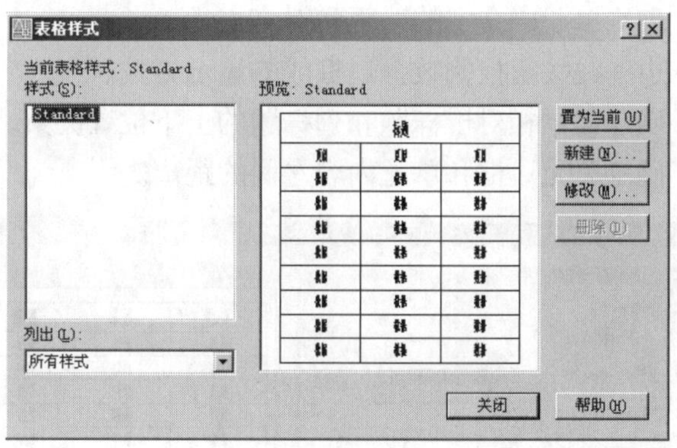

图 3.118　【表格样式】对话框

(2) 单击【表格样式】对话框中的【新建】按钮，打开【创建新的表格样式】对话框，在【新样式名】文本框内输入“图纸目录”，在【基础样式】下拉列表中选择【Standard】样式，结果如图3.119所示。单击【继续】按钮进入【新建表格样式：图纸目录】对话框。

图 3.119　【创建新的表格样式】对话框

(3) 按照图 3.120 所示设定该对话框中的【标题】选项卡，一般情况下标题书写在表格之外，这里不要标题，则不勾选左上角的【包含标题行】复选框，所以【标题】选项卡中的【单元特性】及【边框特性】选项组没有亮显，不能修改。

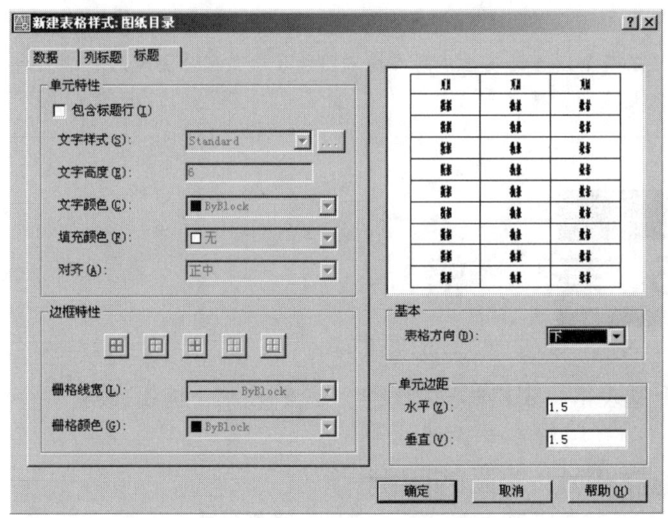

图 3.120　【标题】选项卡

(4) 按照图 3.121 所示设定【数据】选项卡。

①【对齐】：设定表格单元内文字的对正和对齐方式。

②【边框特性】：边框线按钮控制数据边框线的显示方式。

③【表格方向】：确定数据相对于标题和列标题的上下位置关系。

④【单元边距】：确定单元边框和单元内容之间的距离。

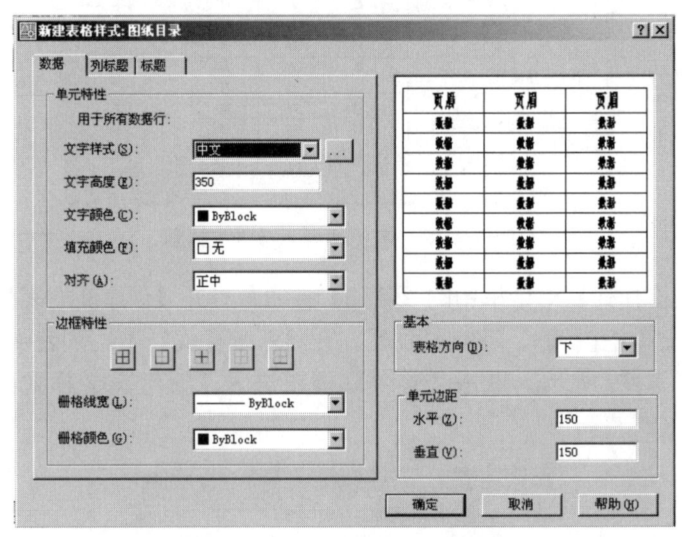

图 3.121　【数据】选项卡

(5) 按照图 3.122 所示设定【列标题】选项卡。该选项卡内的【文字高度】设置为“5”，其他设定同【数据】选项卡。

(6) 将【图纸目录】表格样式设为当前样式。

图 3.122 【列标题】选项卡

3.6.2 插入表格

(1) 执行菜单栏中的【绘图】|【表格】命令或单击【绘图】工具栏上的【表格】图标，打开【插入表格】对话框，按照图 3.123 所示设定该对话框。

【在CAD内部插入表格】

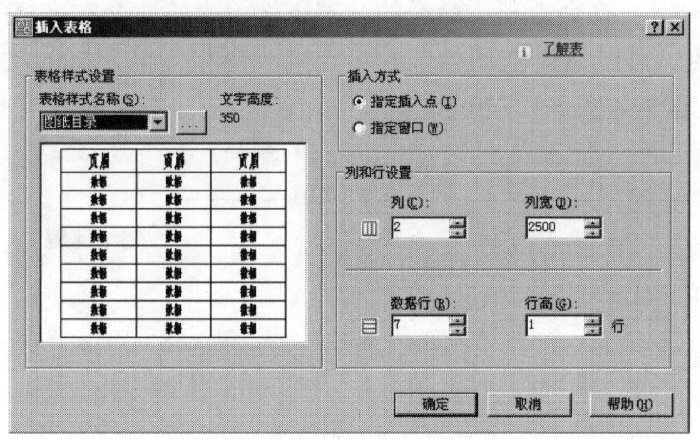

图 3.123 【插入表格】对话框

①【插入方式】选项组：点选【指定插入点】单选按钮，通过指定表格左上角的位置来定位表格。

②【列和行设置】选项组：设定列数、列宽、行数和行高。

(2) 单击【确定】按钮，关闭对话框，在指定插入点：提示下，在绘图区域单击一点以确定表格左上角的位置。

(3) 此时在绘图区域插入了一个空白表格，并且同时打开文字编辑器，此时可以开始在表格中输入内容，如图 3.124 所示。依次输入相应文字，输完一个单元后，按 Tab 键可

以切换到下一个单元格，也可用光标切换单元格，结果如图 3.125 所示。

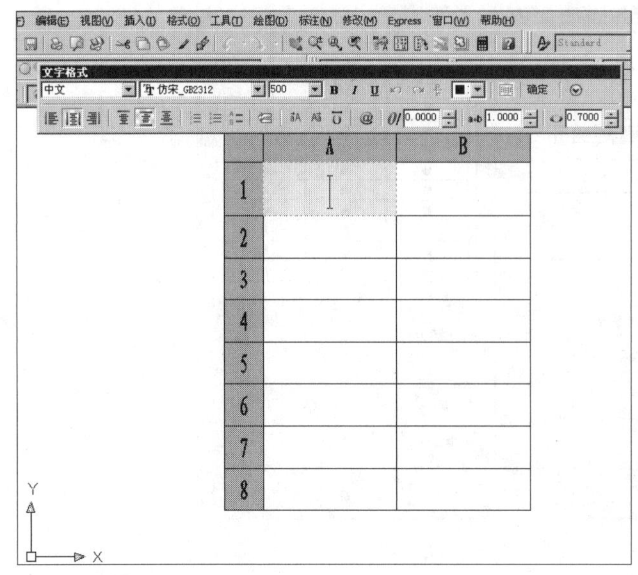

图 3.124　输入表格单元数据

图号	图名
建施7-1	建筑设计说明、图纸目录及装修一览表
建施7-2	底层平面图
建施7-3	二-六层平面图
建施7-4	门窗表、厨房卫生间详图、屋顶平面图
建施7-5	①-⑩立面图
建施7-6	⑩-①立面图
建施7-7	1-1剖面图

图 3.125　输入数据后的表格单元

3.6.3 编辑表格

表格的编辑主要是对表格的尺寸、单元内容和单元格式进行修改。

(1) 编辑表格尺寸：在命令行无命令的状态下选中表格，会在表格的 4 个角点和各列的顶点处出现夹点。可以通过拖动相应的夹点来改变相应单元格的尺寸，如图 3.126 所示。表格中夹点的作用如图 3.127 所示。

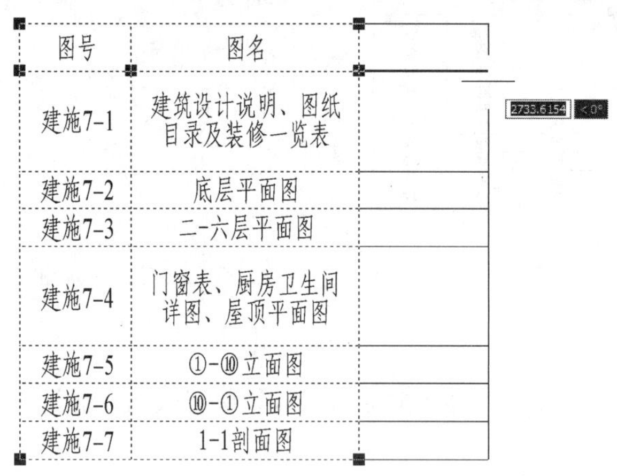

图号	图名
建施7-1	建筑设计说明、图纸目录及装修一览表
建施7-2	底层平面图
建施7-3	二-六层平面图
建施7-4	门窗表、厨房卫生间详图、屋顶平面图
建施7-5	①-⑩立面图
建施7-6	⑩-①立面图
建施7-7	1-1剖面图

图 3.126　改变图名的列宽

(2) 编辑表格单元：在选中一个或多个单元的时候，右击可弹出表格快捷菜单，如图 3.128 所示。在快捷菜单上部是【剪切】【复制】及【粘贴】等基本编辑选项，后面的【单元对齐】【单元边框】等是针对表格的特有选项，其中的【匹配单元】选项只有在选定一个单元时才有效，它可以将所选单元的单元特性赋予其他单元。利用【插入块】【插入字段】和【插入公式】选项可在单元中插入图块、字段或公式。

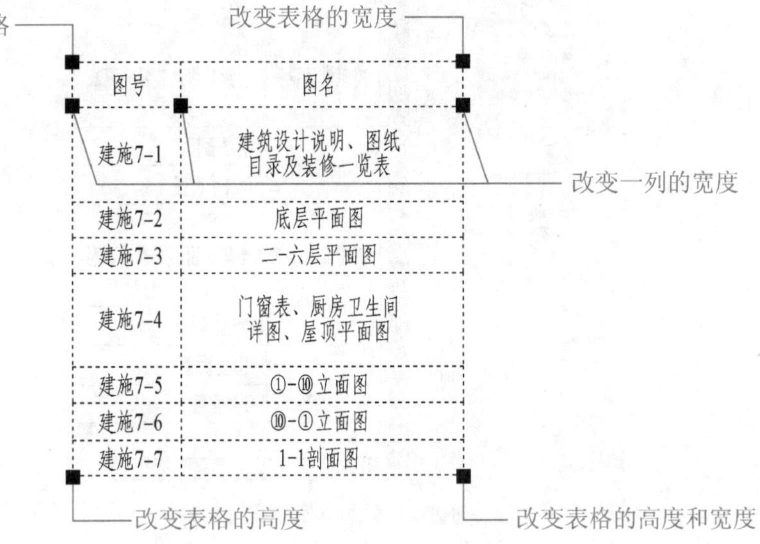

图 3.127 表格夹点的作用

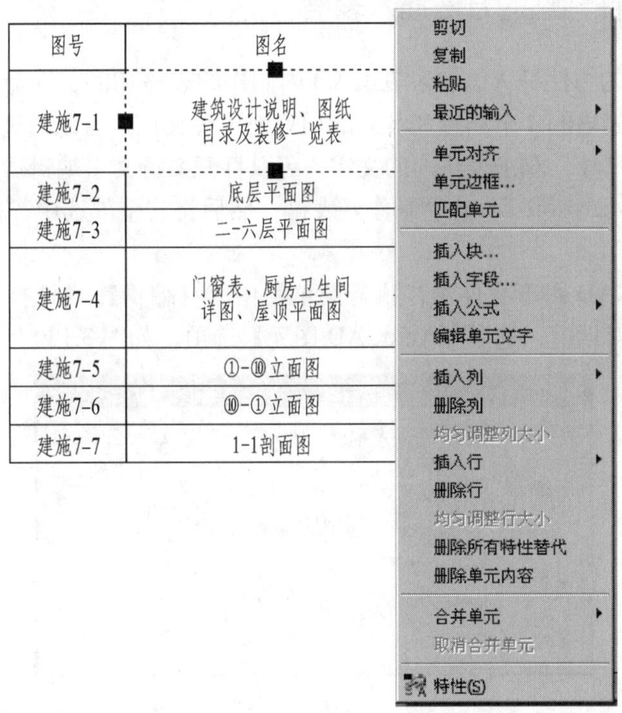

图 3.128 表格快捷菜单

选择快捷菜单中的【特性】选项可以打开【特性管理器】窗格，如图 3.129 所示，可以直接在该对话框中指定或修改表格单元属性和内容属性。

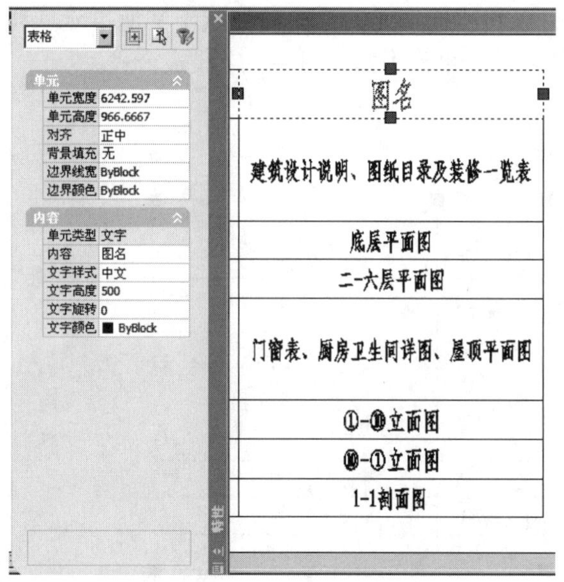

图 3.129 【特性管理器】窗格

3.6.4 用选择性粘贴的方法插入表格

用选择性粘贴的方法插入表格和在 CAD 内制作的表格相同，在命令行无命令的状态下选中表格，会在表格的 4 个角点和各列的顶点处出现夹点。可以通过拖动相应的夹点来改变相应单元格的尺寸，双击表格内的文字，可以打开多行文字编辑器。

(1) 首先，在 Microsoft Excel 中制作好表格，然后将其全部选中，按 Ctrl+C 快捷键执行【复制】命令。

(2) 回到 AutoCAD 图形文件中，执行菜单栏中的【编辑】|【选择性粘贴】命令，打开【选择性粘贴】对话框，选中【AutoCAD 图元】选项，如图 3.130 所示。

【怎么在CAD中插入excel表格】

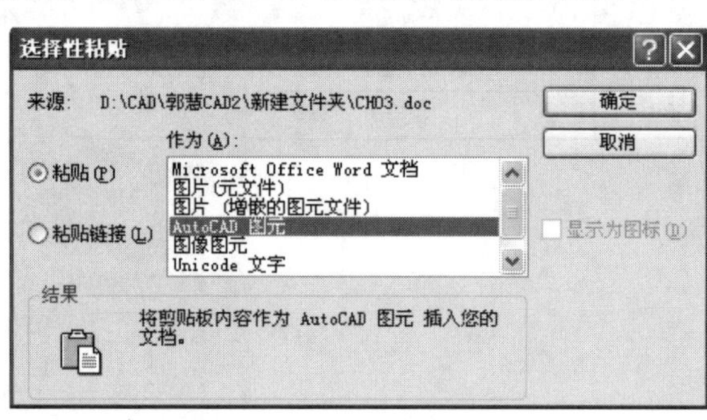

图 3.130 【选择性粘贴】对话框

(3) 单击【确定】按钮关闭对话框，则表格的左上角附着在光标上。

(4) 在 pastespec 指定插入点或 [作为文字粘贴 (T)]：提示下，确定表格的位置。

(5) 插入后的表格文字高度较小，用比例命令将其放大。

3.6.5 OLE链接表格

OLE 链接方法是指在 Microsoft Word 或 Excel 软件中做好表格，然后通过 OLE 链接的方法将其插入到 AutoCAD 图形文件中。需要修改表格和数据时，双击表格即可回到 Microsoft Word 或 Excel 软件中。

(1) 在 Microsoft Word 或 Excel 软件中做好表格后存盘。

(2) 在 AutoCAD 图形文件中，执行菜单栏中的【插入】|【OLE 对象】命令，打开【插入对象】对话框，点选【由文件创建】单选按钮，如图 3.131 所示。

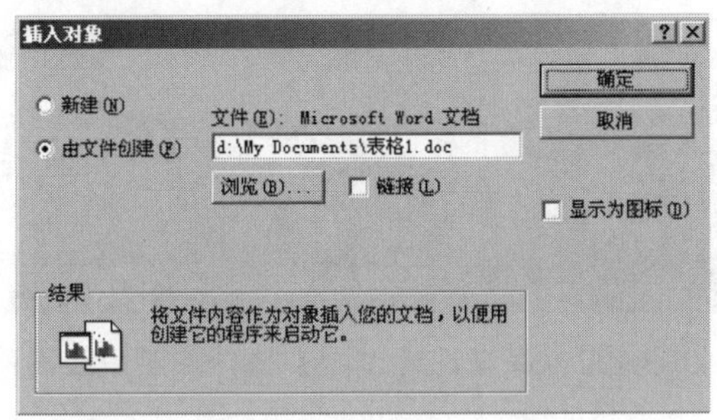

图 3.131 【插入对象】对话框

(3) 单击【浏览】按钮，选择含有表格的 Microsoft Word 或 Excel 文件。

(4) 单击【确定】按钮，关闭【插入对象】对话框后，则表格插入 AutoCAD 图形文件中。

3.7 绘制其他平面图

3.7.1 利用设计中心借用底层平面图的设定

AutoCAD 的设计中心可以看成是一个中心仓库，在这里，设计者既可以浏览自己的设计，又可以借鉴他人的设计思想和设计图形。AutoCAD 的设计中心能管理和再利用设计对象和几何图形。只需简单拖动，就能轻松地将设计图中的符号、图块、图层、字体、布局和格式复制到另一张图中，既省时又省力。

(1) 用【新建】命令创建一个新的图形文件，并将其保存为“标准层平面图”。

(2) 单击【标准】工具栏上的【设计中心】图标或按 Ctrl+2 快捷键，打开 AutoCAD 的【设计中心】对话框。

(3) 在【设计中心】对话框中，单击左上角的【加载】图标，打开【加载】对话框，选择前面绘制的“宿舍底层平面图”，将其加载到【设计中心】中。此时，【设计中心】的右侧选项框中出现“宿舍底层平面图 .dwg”中所包含的块、标注样式、图层、线型、文字样式等设定信息表，如图 3.132 所示。

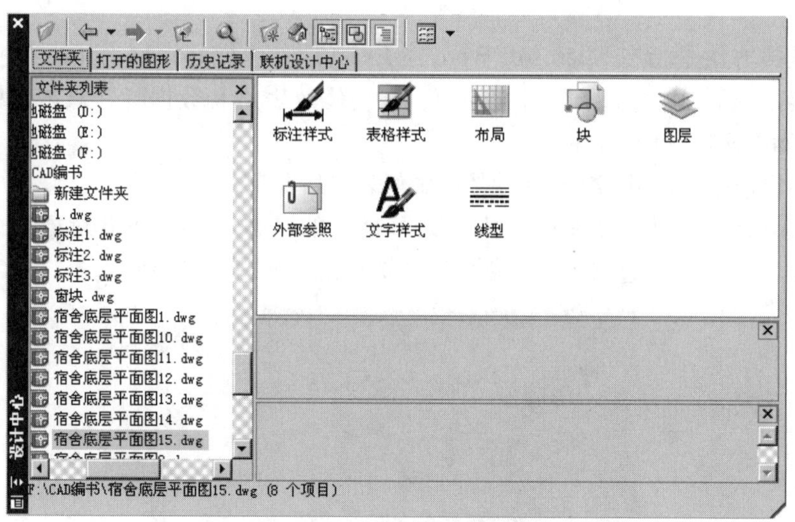

图 3.132　在【设计中心】选择底层平面图

(4) 双击右侧的【图层】选项，出现“宿舍底层平面图 .dwg”所包含的所有图层名称列表，如图 3.133 所示。

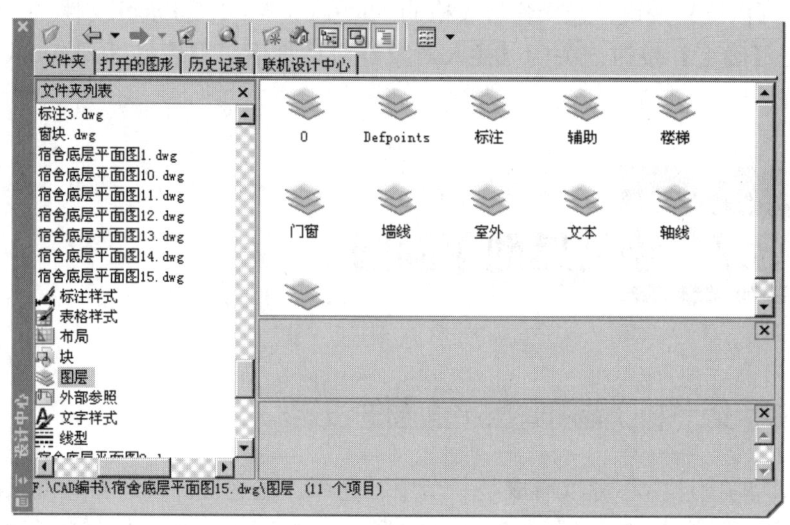

图 3.133　显示“底层平面图”中的图层

(5) 用框选的方法选择列表中的所有图层，并用光标将其拖动到当前新建的图形中，则新图形文件自动创建了所选择的图层，并且图层的颜色和线型等特性也自动被复制。

刚才利用设计中心很方便地为新建图形创建了与“宿舍底层平面图 .dwg”一致的图层特性。下面将利用设计中心为新图创建文字样式。

(6) 单击左上部的【上一级】图标，则右侧显示如图 3.132 所示的内容。

(7) 双击【文字样式】选项，出现“宿舍底层平面图 .dwg”中所包含的所有文字样式，如图 3.134 所示。

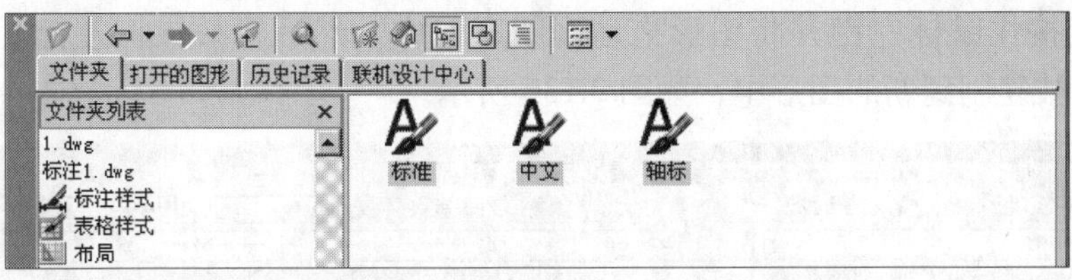

图 3.134　显示底层平面图中的文字样式

(8) 用框选的方法选择列表中所有的文字样式，并将其拖动到当前图形中，则新图形文件自动创建了所选择的文字样式。

可以用相同的方法获取标注样式、图块等信息。

3.7.2 在不同的图形窗口中交换图形对象

从 AutoCAD 2000 开始，AutoCAD 成为多文档的设计环境，也就是说，在 AutoCAD 中可以同时打开多个图形文件，一个图形文件就是一个图形窗口，可以在不同的图形窗口中交换图形对象。

(1) 打开 Home–Space Planner 文件，同时新建一个图形文件，执行菜单栏中的【窗口】|【垂直平铺】命令，使打开的两个图形文件呈垂直平铺显示状态，如图 3.135 所示。

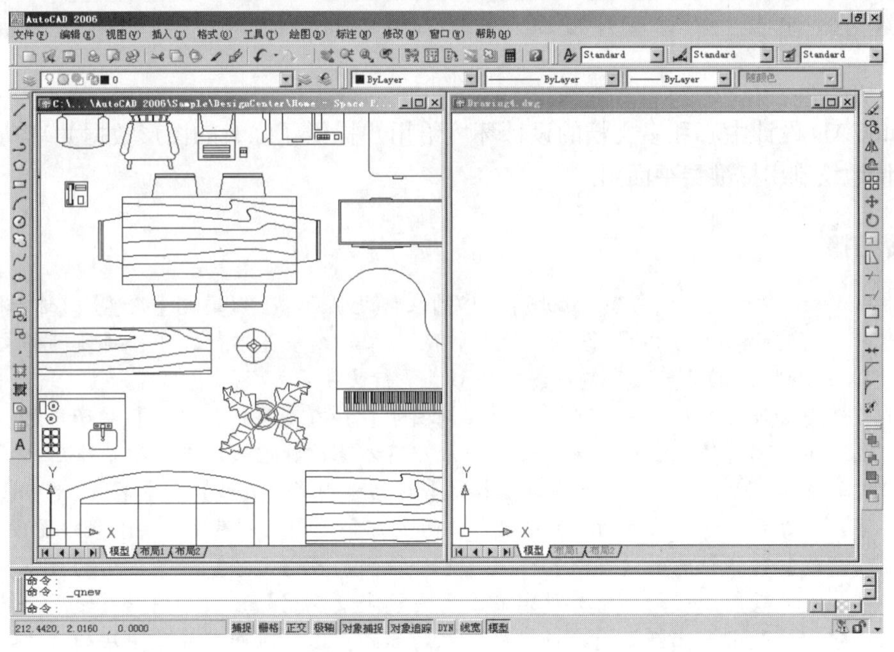

图 3.135　垂直平铺窗口

(2) 在命令行无任何命令的状态下，选择 Home–Space Planner 文件中的某些家具 (如“沙发”“钢琴”等)，这些“家具”变虚并显示出蓝色夹点。

(3) 将十字光标放到任意一条虚线上 (注意不能放在蓝色夹点上)，按住鼠标左键拖动，会发现所选择的“家具”图形随着光标的移动而移动。

(4) 继续按住鼠标左键并将图形拖动到新窗口中，然后释放鼠标左键，这时选择的“家具”图形被复制到新的图形中，如图 3.136 所示。

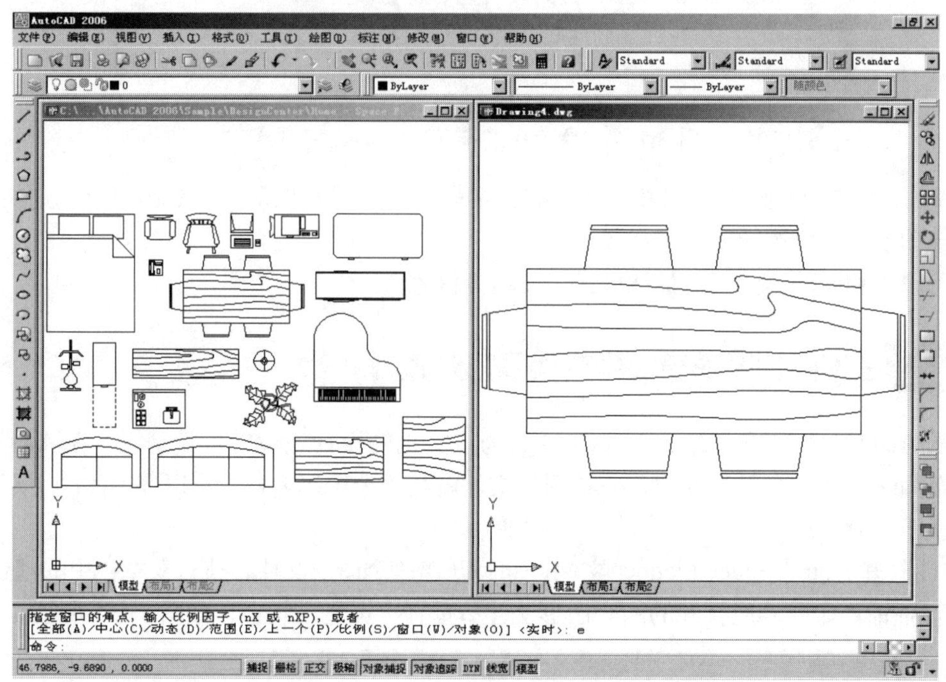

图 3.136　将图形拖动到新窗口中

AutoCAD 设计中心和多文档的设计环境给用户提供了强大的图形数据共享功能，可以很方便地绘制出标准层平面图。

命令链接

- 将 Word 内制作的文字或 Excel 内制作的表格复制后，可以通过【编辑】|【选择性粘贴】命令将它们导入 AutoCAD 内，这种方式导入的文字是单行文字，将复制的文字粘贴到 AutoCAD 的多行文字编辑器内则形成多行文字。
- 【线型管理器】对话框内的【全局比例因子】和【新建标注样式】对话框的【调整】选项卡内的【使用全局比例】没有关系。前者是控制虚线及中心线等非 Continuous 线型的显示；后者是控制【新建标注样式】对话框内的【直线】、【符号和箭头】及【文字】选项卡内设定数据的放大倍数。但两者都和出图比例有关，要求和出图比例一致。
- 【新建】对话框内的【直线】、【符号和箭头】及【文字】选项卡内的数据都是按照《房屋建筑制图统一标准》设定的，需要设定【调整】选项卡内的【使用全局比例】将它们按照出图比例放大；教材内制作的标高、定位轴线编号等图块的尺寸也是按照《房屋建筑制图统一标准》设定的，插入图块时同样应将它们按照出图比例放大。
- 执行菜单栏中的【工具】|【草图设置】命令，打开【草图设置】对话框，在【对象捕捉】选项卡内只勾选常用的捕捉方式，它们是固定性的设定，随时可以使用；不常用的捕捉方式（如平行、垂直及象限点等）一般用左手按 Shift 键，右手右击调出【临时捕捉】快捷菜单设定。

本章小结

本章在第2章的基础上进一步深入绘制“宿舍底层平面图”，介绍了在利用AutoCAD绘图时如何标注文字、尺寸、标高及如何绘制指北针、详图索引符号等。要求大家能够计算出各种比例图形中的符号类对象的尺寸。

本章详细学习了以下内容。

文字高度的设定、文字格式的设定方法、标注文字、文字的编辑及尺寸标注基本概念、尺寸标注样式的设定方法、标注尺寸、修改尺寸标注。

如何测量房间的面积、直线长度、角度、直线的水平投影和垂直投影的长度。

门窗图形类图块和标高等符号类图块的制作和使用方法、创建块(Make Block)和写块(Write Block)两种图块制作方法的特点、修改图块属性的方法、块编辑器的使用、多重插入图块。

画直线、圆及多段线，用圆心、起点、角度的方法画圆弧，极轴的使用方法，临时追踪的使用，文字的正中对正。

表格的样式、插入表格、编辑表格尺寸、编辑表格单元、选择性粘贴的方法、插入表格及OLE链接表格。

AutoCAD的设计中心和不同的图形窗口中交换图形对象。

上机指导

【几何练习】

上机操作一：绘制并修改图形

【操作目的】

练习【矩形】、【分解】、【偏移】及【拉伸】等命令。

【操作内容】

(1) 按图3.137所示尺寸绘制图形。

(2) 利用【拉伸】命令将图中的矩形A和B的长度分别修改为1000mm，将矩形A、B、C的高度修改为500mm。

上机操作二：绘制指北针

【操作目的】

绘制图3.138所示图形，练习【圆】、【直线】和【文字】等命令。

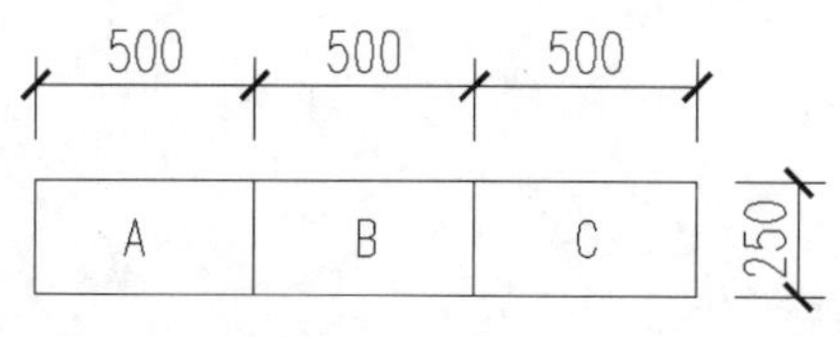

图3.137 修改图形

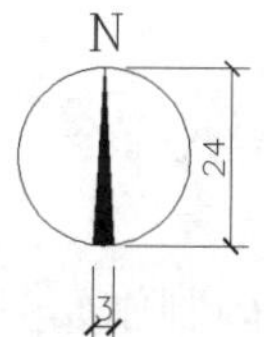

图3.138 绘制指北针

【操作内容】

(1) 按尺寸用【圆】、【直线】、【文字】等命令绘制图形，“N”的字体样式为 complex。

(2) 将所绘图形用创建块 (Make Block) 命令制作成图块。

上机操作三：文字的格式

【操作目的】

练习文字格式的建立命令。

【操作内容】

(1) 建立 simplex、complex 和 T 仿宋 _GB2312 文字样式。

(2) 用所建立的文字样式分别书写下列文字。

【将文字插入CAD的方法】

基础墙柱地坪楼板1 2 3 A B C

基础墙柱地坪楼板1 2 3 A B C

基础墙柱地坪楼板1 2 3 A B C

上机操作四：文字的导入

【操作目的】

练习表格的导入命令。

【操作内容】

(1) 在 Word 内输入下列文字。

本工程为郑州市某公司高层商住楼，位于郑州市桐柏路。本建筑为一类高层公共建筑，建筑工程等级为Ⅱ级，设计使用年限为 50 年，主体耐火等级为一级，地下室耐火极限为一级。屋面防水等级为二级，地下室防水等级为Ⅱ级，抗震设防烈度为 7 度。本建筑地上建筑层数为 17 层，地下室 2 层，建筑高度为 57.9m，结构形式为框架－剪力墙结构。建筑面积：本工程占地面积为 877.5m^2。总建筑面积：14897.09m^2，其中地下室建筑面积为 1766.4m^2，地上建筑面积为 1310.69m^2。

(2) 在 Word 内选中输入的文字，按 Ctrl+C 快捷键。

(3) 打开 AutoCAD，执行菜单栏中的【编辑】|【选择性粘贴】命令，打开【选择性粘贴】对话框，选中【CAD 图元】选项，形成单行文本。

(4) 打开 AutoCAD，执行菜单栏中的【绘图】|【文字】|【多行文字】命令，将文字粘贴到多行文字编辑器内形成多行文本。

上机操作五：表格的导入

【操作目的】

练习表格的导入命令。

【操作内容】

(1) 在 Excel 内制作如图 3.139 所示的表格。

(2) 在 Excel 内选中制作的表格，按 Ctrl+C 快捷键。

(3) 打开 AutoCAD，执行菜单栏中的【编辑】|【选择性粘贴】命令，打开【选择性粘贴】对话框，选中【CAD 图元】选项，指定插入点确定表格的位置。

上机操作六：表格的制作

【操作目的】

练习【表格】、【多段线】、【旋转】等命令。

【操作内容】

(1) 在 AutoCAD 内编制如图 3.140 所示的表格。

采用的主要规范　　附表一

序号	图号	名称
1	GB 50009—2001	建筑结构荷载规范
2	GB 50011—2001	建筑抗震设计规范
3	GB 50010—2002	混凝土结构设计规范
4	GB 50007—2002	建筑地基基础设计规范
5	JGJ 79—2002 J 220—2002	建筑地基处理技术规范
6	JGJ 3—2002 J 186—2002	高层建筑混凝土结构技术规程
7	GB 50108—2001	地下工程防水技术规范
8	GB 50045—95	高层民用建筑设计防火规范

图 3.139　制作表格

楼梯钢筋表

编号	钢筋简图	规格	长度
②	1400	6	1480
③	90 1060 160	10	1370
⑤	3200	12	3200
⑥	210 1030	10	1390
⑦	3240	12	3240
⑧	90 1070 160	10	1380
⑨	200 1050	10	1400

图 3.140　编制表格

(2) 绘制钢筋简图并将其移动到表格内。

上机操作七：绘制门

【操作目的】

绘制如图 3.141 所示的图形，练习偏移、修剪、多段线的编辑、三点画弧、标注样式的设定、线性标注、连续标注及基线标注等操作。

【操作内容】

(1) 绘制门。

(2) 标注尺寸及图名。

上机操作八：绘制预埋钢板

【操作目的】

绘制如图 3.142 所示的图形，练习绘制矩形、直线、修剪、分解、倒圆角、标注样式的设定、线性标注、连续标注及基线标注及文字标注等操作。

【操作内容】

(1) 绘制预埋钢板。

(2) 标注尺寸及图名。

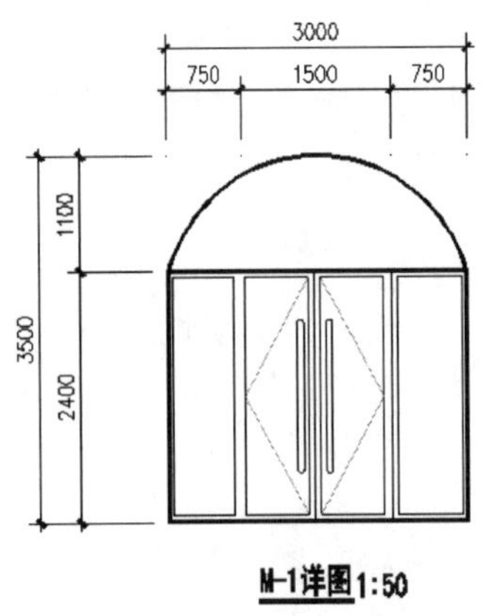

图 3.141　绘制门

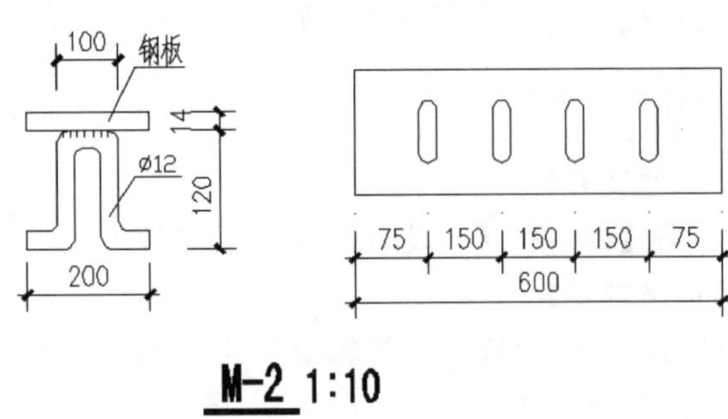

图 3.142　绘制预埋钢板

上机操作九：标注命令

【操作目的】

练习标注样式的设定、半径标注、直径标注、角度标注、对齐标注、圆心标记及坐标标注等操作。

【操作内容】

(1) 按尺寸绘制如图 3.143 所示图形。

(2) 标注图中所示的线性尺寸及半径、直径、角度、圆心标记及坐标等。

上机操作十：AutoCAD 设计中心的使用

【操作目的】

练习使用 CAD 设计中心提供的图库绘图。

【操作内容】

(1) 使用【绘图】命令和【修改】命令绘制如图 3.144 所示的图形 (不用标注尺寸)。

(2) 在设计中心选择 Home–Space Planner 文件，找到该文件中下列图块并将它们拖动到图形相应位置。

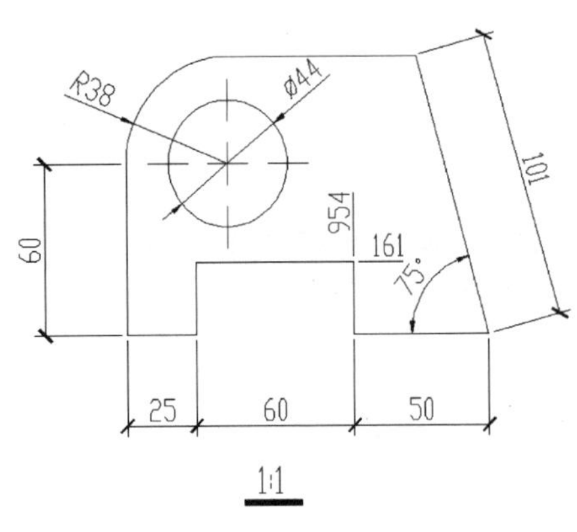

图 3.143　绘制并标注图形

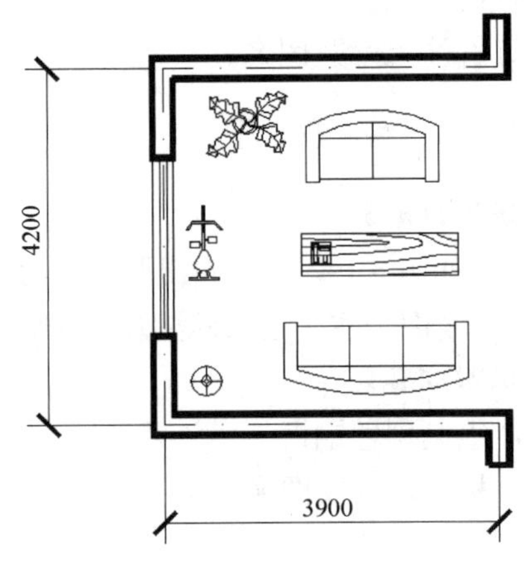

图 3.144　利用 AutoCAD 设计中心绘图

习 题

一、单选题

1．在 AutoCAD 中绘制出图比例为 1 ∶ 100 的图形时，标高符号的尺寸和《房屋建筑制图统一标准》内所规定的尺寸相比( )。

A．要大　　B．要小　　C．相等

2．在【文字样式】对话框中将文字高度设定为( )。

A．0　　B．300　　C．500

3．“±”的输入方法为( )。

A．P%　　B．C%　　C．D%

4．如用 Windows 字库内的中文字体样式(如仿宋体)输入( )，则会出现乱码“□”。

A．±　　B．°　　C．ϕ

5．文字编辑命令的快捷键为( )。

A．ED　　B．DE　　C．RE

6．【新建标注样式】对话框中，【主单位】选项卡内的测量比例因子为“1”时，为如实标注，如果线长为 1000mm，标注出的尺寸为( )mm。

A．1600　　B．1000　　C．2000

7．【新建标注样式】对话框中【调整】选项卡内的【使用全局比例】和( )应一致。

A．出图比例　　B．绘图比例　　C．局部比例

8．标注墙段长度和洞口宽度时，第一道尺寸线的第一个尺寸应使用( )标注命令来标注。

A．连续　　B．基线　　C．线性

9．用( )命令拉长尺寸界线原点的位置。

A．夹点编辑　　B．拉伸　　C．延伸

10．为便于使用，通常将单扇门图块的尺寸定为( )mm。

A．750　　B．1000　　C．900

11．第三道总尺寸用( )标注命令标注。

A．对齐　　B．基线　　C．线性

12．组成图块的所有图形元素是一个( )。

A．整体　　B．独立个体　　C．都不是

13．用( )的方式制作的图块是一个存盘的块，它具有公共性。

A．创建块　　B．写块　　C．创建块和写块

14．对已经插入到图形中的图块，用( )命令进行修改。

A．块在位编辑参照　　B．创建块　　C．块编辑器

15．打开或关闭【极轴】的快捷键为( )。

A．F10　　B．F8　　C．F7

16．设定临时捕捉后，它能被使用（　　）次。

A．5　　B．8　　C．1

17．在设定定位轴线编号属性时，文字的对正方式为（　　）对正。

A．左　　B．正中　　C．中间

18．用圆心、起点、角度的方法画圆弧，圆心、起点、角度应按（　　）顺序选择。

A．逆时针　　B．顺时针　　C．都可以

19．出图比例为1 ∶ 100的图形内的一般字体高度为（　　）。

A．350　　B．35　　C．3.5

20．通常将图块放在（　　）图层上。

A．0　　B．门　　C．标高

二、简答题

1．建筑平面图内符号类对象的绘制有什么特点？

2．设置当前文字样式的方法有哪些？

3．文字的旋转角度和【文字样式】对话框中的文字的倾斜角有什么不同？

4．简述设计说明等大量文字的输入方法。

5．哪些地方涉及“当前”的概念？

6．简述标注轴线之间距离的第二道尺寸线的方法。

7．尺寸标注可以做哪些方面的修改？

8．测量房间面积和测量直线长度的命令分别是什么？

9．图块有什么作用？

10．如何设置【属性定义】对话框中的【值】参数？

11．制作图块的方法有哪些？

12．定义图块时所设定的基点有什么作用？

13．如何计算图块的插入比例？

14．用什么命令对制作好的图块进行修改？

15．多重插入图块适合在什么情况下使用？

16．一个图块是否只能设定一个属性？

17．简述OLE链接表格的方法。

18．AutoCAD的设计中心有什么作用？

19．如何在不同的图形窗口中交换图形对象？

【参考答案】

第4章 绘制宿舍楼立面图和剖面图

教学目标

通过本章的学习，了解绘制立面图和剖面图的基本步骤，掌握绘制宿舍楼立面图和剖面图时所涉及的基本绘图和编辑命令，应用前几章所学的基本绘图和编辑命令，以达到进一步加深理解和熟练运用的目的。

教学要求

能力目标	相关知识	权重
了解立面图和剖面图的绘制方法	绘制立面图和剖面图的步骤	3%
能跨文件复制图形	复制、带基点的复制、粘贴	3%
掌握模板的制作和使用方法	制作 1 ∶ 1 的模板、利用 1 ∶ 1 模板绘制各种比例的图形	10%
能够熟练地绘制宿舍楼的立面图	绘制立面图时所涉及的基本绘图和编辑命令	44%
能够熟练地绘制宿舍楼的剖面图	绘制剖面图时所涉及的基本绘图和编辑命令	40%

学习重点

为了能够轻松地学习本章内容，应结合宿舍楼底层平面图读懂附图 3.2 中的立面图和附图 3.3 中的 I—I 剖面图。同时能熟练地绘制宿舍楼底层平面图，并按照出图比例正确标注文字和尺寸。

【CAD截图如何直接放到word中】

第 2 章和第 3 章中介绍了 AutoCAD 的基本图形绘制和编辑命令，本章将通过绘制建筑立面图来介绍新的绘图和编辑命令，进一步加深对已学过命令的理解，积累一些实用的编辑技巧和绘图经验。由于建筑平面图、立面图和剖面图的尺寸应相互一致，所以立面图中的部分尺寸是由平面图中得到的，绘制立面图时应不断地参照宿舍楼底层平面图 (附图 3.1)。

4.1　绘制立面框架

1. 图形绘制前的准备

新建一个图形并将其命名为“正立面图”，利用【图层特性管理器】建立如图 4.1 所示的图层。

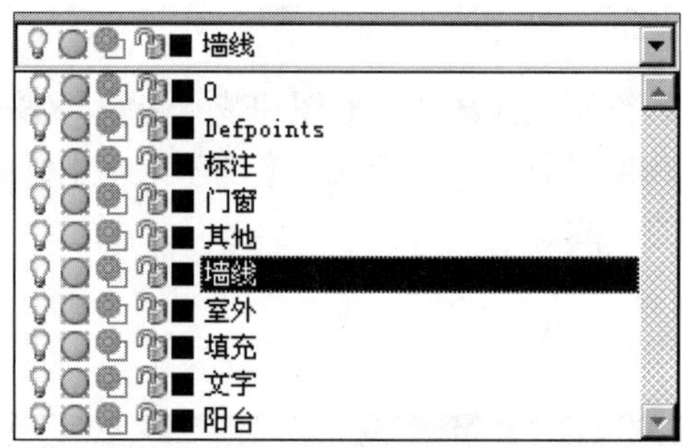

图 4.1　立面图的图层

2. 绘制立面框架

(1) 设置【墙线】图层为当前层。

(2) 单击【绘图】工具栏上的【矩形】图标，启动【矩形】命令。

① 在指定第一个角点或 [倒角 (C)/ 标高 (E)/ 圆角 (F)/ 厚度 (T)/ 宽度 (W)]：提示下，在屏幕的左下角单击任意一点作为矩形的第一个角点。

② 在指定另一个角点或 [面积 (A)/ 尺寸 (D)/ 旋转 (R)]：提示下，输入“@42840，14700”后按 Enter 键结束命令。42840mm 是外墙皮到外墙皮的尺寸，14700mm 是室外地坪到檐口的距离。

③ 由于新建图形距眼睛比较近，所以只能看到图形的局部，如图 4.2 所示。下面利用【范围缩放】命令将其推远，输入“Z”后按 Enter 键，再输入“E”后按 Enter 键。

④ 用【实时缩放】命令将视图调整到如图 4.3 所示的状态。

(3) 将矩形最下面的水平线向上偏移 600mm，生成勒脚线。

① 分解矩形：由于矩形是一条闭合多段线，所以其 4 条边为整体关系，在生成勒脚线之前应先将其分解，否则矩形的 4 条边会一起向内偏移。

② 单击【修改】工具栏上的【分解】图标，启动【分解】命令。

③ 在选择对象：提示下，选择矩形为分解对象，然后按 Enter 键结束命令。

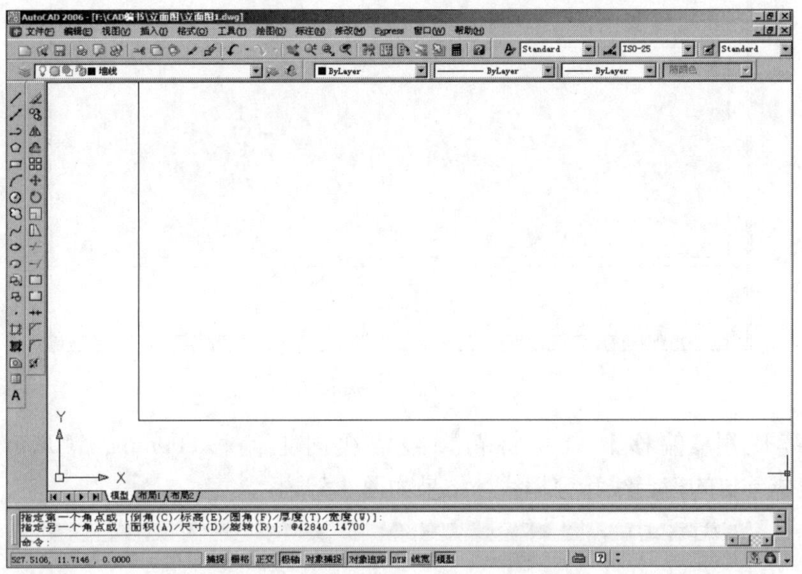

图 4.2 执行【范围缩放】命令前的视图

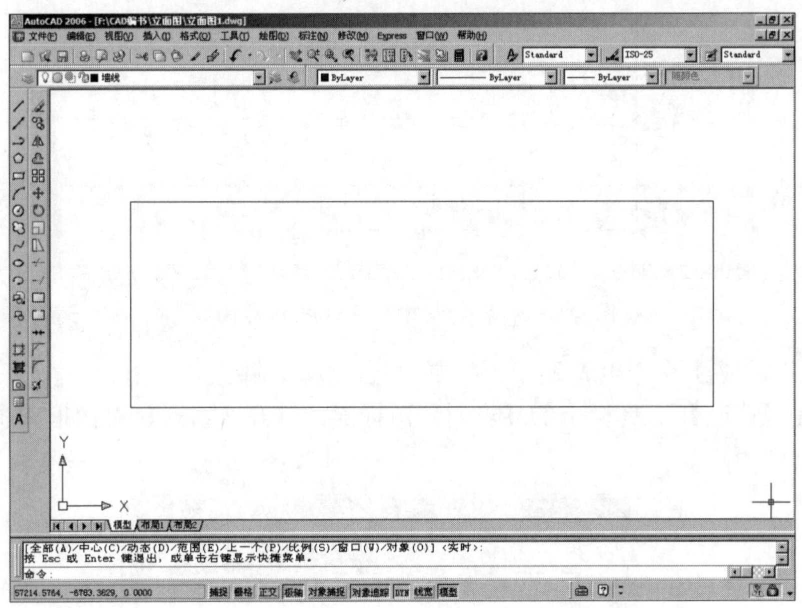

图 4.3 调整视图

特别提示

矩形本身是多段线，所以矩形的 4 条边是整体关系。将矩形分解后，组成矩形的 4 条边由一条闭合多段线变成普通的 4 条直线。

④ 单击【修改】工具栏上的【偏移】图标，启动【偏移】命令，将最下面的水平线向上偏移 600mm，结果如图 4.4 所示。

图 4.4　偏移生成勒脚线

⑤ 继续使用【偏移】命令将勒脚线依次向上偏移 800mm、100mm、1800mm、100mm，生成首层的窗台线和窗楣线，结果如图 4.5 所示。

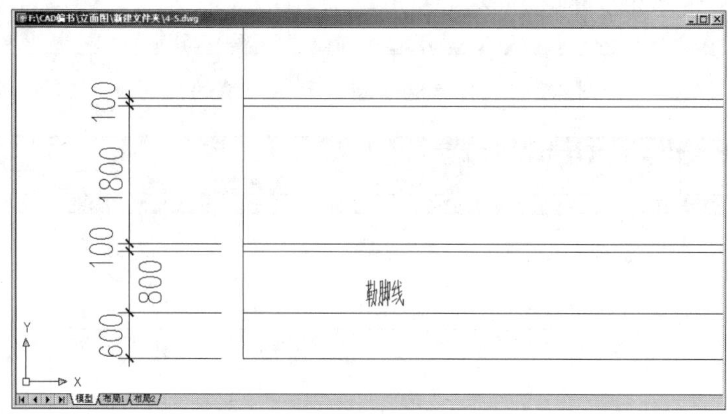

图 4.5　偏移生成首层窗台线和窗楣线

(4) 使用【阵列】命令生成 2、3、4 层的窗台线和窗楣线。

① 单击【修改】工具栏上的【阵列】图标，打开【陈列】对话框其参数设置如图 4.6 所示。

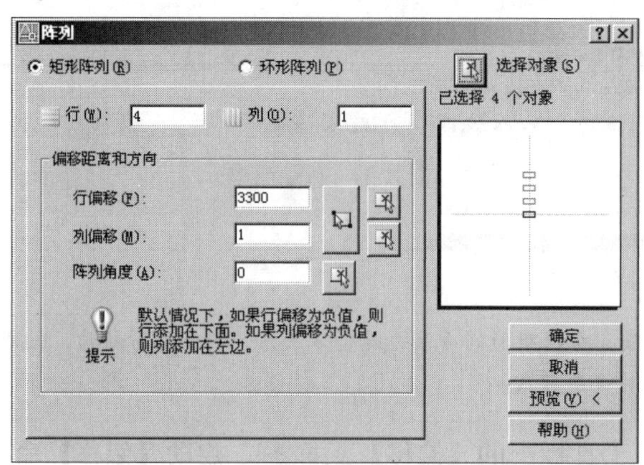

图 4.6　【阵列】对话框

② 单击【阵列】对话框右上角的【选择对象】按钮，对话框消失，在选择对象：提示下，按照图 4.7 所示选择窗台线和窗楣线（窗洞口上下各两条水平线）作为阵列对象，结果如图 4.8 所示。

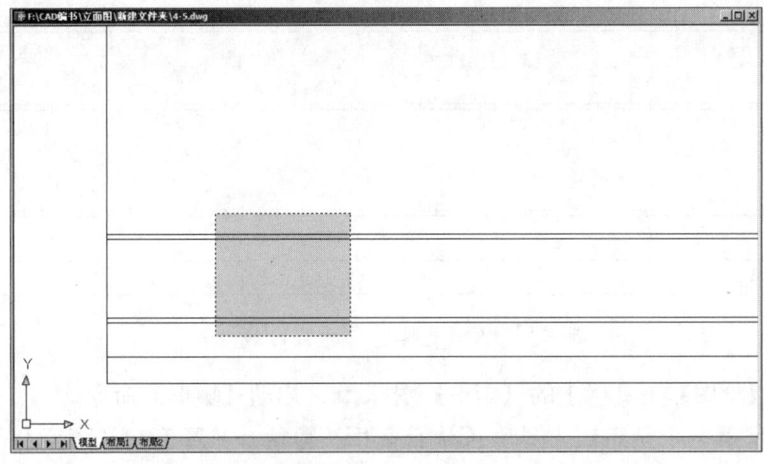

图 4.7 选择窗台线和窗楣线作为阵列对象

图 4.8 阵列生成 2、3、4 层的窗台线和窗楣线

4.2 绘制门窗

1. 绘制左下角 1800mm × 1800mm 的窗洞口

(1) 用【窗口放大】命令放大左下角视图，如图 4.9 所示。

(2) 在命令行无命令的状态下选择首层的窗台线，则出现蓝夹点，如图 4.9 所示。单击左侧的蓝夹点，使其变成红色的热夹点，然后按两下 Esc 键取消夹点，这样就将该点定义成相对坐标的基本点。

图 4.9　选择首层的窗台线

(3) 单击【绘图】工具栏上的【矩形】图标，启动【矩形】命令。

① 在指定第一个角点或 [倒角 (C)/ 标高 (E)/ 圆角 (F)/ 厚度 (T)/ 宽度 (W)]：提示下，输入“W”后按 Enter 键，表示要改变矩形的线宽。

② 在指定矩形的线宽 <0.0000>：提示下，输入“50”后按 Enter 键，将矩形线宽改为 50mm。

③ 在指定第一个角点或 [倒角 (C)/ 标高 (E)/ 圆角 (F)/ 厚度 (T)/ 宽度 (W)]：提示下，输入窗洞口左下角点相对于坐标基本点的坐标“@1170，0”后按 Enter 键。这样就绘出矩形的左下角点，如图 4.10 所示。

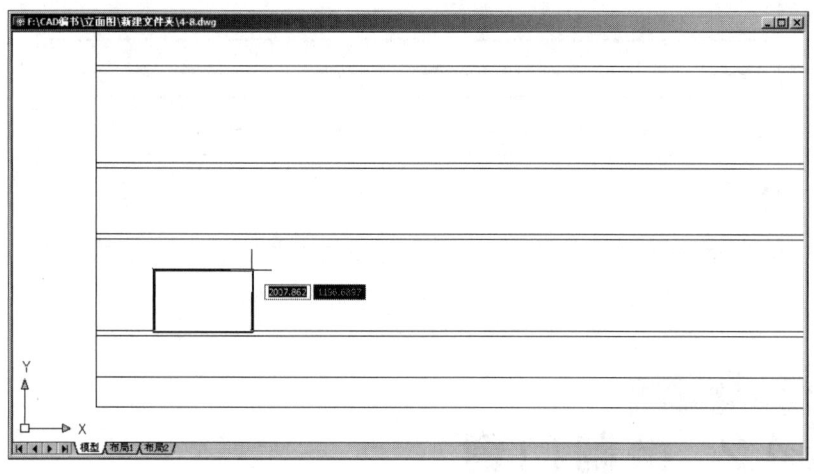

图 4.10　绘制窗洞口的左下角点

特别提示

平面图中 1 和 2 轴线之间 C–1 窗为 1800mm × 1800mm，1 轴线至窗洞口左侧为 1050mm，1 轴线至左侧外墙皮为 120mm，所以窗洞口左侧至外墙皮的距离为 1050mm+120mm=1170mm。

④ 在指定另一个角点或[面积(A)/尺寸(D)/旋转(R)]：提示下，输入"@1800，1800"后按Enter键结束命令，结果如图4.11所示。

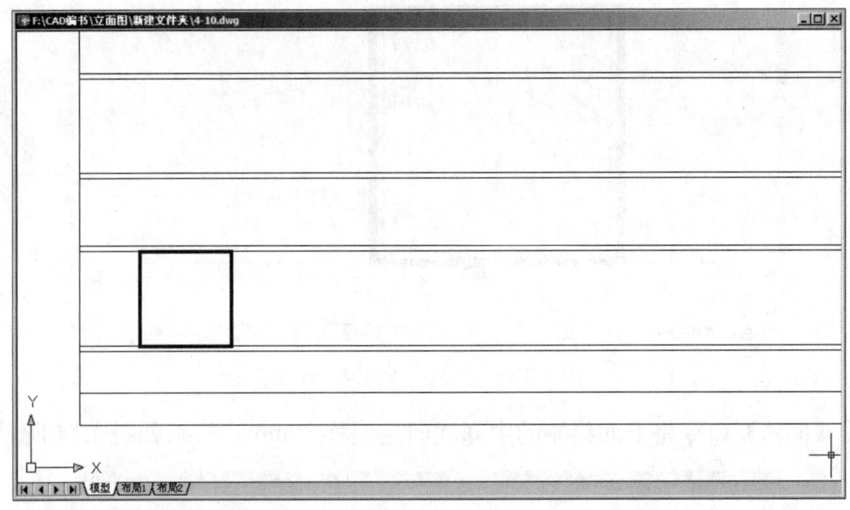

图4.11 绘制出左下角1800mm×1800mm的窗洞口

2. 绘制左下角窗的窗框

(1) 设置【门窗】图层为当前层，用【窗口缩放】命令将左下角的窗洞口放大。

(2) 用【偏移】命令将窗洞口线向内偏移两个80mm，由于被其偏移出的两个矩形线宽为50mm，所以需用【分解】命令将其分解。矩形分解后，组成矩形的4条边变成4条独立直线，所以线宽也变为0mm，结果如图4.12所示。

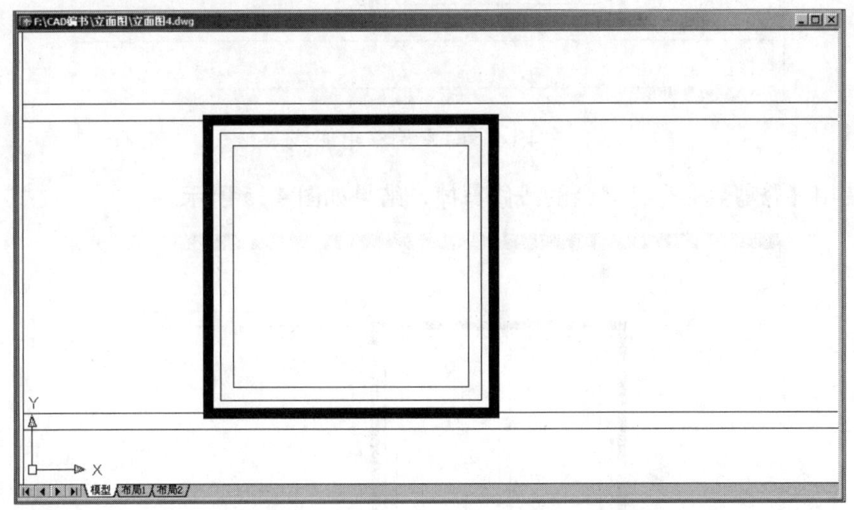

图4.12 偏移生成窗框和窗扇的轮廓线

(3) 执行菜单栏中的【工具】|【草图设置】命令，打开【草图设置】对话框并勾选【对象捕捉】选项卡中的【中点】复选框。

(4) 使用【直线】命令并借助于【中点】捕捉绘制窗框的中间线，结果如图4.13所示。

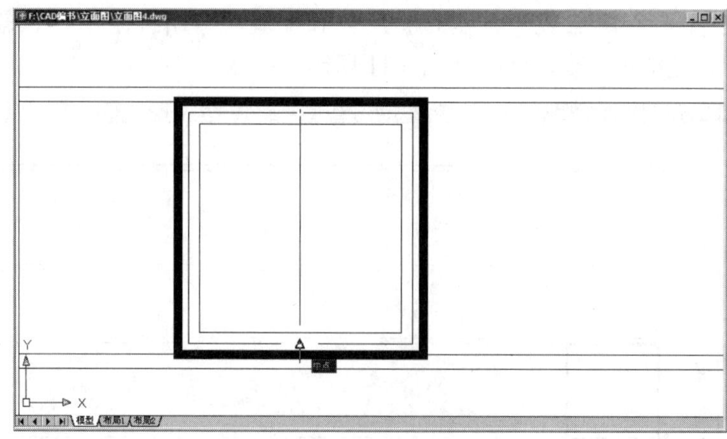

图 4.13　绘制窗扇的中间线

(5) 用【偏移】命令将上面绘制的中间线向左偏移 80mm，结果如图 4.14 所示。

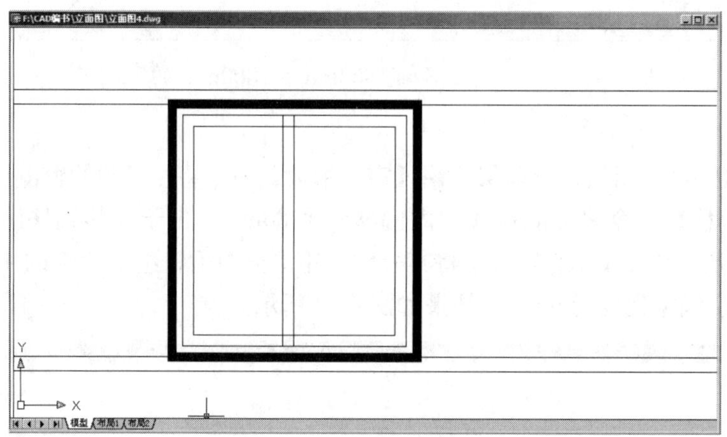

图 4.14　向左偏移中间线

(6) 使用【修剪】命令把多余的线修剪掉，结果如图 4.15 所示。

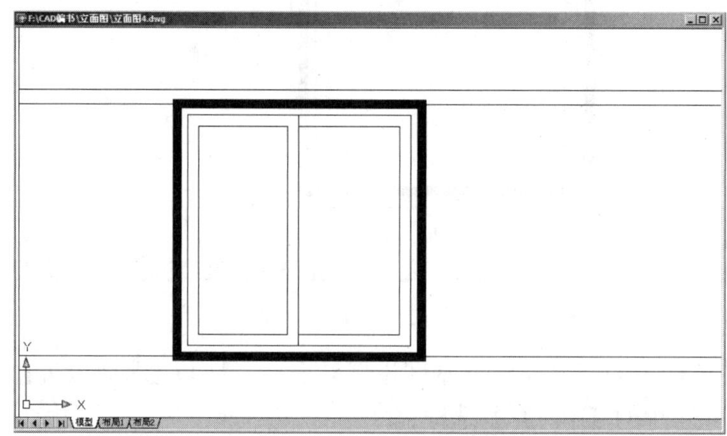

图 4.15　修剪窗扇多余的线

3. 绘制 1 ~ 6 轴线之间 1 ~ 4 层的 1800mm×1800mm 窗

执行菜单栏中的【修改】|【阵列】命令，打开【阵列】对话框，其参数设定为：4 行、5 列、行偏移 3300、列偏移 3900。用如图 4.16 所示的窗选方法选择被阵列对象，结果如图 4.17 所示。

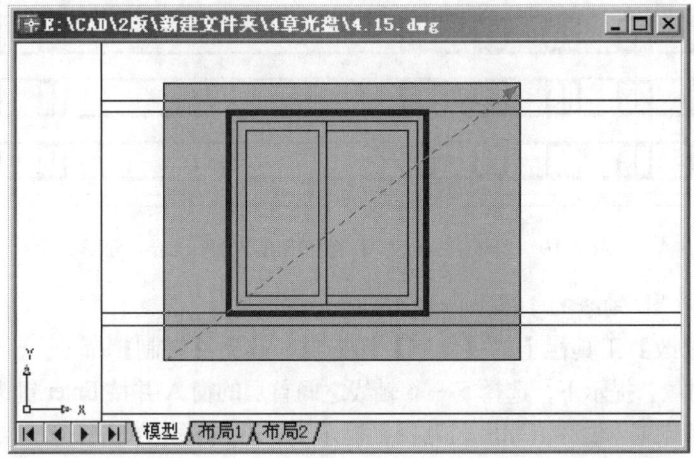

图 4.16　用窗选的方法选择对象

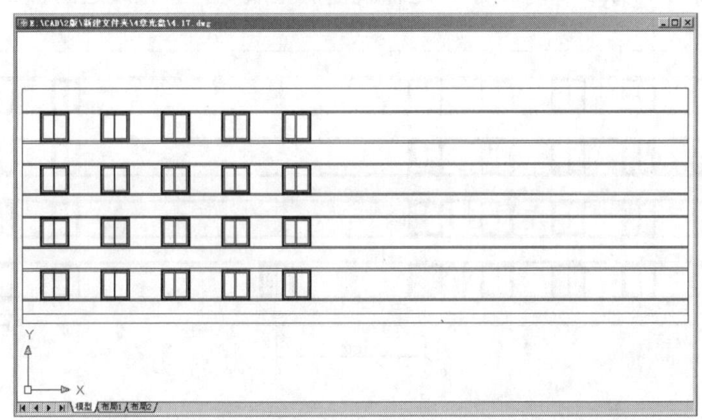

图 4.17　阵列生成其他窗

4. 绘制 10 ~ 12 轴线之间 1 ~ 4 层的 1500mm×1800mm 窗

(1) 重复 4.2 中的步骤 1 和 2，绘制右下角 1500mm×1800mm 的窗，结果如图 4.18 所示。

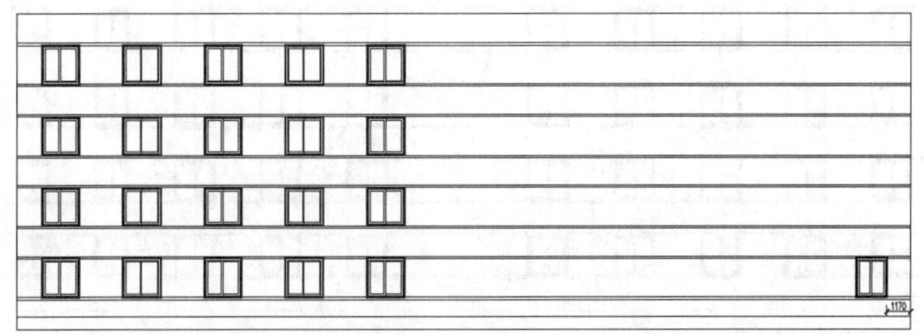

图 4.18　绘制右下角 1500mm×1800mm 的窗

(2) 重复 4.2 中的步骤 3，阵列生成 10 ～ 12 轴线之间 1 ～ 4 层的 1500mm × 1800mm 窗，【阵列】对话框的参数设定为：4 行、2 列、行偏移 3300、列偏移 –3600，结果如图 4.19 所示。

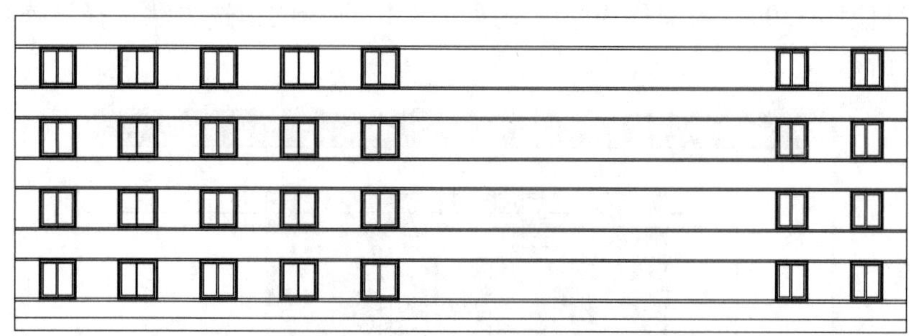

图 4.19　阵列生成所有 1500mm × 1800mm 的窗

5. 绘制 7 ～ 10 轴线的 1800mm × 1800mm 的窗

(1) 单击【修改】工具栏上的【复制】图标，启动【复制】命令。

① 在选择对象：提示下，选择 5 ～ 6 轴线之间首层的窗 A 并按 Enter 键进入下一步命令。

② 在指定基点或 [位移 (D)] < 位移 >：提示下，在屏幕上单击任意一点作为复制基点。打开【正交】功能并将光标轻轻向右拖动，输入“8100”(4200+3900) 后按 Enter 键，再次按 Enter 键结束命令，如图 4.20 所示，这样就复制生成 7 ～ 8 轴线之间首层的窗洞口 B。

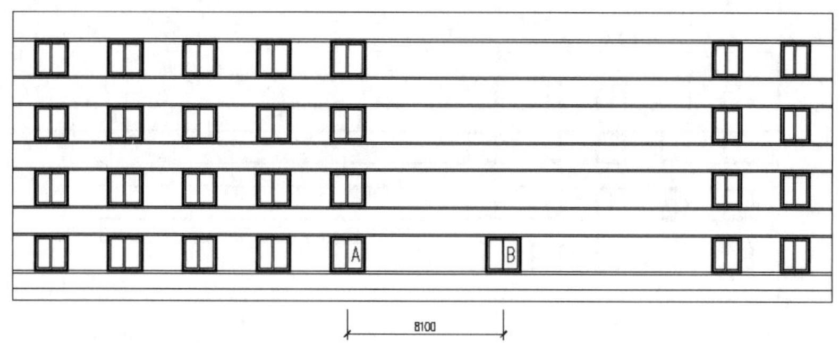

图 4.20　复制生成 7 ～ 8 轴线之间首层的窗洞口

(2) 使用【阵列】命令生成 7 ～ 10 轴线之间 1 ～ 4 层的 1800mm × 1800mm 窗洞口。【阵列】对话框的参数设定为：4 行、3 列、行偏移 3300、列偏移 3900，结果如图 4.21 所示。

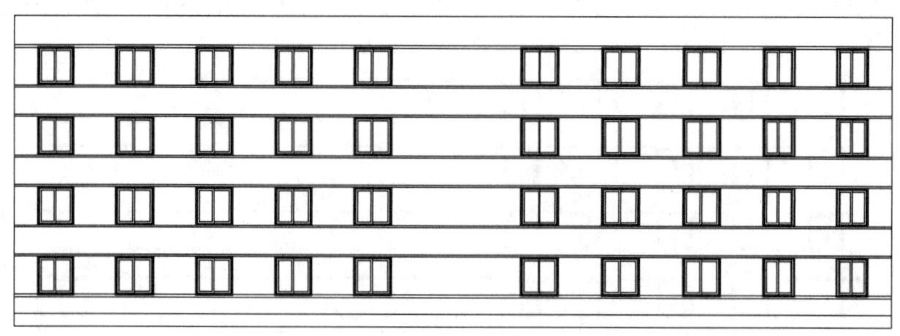

图 4.21　阵列生成 7 ～ 10 轴线所有 1800mm × 1800mm 的窗洞口

6. 绘制 6 ~ 7 轴线首层 3000mm × 2700mm 门

(1) 单击【绘图】工具栏上的【矩形】图标，启动【矩形】命令。

① 在指定第一个角点或 [倒角 (C)/ 标高 (E)/ 圆角 (F)/ 厚度 (T)/ 宽度 (W)]：提示下，输入“W”后按 Enter 键。

② 在指定矩形的线宽 <0.0000>：提示下，输入“50”后按 Enter 键，表示将矩形线宽改为 50mm。

③ 在指定第一个角点或 [倒角 (C)/ 标高 (E)/ 圆角 (F)/ 厚度 (T)/ 宽度 (W)]：提示下，单击【对象捕捉】工具栏上的【捕捉自】图标。

④ 在指定第一个角点或 [倒角 (C)/ 标高 (E)/ 圆角 (F)/ 厚度 (T)/ 宽度 (W)]：_from 基点：提示下，捕捉 A 点，即以 A 点为基点 (A 点的位置如图 4.22 所示)。

⑤ 在指定第一个角点或 [倒角 (C)/ 标高 (E)/ 圆角 (F)/ 厚度 (T)/ 宽度 (W)]：_from 基点：< 偏移 >：提示下，输入 6 ~ 7 轴线首层门的左下角点相对于 A 点的坐标“@1650，–900”。其中 1650=1050+600，这样就绘出了 6 ~ 7 轴线首层门洞口的左下角点，如图 4.22 所示。

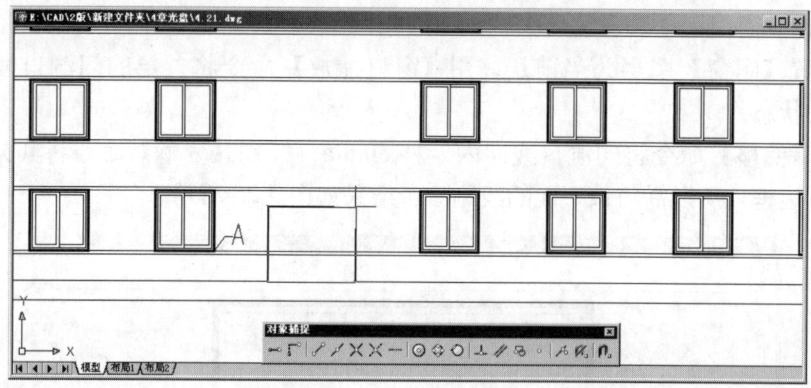

图 4.22 绘制 6 ~ 7 轴线首层门洞

⑥ 在指定另一个角点或 [面积 (A)/ 尺寸 (D)/ 旋转 (R)]：提示下，输入“@3000，2700”，然后按 Enter 键结束命令，结果如图 4.23 所示。

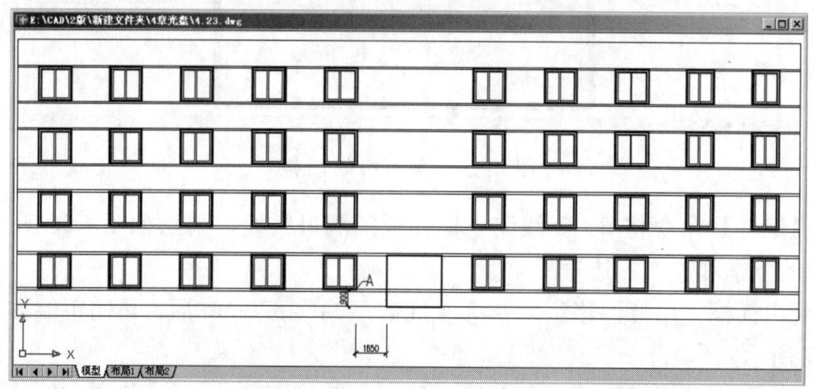

图 4.23 绘制 6 ~ 7 轴线首层门洞口

(2) 使用【修剪】命令剪掉与首层门洞口相交的窗台线，如图 4.24 所示。

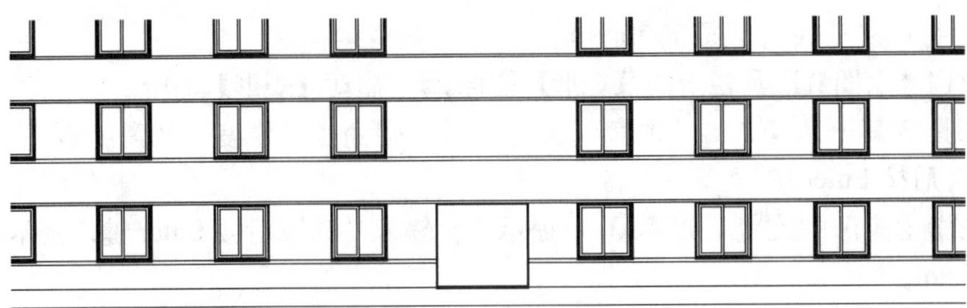

图 4.24 修剪窗台线

4.3 绘制立面门

1. 绘制立面门框

(1) 设置【门窗】图层为当前层，用【窗口缩放】命令将首层的门洞口放大至如图 4.25 所示的状态。

(2) 用【偏移】命令将门洞口线向内偏移 80mm，并用【分解】命令将其分解。由于门框没有下边框，所以需将最下面的线删除，结果如图 4.25 所示。

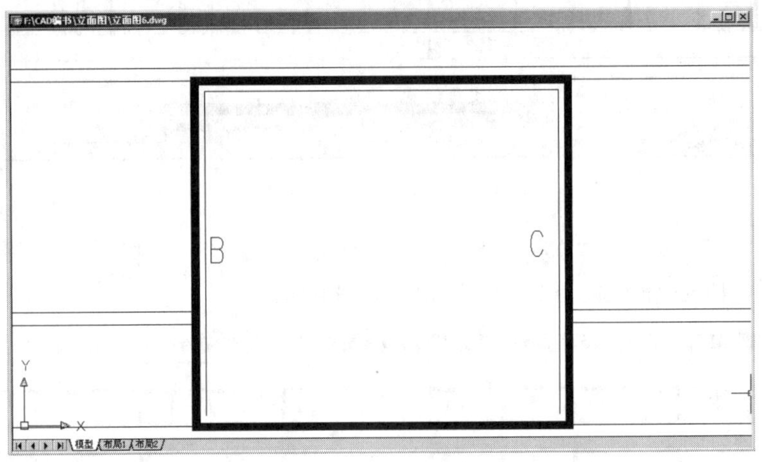

图 4.25 立面门的门框

(3) 用【延伸】命令将 B、C 线向下延伸至门洞口线处，结果如图 4.26 所示。这样就绘制出门框的上框和左、右边框。

(4) 绘制中横框：用【偏移】命令将 A 线向下偏移 520mm 后，再向下偏移 80mm，结果如图 4.27 所示。

(5) 绘制中竖框：用【偏移】命令将 B 线向右偏移 675mm 后，再向右偏移 80mm，将 C 线向左偏移 675mm 后，再向左偏移 80mm，结果如图 4.28 所示。

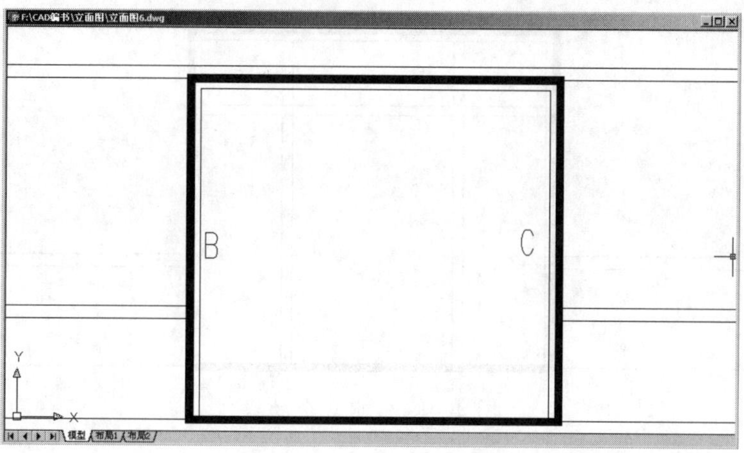

图 4.26　向下延伸 B、C 线至门洞口线处

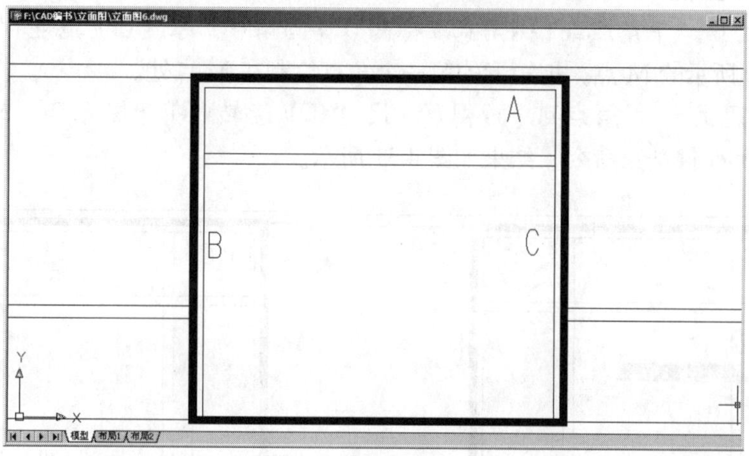

图 4.27　偏移生成中横框

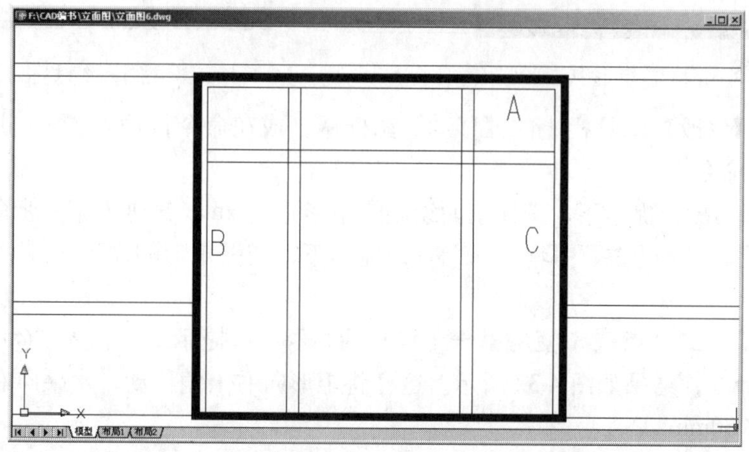

图 4.28　偏移生成中竖框

(6) 使用【修剪】命令把多余的线修剪掉，结果如图 4.29 所示。

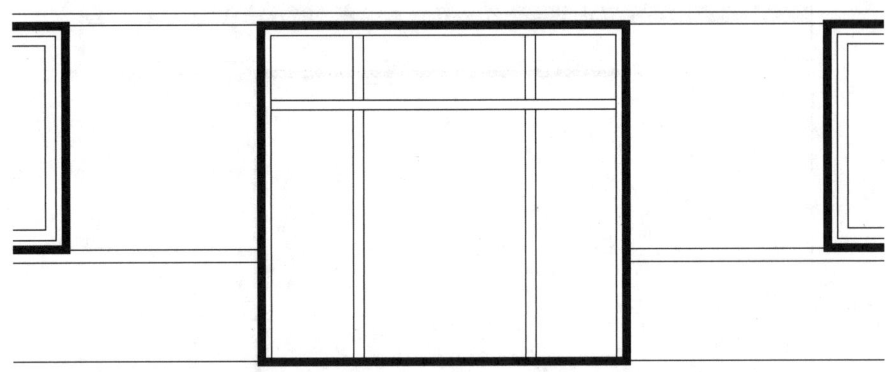

图 4.29　修剪多余的线

2. 绘制立面门的门扇

(1) 单击【绘图】工具栏上的【矩形】图标，启动【矩形】命令。

① 在指定第一个角点或 [倒角 (C)/ 标高 (E)/ 圆角 (F)/ 厚度 (T)/ 宽度 (W)]：提示下，捕捉如图 4.30 所示的 M 点，把矩形的第一个角点绘制在 M 点处。

② 在指定另一个角点或 [面积 (A)/ 尺寸 (D)/ 旋转 (R)]：提示下，输入“@510，1860”后按 Enter 键结束命令，结果如图 4.31 所示。

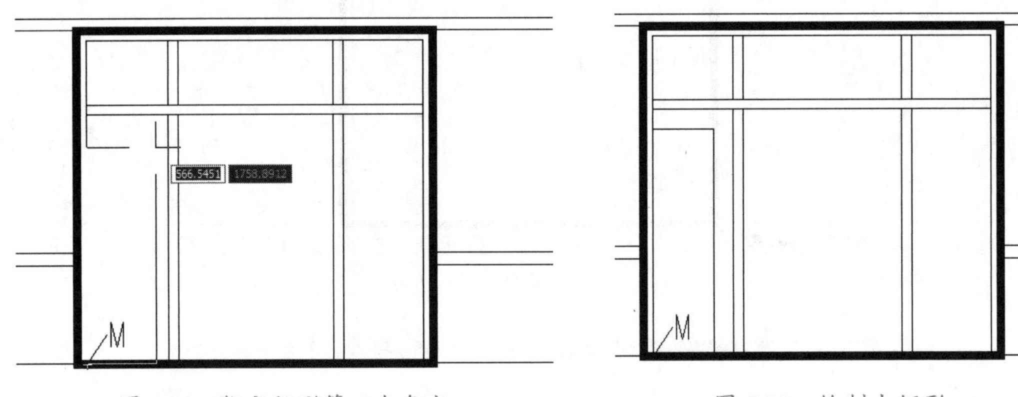

图 4.30　指定矩形第一个角点　　图 4.31　绘制出矩形

(2) 单击【修改】工具栏上的【移动】图标，或在命令行输入“M”并按 Enter 键，执行【移动】命令。

① 在选择对象：提示下，选择上面绘制的矩形并按 Enter 键进入下一步命令。

② 在指定基点或 [位移 (D)] < 位移 >：提示下，捕捉矩形的左下角点 (M 点) 作为移动的基点。

③ 在指定第二个点或 < 使用第一个点作为位移 >：提示下，输入“@80，80”并按 Enter 键结束命令，结果如图 4.32 所示。这样将矩形向右上角移动，水平向右偏移 80mm，垂直向上偏移 80mm。

(3) 执行菜单栏中的【绘图】|【圆】|【相切、相切、相切】命令，启动【相切、相切、相切】画圆的操作。

图 4.32 移动矩形

① 在 _circle 指定圆的圆心或 [三点 (3P)/ 两点 (2P)/ 相切、相切、半径 (T)]：_3p 指定圆上的第一个点：提示下，将光标放到如图 4.33 所示的 2 线偏上部位，当出现切点捕捉后单击。

② 在指定圆上的第二个点：提示下，将光标放到 1 线上，当出现切点捕捉后单击。

③ 在指定圆上的第三个点：提示下，将光标放到 4 线偏上部位，当出现切点捕捉后单击。

这样，就用【相切、相切、相切】命令画好了一个圆，如图 4.33 所示。圆的大小和位置取决于与圆相切的 3 个对象的位置关系。

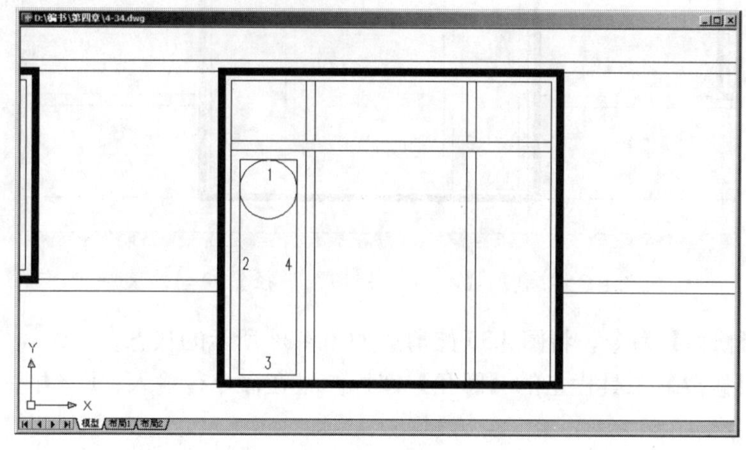

图 4.33 利用【相切、相切、相切】命令画圆

(4) 使用【修剪】命令把多余的线修剪掉，结果如图 4.34 所示。

(5) 执行菜单栏中的【绘图】|【圆】|【相切、相切、半径】命令，启动【相切、相切、半径】画圆的操作。

① 在 circle 指定圆的圆心或 [三点 (3P)/ 两点 (2P)/ 相切、相切、半径 (T)]：_ttr 指定对象与圆的第一个切点：提示下，将光标放到 2 线偏下部位，当出现切点捕捉后单击。

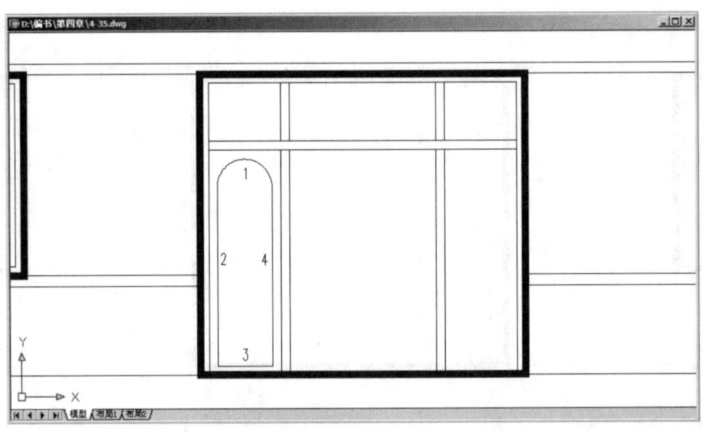

图 4.34　修剪多余的线

② 在指定对象与圆的第二个切点：提示下，将光标放到 3 线偏左部位，当出现切点捕捉后单击。

③ 在指定圆的半径 <255.0000>：提示下，输入“100”，按 Enter 结束命令。这样就绘制出一个半径为 100mm 且与 2、3 线相切的圆，结果如图 4.35 所示。

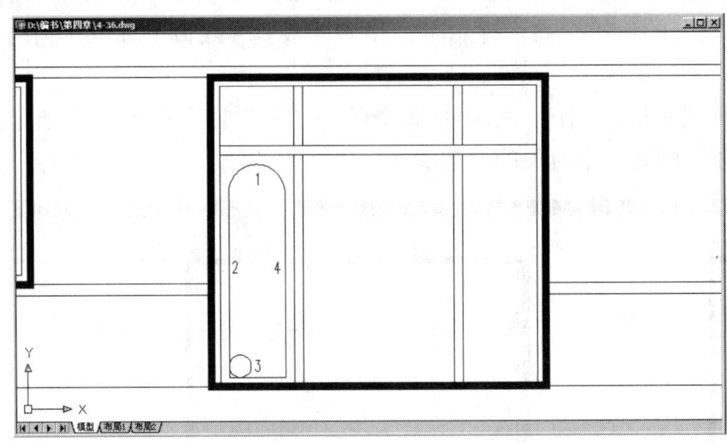

图 4.35　利用【相切、相切、半径】命令画圆

(6) 使用【修剪】命令，将图 4.35 修剪成如图 4.36 所示的状态。

(7) 单击【修改】工具栏上的【圆角】图标或在命令行输入“F”并按 Enter 键，启动【圆角】命令。

① 在当前设置：模式 = 修剪，半径 =0.0000，选择第一个对象或 [放弃 (U)/ 多段线 (P)/ 半径 (R)/ 修剪 (T)/ 多个 (M)]：提示下，输入“R”后按 Enter 键，指定要修改圆角的半径。

② 在指定圆角半径：提示下，输入“100”，指定圆角半径为 100mm。

③ 在选择第一个对象或 [放弃 (U)/ 多段线 (P)/ 半径 (R)/ 修剪 (T)/ 多个 (M)]：提示下，单击 3 线偏右的位置，选择 3 线。

④ 在选择第二个对象，或按住 Shift 键选择要应用角点的对象：提示下，单击 4 线偏下的位置，选择 4 线，结果如图 4.37 所示。

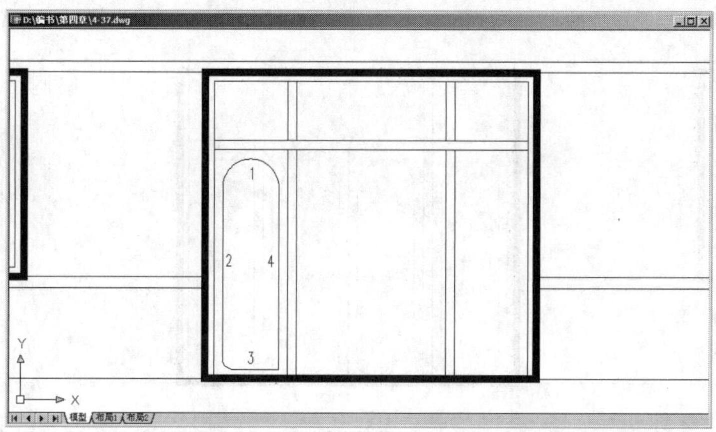

图 4.36　修剪多余的线

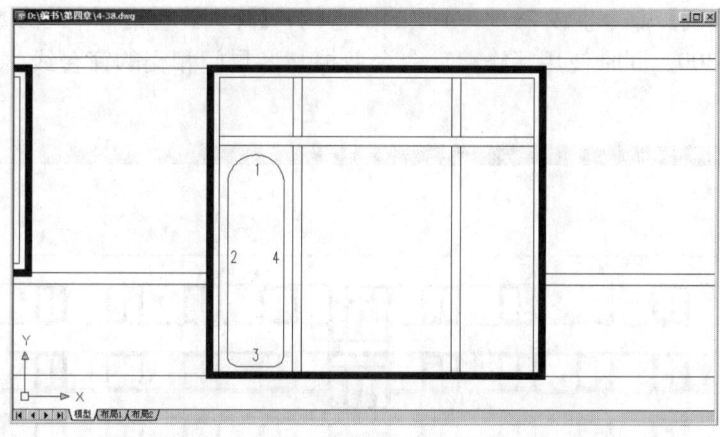

图 4.37　门扇右下角倒出半径为 100mm 的圆角

(8) 用【直线】命令绘制中间门扇的分隔线，如图 4.38 所示。

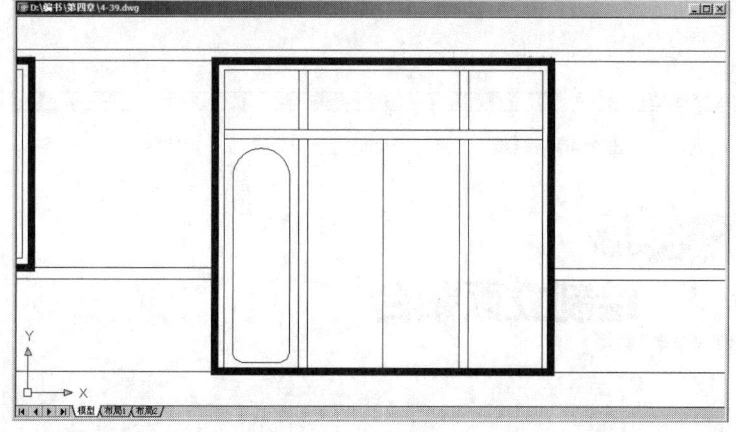

图 4.38　绘制门扇的分隔线

(9) 用【复制】命令生成其他门扇，结果如图 4.39 所示。

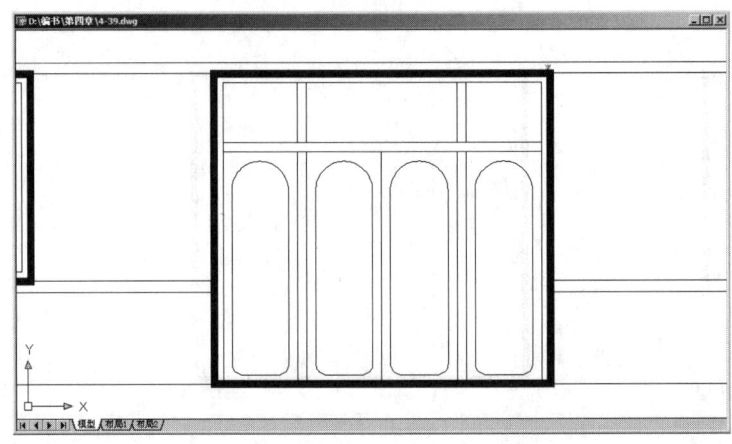

图 4.39　复制生成其他门扇

(10) 用【阵列】命令生成 2、3、4 层的阳台门，【阵列】对话框中的参数设定为 4 行、1 列、行偏移 3300。同时使用【修剪】命令剪掉与各层门相交的窗台线，结果如图 4.40 所示。

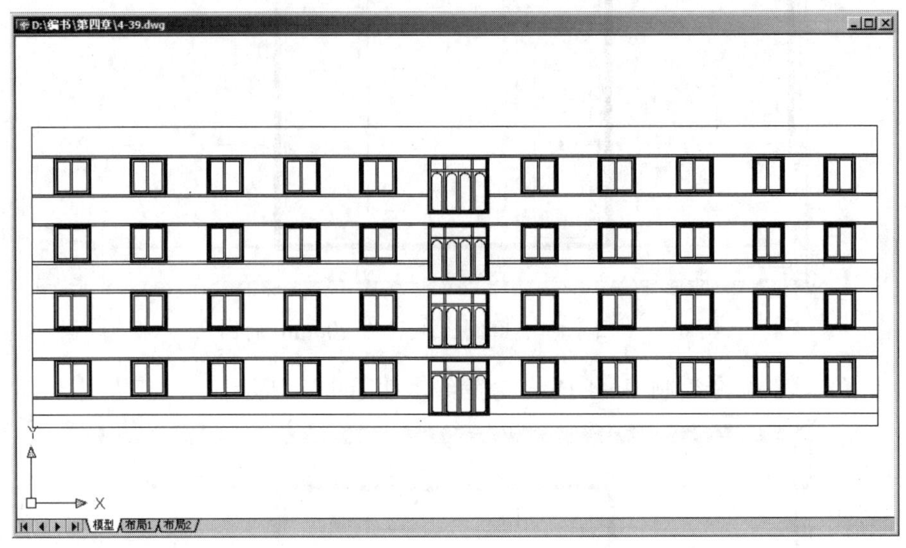

图 4.40　阵列生成并修整 2、3、4 层的阳台门

4.4　绘制立面阳台

1. 绘制立面阳台框架

(1) 设置【阳台】图层为当前层，并用【窗口缩放】命令将视图放大至如图 4.41 所示的状态。

(2) 在命令行，无命令状态下，单击如图 4.41 所示的 A 线 (阳台门洞口线)，此时出现 4 个夹点，然后单击左下角的蓝色夹点使其变红，按两次 Esc 键取消夹点。通过此步操作就定义了下一步操作的相对坐标基本点。

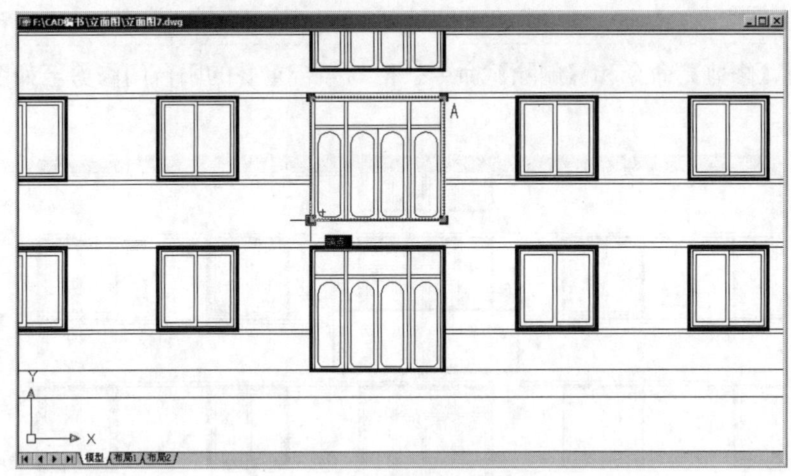

图 4.41 定义坐标基本点

(3) 单击【绘图】工具栏上的【矩形】图标，启动【矩形】命令。

① 在指定第一个角点或 [倒角 (C)/ 标高 (E)/ 圆角 (F)/ 厚度 (T)/ 宽度 (W)]：提示下，输入“W”后按 Enter 键。

② 在指定矩形的线宽 <0.0000>：提示下，输入“50”后按 Enter 键，将矩形的线宽改为 50mm。

③ 在指定第一个角点或 [倒角 (C)/ 标高 (E)/ 圆角 (F)/ 厚度 (T)/ 宽度 (W)]：提示下，输入“@–600，–300”后按 Enter 键，指定矩形的第一个角点在相对坐标基点的左下部，水平向左偏移 600mm，垂直向下偏移 300mm。

④ 在指定另一个角点或 [面积 (A)/ 尺寸 (D)/ 旋转 (R)]：提示下，输入“@4200，1400”后按 Enter 键结束命令，结果如图 4.42 所示。

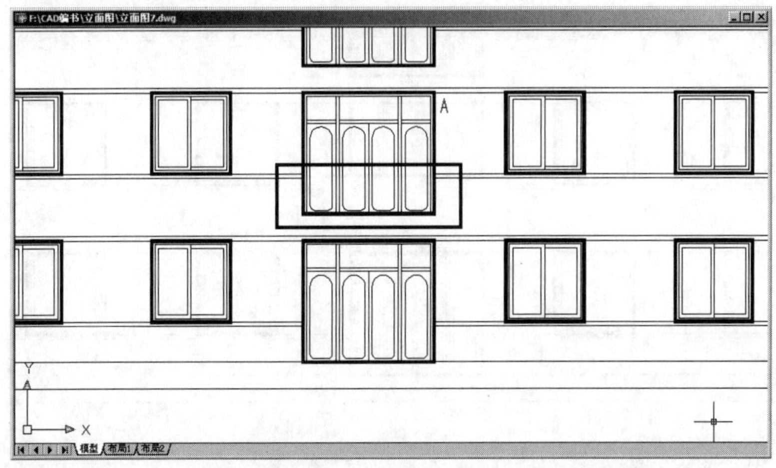

图 4.42 绘制出阳台的轮廓

特别提示

“@4200，1400”表示 4200mm 为阳台的长度，1400mm 为阳台栏板的高度 1100mm 加上封边梁的高度 300mm。

(4) 使用【修剪】命令和【删除】命令，把与阳台重叠的阳台门修剪至如图 4.43 所示的状态。

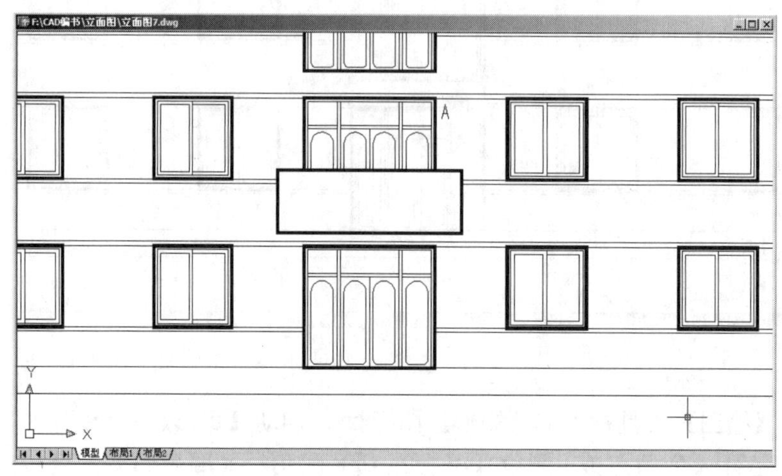

图 4.43　修剪阳台门

(5) 打开【正交】、【对象捕捉】、【对象追踪】功能。

(6) 单击【绘图】工具栏上的【直线】图标，启动【直线】命令。

① 在指定第一点：提示下，将光标放到阳台的左下角点，当出现端点捕捉后不单击，然后将光标轻轻地向上拖动，会出现一条虚线，此时输入“300”后按 Enter 键，指定直线的起点位于距离阳台左下角点垂直向上 300mm 处。

② 在指定下一点或 [放弃 (U)]：提示下，将光标向右拖动，输入“4200”后按 Enter 键结束命令，指定直线的长度为 4200mm，结果如图 4.44 所示。

图 4.44　绘制阳台栏板下部分隔线

(7) 用【偏移】命令将上面所绘制的直线向上偏移 900mm，结果如图 4.45 所示。

2. 绘制立面阳台的“花瓶”

(1) 在阳台旁边，按照图 4.46 所示的尺寸，用【矩形】、【分解】、【偏移】、【修剪】等命令绘制图形。

(2) 在无命令的状态下，左键单击 1 线，1 线变虚并且出现 3 个夹点，如图 4.47 所示。由此可以观察 1 线的长度是 780mm。

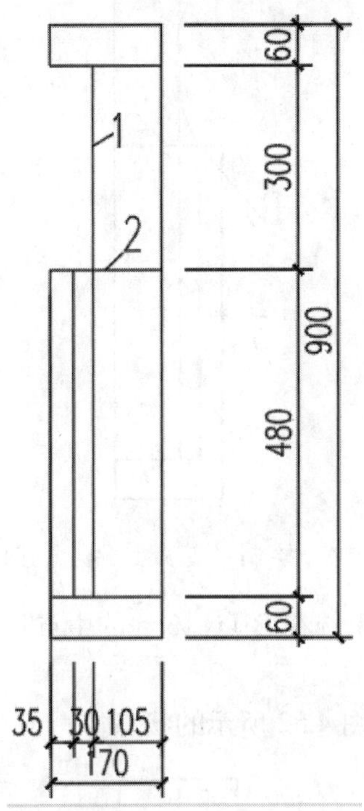

图 4.46 绘制“花瓶”的辅助线

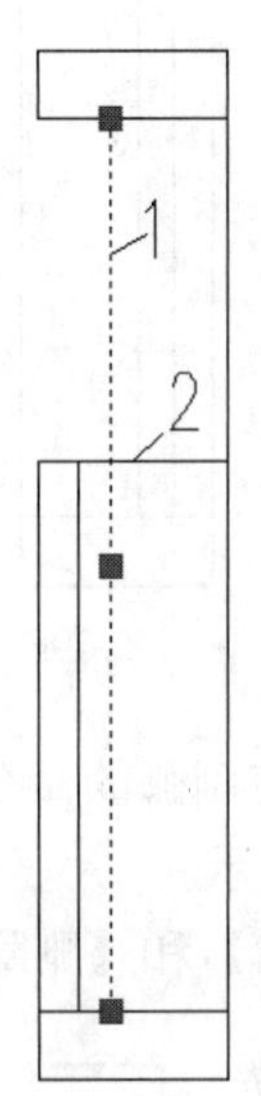

图 4.47 观察 1 线的长度

(3) 单击【修改】工具栏上的【打断于点】图标，启动【打断于点】命令。

① 在选择对象：提示下，选择 1 线。

② 在指定第一个打断点：提示下，按照图 4.48 所示捕捉 1 线和 2 线的交点后命令自动结束。

在无命令的状态下，左键单击 2 线以上部分的 1 线，可以观察到仅 2 线以上的 1 线部分变虚，并且也出现 3 个夹点，如图 4.49 所示。这说明通过【打断于点】命令，从 1 线与 2 线相交处将 1 线掰断，1 线从而变成了上下两根线，上面的线长为 300mm，下面的线长为 480mm。

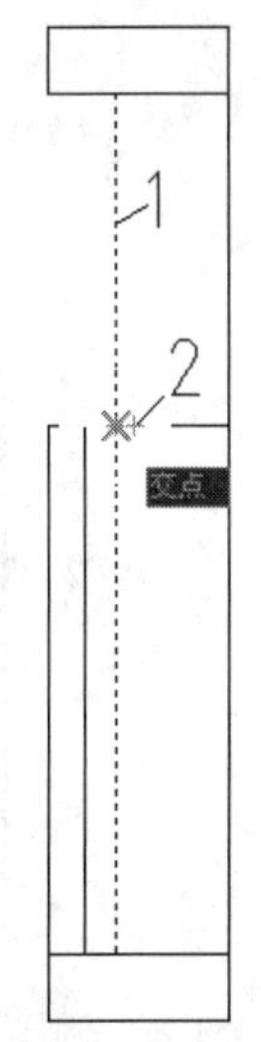

图 4.48 打断于点的位置

(4) 选择菜单栏中的【绘图】|【圆弧】|【三点】命令，启动三点画弧的命令。

① 在指定圆弧的起点或 [圆心 (C)]：提示下，捕捉如图

4.50 所示的 A 点作为圆弧的起点。

② 在指定圆弧的第二个点或 [圆心 (C)/ 端点 (E)]：提示下，捕捉 1 线的中点作为圆弧的第二个点。

③ 在指定圆弧的端点：提示下，捕捉 B 点作为圆弧的端点，结果如图 4.50 所示。

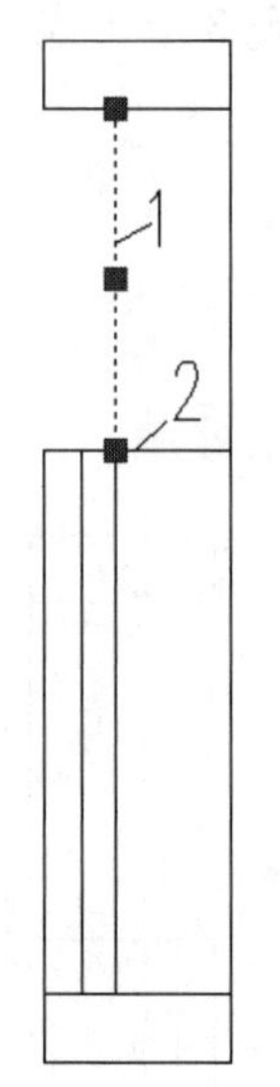

图 4.49　再次观察 1 线的长度

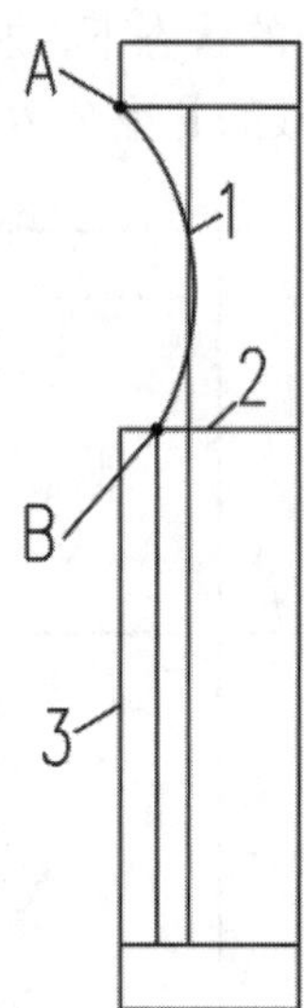

图 4.50　绘制“花瓶”第 1 段圆弧

(5) 重复三点画弧的命令，起点、第二点和端点分别选在 B 点、3 线的中点和 C 点处，结果如图 4.51 所示。

(6) 用【修剪】和【删除】命令将图 4.51 整理成如图 4.52 所示的状态。

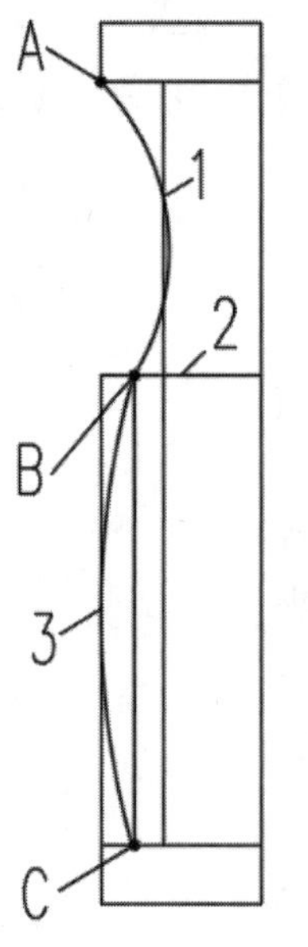

图 4.51　绘制“花瓶”第 2 段圆弧

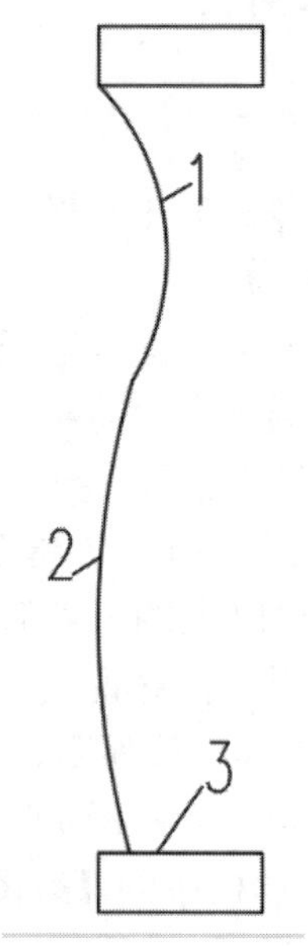

图 4.52　整理图形

特别提示

【打断】命令是将一条线从中间掰掉一段，而【打断于点】命令则是将一条线从某个位置掰断。

(7) 在无命令的状态下，选择如图 4.53 所示的 1、2 圆弧和 3 线，并将 3 线中间的夹点单击变红，使其变成热夹点。

(8) 查看命令行，此时命令行为【拉伸】，反复按 Enter 键直至命令滚动至【镜像】命令。

① 在指定第二点或 [基点 (B)/ 复制 (C)/ 放弃 (U)/ 退出 (X)]：提示下，输入“C”后按 Enter 键，执行子命令【复制 (C)】。

② 在指定第二点或 [基点 (B)/ 复制 (C)/ 放弃 (U)/ 退出 (X)]：提示下，打开【正交】功能，将光标垂直拖动，在任意位置单击鼠标左键，如图 4.54 所示。

③ 按 Esc 键取消夹点，如图 4.55 所示。

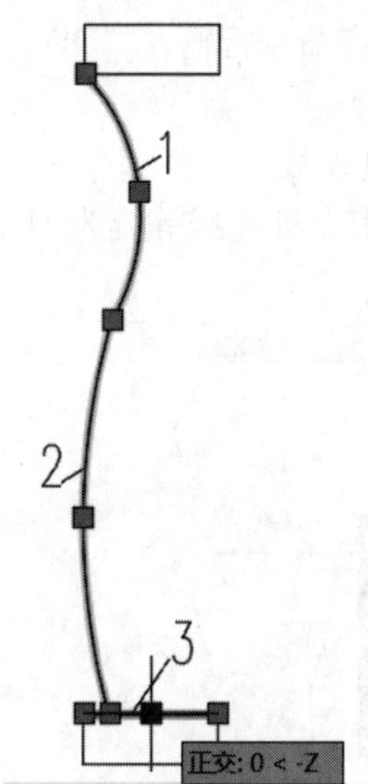

图 4.53 选择热夹点

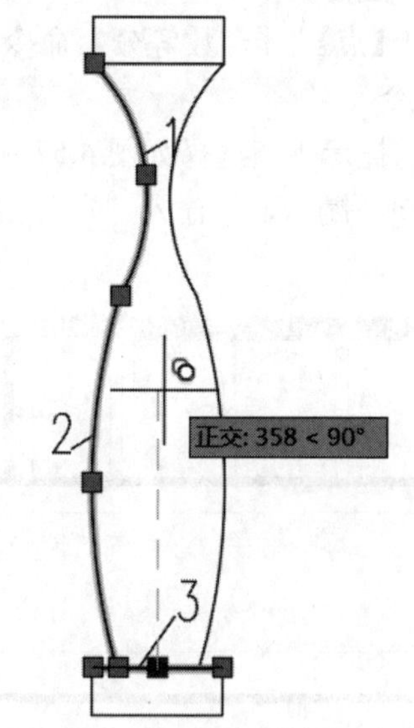

图 4.54 用【夹点编辑】命令生成“花瓶”的另半部分

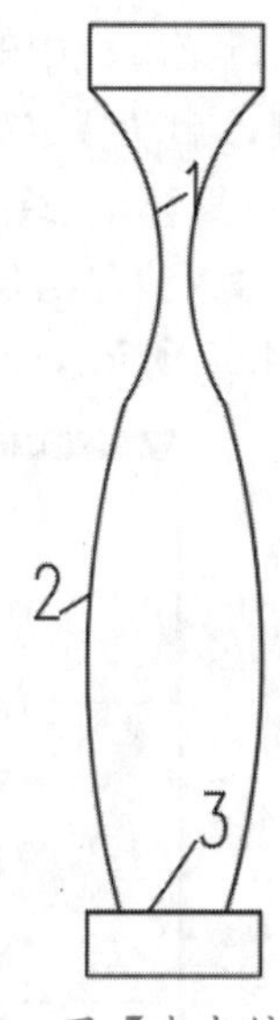

图 4.55 用【夹点编辑】命令生成“花瓶”的另半部分

操作技巧

- 前面用夹点编辑执行了【镜像】命令，如果输入“C”，执行的是不删除源对象的镜像；如果不输入“C”，则执行的是删除源对象的镜像。镜像线的起点位于红夹点的位置，另一个端点在光标垂直向下拖动后指定的任意位置。

【夹点编辑】

3. 放置立面阳台的“花瓶”

1) 点的格式的设定

利用点的命令来定位“花瓶”，首先需要设定点的格式。

执行菜单栏中的【格式】|【点样式】命令，打开【点样式】对话框。按照图4.56所示设定对话框后，单击【确定】按钮关闭对话框。

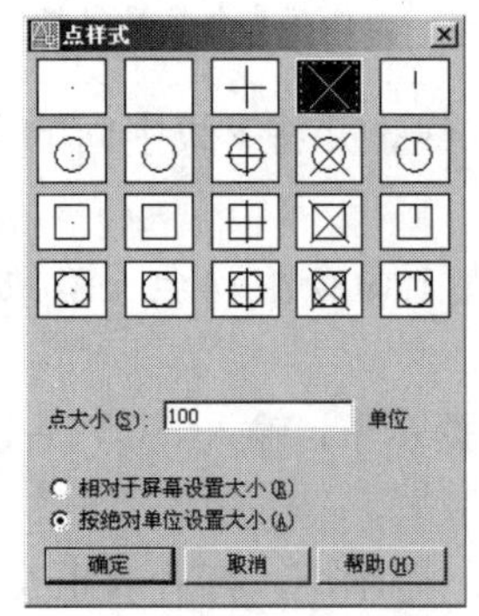

图 4.56 【点样式】对话框

特别提示

在【点样式】对话框中，如果点选【相对于屏幕设置大小】单选按钮，则设置的点的大小为屏幕的百分比，如点的大小为屏幕的3%，应知道屏幕的3%是多少。由于这个相对尺寸比较抽象，所以使用较少；如果勾选【按绝对单位设置大小】单选按钮，则设定的是点的大小的绝对尺寸，如点的大小为100单位(mm)，就能立即用手表示出100mm的大小。

修改点的大小和样式后，下次重新生成图形时将改变已插入点的外观。

2) 利用定数等分的方法定位“花瓶”

(1) 执行菜单栏中的【绘图】|【点】|【定数等分】命令，或在命令行输入“DIV”后按Enter键，启动【定数等分】命令。

① 在选择要定数等分的对象：提示下，选择如图4.57所示的A线。

② 在输入线段数目或[块(B)]：提示下，输入“11”，表示用点将A线等分为11份，结果如图4.57所示。

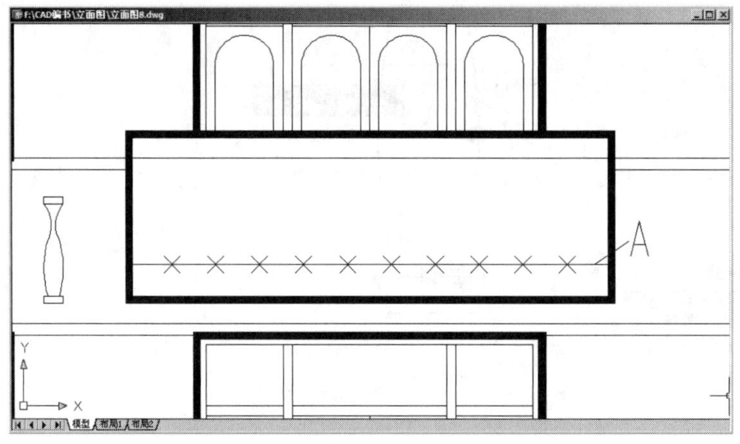

图 4.57 用点将A线等分为11份

(2) 右击状态栏上的【对象捕捉】按钮，从弹出的快捷菜单中选择【设置】命令，打开【草图设置】对话框，勾选【节点】复选框。

特别提示

通常用【定数等分】命令等分对象。

【节点捕捉】命令用于捕捉“点”。

(3) 用【复制】命令将“花瓶”复制到阳台上，“花瓶”最下部的中点和“点”相重合，所以复制基点应选择在“花瓶”最下部的中点的部位，结果如图 4.58 所示。

图 4.58 复制“花瓶”

(4) 删除定数等分插入的点。

3) 利用【定距等分】的方法定位“花瓶”

(1) 执行菜单栏中的【绘图】|【点】|【定距等分】命令，或在命令行输入“ME”后按 Enter 键，启动【定距等分】命令。

① 在选择要定距等分的对象：提示下，单击 A 线的左半部分，选择 A 线。

② 在指定线段长度或 [块 (B)]：提示下，输入“380”，表示从 A 线左边开始，用 380mm 的距离对 A 线进行测量。结果从 A 线左端点每 380mm 插入一个点，如图 4.59 所示。

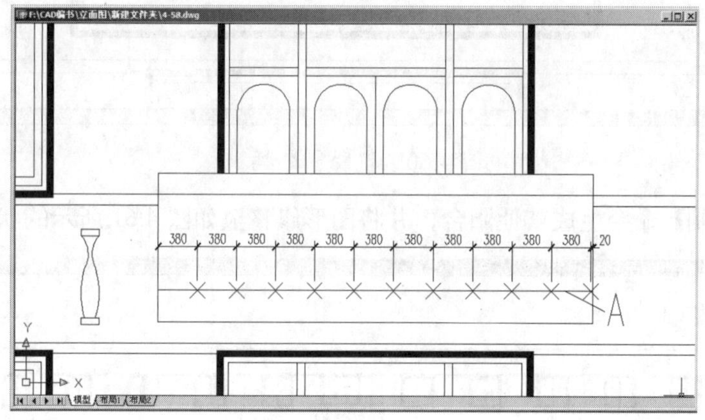

图 4.59 定距等分插点

特别提示

如果被等分对象的长度不是输入距离的整倍数，使用【定距等分】命令时，定距等分对象选择的位置不同，结果就不一样。因为距离的测量是从离选择对象处最近的端点开始的。

(2) 用【复制】命令将“花瓶”复制到阳台上，注意，“花瓶”的左下角点应与上面插入的点相重合。

4) 利用【定距插块】命令定位“花瓶”

(1) 使用【创建块】命令把“花瓶”制作成名为“花瓶”的图块，块的基点定在“花瓶”的右下角点处。

(2) 执行菜单栏中的【绘图】|【点】|【定距等分】命令，或在命令行输入“ME”后按 Enter 键，启动【定距等分】命令。

① 在选择要定距等分的对象：提示下，单击 A 线的左半部分，选择 A 线。

② 在指定线段长度或 [块 (B)]：提示下，输入“B”，表示用块进行测量。

③ 在输入要插入的块名：提示下，输入“花瓶”以确定块的名称。

④ 在是否对齐块和对象？[是 (Y)/ 否 (N)] <Y>：提示下，输入“Y”，表示块与被测量对象是对齐的。

⑤ 在指定线段长度：提示下，输入“257”，结果从 A 线左端点每 257mm 插入一个花瓶块，如图 4.60 所示。

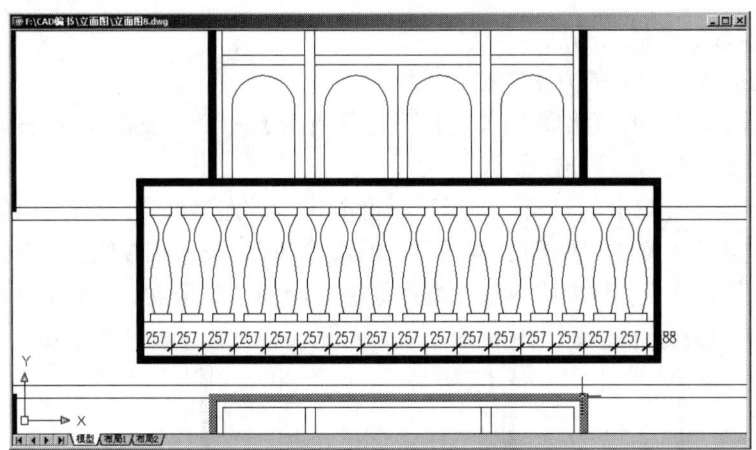

图 4.60　定距等分插块

(3) 用【复制】命令生成其他阳台，并将图形修整至如图 4.61 所示的状态。

图 4.61　复制生成其他阳台

4.5 修整立面图

1. 修整地平线

1) 拉长地平线

(1) 打开【正交】功能，在命令行无命令的状态下单击最下面的水平线(地平线)，出现蓝色夹点，然后单击左边的夹点使其变红，即变成热夹点，查看命令行。

(2) 在指定拉伸点或 [基点(B)/复制(C)/放弃(U)/退出(X)]：提示下，将光标水平向左拖动，输入“2000”后按Enter键，结果如图4.62所示，地平线从左端点处向左加长2000mm。

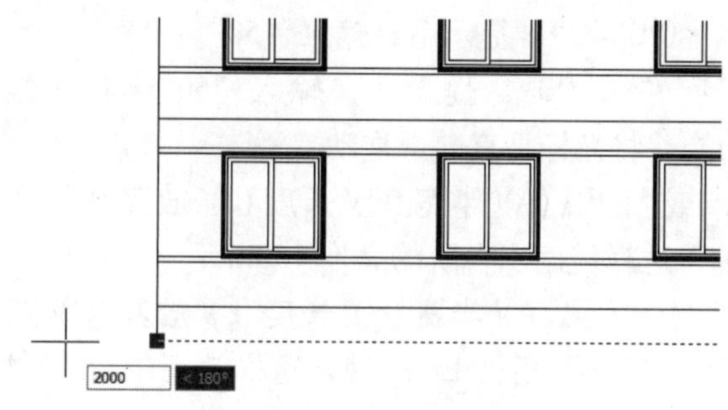

图 4.62 加长地平线

(3) 用同样的方法将地平线从右端点处向右加长2000mm。

2) 加粗地平线

用编辑多段线命令将地平线加粗至140mm，结果如图4.63所示。

图 4.63 加粗地平线

2. 绘制台阶

(1) 定义相对坐标基点：在命令行无命令的状态下，单击首层门洞口矩形，并单击其左下角点使其变红(图4.64)，然后按两下Esc键取消夹点。

(2) 立面台阶的尺寸：踏高为150mm，踏宽为300mm，平台的长度为4200mm。

(3) 绘制台阶轮廓：单击【绘图】工具栏上的【多段线】图标或在命令行输入“PL”并按Enter键，启动绘制多段线命令。

① 在指定起点：提示下，输入“@–1500，–600”后按Enter键，指定直线起点为距

离相对坐标基点水平向左 1500mm、垂直向下 600mm 处，结果如图 4.65 所示。

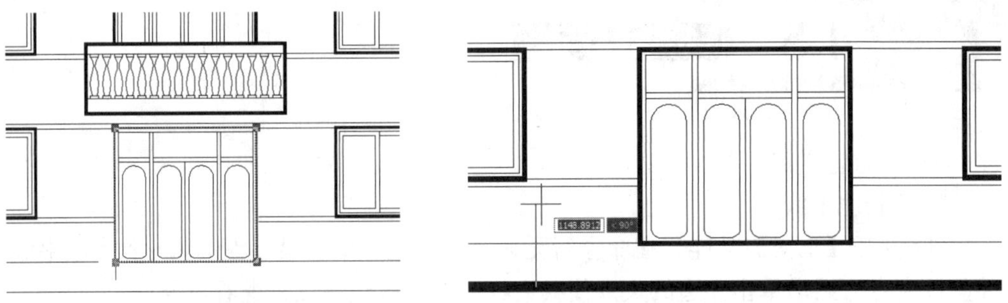

图 4.64　定义相对坐标基点　　　　图 4.65　确定台阶的起点

② 在当前线宽为 0.0000，指定下一个点或 [圆弧 (A)/ 半宽 (H)/ 长度 (L)/ 放弃 (U)/ 宽度 (W)]：提示下，输入“W”后按 Enter 键，指定要修改线宽。

③ 在指定起点宽度 <0.0000>：提示下，输入“50”。

④ 在指定端点宽度 <0.0000>：提示下，输入“50”。将多线的线宽由“0”改为“50”。打开【正交】功能并将光标垂直向上拖动。

⑤ 在指定下一个点或 [圆弧 (A)/ 半宽 (H)/ 长度 (L)/ 放弃 (U)/ 宽度 (W)]：提示下，输入“150”后按 Enter 键，这样就画出台阶的高度 150mm。

⑥ 在指定下一个点或 [圆弧 (A)/ 半宽 (H)/ 长度 (L)/ 放弃 (U)/ 宽度 (W)]：提示下，将光标水平向右拖动，输入“300”后按 Enter 键，这样就画出台阶的宽度 300mm，结果如图 4.66 所示。

重复⑤～⑥步，绘制出其他踏步和平台，结果如图 4.67 所示。

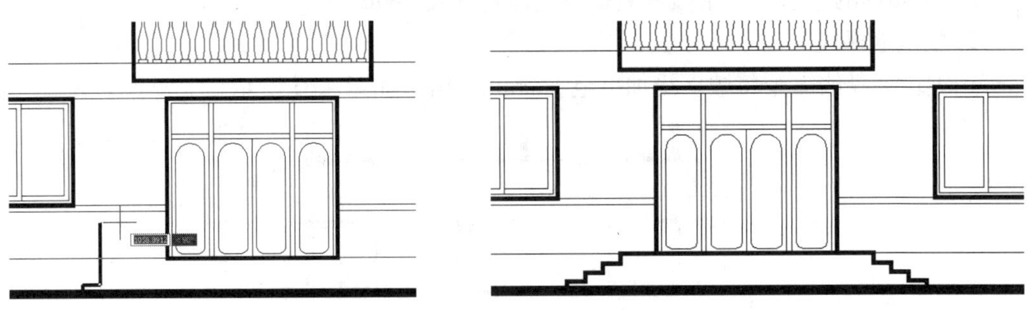

图 4.66　绘制台阶局部轮廓　　　　图 4.67　绘制台阶全部轮廓

(4) 用【直线】命令绘制立面台阶踏步投影线，结果如图 4.68 所示。

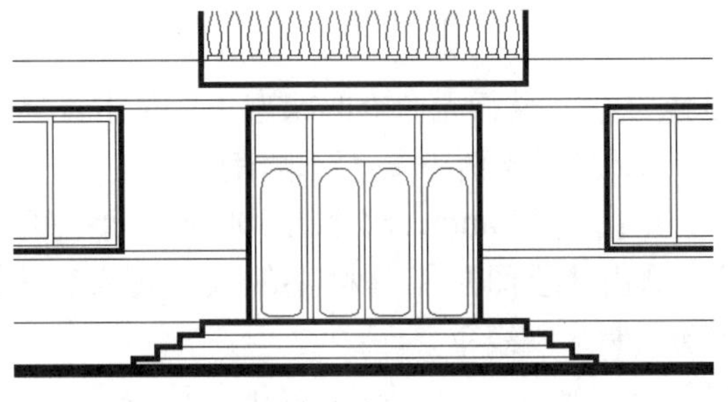

图 4.68　绘制立面台阶踏步投影线

3. 加粗建筑的轮廓线

用多段线编辑命令将建筑的轮廓线加粗至100mm，结果如图4.69所示。

图4.69　修整立面图

4. 填充勒脚

(1) 设置【填充】图层为当前层。

(2) 单击【绘图】工具栏上的【图案填充】图标或在命令行输入“H”后按Enter键，打开【图案填充和渐变色】对话框，然后打开【类型】下拉列表，如图4.70所示，可知填充类型分为预定义、用户定义和自定义3种。

(3) 用【预定义】图案填充。

① 将填充类型设为【预定义】，然后单击【图案】文本框右侧的按钮，打开【填充图案选项板】对话框，选择【其他预定义】选项卡中的【AR–B816】选项，如图4.71所示。

【绘制太极图】

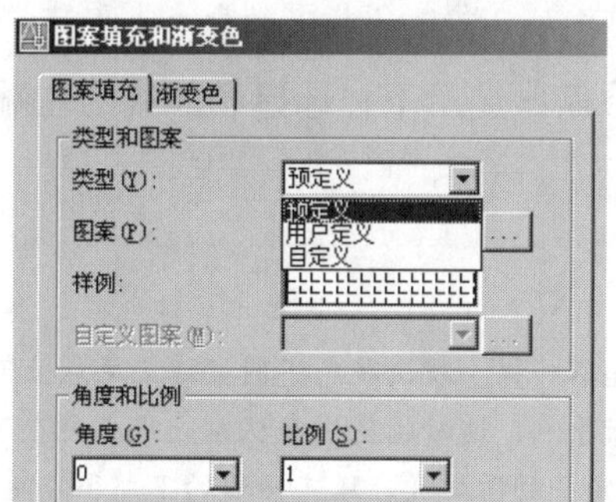

图4.70　填充类型

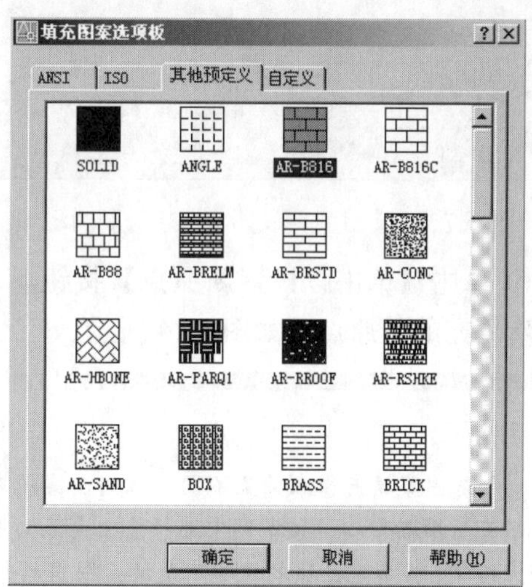

图4.71　选择AR–B816图案

特别提示

【其他预定义】选项卡中的【AR–CONC】是混凝土图案，【AR–SAND】是砂浆图案，【ANSI31】是砖图案，将【AR–CONC】和【ANSI31】叠加后即为钢筋混凝土图案。

② 单击【确定】按钮返回【图案填充和渐变色】对话框，则【图案】文本框内为【AR–B816】选项，如图 4.72 所示。

③ 将角度设置为“0”，表示填充时不旋转填充图案，将比例设置为“1.5”，表示填充时将图案放大 1.5 倍，如图 4.72 所示。

特别提示

填充比例是控制图案疏密的参数，比例值越大，图案越稀；比例值越小，图案越密。当比例参数设置不合适时，图案会显示不出来。所以在设置比例参数时应反复试验预览以获得最佳效果。

④ 在【图案填充原点】选项组内点选【指定的原点】单选按钮，此时【单击以设置新原点】按钮亮显，如图 4.73 所示。

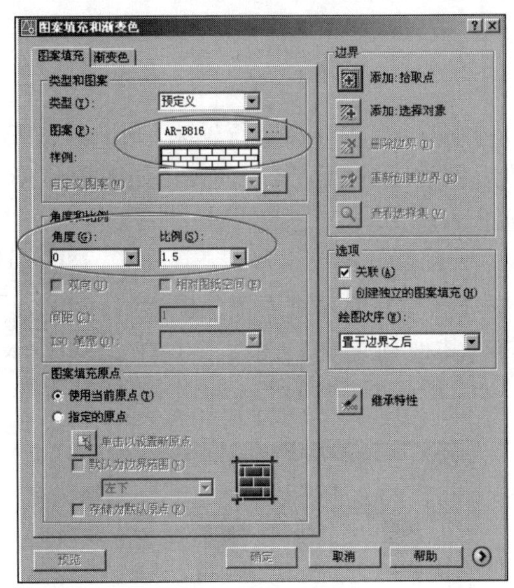

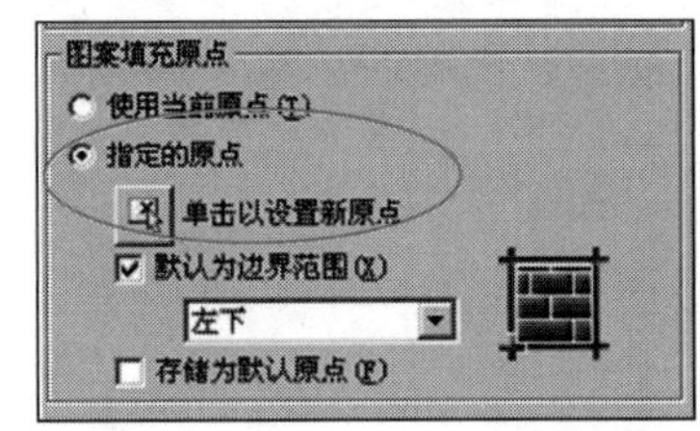

图 4.72 【图案填充和渐变色】对话框　　图 4.73 勾选【指定的原点】单选按钮

⑤ 单击【单击以设置新原点】按钮，在指定原点：提示下，选择勒脚线的左端点为图案填充的新原点，如图 4.74 所示。

特别提示

如果图案填充原点位置不同，相同图案填充的效果也就不一样。默认状态下图案填充原点位于被填充区域的中心。该案例中选择左上角点为图案填充的新原点，这时填充图案从左上角点向右下角点绘制，当填充区域的尺寸不是填充图案的整数倍时，不完整的图案放在填充区域的下部和右侧。

⑥ 单击【拾取点】按钮，以指定被填充区域的内部点，这时对话框消失。

⑦ 在拾取内部点或 [选择对象 (S)/ 删除边界 (B)]：提示下，分别在台阶两侧要填充的区域内部单击。此时检测到包含这一点的封闭区域的边界并呈虚线显示，如图 4.75 所示。

⑧ 按 Enter 键返回【图案填充和渐变色】对话框。单击【预览】按钮，观察填充效果，按 Esc 键再次返回【图案填充和渐变色】对话框。单击【确定】按钮关闭对话框，结

果如图 4.76 所示。

图 4.74 选择图案填充的新原点

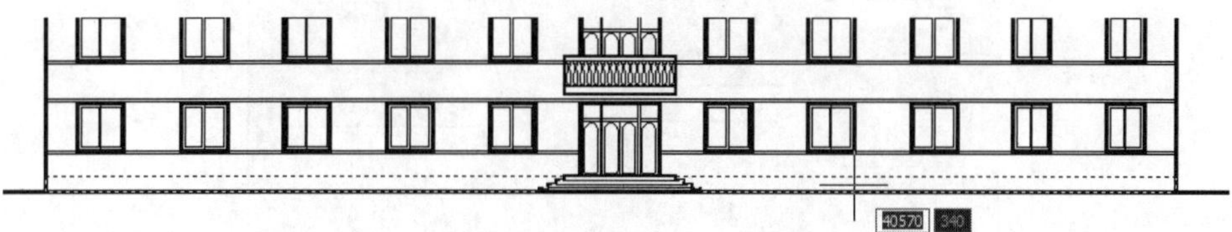

图 4.75 选择被填充的区域

图 4.76 填充勒脚

特别提示

【预览】功能并没有真正地执行填充过程，只有单击【确定】按钮后，填充结果才能写进图形数据库。

在预览状态下，如果对填充效果满意，按 Enter 键或右击实现图案填充；如果对填充效果不满意，则按 Esc 键返回【图案填充和渐变色】对话框再次修改参数。

被填充区域必须是封闭的区域，否则将无法填充。

单击【图案填充和渐变色】对话框右下角的⊙图标可展开高级选项。

(4) 用【用户定义】图案填充。

① 打开【图案填充和渐变色】对话框，然后在【类型】下拉列表中选择【用户定义】

选项，如图 4.77 所示。

② 观察图 4.77 中【样例】选项右边的图案，可以发现图案为水平的线条状。勾选【双向】复选框，再次观察图 4.77 中【样例】选项右边的图案，可以发现图案变为网格状。

③ 设定【角度】为“45”，间距为“400”。

④ 单击【拾取点】按钮，这时对话框消失，在**拾取内部点或 [选择对象 (S)/ 删除边界 (B)]**：提示下，分别在台阶两侧要填充的区域内部单击，选择填充区域。

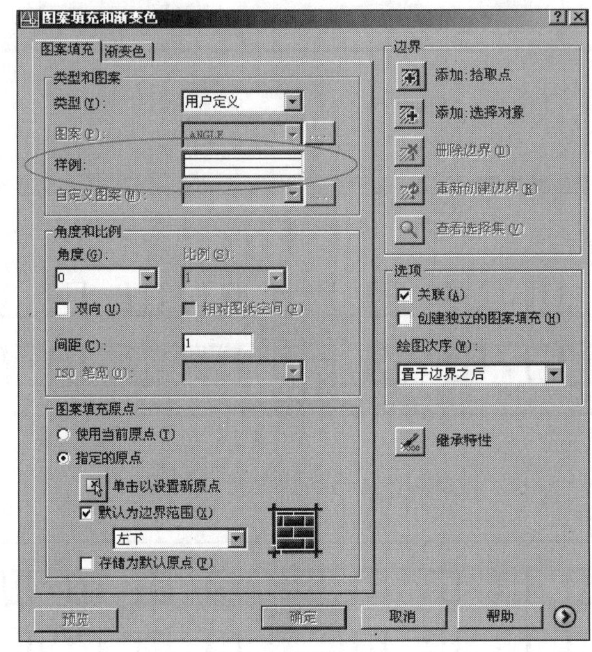

图 4.77　填充类型为【用户定义】

⑤ 按 Enter 键返回【图案填充和渐变色】对话框，单击【确定】按钮关闭对话框，结果如图 4.78 所示。

图 4.78　用【用户定义】图案填充

⑥ 在命令行输入“DI”后按 Enter 键，启动【测量距离】命令。在**指定第一点**：和**指定第二点**：提示下，任意单击矩形填充图案相邻的两个角点，可知矩形边长为 400mm。

特别提示

将图案填充的类型选为【预定义】时，只能通过控制【比例】值来大致控制填充图案的大小。将图案填充的类型选为【用户定义】时，AutoCAD 允许用户精确地设定图案的尺寸。

5. 绘制配景

AutoCAD 为用户提供了【徒手绘图】(SKETCH) 命令，使用它就像用铅笔一样，可以自由地绘出一些抽象、随意的图形。

1) 修改系统变量 SKPOLY

(1) 在命令行输入“SKPOLY”后按 Enter 键。

(2) 在输入 SKPOLY 的新值 <0>：提示下，输入“1”后按 Enter 键结束命令。这样就将 SKPOLY 的系统变量由“0”修改为“1”。

特别提示

系统变量 SKPOLY 为“0”时，用 SETCH 命令绘制的随意图形由一些碎线组成 (图 4.79)，不便于图形修改；系统变量 SKPOLY 为“1”时，用 SKETCH 命令绘制的随意图形为一根多段线 (图 4.80)，便于图形修改。

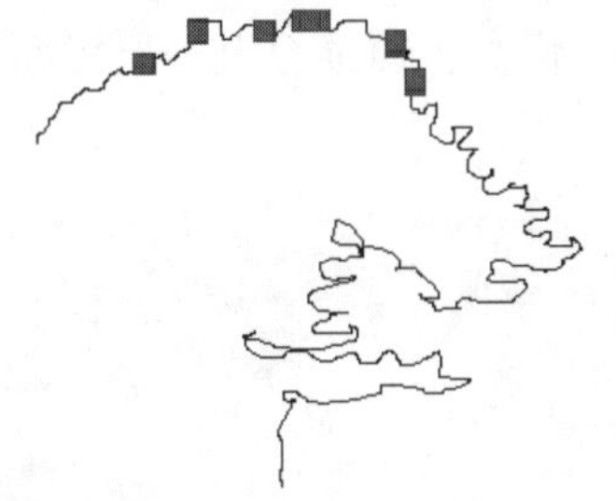

图 4.79 系统变量 SKPOLY 为“0”时

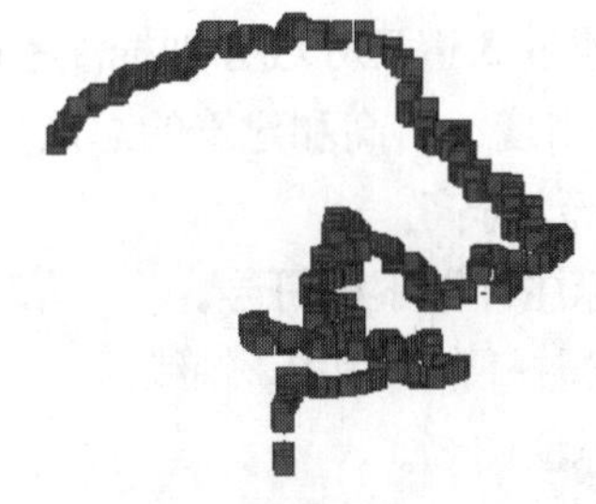

图 4.80 系统变量 SKPOLY 为“1”时

2) 使用【徒手绘图】命令绘制图形

(1) 在命令行输入“SKETCH”后按 Enter 键，启动【徒手绘图】命令。

(2) 在记录增量 <1.0000>：提示下，输入“10”。记录增量是用于 AutoCAD 自动记录点时的最小距离间隔，也就是说，只有光标的当前位置点与上一次记录点之间的距离大于 10mm 时，才将其作为一个点记录。

(3) 在徒手画 . 画笔 (P)/ 退出 (X)/ 结束 (Q)/ 记录 (R)/ 删除 (E)/ 连接 (C)：提示下，在需要绘制配景的地方单击一点作为徒手画的起点，此时命令行提示 < 笔落 >，表示“画笔”已经落下。

(4) 按照树的形状轮廓移动光标，观察绘图区域，屏幕上会出现显示光标轨迹的绿线，如图 4.81 所示。

特别提示

如果当前层为“绿色”，那么执行【徒手绘图】命令时的线将显示为“红色”。

(5) 绘制完一段树木后单击，此时命令行提示 < 笔提 >，表示“画笔”抬起，这时可以将光标挪到其他位置，由于处于“提笔”状态，所以 AutoCAD 并不记录这段光标的轨迹。

(6) 按 Enter 键结束命令，结果绘制的绿线变为当前层的颜色，结果如图 4.82 所示。

图 4.81　光标移动轨迹绿线

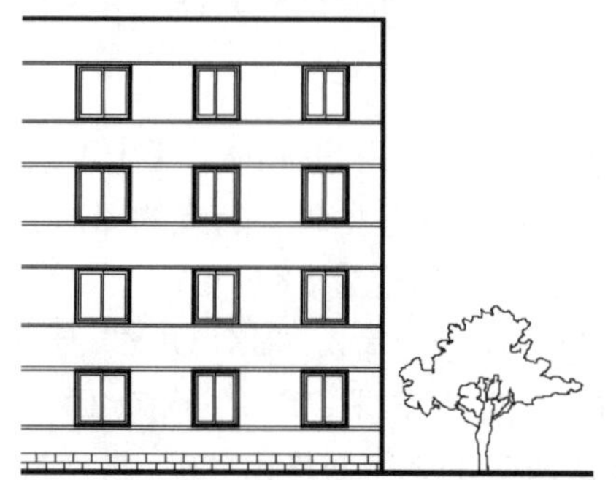

图 4.82　利用【徒手绘图】命令绘制配景

特别提示

在使用【徒手绘图】命令时，无法从键盘上输入坐标。另外，在使用【徒手绘图】命令时应关闭状态栏上的【捕捉】和【正交】按钮。

6. 标注立面图上的尺寸、文字、符号。

(1) 通过 3 道尺寸线分别标注室内外高差、窗台高、窗高、窗顶至上一层楼面的高度、女儿墙的高度、层高和建筑的总高度。

(2) 标注标高。

(3) 标注详图索引符号。

(4) 标注 1 轴线和 12 轴线。

(5) 标注图名。

结果如图 4.83 所示 (附图 3.2)。

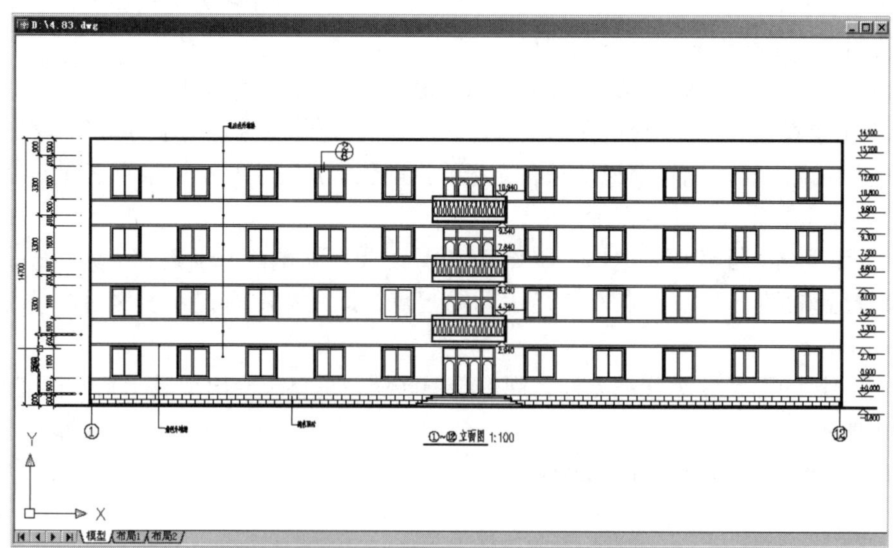

图 4.83　完成立面图的绘制

4.6 模板的制作

1. 模板的作用

前面在绘制平面图和立面图时，首先需要新建一个图形，然后建立图层、设定线型比例、设定文字样式等，这里面包含大量的重复性工作。如果建立一个适合用户绘图习惯的模板，模板内已经包含了一些基本的设定，就能直接进入模板绘制新图，可以省去大量重复性的工作，使绘图速度大大提高。下面学习建立 1 ∶ 1 的模板文件。

通过前面的学习，我们已经知道在 AutoCAD 内门、窗、墙及楼梯等图形都是按照实际尺寸绘制的，而制图标准内的详图索引符号、标高及定位轴线编号等符号在 AutoCAD 内的尺寸是按出图比例放大的。模板内的索引符号、标高及定位轴线编号等符号的尺寸是按照制图标准内所规定尺寸绘制的，所以称为 1 ∶ 1 的模板。

2. 1 ∶ 1 的模板的制作方法

(1) 新建一个图形文件。

(2) 建立图层：参照 2.4 节中的“1. 建立图层”建立【轴线】、【墙线】、【门窗】、【楼梯】、【栏杆扶手】、【楼地面】、【梁柱】、【室外】、【文本】、【标注】和【辅助】等图层，将轴线的线型加载为 DASH DOT 或 CENTER，设定图层颜色。

(3) 线型比例：由于建立的是 1 ∶ 1 的模板文件，所以，执行菜单栏中的【格式】|【线型】命令，在打开的【线型管理器】对话框中设置【全局比例因子】为“1”。

(4) 设置文字样式：参照 3.2.2 节设置文字样式。

(5) 设置标注样式：参照 3.3.2 节设置尺寸标注样式。

(6) 设置多线样式：按照 2.10.1 节设置 WINDOW 多线样式，并将 STANDARD 设置为当前样式。执行菜单栏中的【绘图】|【多线】命令，将对正方式改为“无”，比例改为“240”。

(7) 设置点样式：按照 4.4 节中的“3. 放置立面阳台的‘花瓶’”设置点样式。

(8) 制作基本图块。

① 参照 3.5.2 节制作门和窗图块。

② 参照 3.5.3 节，按照制图标准内所规定尺寸制作定位轴线编号、标高、指北针、详图索引符号、局部剖切索引符号、详图符号、剖切符号、断面的剖切符号、对称符号以及 A1、A2、A3 图框等图块。

(9) 调整图纸离眼睛的距离。

① 打开【正交】功能并执行【直线】命令。

② 绘制一条长度为 15000mm 的水平线。由于新建图形有距离眼睛较近的特点，所以只能看到线头，看不到线尾。

③ 在命令行输入“Z”后按 Enter 键，再输入“E”后按 Enter 键，启动【范围缩放】命令，结果整条直线占满整个屏幕。

执行【范围缩放】命令后，将图纸推远了，所以能够看到直线的两个端点。

④ 执行【擦除】命令将水平线擦除。

(10) 将图形文件另存：执行菜单栏中的【文件】|【另存为】命令，打开【图形另存为】对话框，在【文件类型】下拉列表中选择【AutoCAD 图形样板 (*.dwt)】选项，此时 AutoCAD 自动选择 AutoCAD 2006 安装目录下的 Template(样板) 文件夹。把文件命名为“1 ： 1 模板”，如图 4.84 所示。

(11) 单击【保存】按钮后，打开如图 4.85 所示的【样板说明】对话框，在【说明】文本框中可以输入对样板的说明。

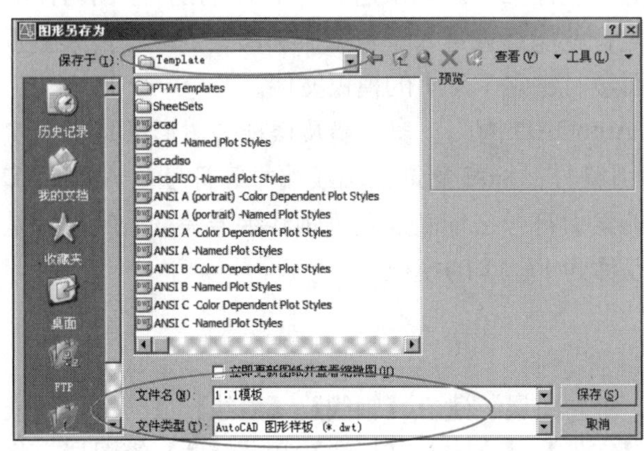

图 4.84　【图形另存为】对话框

图 4.85　【样板说明】对话框

特别提示

素材压缩包中第 4 章附有样板文件“模板 1 ： 1”，大家可以参考使用。

下面将借助于剖面图的绘制，介绍图形样板的使用方法。

4.7　绘制出图比例为1：100的剖面图

1. 新建图形

(1) 执行菜单栏中的【文件】|【新建】命令，默认状态下会打开【选择样板】对话框，如图 4.86 所示。

(2) 在【文件名】下拉列表中选择【1 ： 1 模板】文件，然后单击【打开】按钮，则进入上面制作的 1 ： 1 模板。

(3) 保存该文件并命名为“1 ： 100 剖面图”。

图 4.86 【选择样板】对话框

2. 修改部分参数

上面制作的为 1 ： 1 的模板，如果所绘制图形的比例为 1 ： 1，则不需对模板进行任何修改。这里将要绘制的剖面图的比例为 1 ： 100，所以需对下列参数进行修改。

1) 线型比例：要求与出图比例一致

(1) 执行菜单栏中的【格式】|【线型】命令，打开【线型管理器】对话框。

(2) 将对话框中的【全局比例因子】改为“100”。

2) 使用全局比例：要求与出图比例一致

(1) 执行菜单栏中的【格式】|【标注样式】命令，打开【标注样式管理器】对话框。

(2) 选中【标注】样式，然后单击【修改】按钮，打开【修改标注样式】对话框。

(3) 选择【调整】选项卡，并将该选项卡内的【使用全局比例】改为“100”。

由于 1 ： 1 模板内的所有符号类图块是按照 1 ： 1 的比例制作的，所以在 1 ： 100 的剖面图中插入符号类图块时应将这些图块放大 100 倍。

3. 绘制轴线

(1) 将【轴线】图层设置为当前层。

(2) 绘制长度为 14700(14700=3300×4+600+900)mm 的垂直线，并自左向右依次偏移 5400mm、2100mm、5400mm，结果如图 4.87 所示。

4. 绘制外墙

(1) 将【墙线】图层设置为当前层，用【多线】命令绘制外墙。注意，制作样板时已经将当前多线样式设置为 STANDARD，且将对正方式修改为“无”，比例修改为“240”，所以启动【多线】命令后，不需做任何参数修改就可以直接绘制 240mm 厚的墙体，结果如图 4.88 所示。

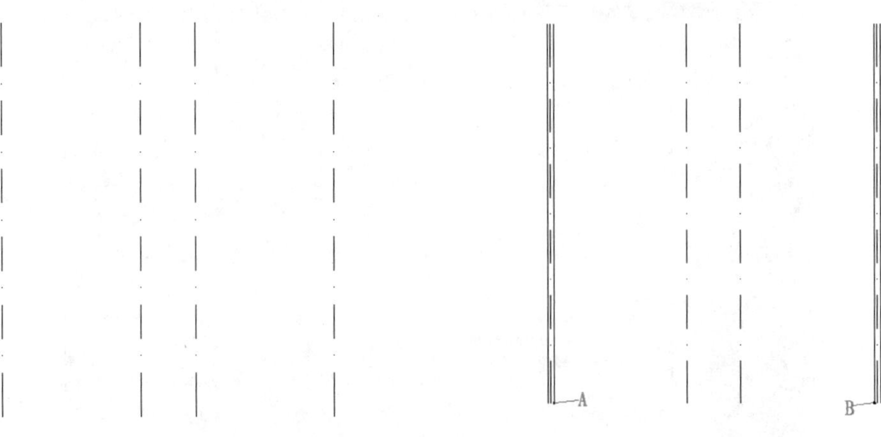

图 4.87　绘制轴线　　　　图 4.88　绘制外墙

(2) 用【分解】命令将上面绘制的外墙分解。

5. 绘制楼地面

(1) 将【楼地面】图层设置为当前层并绘制一条水平线，线的起点和终点分别在如图 4.88 所示的 A 和 B 处，结果如图 4.89 所示。

(2) 依次将该线向上偏移 600mm(室内外高差)、3180mm(楼板下表面至一层室内地坪的距离) 和 120mm(楼板的厚度)，这样就偏移生成一层地面和二层楼板，最后删除 AB 线，结果如图 4.90 所示。

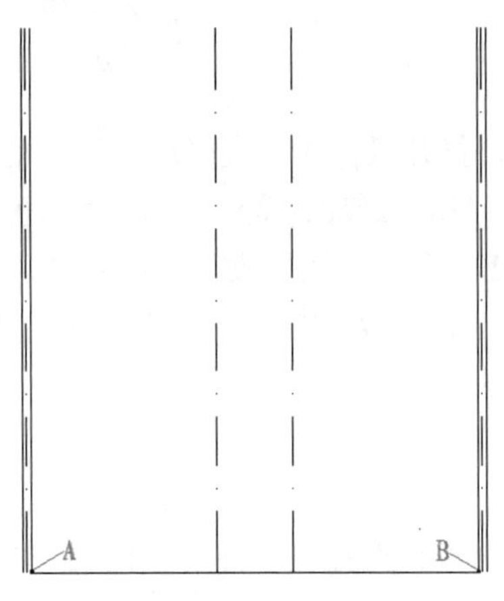

图 4.89　绘制 AB 辅助线

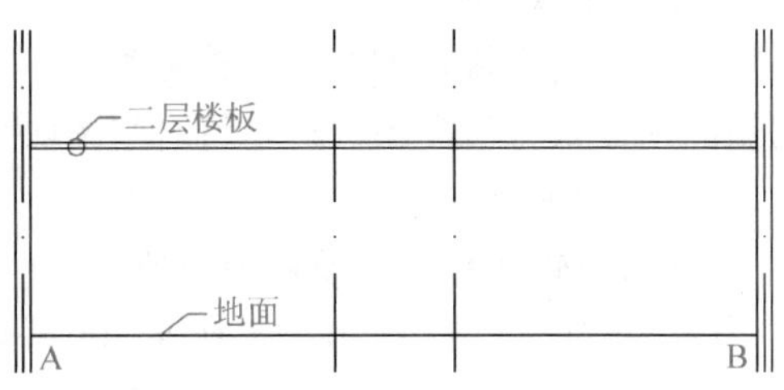

图 4.90　偏移生成一层地面和二层楼板

(3) 将图 4.90 修剪成如图 4.91 所示的状态。

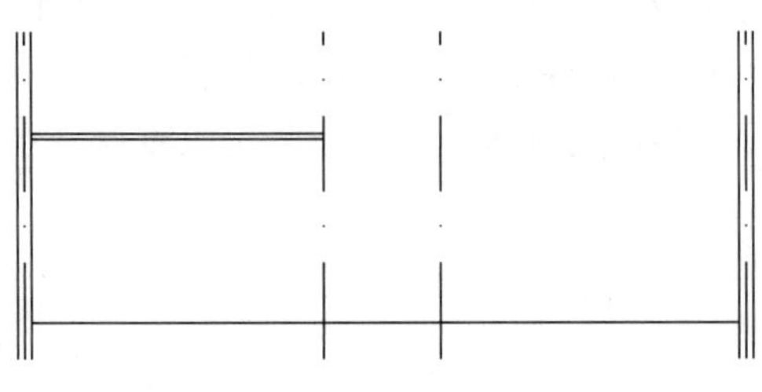

图 4.91　修剪二层楼板

(4) 绘制梁 L–1：将当前层换成【梁柱】图层，按照图 4.92 所给的尺寸绘制梁 L–1，并用【填充】命令填充楼板和梁 L–1，填充图案为【其他预定义】中的 SOLID 样式，同时用【多段线】命令编辑，将地面线加粗为 80mm，结果如图 4.92 所示。

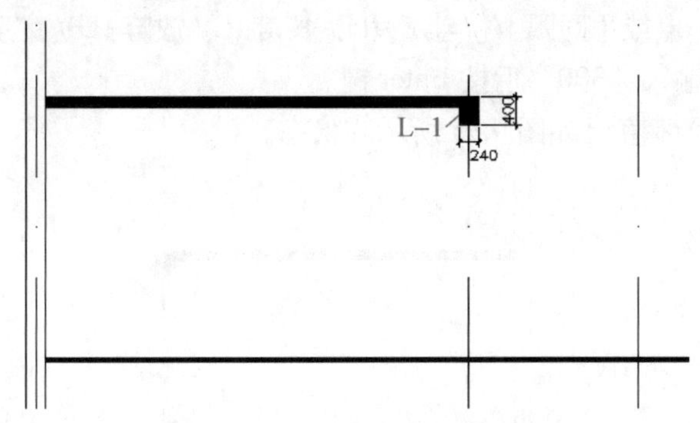

图 4.92 填充楼板并绘制梁 L–1

(5) 阵列生成三、四层楼板和屋面板，参数设定为 4 行、1 列、行偏移 3300，结果如图 4.93 所示。

(6) 用【延伸】命令将屋面板延伸至 D 轴线外墙处，并复制生成屋面板下部另一根梁，两根梁中心线的间距为 2100mm，结果如图 4.94 所示。

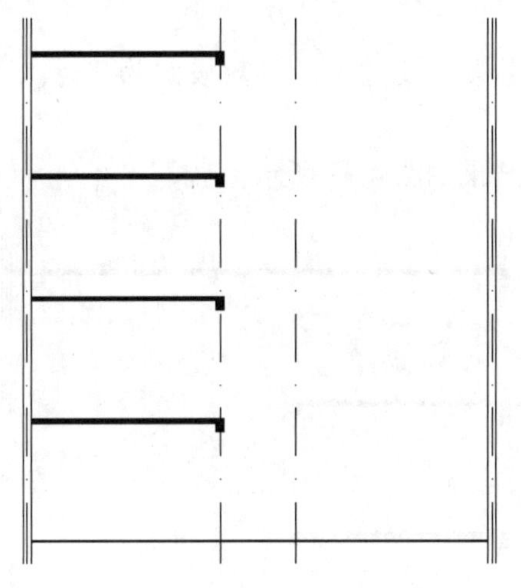

图 4.93 阵列生成楼板和屋面板

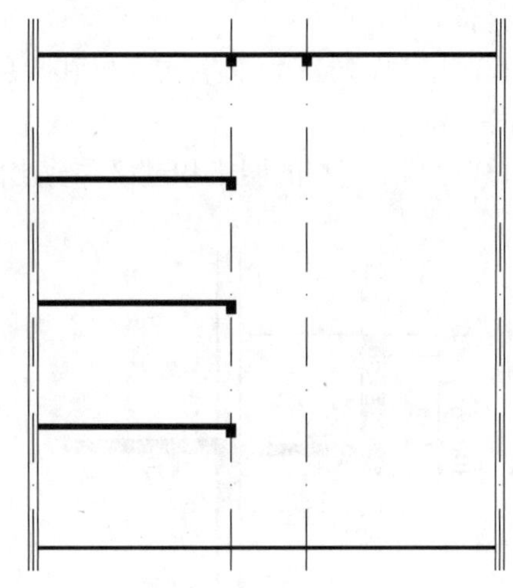

图 4.94 修整屋面板

6. 绘制台阶

(1) 打开【正交】功能并启动【多段线】命令。

(2) 在指定起点：提示下，捕捉地面线的左端点。

(3) 当前线宽为 0mm，在指定下一个点或 [圆弧 (A)/ 半宽 (H)/ 长度 (L)/ 放弃 (U)/ 宽度 (W)]：提示下，输入“W”后按 Enter 键。

(4) 在指定起点宽度 <0.0000>：提示下，输入“80”后按 Enter 键。

(5) 在指定端点宽度 <80.0000>：提示下，按 Enter 键。

(6) 在指定下一个点或 [圆弧 (A)/ 半宽 (H)/ 长度 (L)/ 放弃 (U)/ 宽度 (W)]：提示下，将

光标水平向左拖动，输入“1740”(1740=1500+240) 后按 Enter 键。

(7) 在指定下一个点或 [圆弧 (A)/ 半宽 (H)/ 长度 (L)/ 放弃 (U)/ 宽度 (W)]：提示下，将光标垂直向下拖动，输入“150”后按 Enter 键。

(8) 在指定下一个点或 [圆弧 (A)/ 半宽 (H)/ 长度 (L)/ 放弃 (U)/ 宽度 (W)]：提示下，将光标水平向左拖动，输入“300”后按 Enter 键。

(9) 重复 (7) ~ (8) 步直至如图 4.95 所示的状态。

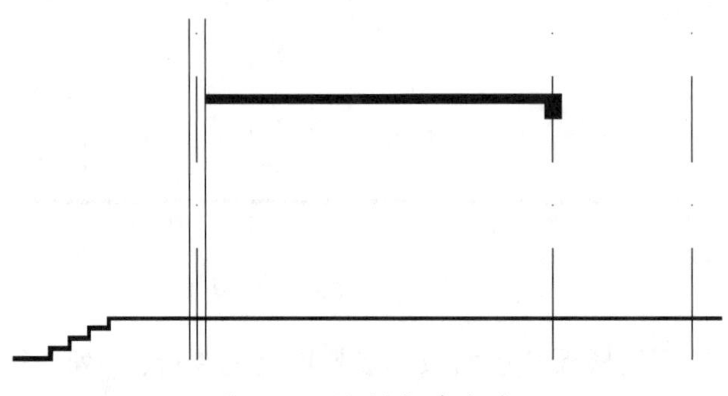

图 4.95　绘制室外台阶

7. 绘制阳台

(1) 将当前层换为【室外】图层，按照图 4.96 所示的尺寸绘制二层的阳台、圈梁及一层门过梁。

(2) 用【阵列】命令生成 3 层和 4 层阳台、圈梁以及过梁，参数设定为 3 行、1 列、行偏移 3300。

(3) 绘制出 4 层的圈梁和过梁并剪出门洞口，结果如图 4.97 所示。

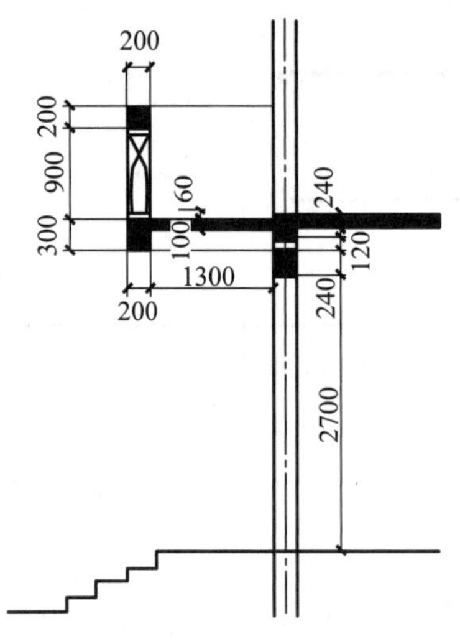

图 4.96　绘制阳台、圈梁和过梁

图 4.97　绘制其他层阳台、圈梁和过梁

8. 绘制门窗洞口

(1) 将【墙】图层设置为当前层。

(2) 绘制 D 轴线上的剖面窗。

① 打开【正交】【对象捕捉】和【对象追踪】功能，启动【直线】命令，在_line 指定第一点：提示下，捕捉地面线的右端点，不单击，然后将光标轻轻向上拖出虚线，输入“2750”(2750=1650+1100)后按 Enter 键，如图 4.98 所示。

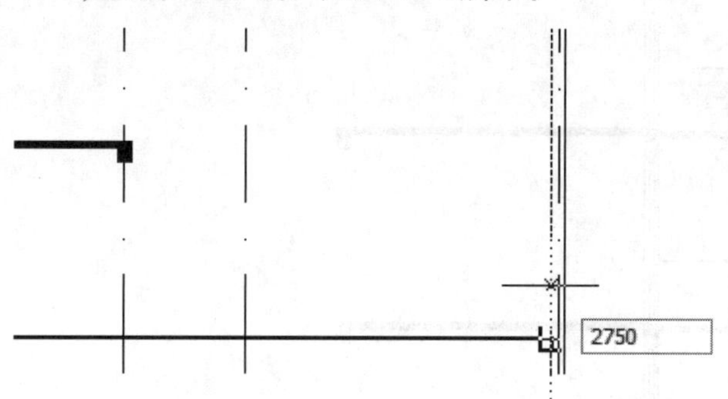

图 4.98　利用【对象追踪】辅助工具寻找水平线的起点

② 在指定下一点或[放弃(U)]：提示下，将光标向右拖动并输入“240”，然后按 Enter 键。

③ 按 Enter 键结束【直线】命令，这样在距离地面高 2750mm 的地方绘制了一条 240mm 的水平线。

④ 启动【偏移】命令，将上面绘制的水平线依次向上偏移 1500mm(窗高)和 240mm(过梁高)，然后填充过梁，结果如图 4.99 所示。

⑤ 关闭【轴线】图层，用【阵列】命令生成 2、3 层休息平台的窗洞口线和过梁，参数设定为 3 行、1 列、行偏移 3300。最后用【修剪】命令修剪出窗洞口，结果如图 4.100 所示。

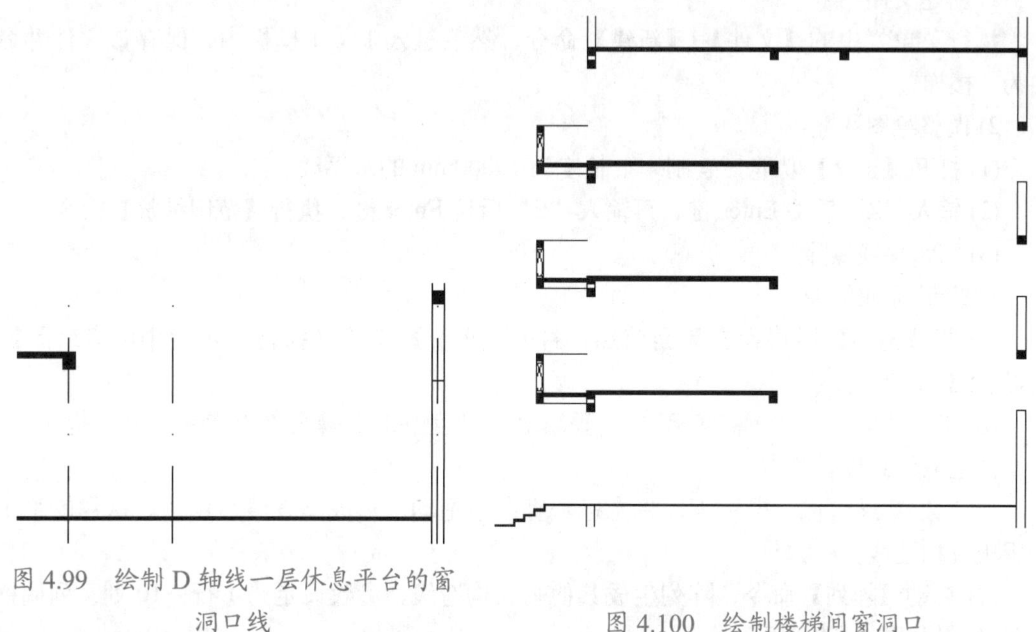

图 4.99　绘制 D 轴线一层休息平台的窗洞口线

图 4.100　绘制楼梯间窗洞口

⑥ 修整剖面图：用【多段线编辑】命令将墙体加粗并绘制出屋面坡度线和门窗，结果如图 4.101 所示。

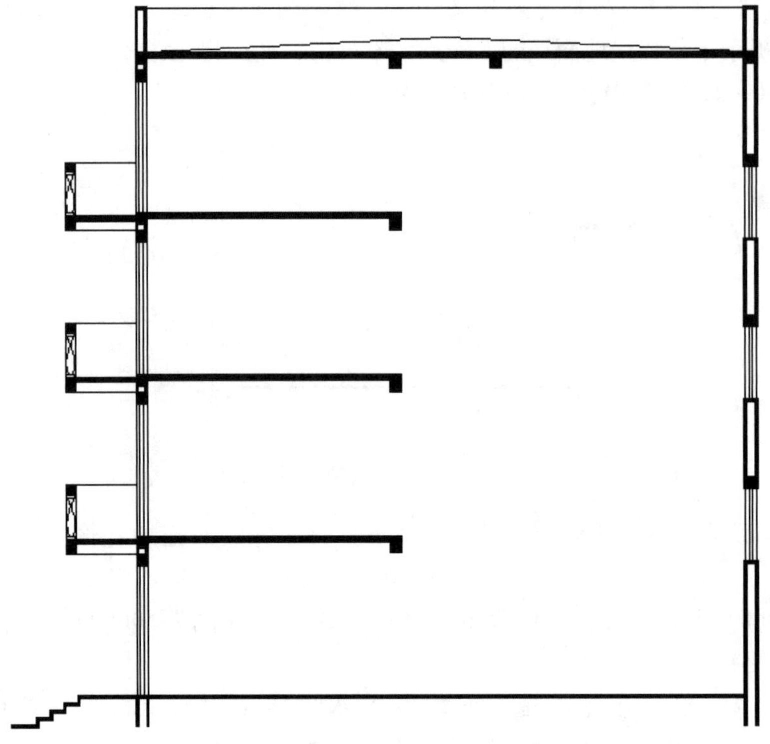

图 4.101　修整剖面图

9. 绘制楼梯

1) 新建文件

执行菜单栏中的【文件】|【新建】命令，然后进入 1 ： 1 模板内，保存该文件并命名为“楼梯”。

2) 调整绘图环境

(1) 打开【正交】功能，绘制一条长度为 10000mm 的水平线。

(2) 输入“Z”后按 Enter 键，再输入“E”后按 Enter 键，执行【范围缩放】命令。

(3) 将水平线擦除。

3) 绘制辅助线

(1) 将【辅助】图层设置为当前层，打开【正交】功能并执行菜单栏中的【绘图】|【构造线】命令。

① 在 _xline 指定点或 [水平 (H)/ 垂直 (V)/ 角度 (A)/ 二等分 (B)/ 偏移 (O)]：提示下，在绘图区域任意位置单击。

② 在指定通过点：提示下，将光标垂直向下拖动，形成垂直线后单击。这样就绘出一根垂直构造线。

(2) 启动【阵列】命令，阵列生成其他垂直构造线，参数设定为 1 行、10 列、列偏移 300，结果如图 4.102 所示。

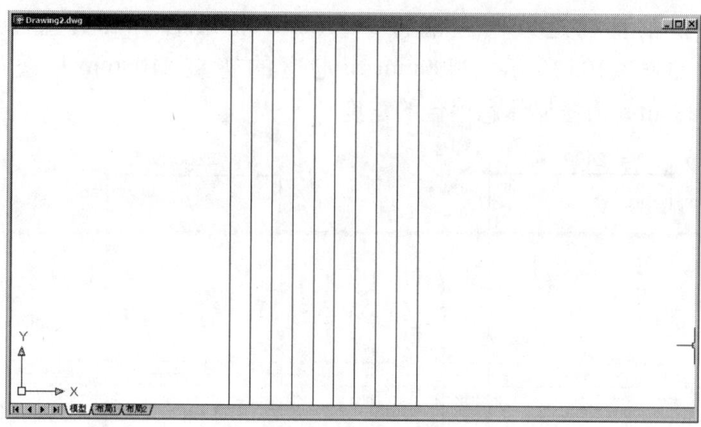

图 4.102 绘制垂直构造线

(3) 任意绘制一根水平构造线，结果如图 4.103 所示。

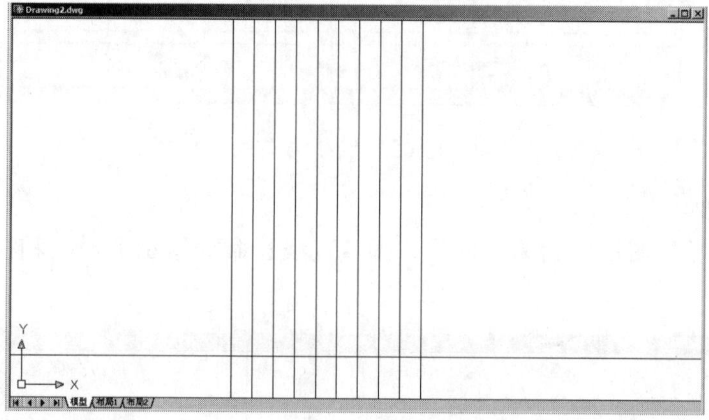

图 4.103 绘制一根水平构造线

(4) 启动【阵列】命令，阵列生成其他水平构造线，参数设定为 21 行、1 列、行偏移 165，结果如图 4.104 所示。

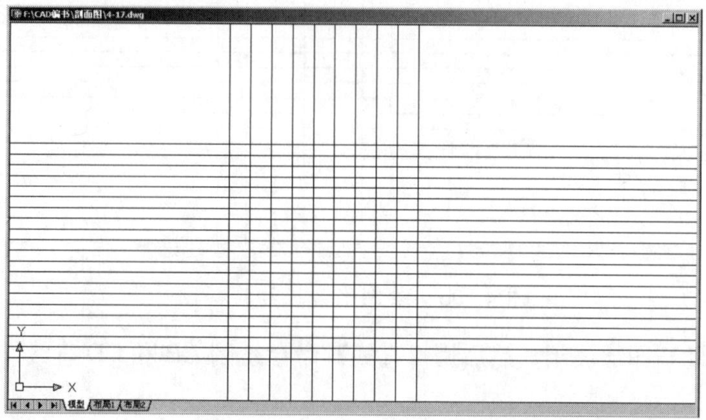

图 4.104 阵列生成水平构造线

(5) 将第一根垂直构造线向左偏移2400mm，将最后一根垂直构造线向右偏移2280mm，结果如图 4.105 所示。2400mm 为走道的宽度 2100mm 与缓冲平台的宽度300mm 之和，2280mm 为楼梯休息平台的宽度。

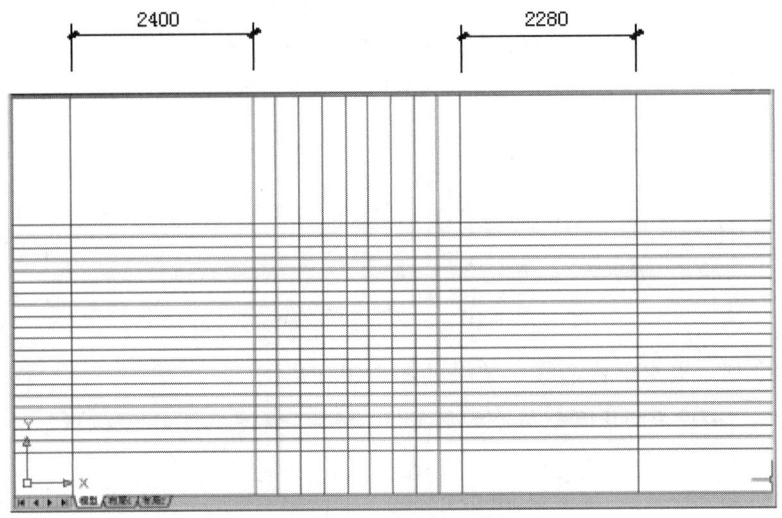

图 4.105　偏移构造线

4) 绘制楼梯

(1) 将【楼梯】图层设置为当前层，用【直线】命令绘制平台板和楼梯段，结果如图 4.106 所示。

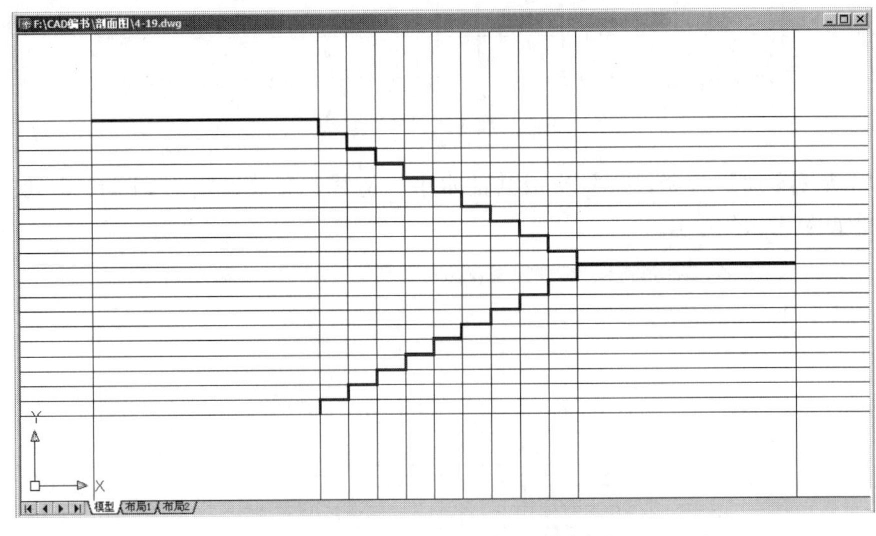

图 4.106　绘制平台板和楼梯段

(2) 将【辅助】图层关闭，然后用【直线】命令绘制 AB 和 CD 直线，结果如图 4.107 所示。

(3) 将 AB 和 CD 直线分别向下偏移 110mm，然后擦除 AB 和 CD 直线，结果如图 4.108 所示。

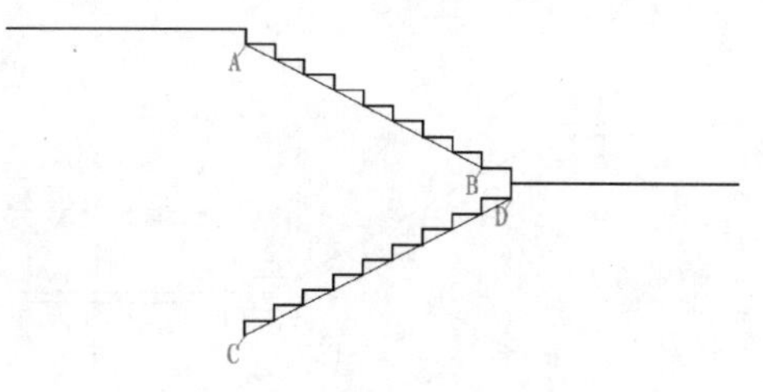

图 4.107 绘制 AB 和 CD 直线

图 4.108 偏移并擦除 AB 和 CD 直线

(4) 按照图 4.109 所给的尺寸绘制平台梁。

(5) 将平台板线向下偏移 100mm，然后修整图形，结果如图 4.110 所示。

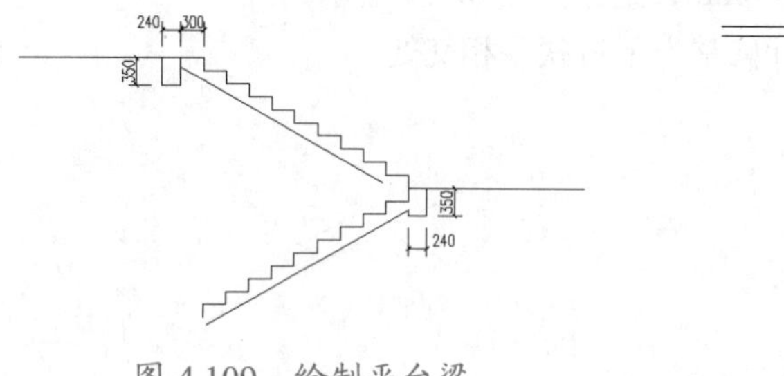

图 4.109 绘制平台梁

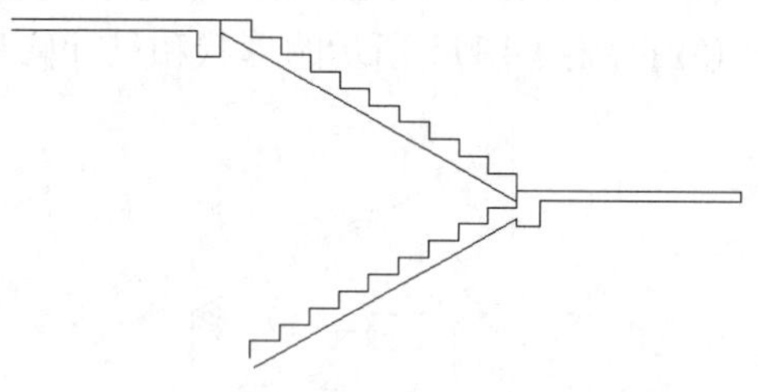

图 4.110 偏移平台线并修整梯段

5) 绘制栏杆扶手

(1) 将【栏杆扶手】图层设置为当前层，分别在 M、N、O 和 P 踏口处向上绘制 900mm 高的垂直线，然后用直线分别连接 M、N 处垂直线的上端和 P、O 处垂直线的上端，形成扶手线，结果如图 4.111 所示。

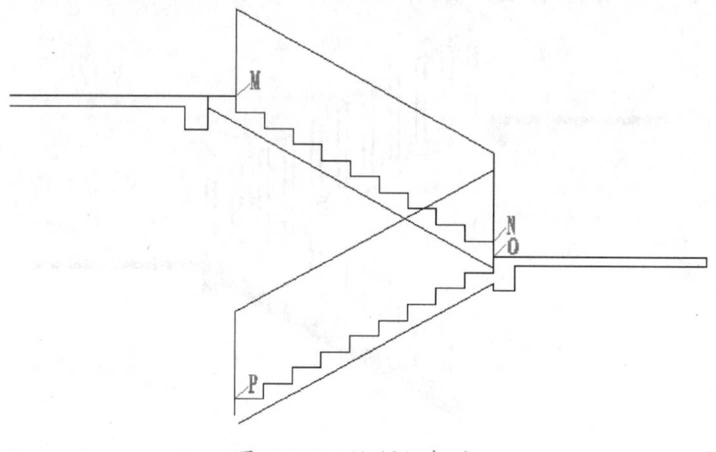

图 4.111 绘制栏杆线

(2) 将 P 和 M 处的垂直线向左偏移 150mm，将 O 处的垂直线向右偏移 150mm，然后删除 M、N 和 P 处的垂直线，结果如图 4.112 所示。

(3) 启动【圆角】命令，要求为【修剪】模式，半径为“0.0000”，将垂直线和斜线连接在一起，结果如图 4.113 所示。

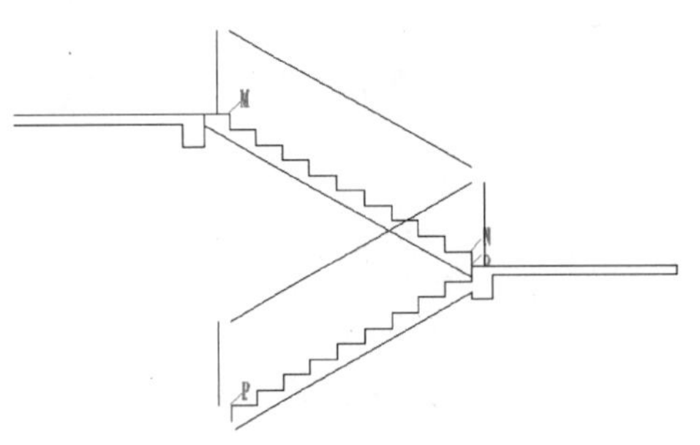

图 4.112　偏移栏杆线

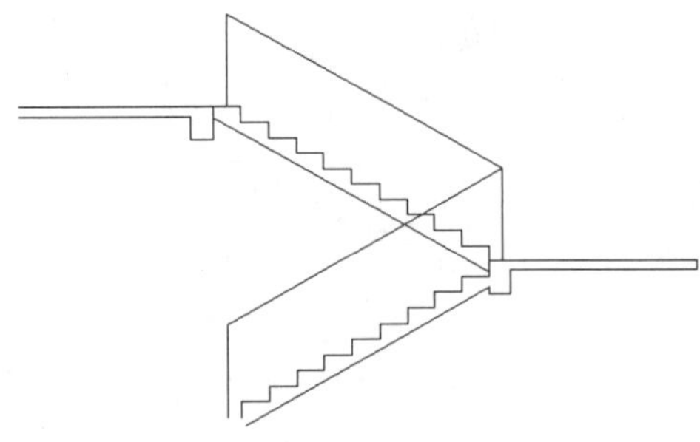

图 4.113　用【圆角】命令连接栏杆线和扶手线

(4) 将上下行扶手线分别向下偏移 60mm，结果如图 4.114 所示。

(5) 按照图 4.115 所示的形状和尺寸修整上下行扶手相交处。

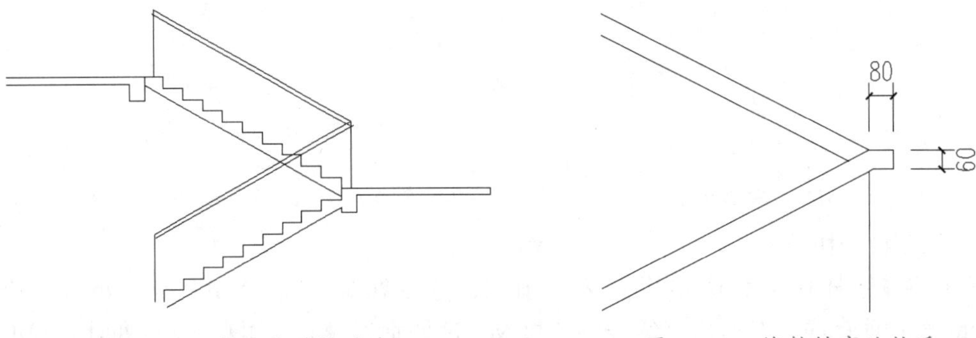

图 4.114　向下偏移扶手线

图 4.115　修整转弯处扶手

(6) 绘制栏杆，填充剖切梯段，结果如图 4.116 所示。

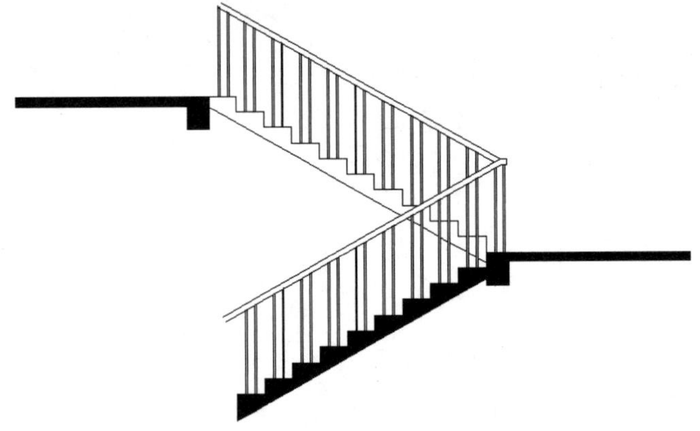

图 4.116　绘制栏杆并填充剖切梯段

(7) 阵列生成其他楼梯，参数设定为 3 行、1 列、行偏移 3300，结果如图 4.117 所示。

(8) 图 4.117 内的圆圈处上下行梯段的前后关系不正确，需将其修整成如图 4.118 所示的状态。

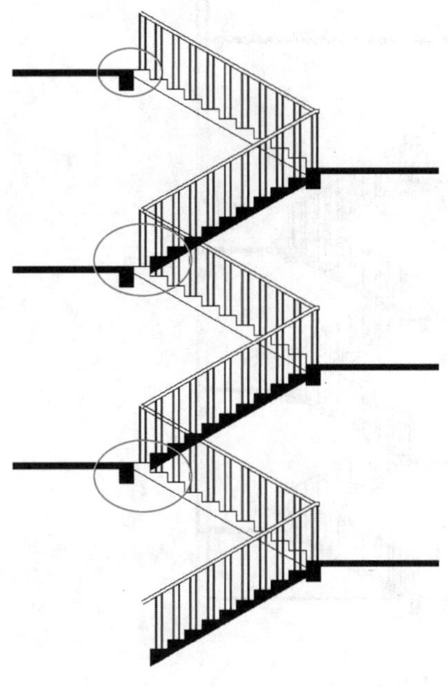

图 4.117 阵列生成其他楼梯

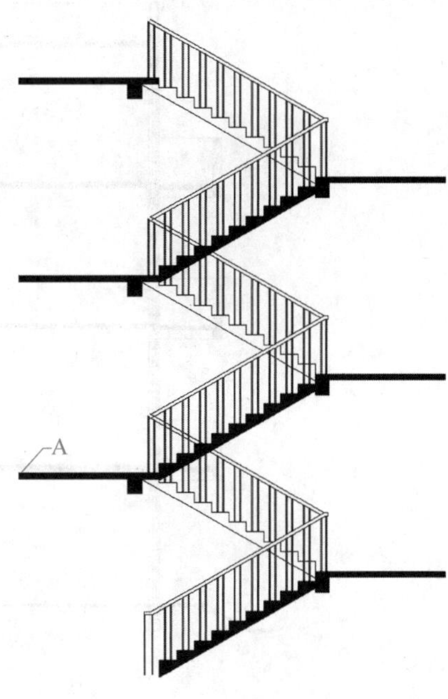

图 4.118 修整楼梯

6) 绘制梯基

按照图 4.119 所示的尺寸绘制梯基。

400
250

图 4.119 绘制梯基

7) 将绘制好的楼梯复制到“1 ∶ 100 剖面图”文件中

(1) 同时打开“1 ∶ 100 剖面图”文件和“楼梯”文件，并将“楼梯”文件置为当前，然后执行菜单栏中的【编辑】|【带基点复制】命令。

(2) 在 _copybase 指定基点：提示下，选择如图 4.118 所示的 A 点作为复制的基点。

(3) 在选择对象：提示下，将绘制好的楼梯全部选中，按 Enter 键结束命令。

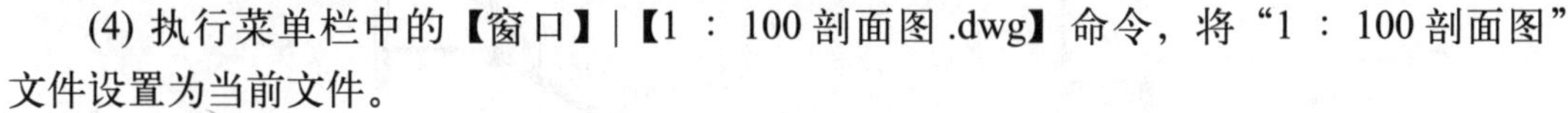

(4) 执行菜单栏中的【窗口】|【1 ∶ 100 剖面图 .dwg】命令，将“1 ∶ 100 剖面图”文件设置为当前文件。

(5) 执行菜单栏中的【编辑】|【粘贴】命令，或按 Ctrl+C 快捷键，在指定插入点：提示下，捕捉如图 4.120 所示处，这样就将楼梯跨文件复制到“1 ∶ 1 剖面图”中，结果如图 4.121 所示。

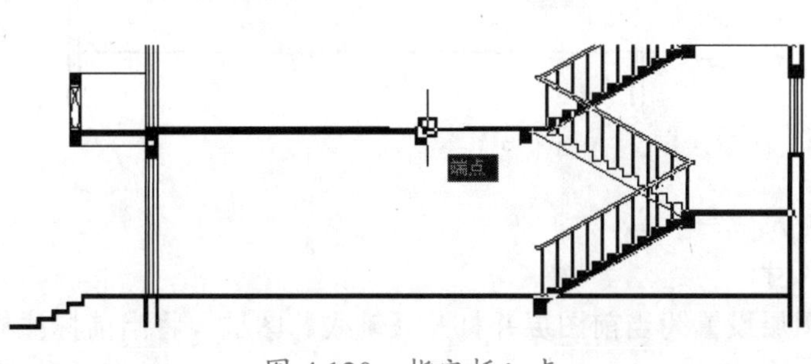

图 4.120 指定插入点

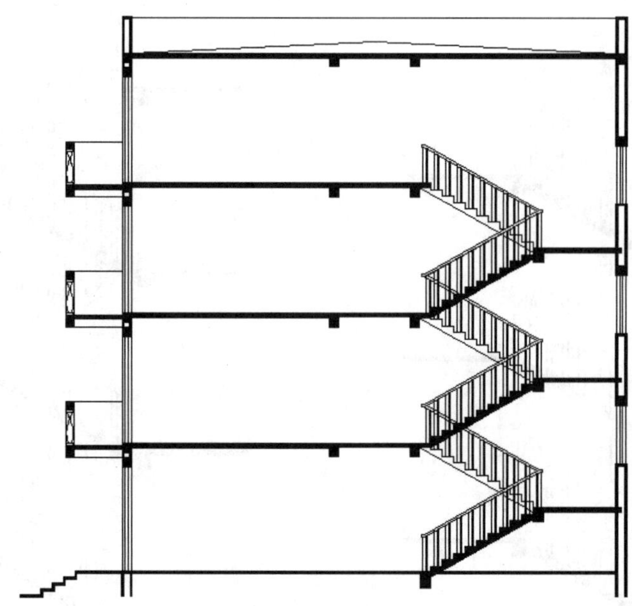

图 4.121　复制生成楼梯

8) 绘制阳角线

绘制剖面图中走道两侧的阳角线并绘制投影方向可视门窗，结果如图 4.122 所示。

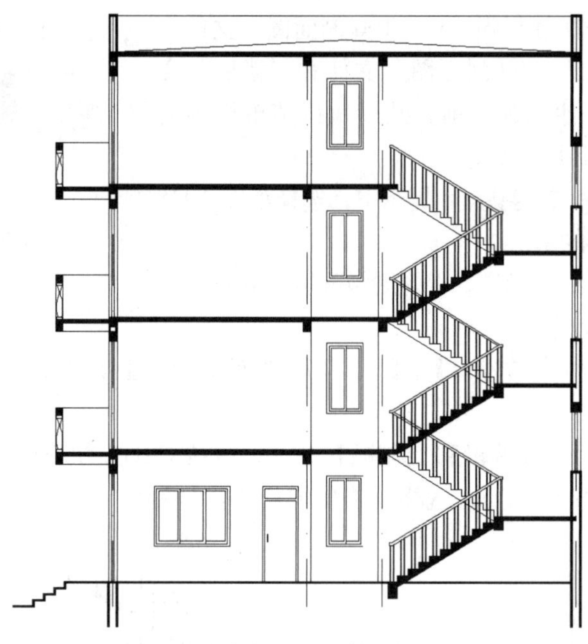

图 4.122　绘制阳角线及门窗

10. 标注尺寸及标高

1) 标注进深尺寸

将【标注】图层设置为当前图层并打开【轴线】图层，将当前标注样式设为【标注】

样式，用【线性】和【连续标注】命令标注出进深尺寸。

2) 插入图块

(1) 插入定位轴线编号：1 ∶ 1 模板内的图块是按照 1 ∶ 1 的比例制作的，所以插入到 1 ∶ 100 的剖面图内时，须将图块沿 X、Y 方向等比例放大 100 倍。

① 在命令行输入“I”后按 Enter 键，打开【插入】对话框。按照图 4.123 所示设置对话框，然后单击【确定】按钮关闭对话框。

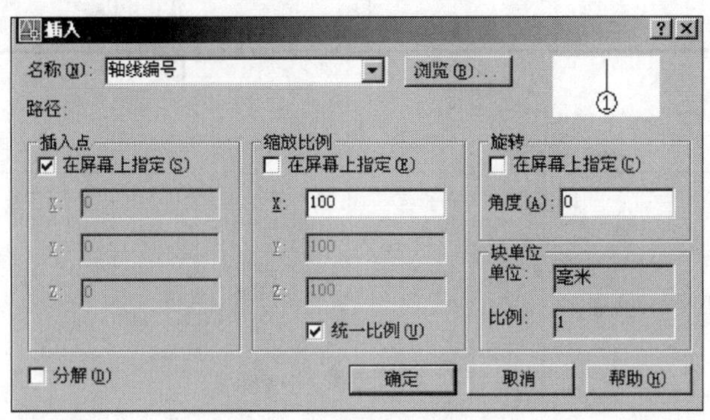

图 4.123 【插入】对话框

② 在指定插入点或 [基点 (B)/ 比例 (S)/ 旋转 (R)/ 预览比例 (PS)/ 预览旋转 (PR)]：提示下，捕捉图 4.124 所示处作为插入点。

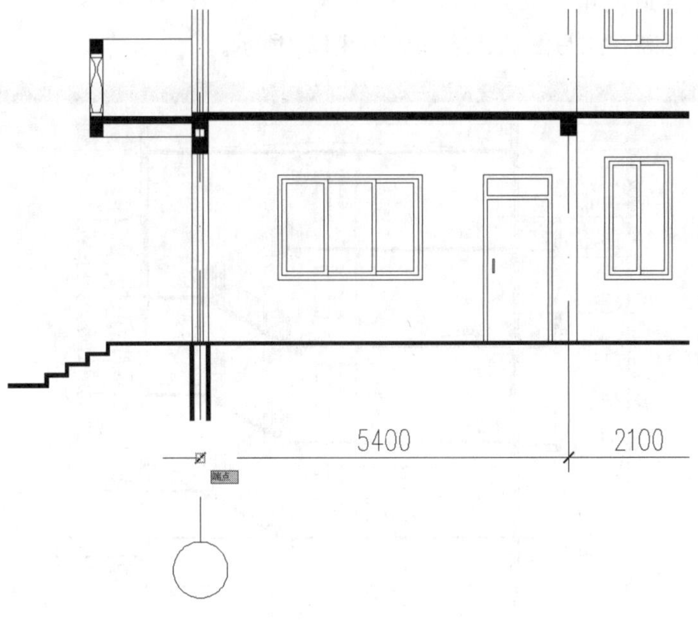

图 4.124 捕捉插入点

③ 在输入轴线编号 <1>：提示下，输入“A”后按 Enter 键结束命令。

④ 将上面插入的定位轴线复制到 B、C、D 轴线处，结果如图 4.125 所示。

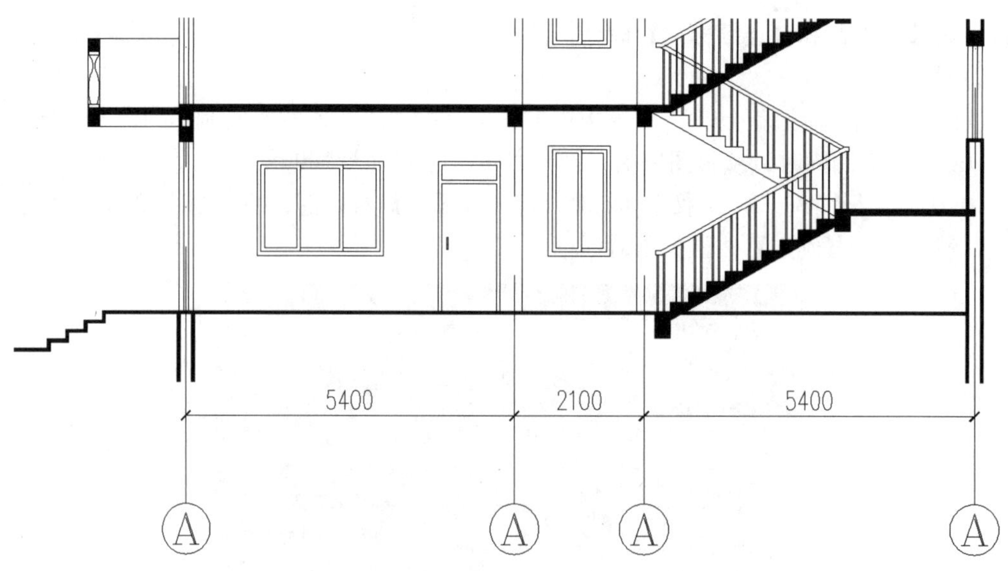

图 4.125　复制轴线编号

⑤ 输入“ED”后按 Enter 键，启动文字编辑命令，将后面 3 个轴线的编号分别修改为 B、C、D。

(2) 插入楼板和地面的标高。

3) 标注外墙 3 道尺寸

标注相应的标高并注写图名，结果如图 4.126 所示。

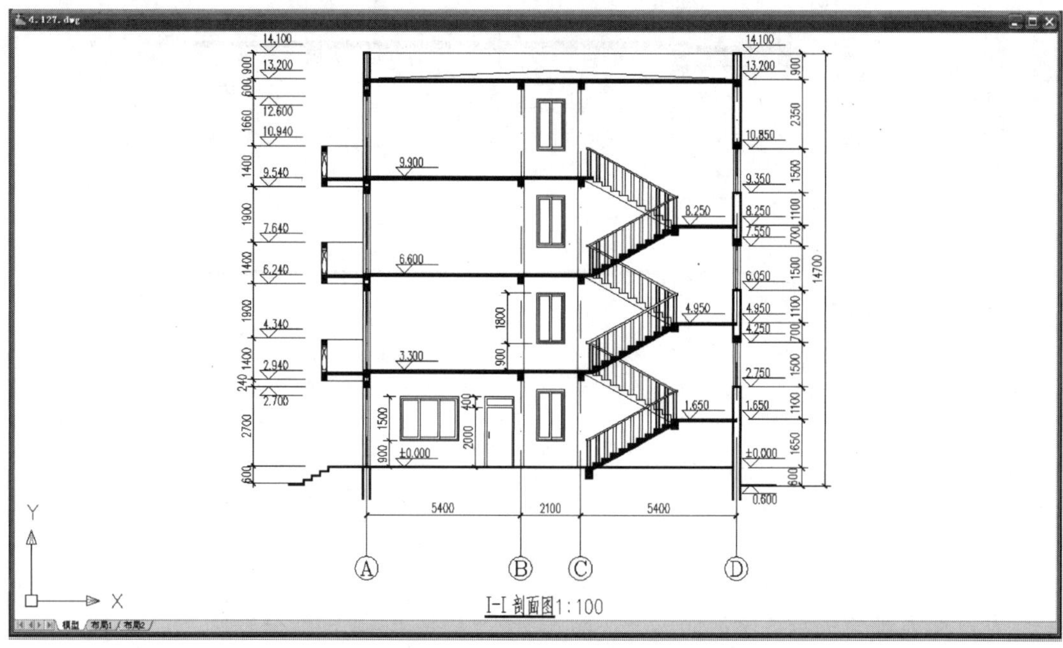

图 4.126　I — I 剖面图

命令链接

- 【打断】命令是将一条线从中间“掰掉”一段，【打断于点】命令则是将一条线从某个位置“掰断”。
- 利用夹点编辑可以执行【修改】工具栏上的【拉伸】、【移动】、【复制】、【比例】、【旋转】和【镜像】命令。
- 阵列和填充命令的预览功能并没有真正地执行命令，只有单击【确定】按钮后，结果才能写进图形数据库。
- 菜单栏中的【修改】|【复制】命令是用于文件内部的图形复制命令，如将某平面图中的门由A处复制到B处；而【编辑】|【复制】命令或【编辑】|【带基点的复制】命令用于将图形复制到剪贴板上，是跨文件的复制，如将A平面图中的门复制到B平面图中或将Auto CAD图形复制到Word文档中。【编辑】|【复制】命令的复制基点默认在文件的左下角点，不允许修改；【编辑】|【带基点的复制】命令则允许根据需要确定复制基点，便于文件粘贴时准确地定位。

【word中插入CAD图形文件的最佳方法】

本章小结

本章主要介绍了建筑立面图和剖面图的基本绘图步骤以及绘制建筑平面图和剖面图所涉及的绘图和编辑命令。大家首先应看懂所给的建筑立面图(附图3.2)和I—I剖面图(附图3.3)，要求了解建筑立面图和剖面图的基本绘图步骤和方法，并在理解的基础上掌握新的绘图和编辑命令。

另外，在绘制建筑立面图和I—I剖面图时对前几章所学的命令加以重复使用，以达到深入理解和熟练掌握的目的。

本章重复使用了下列命令：

【矩形】【分解】【偏移】【相对坐标基点的定义】【复制】【圆角】【捕捉自】【偏移】【修剪】【直线】【移动】【对象追踪】【多段线】及【多段线编辑】等。

本章学习了下列命令：

【复制】【带基点的复制】【粘贴】【相切、相切、相切】的方法画圆、【相切、相切、半径】的方法画圆、【打断于点】、【三点画弧】、利用夹点编辑镜像图形、利用夹点编辑拉伸图形、【定数等分】、【定距插块】、【图案填充】、【徒手做图】。

利用适合的模板画图可以省去大量重复性的工作，提高绘图速度，所以本章学习了1∶1模板的制作和使用方法。

上机指导

上机操作一：绘制浴盆

【操作目的】

绘制图 4.127 所示图形，练习【矩形】【偏移】【相切、相切、相切】【相切、相切、半径】【圆角】及【修剪】等命令。

【操作内容】

(1) 绘制 1500mm × 800mm 矩形并将矩形向内偏移 40mm。

(2) 利用【相切、相切、半径】命令画圆，R=200mm，用【修剪】命令修整成 A 弧。

(3) 用【圆角】命令形成 B 弧，R=200mm。

(4) 用【相切、相切、相切】命令画圆，R=200mm，用【修剪】命令将其修整成 C 弧。

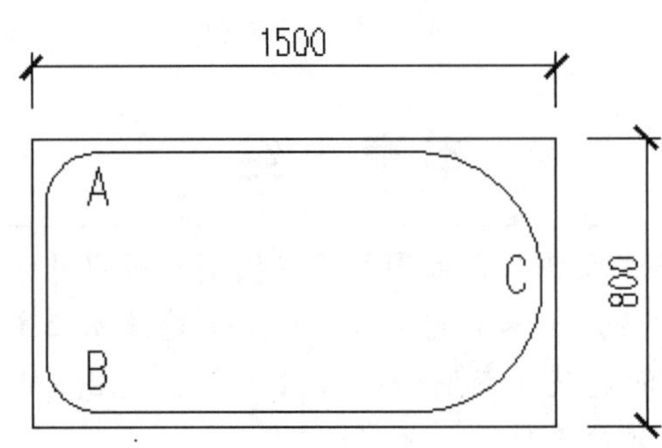

图 4.127　绘制浴盆

上机操作二：填充图形

【操作目的】

参照图 4.128，练习【图案填充】命令。

【操作内容】

绘制矩形，并按图 4.128 要求填充图案。

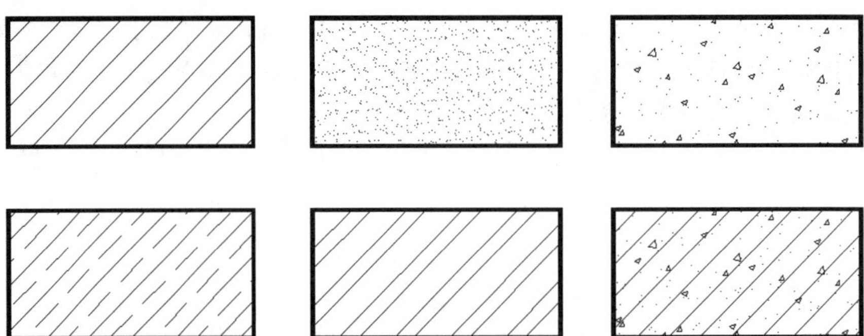

图 4.128　填充图形

上机操作三：点

【CAD定数等分画钟表教程】

【操作目的】

绘制图 4.129 所示图形，练习点格式设定及定距插点命令。

【操作内容】

(1) 执行【格式】|【点样式】命令，按图 4.129 所示选择点样式，并将点大小设定为 100 绝对单位。

(2) 绘制长度为 10000mm 的直线。

(3) 用定距插点命令插入点。

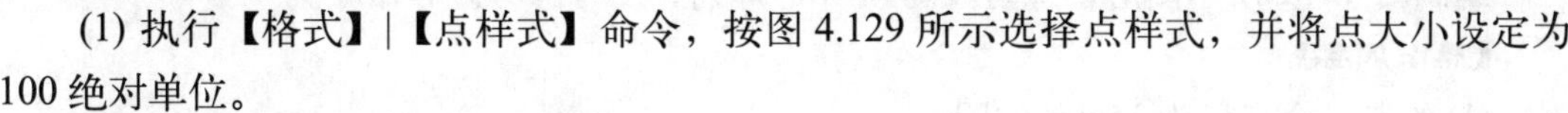

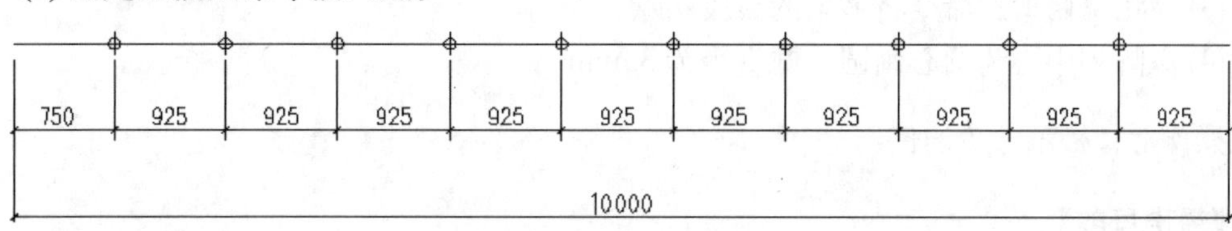

图 4.129 插入点

上机操作四：孤岛检测

【操作目的】

练习【图案填充】命令。

【操作内容】

按要求填充图 4.130。

(1) 孤岛检测选择“普通”，拾取点设置矩形和圆之间。

(2) 孤岛检测选择“外部”，拾取点设置矩形和圆之间。

(3) 孤岛检测选择“忽略”，拾取点设置矩形和圆之间。

上机操作五：移动图形

【操作目的】

练习【移动】命令。

【操作内容】

(1) 按图 4.131 中尺寸绘制图形。

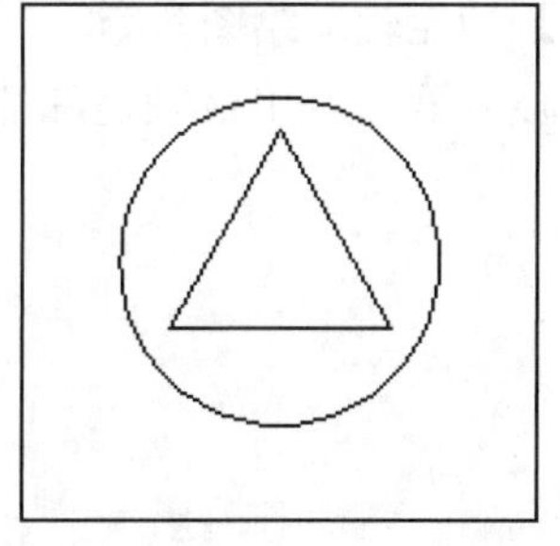

图 4.130 孤岛检测

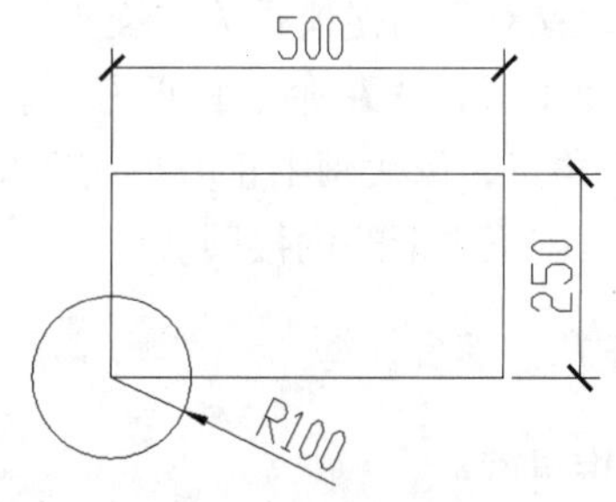

图 4.131 移动图形

(2) 只执行一次【移动】命令将图 4.131 中的圆移到矩形的中心。

上机操作六：环形阵列

【操作目的】

绘制图 4.132 所示图形，练习【圆】【环形阵列】及【修剪】等命令。

【操作内容】

(1) 绘制一个直径为 35mm 的圆。

(2) 对其进行【环行阵列】操作，阵列数量为 8 个，阵列中心为圆右侧的象限点。

(3) 使用【修剪】命令将多余的线段删除。

(4) 以阵列中心为圆心画圆，圆直径为 35mm。

上机操作七：极轴命令的使用

【操作目的】

绘制图 4.133 所示图形，练习【圆】【正多边形】【直线】及【极轴】等命令。

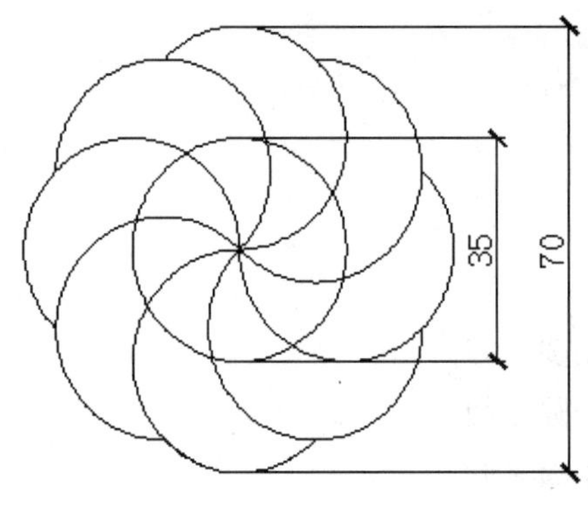

图 4.132　环形阵列

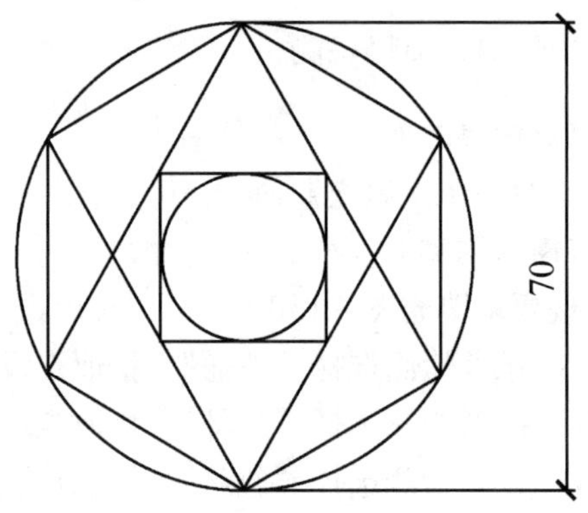

图 4.133　使用极轴

【操作内容】

(1) 以直径为 70mm 画圆。

(2) 以所画的圆为内接圆绘制正六边形。

(3) 连接六边形的端点，绘制图中的直线。

(4) 设置极轴的增量角为 45°，打开【极轴】功能辅助绘图命令。

(5) 设置对象捕捉模式为“交点”，打开【对象捕捉】功能辅助绘图命令。

(6) 使用【直线】命令画正方形。直线第一点为圆心，第二点用极轴追踪捕捉到的正方形某个角点，依次画出正方形的四条边。

(7) 绘制正方形的内接圆。

上机操作八：综合训练

【操作目的】

综合训练。

【操作内容】

(1) 绘制如图 4.134 所示的立面图。

(2) 标注尺寸、标高、图名及比例。

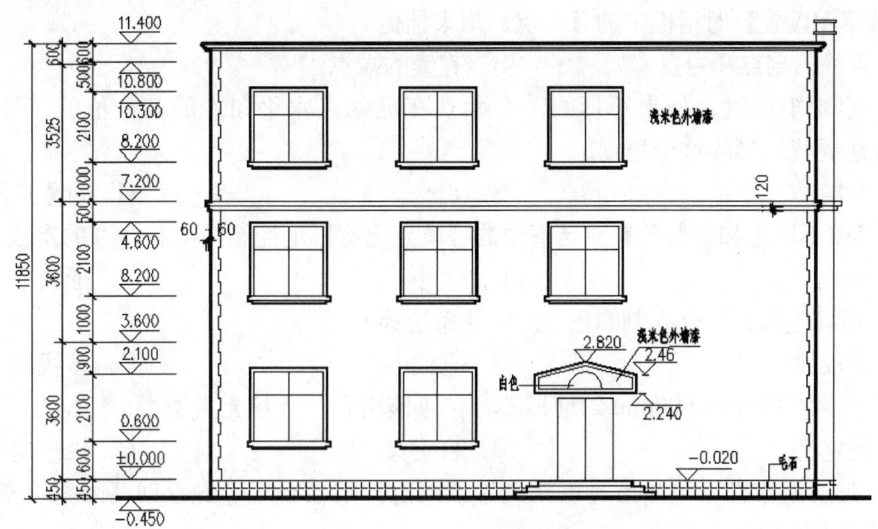

图 4.134　绘制立面图

习　题

一、单选题

1．如果用【偏移】命令偏移一个用【矩形】命令绘制的正方形的一条边，需要将正方形(　　)。

A．延伸　　B．分解　　C．修剪

2．执行【阵列】命令时，如果向上生成图形，则行偏移为(　　)。

A．正　　B．负　　C．不分正负

3．红夹点是(　　)夹点，是编辑图形的基点。

A．热　　B．冷　　C．温

4．绘制直线时，如果直线的起点在已知点左上方的某个位置，可以利用定义坐标基点和(　　)方法寻找直线的起点。

A．对象追踪　　B．极轴　　C．捕捉自

5．用【多段线编辑】命令连接线时，要求被连接的线必须(　　)。

A．首尾相连　　B．以任何方式相连　　C．中间相连

6．(　　)只能使用一次，再次使用时，需要重新启动它。

A．所有捕捉　　B．临时捕捉　　C．永久性捕捉

7．执行【阵列】命令时，如果向左生成图形，则列偏移为(　　)。

A．正　　B．负　　C．不分正负

8.【图案填充和渐变色】对话框中的【图案填充原点】的位置不同，相同图案填充的效果 (　　)。

A．相同　　B．不相同　　C．相似

9.【草图设置】对话框中的【节点】用来捕捉 (　　)。

A．直线的端点和中点　　B．直线的端点　　C．点

10．绘制矩形时，如果矩形的一个角点在已知点水平向左的某个位置，可以利用 (　　) 方法寻找矩形的这个角点。

A．栅格　　B．正交　　C．对象追踪

11.【图案填充和渐变色】对话框中的【填充比例】是控制图案 (　　) 的参数。

A．远近　　B．大小　　C．形状

12．用【矩形】命令绘制的正方形的 4 条边为 (　　)。

A．多段线　　B．直线　　C．多线

13．填充 600mm × 600mm 的地板砖时，应该用 (　　) 填充类型。

A．预定义　　B．自定义　　C．用户定义

14．在预览状态下，如果对填充效果不满意，则按 (　　) 键返回【图案填充和渐变色】对话框来修改参数。

A．Enter　　B．Delete　　C．Esc

15．AutoCAD 图形样板文件的扩展为 (　　)。

A．.dwg　　B．.dwt　　C．.dwv

二、简答题

1.【打断】和【打断于点】命令有什么区别?

2.【移动】命令中的基点有什么作用?

3．在【点样式】对话框中如何设置点的大小？为什么?

4．执行【徒手绘图】(SKETCH) 命令时，系统变量 SKPOLY 对绘制出的图形有什么影响?

5．执行【图案填充】命令时，被填充的区域有什么要求?

6.【捕捉】和【对象捕捉】辅助工具有什么区别?

7．制作 1 ∶ 1 的模板和 1 ∶ 100 的模板有哪些不同？两者使用方法是否相同?

8.【复制】、【带基点的复制】两个命令有什么不同?

9.【复制】命令和 Ctrl+C 快捷键的作用有什么不同?

10．什么是方向、长度的方法画线?

11．简述 3 种绘制窗的方法。

三、自学内容

1．通过使用【编辑】菜单中的【粘贴】、【粘贴为块】和【选择性粘贴】命令，总结这些命令的不同之处。

2．通过使用【构造线】和【射线】命令，体会这两个命令的差别。

3．用【样条曲线】命令绘制立面图中的花瓶。

【参考答案】

第5章

结构施工图的绘制

教学目标

通过绘制基础平面图等结构施工图，了解绘制结构施工图的步骤和方法，掌握线型比例的修改方法和多重比例出图的方法。同时，在绘制结构施工图时，通过对已经学过的绘图和编辑命令的重复使用，达到熟练掌握的程度。

教学要求

能力目标	相关知识	权重
能绘制结构施工图	结构施工图的绘图方法、【清理】命令的使用、跨文件复制图形、修改线型比例、【对象特征】工具栏的使用、绘制圆环	70%
能在模型空间内进行多重比例的出图	图块的特点、在位编辑参照、计算图形尺寸、设置【打印】对话框	15%
能在布局空间内进行多重比例的出图	理解布局的概念、建立和修改视口、设置当前视口、设置视口的出图比例、设置【页面设置管理器】	15%

学习重点

学习前应熟读附图中的基础平面图 (附图 3.4) 和标准层结构平面图 (附图 3.5)。多重比例的出图较难理解，学习前应先预习。学完该章后，选择一张图纸打印，以熟悉打印的过程。

【CAD图纸如何导出成jpg格式图纸】

本章主要学习宿舍楼基础平面图、标准层结构布置平面图、L－1梁的纵断图和楼梯配筋图等结构施工图的绘制方法。同时，借助于结构施工图介绍多重比例的出图方法。

5.1 绘制宿舍楼基础平面图

前面已经绘制了宿舍楼底层平面图，宿舍楼基础平面图(比例为1 ∶ 100)可在底层平面图的基础上进行绘制。另外，宿舍楼基础平面图的尺寸可以参照基础平面图(附图3.4)。

1. 新建图形文件

1) 选择样板

执行菜单栏中的【文件】|【新建】命令，默认状态下会打开【选择样板】对话框，如图5.1所示。选择“1 ∶ 1模板”文件，进入该模板绘制1 ∶ 100基础平面图并保存该图。

2) 修改图层

(1) 修改图层名称。打开【图层特性管理器】，选中【墙线】图层，然后按F2键，则该图层被激活，将【墙线】改为【基础墙】，然后再新建【大放脚】图层。

(2) 清理图层。

① 执行菜单栏中的【文件】|【绘图实用程序】|【清理】命令，打开【清理】对话框并展开图层选项，如图5.2所示。

② 清除除【基础墙】【标注】【大放脚】【文本】【辅助】图层之外的其他图层。

图 5.1 【选择样板】对话框

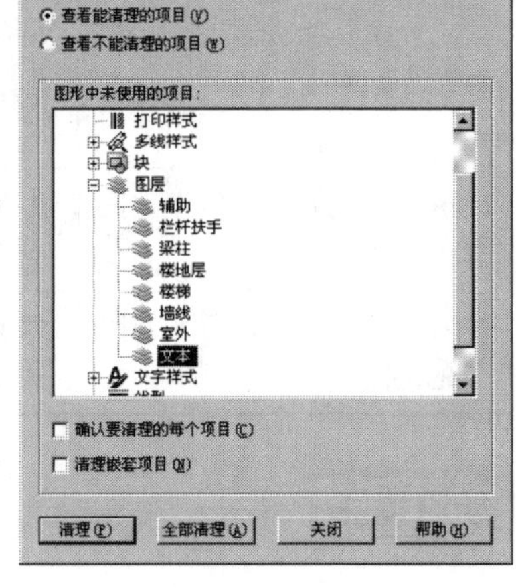

图 5.2 【清理】对话框

特别提示

【清理】命令可以清理未经使用的图层、多线样式、图块、文字样式、线型、表格样式和标注样式等。

3) 修改部分参数

(1) 将【线型管理器】对话框中的【全局比例因子】改为“100”。

(2) 打开【标注样式管理器】对话框，将【修改标注样式】对话框中的【调整】选项卡内的【使用全局比例】改为“100”。

2. 图形准备

将【基础墙】图层设置为当前层并参照 2.4 节的 3. 至 2.7 节的 5.，将图形绘制到如图 5.3 所示的状态，下面将在该图基础上绘制基础平面图。

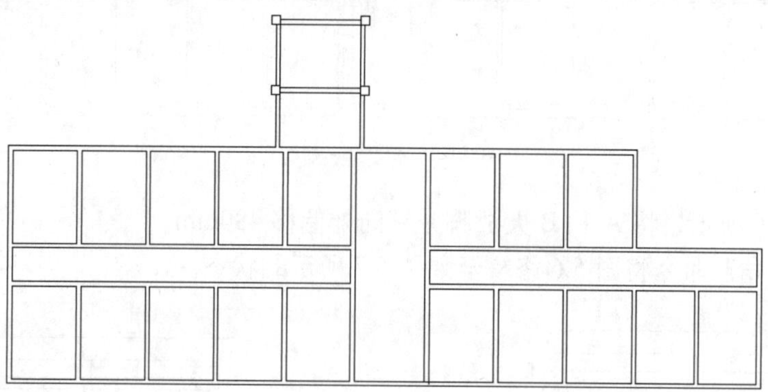

图 5.3 图形准备

特别提示

这里也可以利用跨文件的复制将该图从底层平面图中复制过来。

3. 绘制大放脚

1) 绘制大放脚(一)

(1) 在命令行输入“O”并按 Enter 键，启动【偏移】命令，参照基础平面图(附图 3.4)尺寸偏移基础墙，结果如图 5.4 所示。

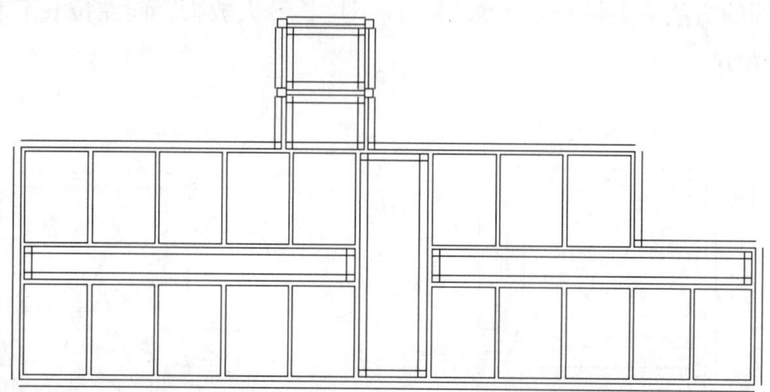

图 5.4 偏移基础墙

(2) 用【圆角】命令修角，模式为【修剪】模式，圆角半径为“0”，图 5.4 经过【圆角】命令修角后如图 5.5 所示。

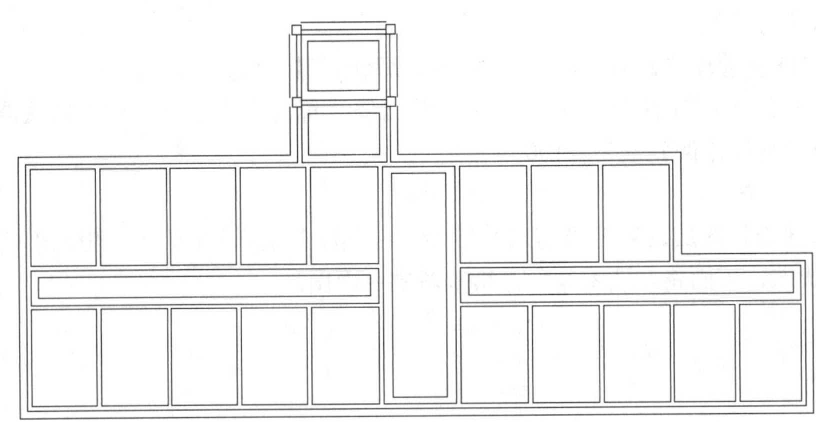

图 5.5 修整大放脚

(3) 如图 5.6 所示，将 A 和 B 大放脚分别向外偏移 480mm。

(4) 用【圆角】命令将图 5.6 修整至如图 5.7 所示的状态。

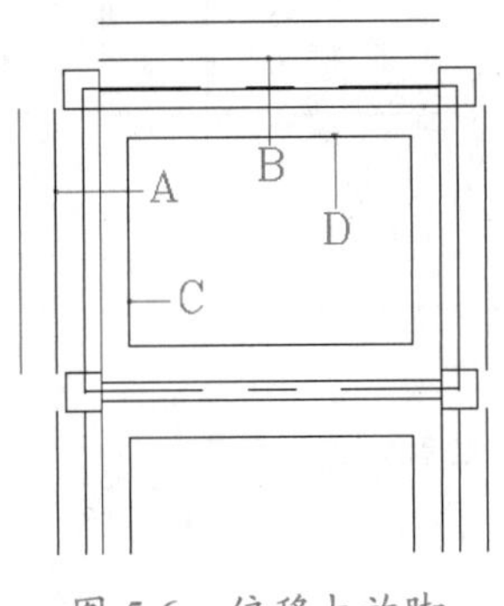

图 5.6 偏移大放脚

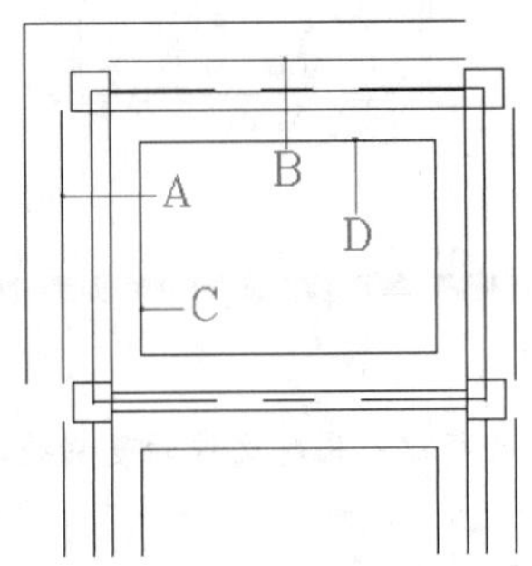

图 5.7 修整大放脚

(5) 拉长 D 大放脚。在无命令状态下选中 D 大放脚，出现 3 个蓝色夹点。单击左侧夹点使其变红，打开【正交】功能，然后向左水平拉长 D 大放脚至如图 5.8 所示。

(6) 用相同的方法向上拉长 C 大放脚，向下拉长 E 大放脚，向左拉长 F 和 G 大放脚，结果如图 5.9 所示。

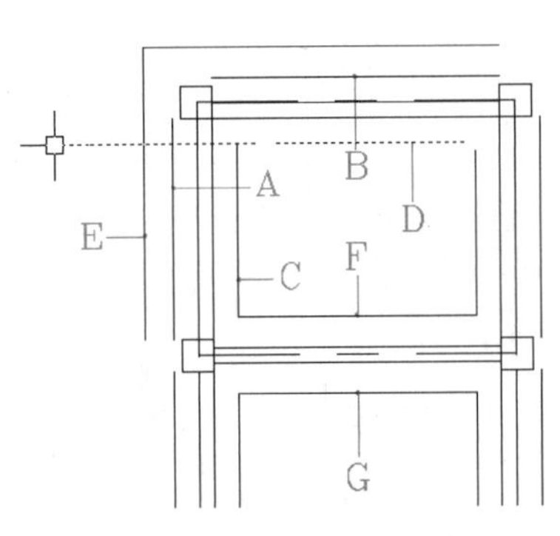

图 5.8 拉长 D 大放脚

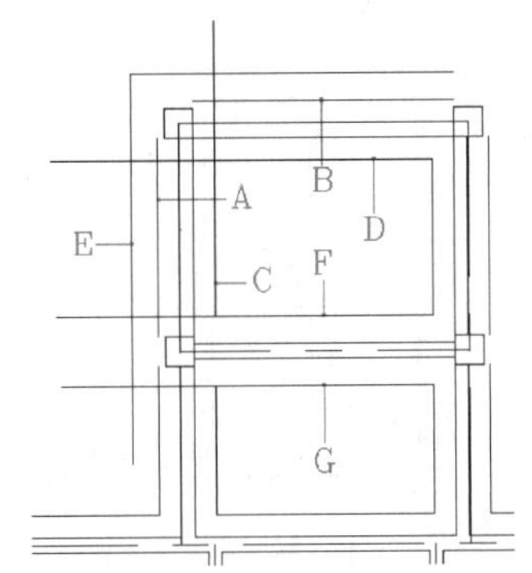

图 5.9 拉长 C、E、F、G 大放脚

(7) 用【修剪】命令将图 5.9 修整至如图 5.10 所示的状态。

(8) 将左侧两个构造柱的大放脚镜像复制到右侧并进行进一步修剪，结果如图 5.11 所示。

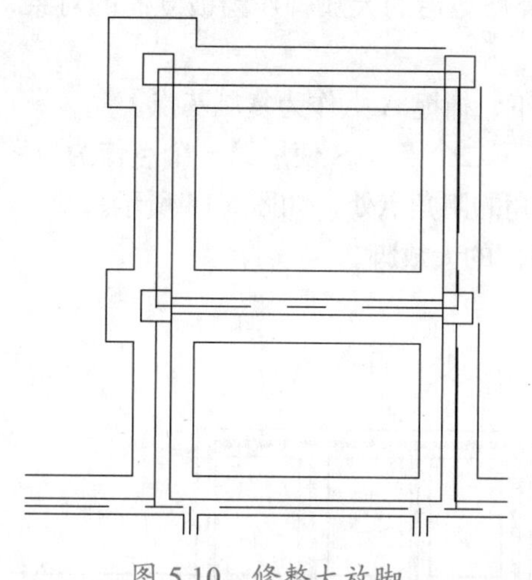

图 5.10　修整大放脚　　图 5.11　镜像并修剪大放脚

(9) 换图层。由于大放脚是由基础墙偏移形成的，所示目前所有的大放脚都是在【基础墙】图层上，需将它们由【基础墙】图层换到【大放脚】图层上。

操作技巧

- 首先，用【图层】工具栏将某条大放脚换到【大放脚】图层上，然后用【格式刷】命令将剩余的大放脚换到【大放脚】图层上。

2) 绘制大放脚(二)

(1) 将左上角的基础墙放大，并参照基础平面图(附图 3.4)尺寸偏移大放脚，结果如图 5.12 所示。

(2) 用【圆角】命令修角，模式为【修剪】模式，圆角半径为“0”，结果如图 5.13 所示。

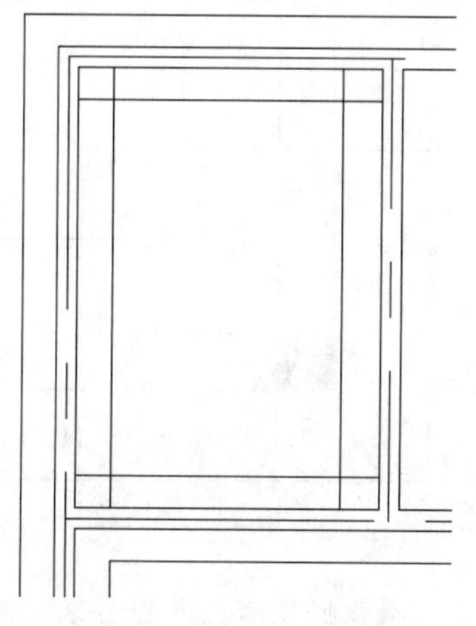

图 5.12　偏移大放脚

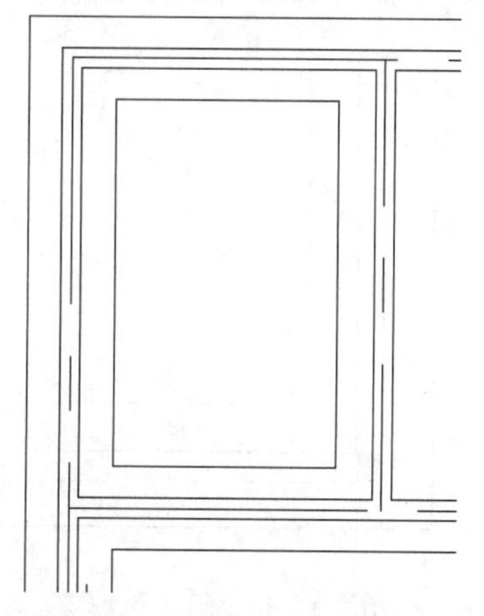

图 5.13　用【圆角】命令修角

(3) 将上面绘制的大放脚由【基础墙】图层换到【大放脚】图层。

(4) 在命令行输入“CO”并按 Enter 键，启动【复制】命令。

① 在选择对象：提示下，选择刚才偏移并经修剪后的大放脚作为被复制的对象，按 Enter 键进入下一步命令。

② 在指定基点或 [位移 (D)] < 位移 >：提示下，捕捉 A 点作为复制基点。

③ 在指定基点或 [位移 (D)] < 位移 >：指定第二个点或 < 使用第一个点作为位移 >：提示下，分别捕捉所有“3900”开间基础墙左上角的阴角点处，如图 5.14 所示。

④ 用相同的方法绘制右下角两个“3600”开间的大放脚。

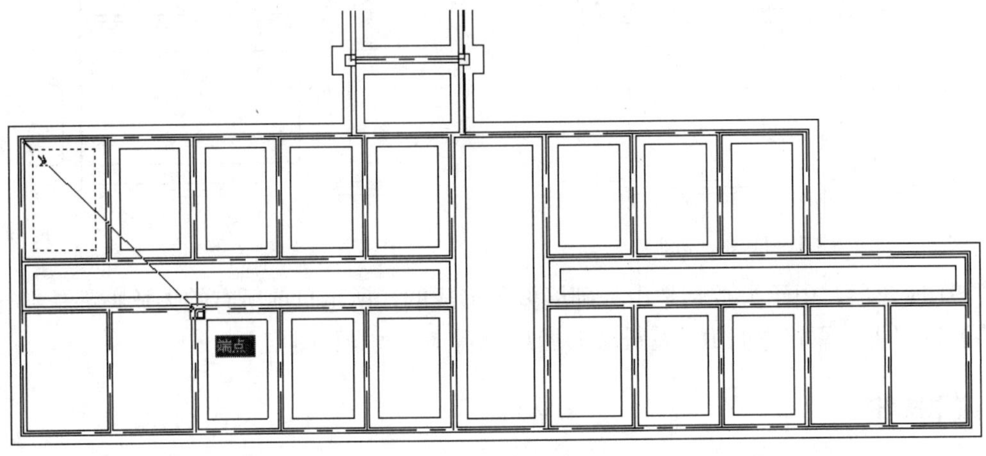

图 5.14　复制大放脚

4. 绘制构造柱

(1) 关闭【轴线】图层，并将【构造柱】图层设置为当前层。

(2) 启动【矩形】命令，在如图 5.15 所示的基础平面图左下角的位置绘制 240mm × 240mm 的正方形并将其填充。

(3) 启动【阵列】命令，将【阵列】对话框参数设置为 2 行、6 列、行偏移 12900、列偏移 3900。如图 5.16 所示，用窗选方法选择阵列对象。阵列后的结果如图 5.17 所示。

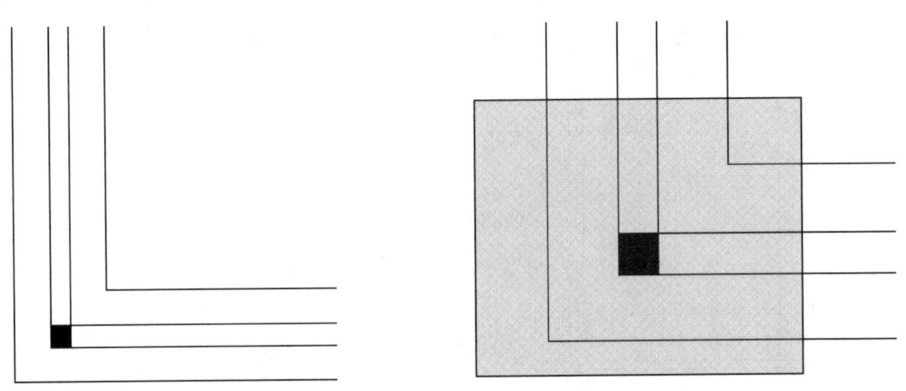

图 5.15　绘制构造柱

图 5.16　选择阵列对象

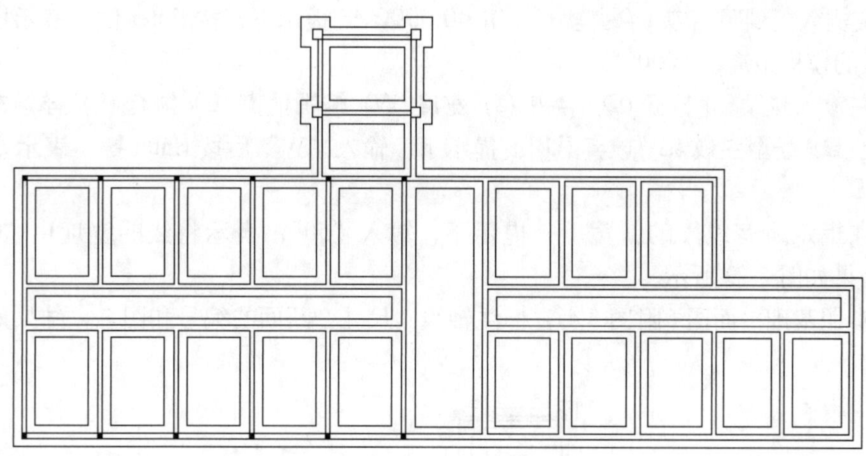

图 5.17 阵列复制构造柱

(4) 用相同的方法生成其他构造柱并填充 GZ3，结果如图 5.18 所示。

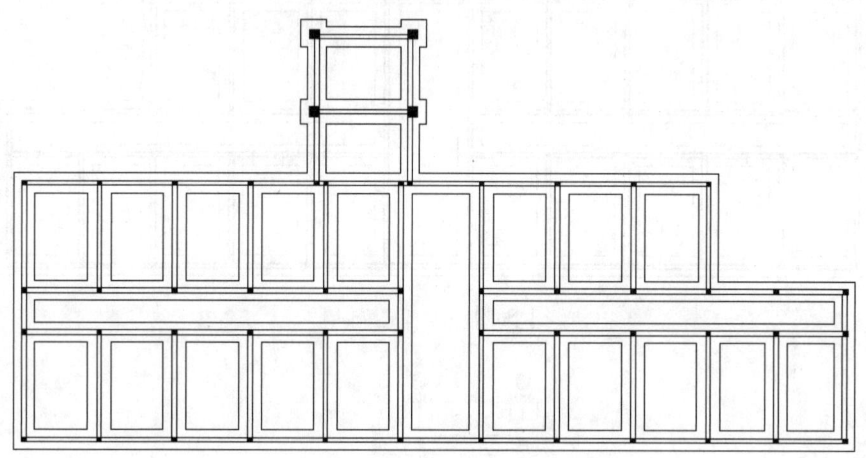

图 5.18 绘制构造柱

5. 修整图形

(1) 加粗基础墙。

将【大放脚】、【构造柱】和【轴线】图层锁定，启动【编辑多段线】命令。

① 在选择多段线或 [多条 (M)]：提示下，输入“M”后按 Enter 键，表示一次要编辑多条多段线。

② 在选择对象：提示下，输入“ALL”后按 Enter 键，结果屏幕上所有基础墙变虚。

③ 在选择对象：提示下，按 Enter 键进入下一步命令。

④ 在是否将直线和圆弧转换为多段线？[是 (Y)/ 否 (N)] ？ <Y>：提示下，按 Enter 键执行尖括号内的默认值“Y”(Yes)，表示要将所有选中的对象转化为多段线。

⑤ 在输入选项 [闭合 (C)/ 合并 (J)/ 宽度 (W)/ 编辑顶点 (E)/ 拟合 (F)/ 样条曲线 (S)/ 非曲线化 (D)/ 线型生成 (L)/ 放弃 (U)]：提示下，输入“J”后按 Enter 键，表示要执行【合并】子命令。这样，AutoCAD 将第②步全选的基础墙中所有首尾相连的对象连接在一起。

⑥ 在输入模糊距离或 [合并类型 (J)] <0.0000>：提示下，按 Enter 键，表示执行尖括号内默认的模糊距离“0.0000”。

⑦ 在输入选项，[打开 (O)/ 合并 (J)/ 宽度 (W)/ 编辑顶点 (E)/ 拟合 (F)/ 样条曲线 (S)/ 非曲线化 (D)/ 线型生成 (L)/ 放弃 (U)]：提示下，输入“W”后按 Enter 键，表示要改变线的宽度。

⑧ 在指定所有线段的新宽度：提示下，输入“50”，表示将线的宽度由“0”改为“50”，结果如图 5.19 所示。

(2) 参照基础平面图 (附图 3.4)，标注轴线、尺寸、断面的编号和图名，结果如图 5.20 所示。

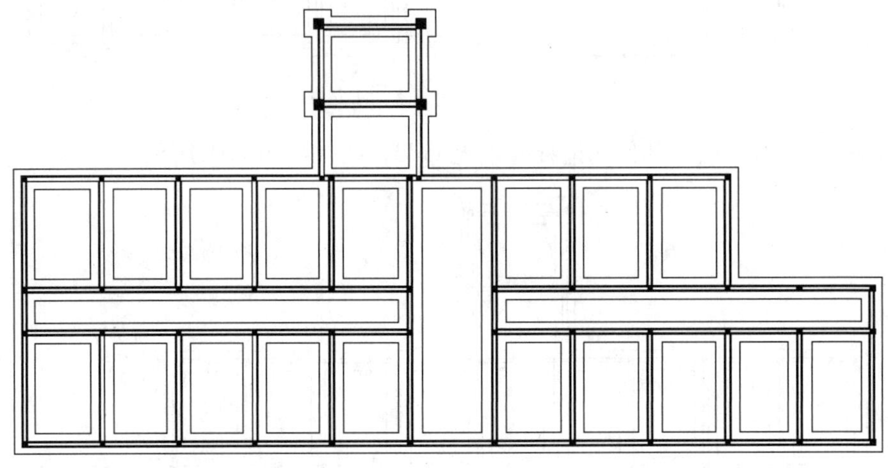

图 5.19　加粗基础墙

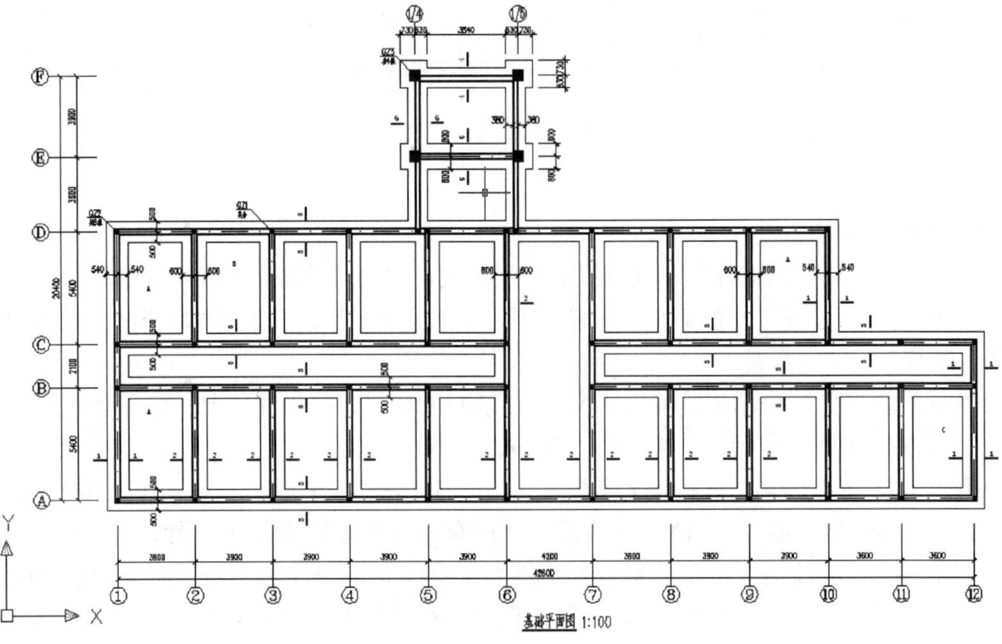

图 5.20　基础平面图

5.2 绘制宿舍楼标准层结构布置平面图

1 ： 100 的宿舍楼标准层结构布置平面图和基础平面图一样，也是在底层建筑平面图的基础上绘制的。同时，在绘制标准层结构布置平面图时，需要参照标准层结构平面图 (附图 3.5) 中的尺寸。

5.2.1 图形的准备

1. 绘制标准层结构布置平面图

参照第 2 章底层建筑平面图，将图形绘制到如图 5.21 所示的状态，下面将在图 5.21 基础上绘制标准层结构布置平面图。

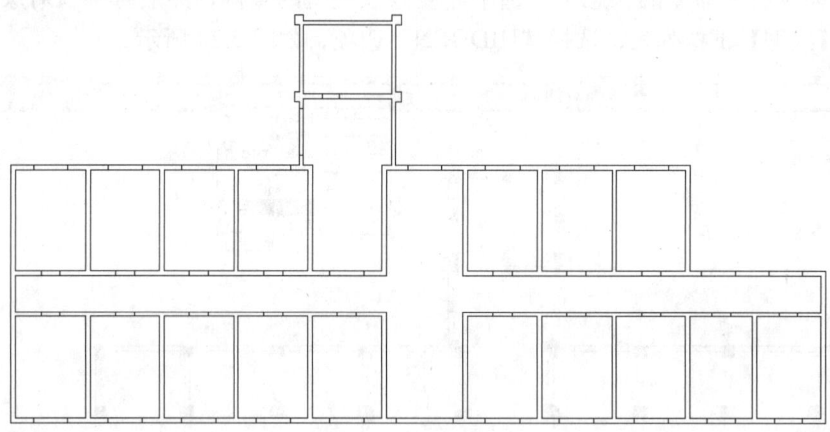

图 5.21 图形准备

2. 修改图层

将图层修改至如图 5.22 所示的状态，并在【选择线型】对话框内加载入 HIDDEN 线型，如图 5.23 所示。

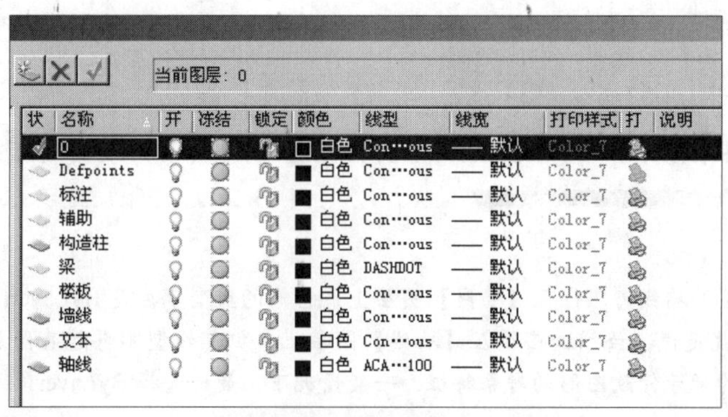

图 5.22 准备图层

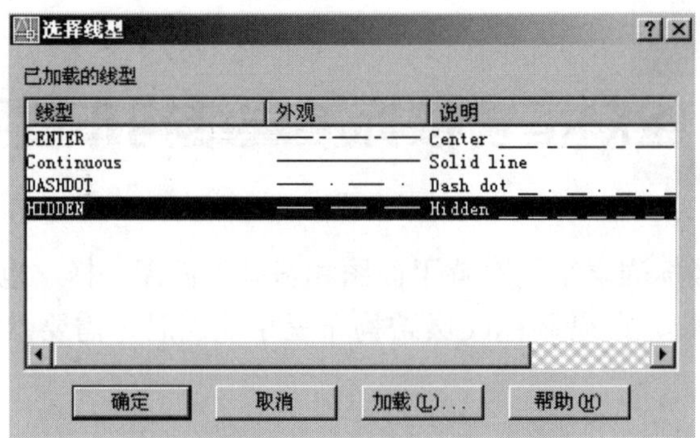

图 5.23　加载入 HIDDEN 线型

3. 修改墙线的线型

参照标准层结构平面图 (附图 3.5)，将被楼板所遮盖墙体的线型由 Continuous 改为 HIDDEN。

(1) 在命令行无命令的状态下，选中需要修改线型的墙体，然后打开【对象特征】工具栏上的【线型】下拉列表，选择“HIDDEN”选项，如图 5.24 所示。

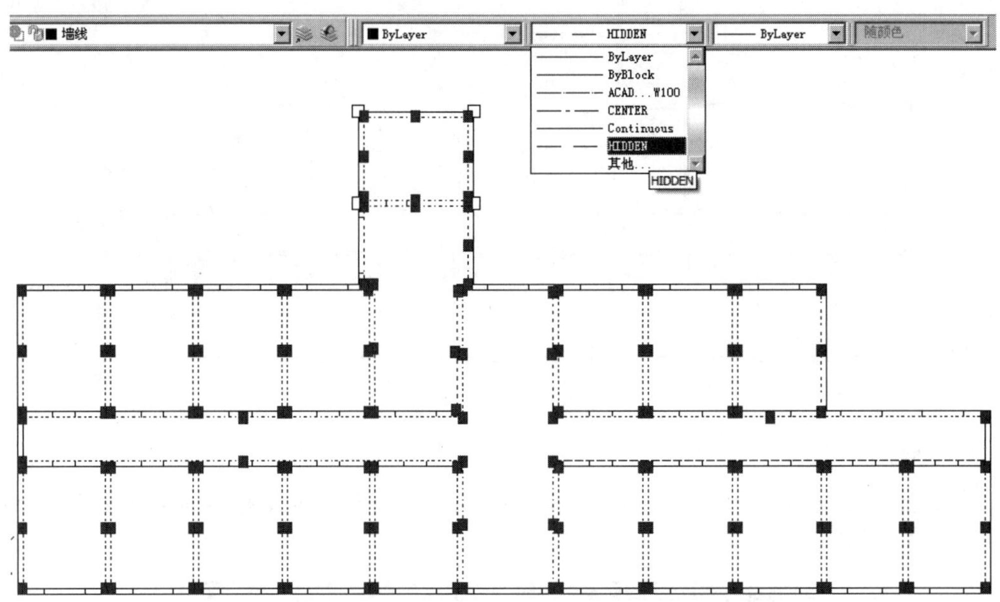

图 5.24　给部分墙线换线型

(2) 按 Esc 键取消夹点，可以看到刚才所有被选中的线由实线变为虚线。

特别提示

刚才换了线型的墙线仍然位于【墙线】图层上，它们的线型不再是 ByLayer(随层)，而是变成了 HIDDEN。也就是说，虽然这些线在【墙线】图层上，但其线型不再随着图层线型走，而是拥有自己的线型。为便于修改图形的对象特征，一般情况下，最好选择 ByLayer。

(3) 修改虚线的线型比例。取消夹点后，可以看出虚线的线段太长、不美观。接下来修改虚线的线型比例以改变虚线的显示。

(4) 如图 5.25 所示，在命令行无命令的状态下选中其中一条虚线，单击【标准】工具栏上的【对象特征】图标，打开【特性】对话框，将线型比例由“1”改为“0.5”，然后关闭对话框。由于该虚线的线型比例由“1”变为“0.5”，所以其显示状态发生了变化。

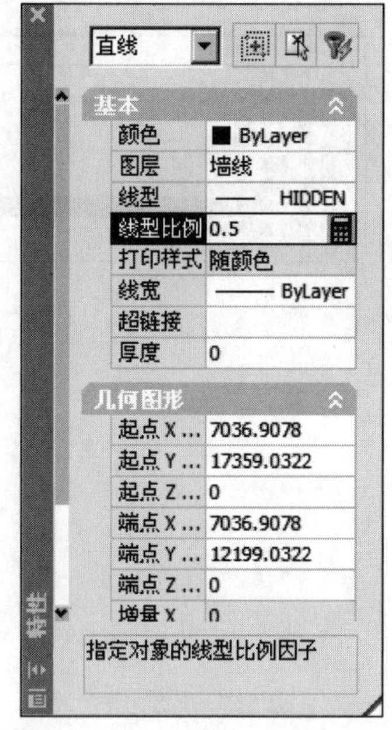

图 5.25 修改线型比例

操作技巧

- 通常需要反复修改线型比例，直至合适为止。

(5) 用【特性匹配】命令 (格式刷) 改变剩余虚线的线型比例。

① 执行菜单栏中的【修改】|【特性匹配】命令。

② 在选择源对象：提示下，选择 (1) 步骤中操作的虚线，此时光标变成一把大刷子。

③ 在选择目标对象或 [设置 (S)]：提示下，选择其他未改变线型比例的虚线，然后按 Enter 键结束命令，结果所有虚线的显示都发生了变化。

5.2.2 绘制预制楼板的布置方式并标出配板符号

下面以 1、2 轴线和 C、D 轴线所围合的房间为例介绍楼板的布置方式并标出配板符号。

1. 绘制预制楼板的布置方式

(1) 单击【修改】工具栏上的【偏移】图标，启动【偏移】命令，将 A 线向下分别偏移 7 个 600mm，如图 5.26 所示。

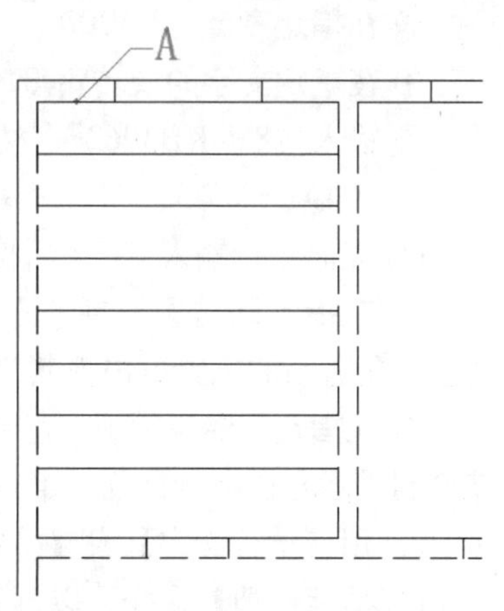

图 5.26 偏移形成楼板

(2) 换图层：由于楼板是由墙线偏移得来的，所以楼板目前位于【墙线】层上，需要将楼板换到【楼板】层上。

① 在无命令的状态下选中所有楼板，打开【图层控制】下拉列表并选择【楼板】图层，如图 5.27 所示。

② 按 Esc 键取消夹点，这样所有被选中的楼板线由【墙线】层换到【楼板】层上。

③ 打开【轴线】图层，将楼板线两端用【延伸】命令延伸至轴线，生成楼板的支撑长度，结果如图 5.28 所示。

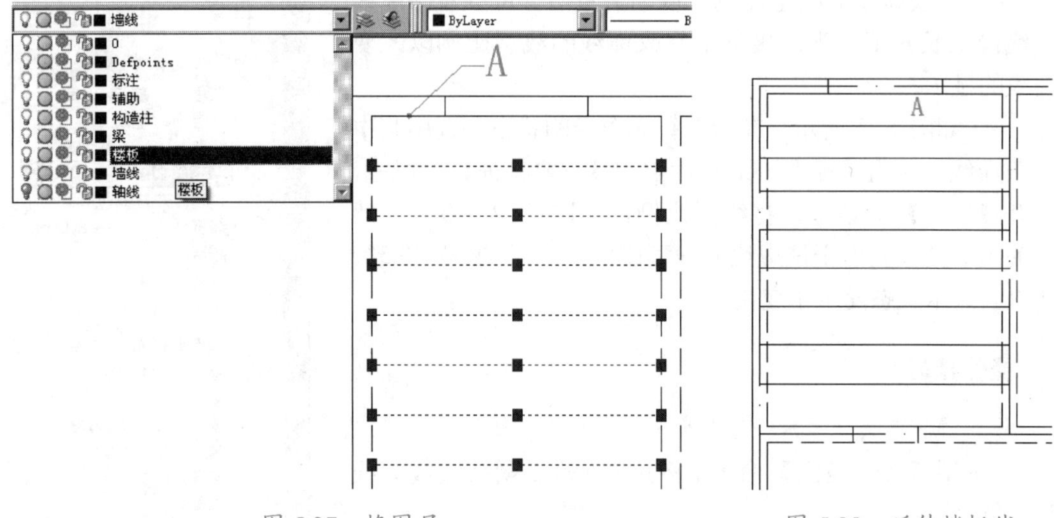

图 5.27　换图层　　　　图 5.28　延伸楼板线

2. 标出配板符号

(1) 将【楼板】图层设置为当前层。

(2) 启动【直线】命令和【圆环】命令。

如图 5.29 所示，启动【直线】命令绘制直线；启动【圆环】命令，绘制内径为“0”、外径为“70”的圆点。

(3) 写配板文字。

① 将 Standard 字体设为当前字体，在命令行输入“DT”后按 Enter 键，启动【单行文字】命令。

② 在指定文字的起点或 [对正 (J)/ 样式 (S)]：提示下，在适当的位置单击一点作为文字的起点位置。

③ 在指定高度 <2.5000>：提示下，输入“300”，表示字高为 300mm。

④ 在指定文字的旋转角度 <0>：提示下，按 Enter 键。

⑤ 输入“8Y–KB3962”，按两次 Enter 键结束命令。

3. 绘制配板编号

(1) 在命令行输入“C”后按 Enter 键，启动【画圆】命令。

① 在指定圆的圆心或 [三点 (3P)/ 两点 (2P)/ 相切、相切、半径 (T)]：提示下，在房间左上角适当的位置单击使其作为圆的圆心。

② 在指定圆的半径或 [直径 (D)]：提示下，输入“300”后按 Enter 键结束命令。这样就绘制了圆心在指定位置，半径为 300mm 的圆。

(2) 用【单行文字】或【多行文字】命令在圆圈内写配板编号“甲”，字高 500mm。

(3) 用【修剪】命令，以圆为边界修剪掉和圆相重合的楼板线，结果如图 5.30 所示。

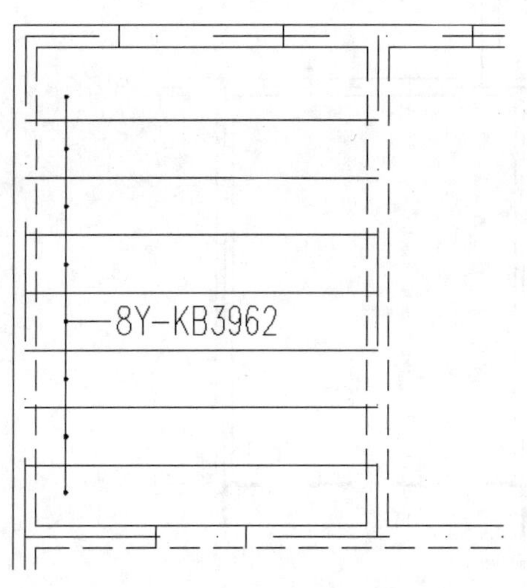

图 5.29 标出配板符号

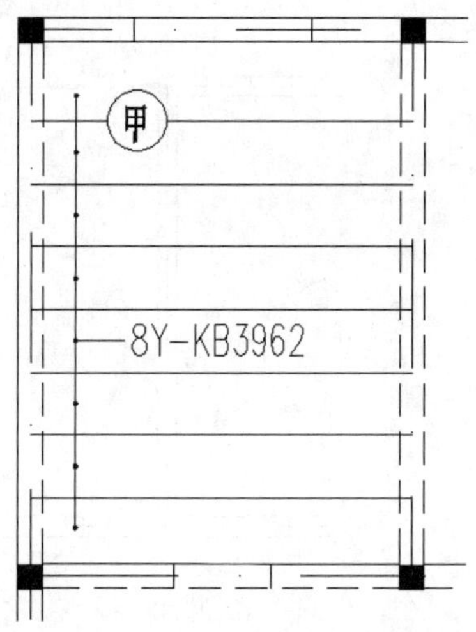

图 5.30 绘制配板编号

(4) 将配板编号复制到相同的房间内。

4. 用相同的方法标出其他的配板符号和配板编号

用相同的方法标出标准层结构平面图内 A、B 和 10、11 轴线及 A、B 和 6、7 轴线所围合的宿舍和走道内的配板符号和配板编号，结果如图 5.31 所示。

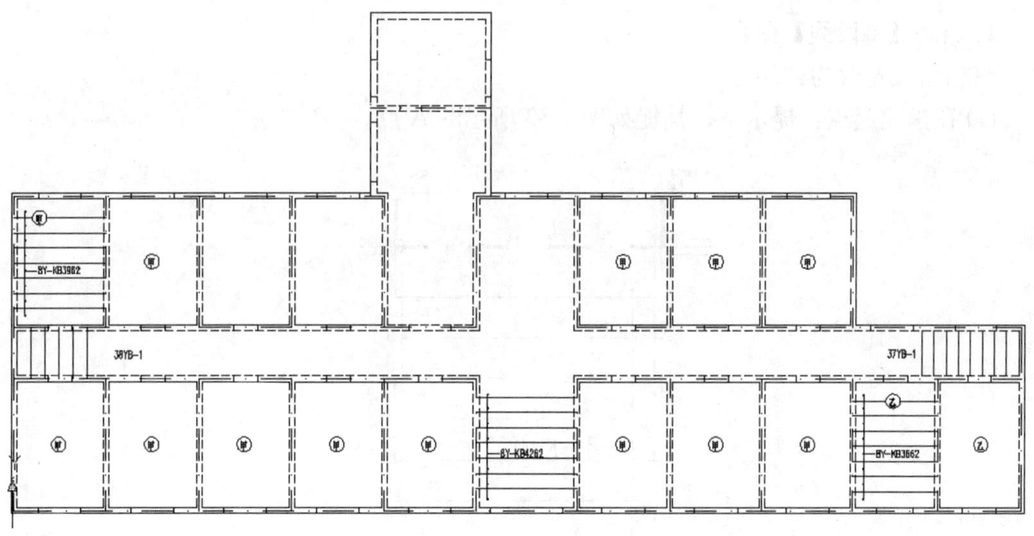

图 5.31 绘制配板编号

5.2.3 绘制梁

1. 将【梁】图层设置为当前层

2. 执行【多段线】命令

将当前线宽改为“50”，按照图 5.32 所示的位置绘制 L－1、L－2、L－3 和 TL－1。

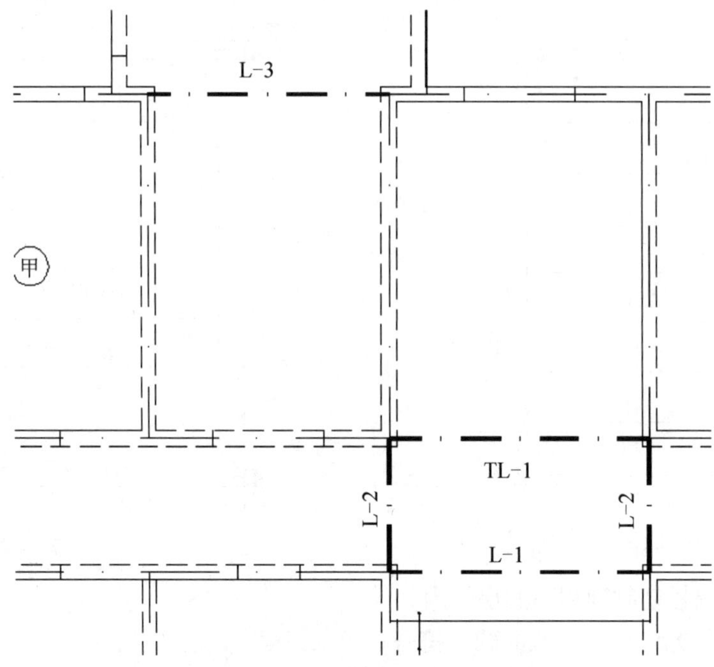

图 5.32　绘制 L-1、L-2、L-3 和 TL-1

3. 绘制阳台的挑梁和封边梁

1) 启动【多段线】命令

将当前线宽改为“50”。

(1) 在指定起点：提示下，捕捉如图 5.33 所示的 A 点。

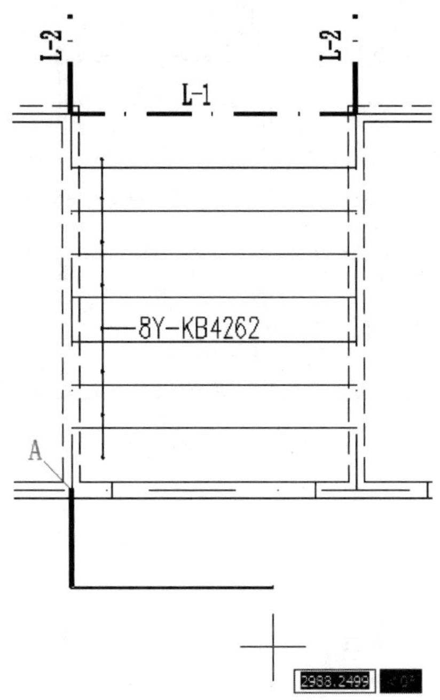

图 5.33　绘制阳台的挑梁和封边梁

(2) 在指定下一个点或 [圆弧 (A)/ 半宽 (H)/ 长度 (L)/ 放弃 (U)/ 宽度 (W)]：提示下，打开【正交】功能，将光标垂直向下拖动，输入“1500”。

(3) 在指定下一个点或 [圆弧 (A)/ 半宽 (H)/ 长度 (L)/ 放弃 (U)/ 宽度 (W)]：提示下，将光标水平向右拖动，输入“4200”，如图 5.33 所示。

(4) 在指定下一个点或 [圆弧 (A)/ 半宽 (H)/ 长度 (L)/ 放弃 (U)/ 宽度 (W)]：提示下，将光标垂直向上拖动，输入“1500”。

2) 形成拖梁

在命令行无命令的状态下单击上面所绘制的阳台的挑梁，出现蓝色夹点。单击如图 5.34 所示的夹点使其变红，打开【正交】功能，并将光标垂直向上拖动，输入“3000”后按 Enter 键，这样就形成了阳台挑梁的拖梁部分。

用同样的方法形成右边的拖梁。

3) 标出阳台挑梁的编号

4) 将所有梁的【线型比例】修改为“0.3”

结果如图 5.35 所示。

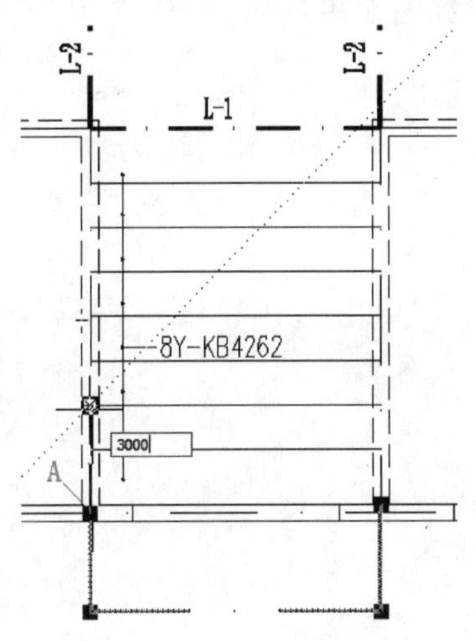

图 5.34　形成阳台的托梁

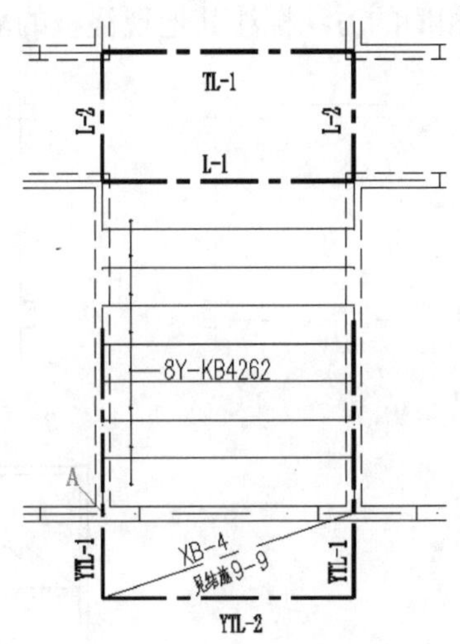

图 5.35　绘制阳台的边梁和封边梁

5.2.4 标出现浇板的配板符号

首先标注 E、F 和 1/4 及 1/6 轴线所围合卫生间的现浇板的配板符号。

1) 绘制斜线

当前层仍为【楼板】层。启动【直线】命令绘制斜线，注意斜线的起止位置，结果如图 5.36 所示。

2) 写配板文字

(1) 在命令行输入“DI”后按 Enter 键。

① 在指定第一点：提示下，捕捉斜线的左下端点。

② 在指定第二点：提示下，捕捉斜线的右上端点，结果测得斜线的角度为 38°。

(2) 将 Standard 字体设为当前字体，在命令行输入“DT”后按 Enter 键，启动【单行文字】命令。

① 在指定文字的起点或 [对正 (J)/ 样式 (S)]：提示下，在斜线上方适当的位置单击，来确定文字的起点位置。

② 在指定高度 <2.5000>：提示下，输入“300”，表示字高为 300mm。

③ 在指定文字的旋转角度 <0>：提示下，输入“38”后按 Enter 键，表示文字逆时针旋转 38°。

④ 输入“XB–1”，按两次 Enter 键结束命令，结果如图 5.37 所示。

(3) 启动【复制】命令，将“XB–1”复制到斜线下部并用【文字编辑】命令将其修改为“见本图”，结果如图 5.38 所示。

操作技巧

- 修改文字要比重新书写文字方便。

用相同的方法标注其他现浇板的配板文字，结果如图 5.39 所示。

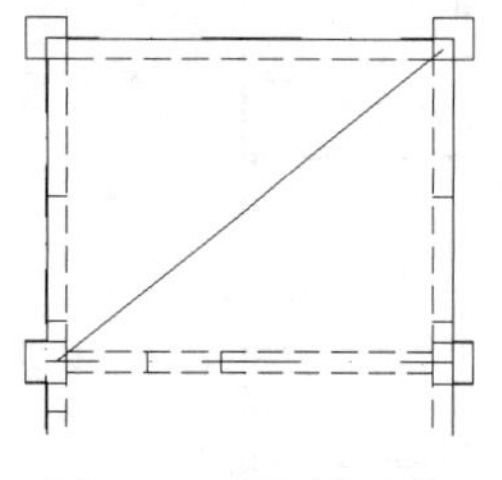

图 5.36　绘制斜线

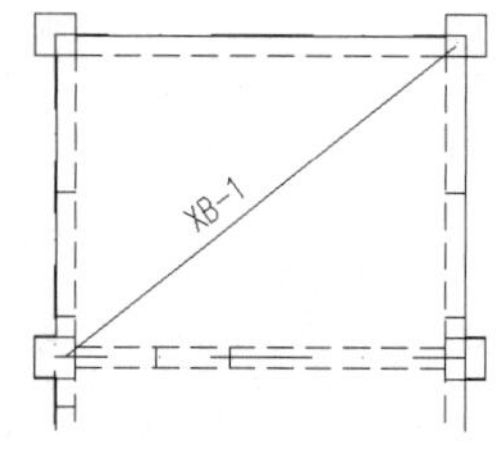

图 5.37　写配板文字 1

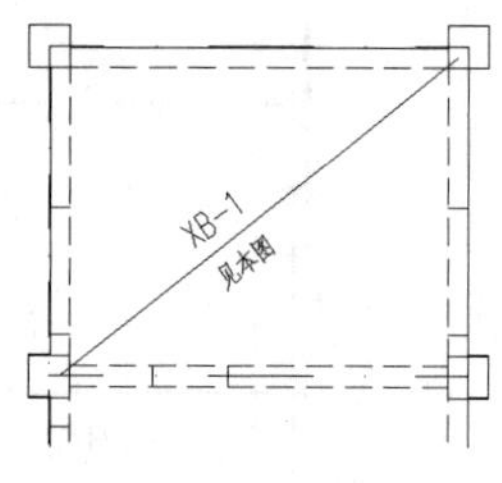

图 5.38　写配板文字 2

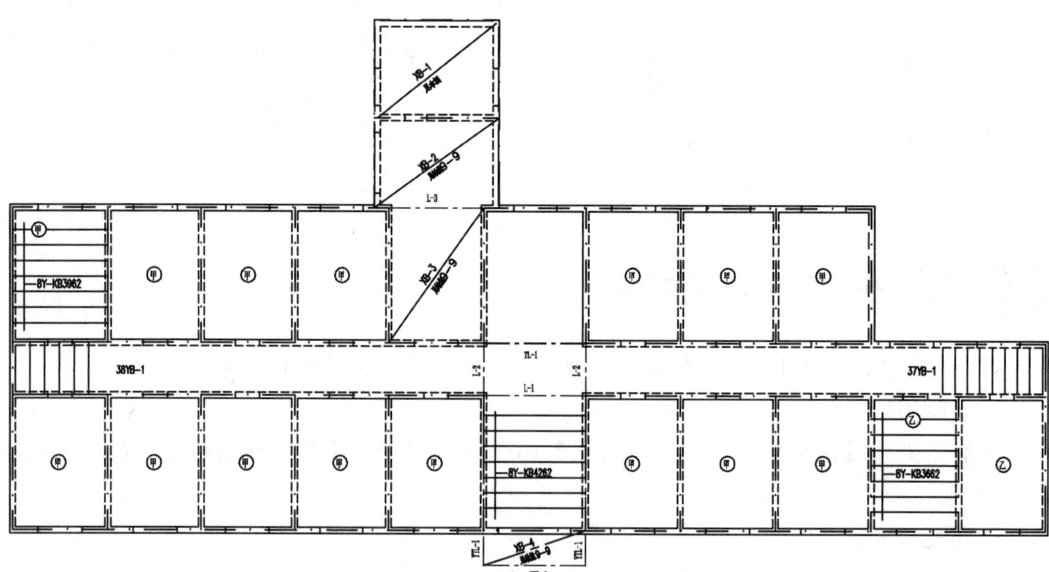

图 5.39　现浇板的配板文字

5.2.5 绘制构造柱

【柱子的截面配筋图的绘制】

(1) 打开基础平面图，锁定除【构造柱】以外的其他图层。

(2) 执行菜单栏中的【文件】|【带基点的复制】命令。

① 在**指定基点**：提示下，捕捉如图 5.40 所示的位置作为复制的基点。

② 在**选择对象**：提示下，输入“ALL”后按 Enter 键。

(3) 按 Ctrl+Tab 快捷键，将“标准层结构布置图”设置为当前图形文件，然后按 Ctrl+V 快捷键。在**指定插入点**：提示下，捕捉如图 5.41 所示的位置作为插入点，结果如图 5.42 所示。

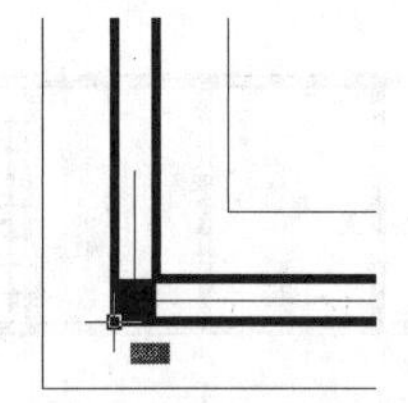

图 5.40 选择复制基点

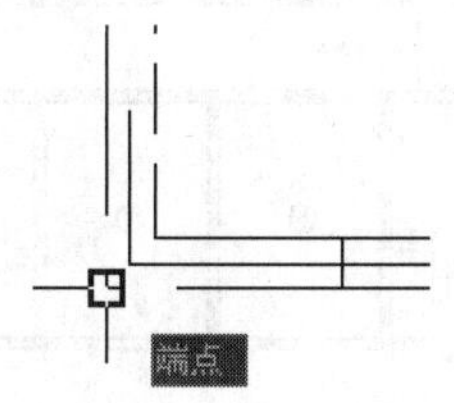

图 5.41 确定插入点

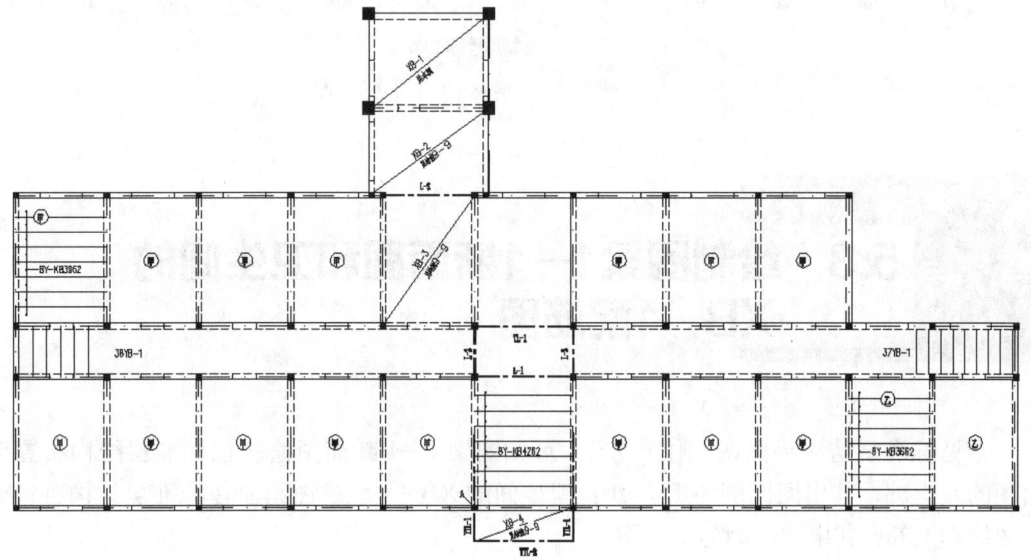

图 5.42 绘制构造柱

5.2.6 修整标准层结构布置平面图

参照标准层结构平面图 (附图 3.5)，分别绘制雨篷、楼梯代号、断面符号和详图索引号，标注尺寸和轴线编号，标注构造柱的编号和图名，结果如图 5.43 所示。

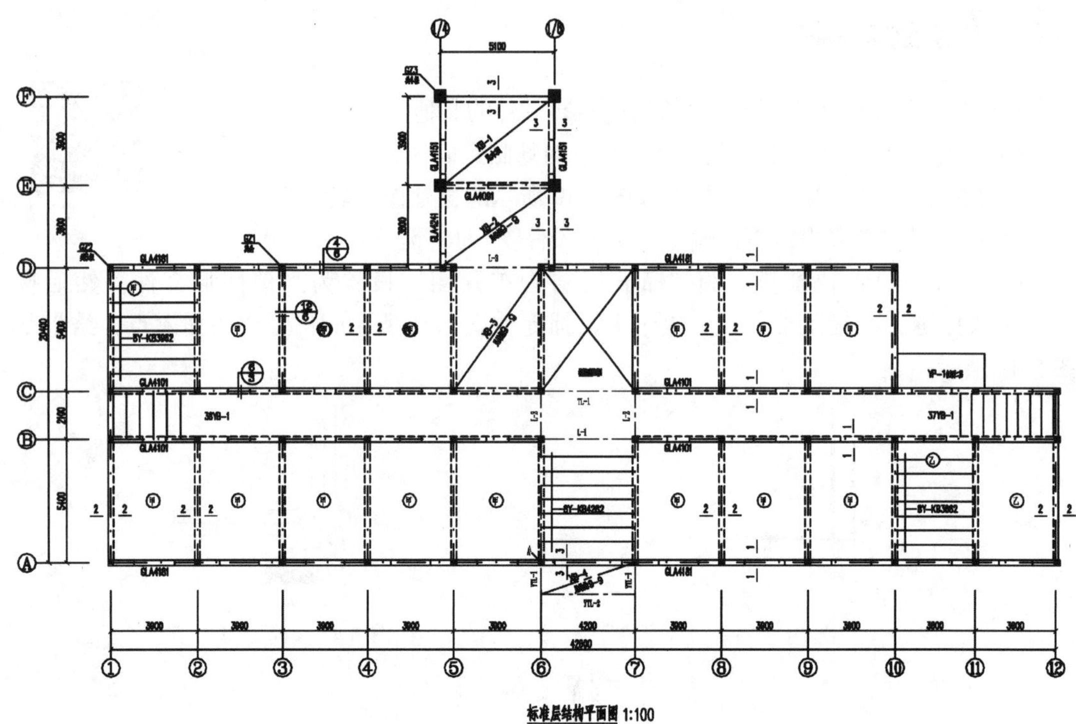

图 5.43　绘制标准层结构布置平面图

5.3　绘制圈梁1—1断面图和卫生间的XB－1配筋图

参见标准层结构平面图 (附图 3.5)，可知圈梁 1—1 断面图绘制在标准层结构布置平面图的左上部，其出图比例为 1 ： 20；卫生间的 XB－1 配筋图绘制在标准层结构布置平面图的右上部，其出图比例为 1 ： 50。

5.3.1　绘制出图比例为1：20的圈梁“1—1断面图”

1. 在标准层结构布置平面图左上部绘制

(1) 将【梁】图层设置为当前层。

(2) 启动【矩形】命令。

单击【绘图】工具栏上的【矩形】图标，启动【矩形】命令。

① 在指定第一个角点或 [倒角 (C)/ 标高 (E)/ 圆角 (F)/ 厚度 (T)/ 宽度 (W)]：提示下，在圈梁 1—1 断面图所处的位置单击，将该点作为圈梁断面图的左下角点。

② 在指定另一个角点或 [面积 (A)/ 尺寸 (D)/ 旋转 (R)]：提示下，输入“@240，240”后按 Enter 键结束命令，结果绘制出圈梁断面图的外轮廓。

(3) 用【偏移】命令将圈梁断面图的外轮廓向内偏移。

用【偏移】命令将圈梁断面图的外轮廓依次向内偏移 30(25mm 厚的保护层 + 半个线宽 5mm) 和 10mm，结果如图 5.44 所示。

(4) 启动【编辑多段线】的命令。

执行菜单栏中的【修改】|【对象】|【多段线】命令，或在命令行输入“PE”并按 Enter 键，启动编辑多段线的命令。

① 在选择多段线或 [多条 (M)]：提示下，选择中间的矩形。

② 在输入选项 [打开 (O)/ 合并 (J)/ 宽度 (W)/ 编辑顶点 (E)/ 拟合 (F)/ 样条曲线 (S)/ 非曲线化 (D)/ 线型生成 (L)/ 放弃 (U)]：提示下，输入“W”并按 Enter 键。

③ 在指定所有线段的新宽度：提示下，输入“10”后按 Enter 键，然后再按 Enter 键结束命令，结果如图 5.45 所示。

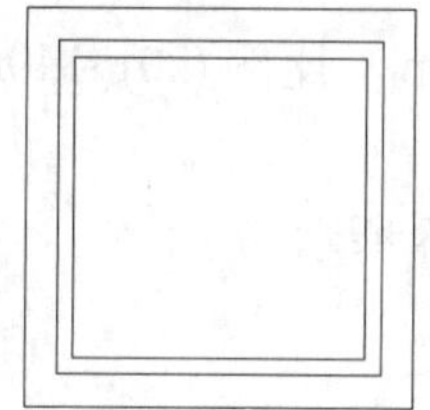

图 5.44　绘制圈梁断面图轮廓

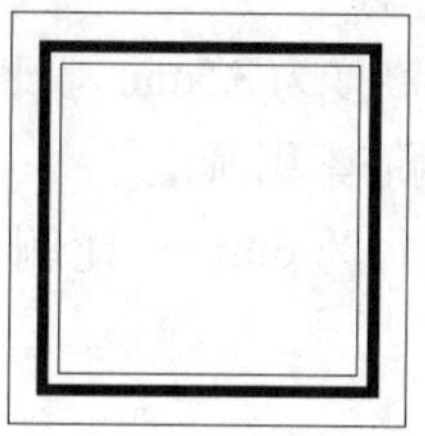

图 5.45　绘制箍筋

(5) 启动【绘制圆环】的命令。

执行菜单栏中的【绘图】|【圆环】命令，执行绘制圆环的操作。

① 在指定圆环的内径：提示下，输入“0”后按 Enter 键，设定圆环的内径为 0mm。

② 在指定圆环的外径：提示下，输入“10”后按 Enter 键，设定圆环的外径为 10mm。

③ 在指定圆环的中心点或 <退出>：提示下，分别捕捉最里面矩形的 4 个角点，就绘制出了圈梁直径为 10mm 的 4 根纵向钢筋，结果如图 5.46 所示。

(6) 用【删除】命令删除最里面的矩形。

(7) 用 10mm 宽的多段线在左上角绘制箍筋的弯钩，结果如图 5.47 所示。这样就绘制出圈梁的 1—1 断面图。

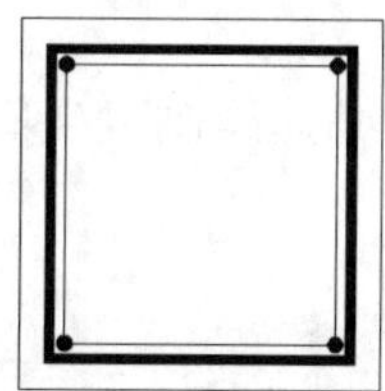

图 5.46　绘制圈梁纵向钢筋

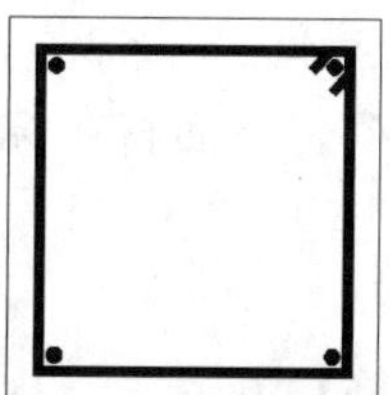

图 5.47　绘制箍筋钢筋弯钩

2. 按照 1 ： 20 的出图比例标注尺寸、标高、文字及图名

1) 标注尺寸

(1) 设定 1 ： 20 的标注样式。

① 执行菜单栏中的【格式】|【标注样式】命令，打开【标注样式管理器】对话框。

② 选中【标注】标注样式，然后单击【新建】按钮，打开【创建新标准样式】对话框，在【新样式名】文本框中输入“1 比 20”。

③ 单击【继续】按钮进入【新建标注样式】的参数设置对话框，该对话框共有 7 个选项卡，除【调整】选项卡中的【使用全局比例】设定为“20”外，其他设定均与 3.3.2 尺寸标注样式中的【标注】相同。

④ 将【1 比 20】标注样式设为当前标注样式。

(2) 用【线性】标注命令标注梁的宽度和高度。

2) 标注标高

标高符号的三角形高度为 3mm× 比例 (20)=60mm。

3) 标注文字

一般文字高度为 3.5mm× 比例 (20)= 70mm，图名为 7mm× 比例 (20)=140mm。

4) 绘制钢筋索引圆圈

该圆圈直径为 6mm× 比例 (20)=120mm，结果如图 5.48 所示。

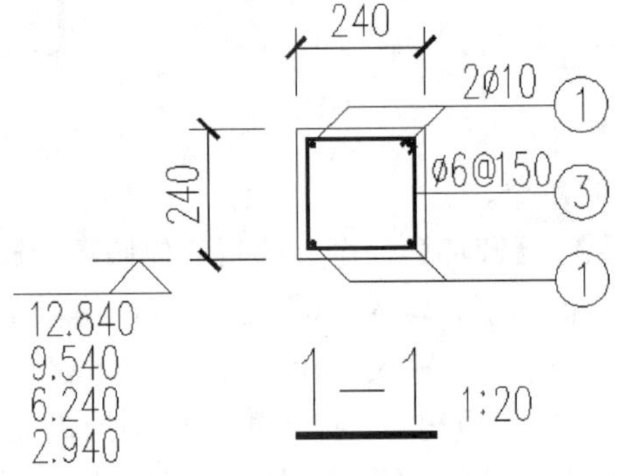

图 5.48　绘制圈梁断面图

5.3.2 绘制卫生间的“XB - 1配筋图”

1. 绘制卫生间的“XB - 1 配筋图”

打开图 5.48，下面将在标准层结构布置平面图的右上角，绘制卫生间的“XB–1 配筋图”。

1) 调整图层

新建【钢筋】图层。

2) 图形准备

(1) 在命令行输入“CO”并按 Enter 键，启动【复制】命令。

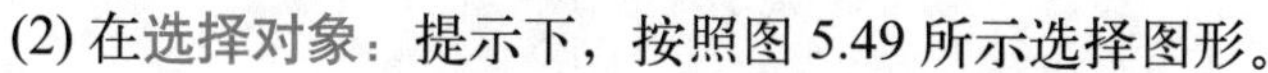

(2) 在选择对象：提示下，按照图 5.49 所示选择图形。

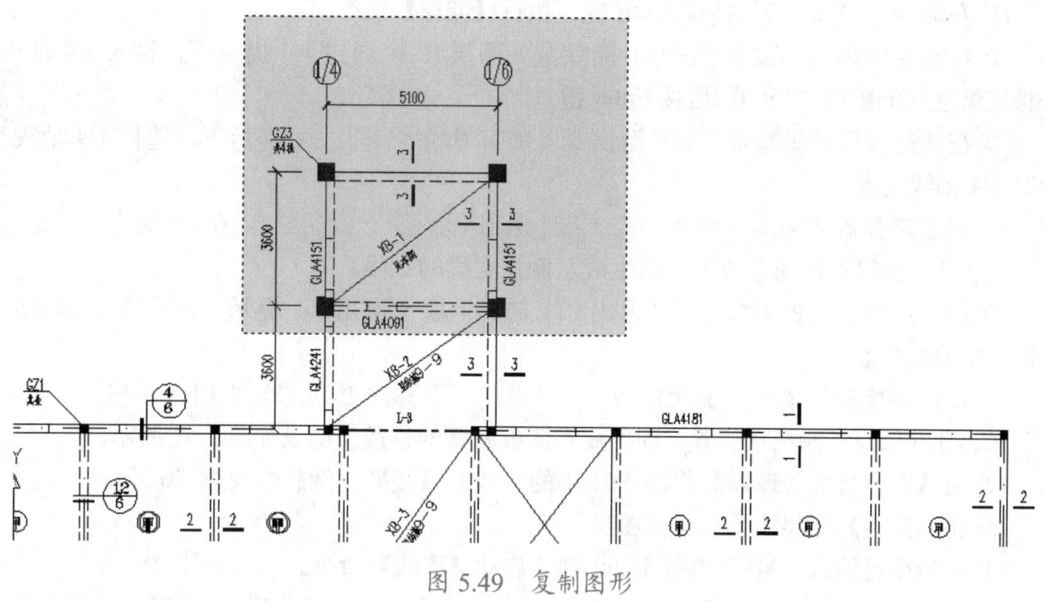

图 5.49 复制图形

(3) 在指定基点或 [位移 (D)] < 位移 >：提示下，在 XB－1 内部任意单击一点作为复制基点。

(4) 在指定基点或 [位移 (D)] < 位移 >：指定第二个点或 < 使用第一个点作为位移 >：提示下，将图形放到标准层结构布置平面图的右上角空白处。

(5) 将上面复制出的图形修整至如图 5.50 所示的状态。

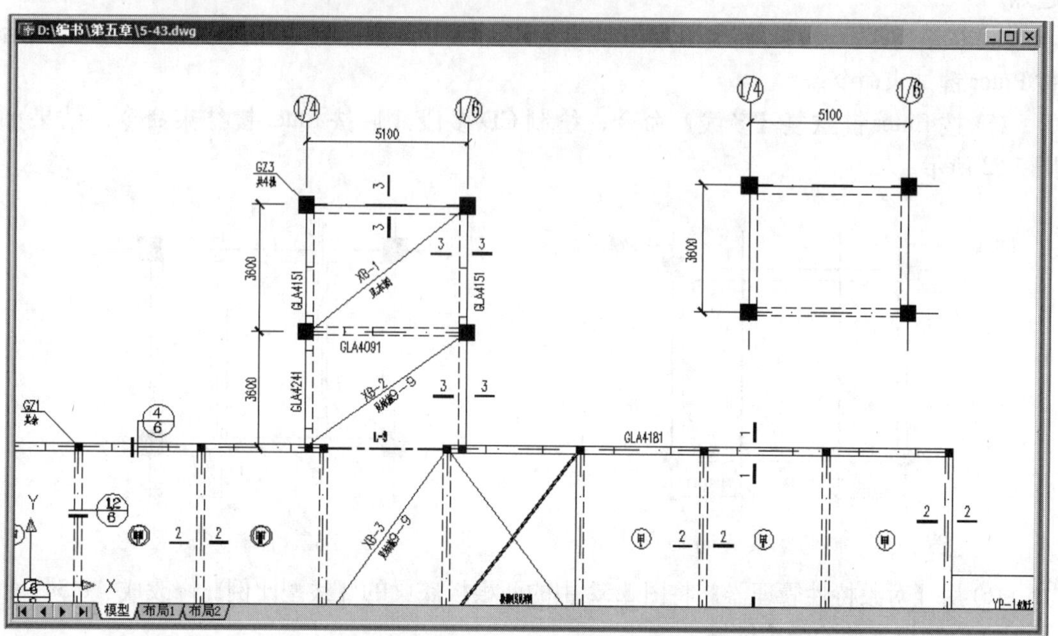

图 5.50 复制并修整图形

3) 绘制板底梁

(1) 在命令行输入“O”并按 Enter 键，执行【偏移】命令。

① 在指定偏移距离或 [通过 (T)/ 删除 (E)/ 图层 (L)]< 通过 >：提示下，输入 1/4 轴线和板底梁之间的距离“1500”后按 Enter 键。

② 在选择要偏移的对象，或 [退出 (E)/ 放弃 (U)] < 退出 >：提示下，选择 1/4 轴线，此时 1/4 轴线变虚。

③ 在指定要偏移的那一侧上的点，或 [退出 (E)/ 多个 (M)/ 放弃 (U)] < 退出 >：提示下，单击 1/4 轴线右侧任意位置，则生成左侧板底梁的轴线。

④ 在选择要偏移的对象，或 [退出 (E)/ 放弃 (U)] < 退出 >：提示下，选择 1/6 轴线，此时 1/6 轴线变虚。

⑤ 在指定要偏移的那一侧上的点，或 [退出 (E)/ 多个 (M)/ 放弃 (U)] < 退出 >：提示下，单击 1/6 轴线左侧任意位置，则生成右侧板底梁的轴线，结果如图 5.51 所示。

(2) 用【对象特性管理器】将图 5.51 中的轴线的【线型比例】修改成“0.5”。

(3) 将【虚线】图层设置为当前图层。

(4) 在命令行输入“ML”并按 Enter 键，启动【多线】命令。

① 在当前设置：对正 = 无，比例 =240.00，样式 =STANDARD，指定起点或 [对正 (J)/ 比例 (S)/ 样式 (ST)]：提示下，输入“S”后按 Enter 键。

② 在输入多线比例 <240.00>：提示下，输入“200”(板底梁的宽度为 200mm) 后按 Enter 键。

③ 在指定起点或 [对正 (J)/ 比例 (S)/ 样式 (ST)]：提示下，捕捉 A 点作为多线的起点。

④ 在指定下一点或 [闭合 (C)/ 放弃 (U)]：提示下，捕捉 B 点作为多线的终点，然后按 Enter 键结束命令。

(5) 按 Enter 键重复【多线】命令，绘制 CD 多段线后按 Enter 键结束命令，结果如图 5.52 所示。

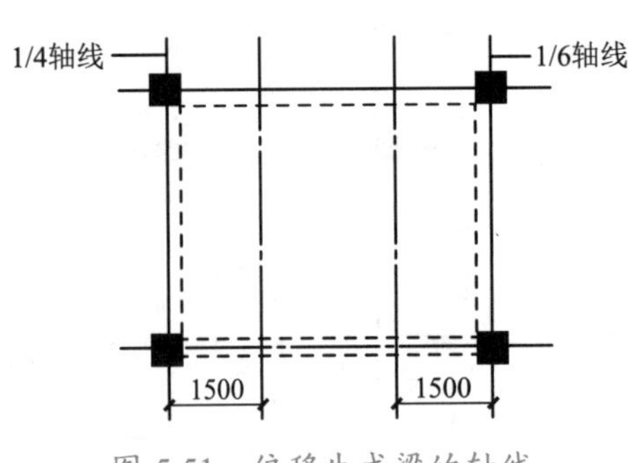

图 5.51　偏移生成梁的轴线

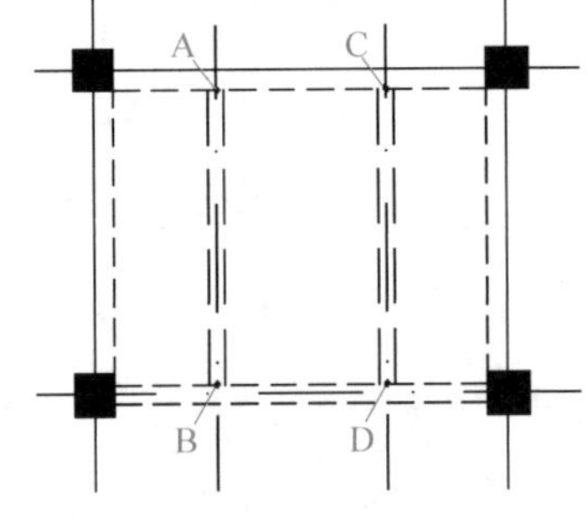

图 5.52　绘制板底梁

(6) 用【对象特性管理器】将图 5.52 中的两根板底梁的【线型比例】修改成“0.5”。

4) 绘制板下部的受力钢筋

(1) 将【钢筋】图层设置为当前图层。

(2) 启动【偏移】命令将 1/4 和 1/6 轴线外墙的外墙线分别向内偏移 120mm，然后绘制一条水平辅助线，结果如图 5.53 所示。

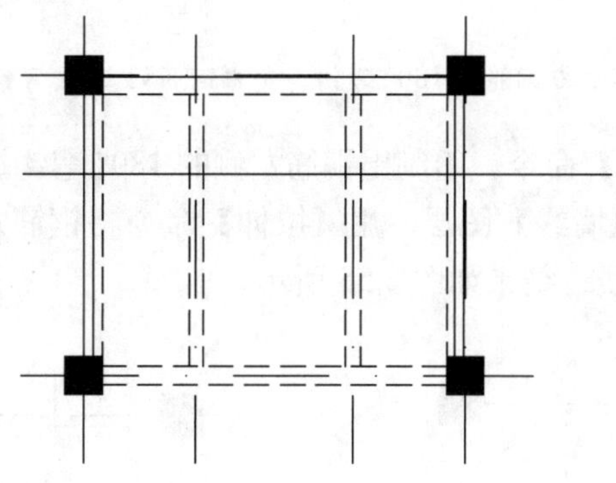

图 5.53　向内偏移外墙线

(3) 在命令行输入“PL”后按 Enter 键，启动绘制多段线命令。

① 在指定起点：提示下，捕捉辅助线和 1/4 轴线外墙的内墙线的交点。

② 当前线宽为 0mm，在指定下一个点或 [圆弧 (A)/ 半宽 (H)/ 长度 (L)/ 放弃 (U)/ 宽度 (W)]：提示下，输入“W”后按 Enter 键。

③ 在指定起点宽度 <0.0000>：提示下，输入“35”后按 Enter 键。

④ 在指定端点宽度 <35.0000>：提示下，按 Enter 键。

特别提示

卫生间的“XB–1 配筋图”的出图比例为 1 ：50，打印出图后钢筋为 0.7mm 宽的中粗线，所以出图前钢筋的线宽为 0.7mm × 50=35mm。

⑤ 在指定下一个点或 [圆弧 (A)/ 半宽 (H)/ 长度 (L)/ 放弃 (U)/ 宽度 (W)]：提示下，捕捉辅助线和 1/6 轴线外墙的内墙线的交点。

⑥ 在指定下一个点或 [圆弧 (A)/ 半宽 (H)/ 长度 (L)/ 放弃 (U)/ 宽度 (W)]：提示下，输入“A”并按 Enter 键，表示要画圆弧。

⑦ 在指定圆弧的端点或 [角度 (A)/ 圆心 (CE)/ 闭合 (CL)/ 方向 (D)/ 半宽 (H)/ 直线 (L)/ 半径 (R)/ 第二个点 (S)/ 放弃 (U)/ 宽度 (W)]：提示下，输入“A”并按 Enter 键，表示要以指定角度的方法画圆弧。

⑧ 在指定包含角：提示下输入“180”并按 Enter 键，指定圆弧的旋转角度为逆时针 180°。

⑨ 在指定圆弧的端点或 [圆心 (CE)/ 半径 (R)]：提示下，打开【正交】功能，将光标垂直向上拖动，然后输入“100”。

⑩ 在指定圆弧的端点或 [角度 (A)/ 圆心 (CE)/ 闭合 (CL)/ 方向 (D)/ 半宽 (H)/ 直线 (L)/ 半径 (R)/ 第二个点 (S)/ 放弃 (U)/ 宽度 (W)]：提示下，输入“L”并按 Enter 键，表示要画直线。

⑪ 在指定下一个点或 [圆弧 (A)/ 半宽 (H)/ 长度 (L)/ 放弃 (U)/ 宽度 (W)]：提示下，向左水平拖动鼠标，然后输入“80”并按 Enter 键，结果如图 5.54 所示。

特别提示

为了能够表示出板下部受力钢筋的 180° 弯钩，受力钢筋的 180° 弯钩没有按照实际尺寸绘制。

(4) 重复执行【多段线】命令，绘制出钢筋左侧的 180° 弯钩。

(5) 锁定【轴线】和【墙线】图层，用【拉伸】命令将钢筋左右两端拉伸至墙的中心线的位置，最后删除辅助线，结果如图 5.55 所示。

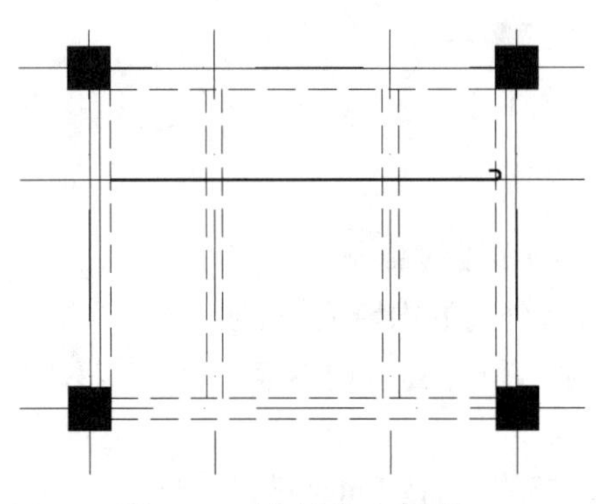

图 5.54 绘制受力钢筋 1

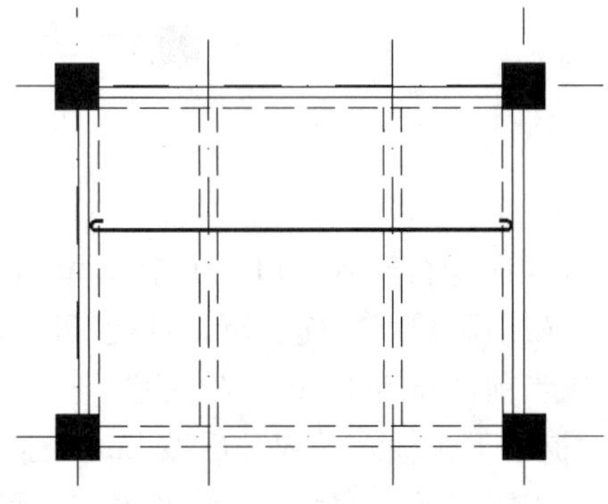

图 5.55 绘制受力钢筋 2

5) 重复执行【多段线】命令绘制板上部的支座负筋

结果如图 5.56 所示。拉结钢筋的线宽为中粗线，即 0.7mm × 50=35mm，支座钢筋的长度如图 5.58 所示，向下弯钩长度为 100mm–1 × 15mm=85mm。

2. 按照 1 ： 50 的出图比例标注尺寸、文字及图名

(1) 字体。一般字体高度为 3.5mm × 50=175mm，如“ϕ 8@200”。图名字体高度为 7mm × 50=350mm，图名旁边的比例字体高度为 5mm × 50=250mm。

(2) 圆圈。钢筋编号圆圈的直径为 6mm × 50=300mm，钢筋编号圆圈内的字高为 5mm × 50=250mm。定位轴线圆圈的直径为 10mm × 50=500mm，定位轴线圆圈内的字高为 5mm × 50=250mm。

(3) 标注样式。以【标注】样式为基础样式 (图 5.57) 建立 1 ： 50 的标注样式，由于【标注】是 1 ： 100 的标注样式，所以只需将【调整】选项卡内的【使用全局比例】修改为“50”即可。

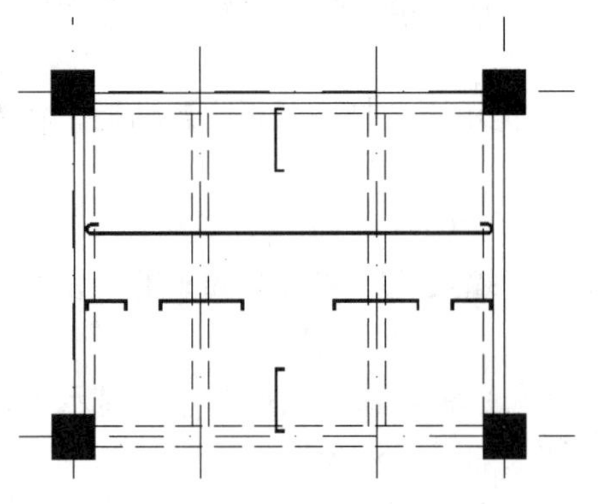

图 5.56 绘制拉结钢筋

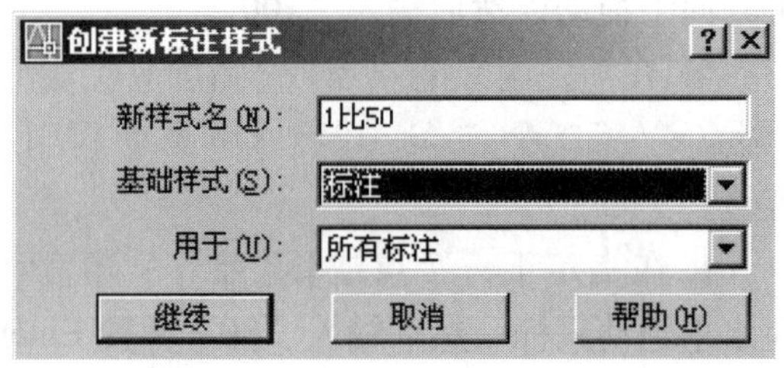

图 5.57 建立 1 ： 50 标注样式

(4) 以 1 ∶ 50 的标注样式为当前标注样式，标注板上部的拉结钢筋的尺寸，结果如图 5.58 所示。

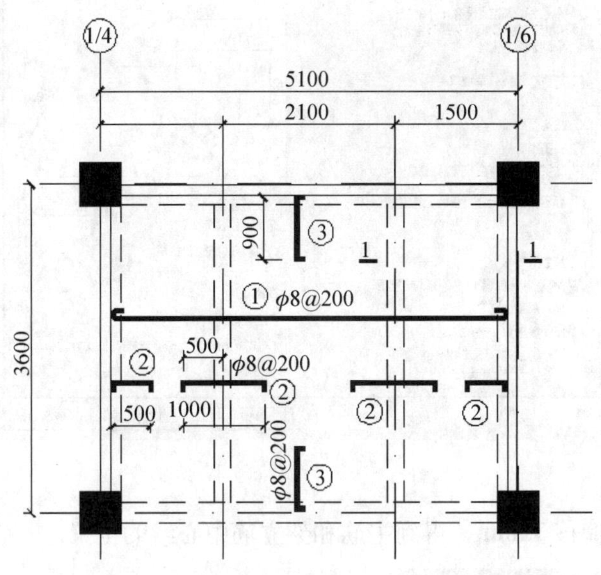

图 5.58 XB－1 配筋图

5.4 绘制1∶20的L－1梁的纵断面图和楼梯配筋图

1. 绘图准备

(1) 新建图形。打开【选择样板】对话框，选择【1 ∶ 1 模板】文件，进入模板内绘制 L–1 梁的纵断面图和楼梯配筋图，将该文件存盘并命名为“L–1 梁和楼梯”。

(2) 修改标注样式，如图 5.59 所示。打开【修改标注样式：标注】对话框，将【调整】选项卡内的【使用全局比例】修改为“20”。

2. 绘制 1 ∶ 20 的 L–1 梁的纵断面图

(1) 设置【梁柱】图层为当前图层。

(2) 在命令行输入“REC”并按 Enter 键，启动绘制矩形命令。

① 在指定第一个角点或 [倒角 (C)/ 标高 (E)/ 圆角 (F)/ 厚度 (T)/ 宽度 (W)]：提示下，在屏幕上任意单击一点作为矩形的起点。

② 在指定另一个角点或 [面积 (A)/ 尺寸 (D)/ 旋转 (R)]：提示下，输入“@4440，350”后按 Enter 键。这样，就绘制出长度为 4440mm、高度为 350mm 的 L–1 梁的轮廓。

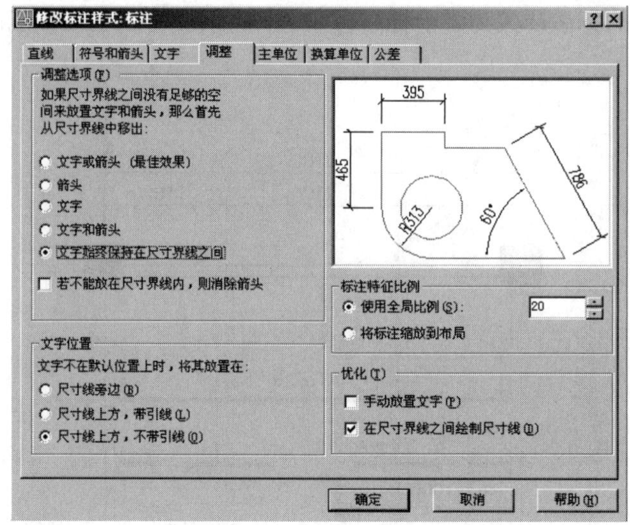

图 5.59　修改标注样式

(3) 将矩形向内偏移 32mm，得到主筋和架立筋中心线的位置。

特别提示

梁内的钢筋为中粗线，出图前的线宽为 0.7mm × 20=14mm，梁内钢筋外沿到梁外表面的保护层的厚度为 25mm，所以钢筋中心线到梁外沿的距离是 25mm+14/2=32mm。

(4) 在命令行输入“Pe”并按 Enter 键，启动编辑多段线的命令。

① 在选择多段线或 [多条 (M)]：提示下，选择上面由【偏移】命令生成的矩形。

② 在输入选项，[打开 (O)/ 合并 (J)/ 宽度 (W)/ 编辑顶点 (E)/ 拟合 (F)/ 样条曲线 (S)/ 非曲线化 (D)/ 线型生成 (L)/ 放弃 (U)]：提示下，输入“W”后按 Enter 键。

③ 在指定所有线段的新宽度：提示下，输入“14”，表示将线的宽度由“0”改为“14”，结果如图 5.60 所示。

图 5.60　绘制主筋和架力筋

(5) 用【分解】命令将外部矩形分解。

(6) 启动【偏移】命令将 B 线向下偏移 175(150+25=175)mm，将 A 线向左偏移 295 (270+25=295)mm，结果如图 5.61 所示。

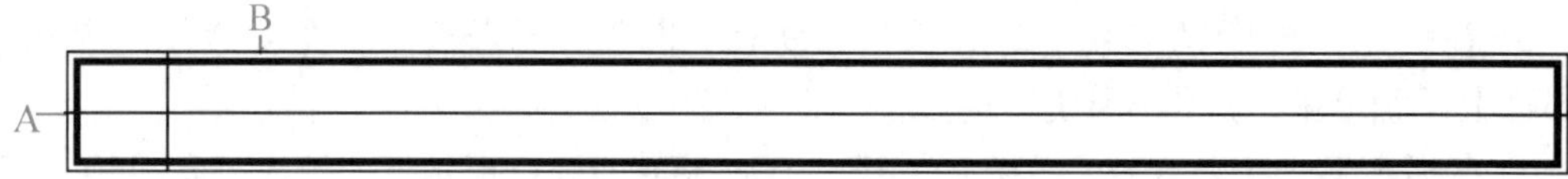

图 5.61　偏移生成绘制钢筋的辅助线

(7) 在命令行输入"TR"并按 Enter 键，启动【修剪】命令，将图 5.61 修剪成如图 5.62 所示的状态。

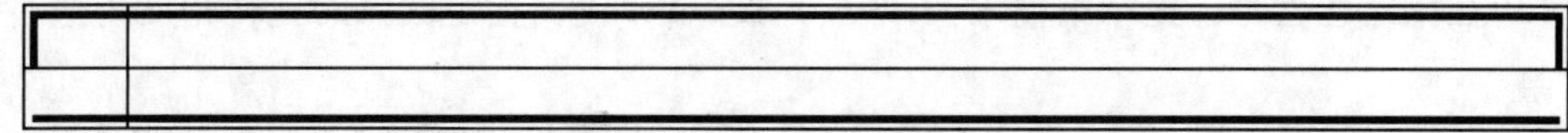

图 5.62 修剪图形

(8) 在命令行输入"PL"并按 Enter 键，启动绘制多段线命令。

① 在指定起点：提示下，捕捉 C 点作为多段线的起点。

② 将线宽改为"14"后，在指定下一个点或 [圆弧 (A)/ 半宽 (H)/ 长度 (L)/ 放弃 (U)/ 宽度 (W)]：提示下，打开【极轴】功能，然后将光标向右下角 45° 方向拖动，寻找到 45° 方向的虚线和梁下部主筋的交点后单击，并按 Enter 键结束命令，结果如图 5.63 所示。

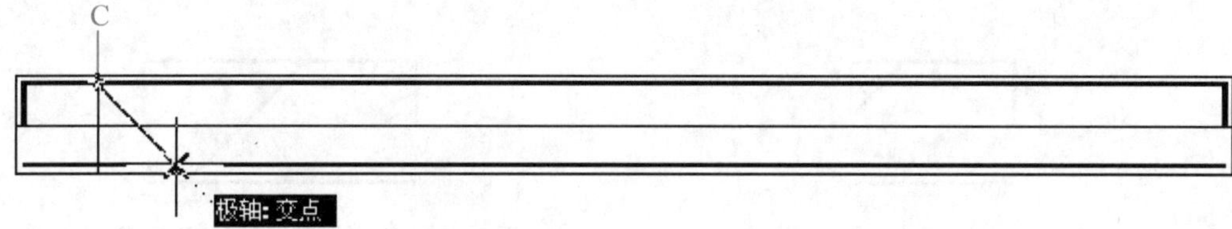

图 5.63 绘制架立筋左侧 45° 弯起部分

(9) 在命令行输入"MI"并按 Enter 键，启动【镜像】命令，将架立筋 45° 弯起部分对称复制到右侧，最后删除辅助线，结果如图 5.64 所示。

图 5.64 复制架立筋右侧 45° 弯起部分

(10) 用【多段线】命令绘制如图 5.65 所示的辅助线，然后启动【修剪】命令，将图形修剪至如图 5.66 所示的状态。

(11) 启动【偏移】命令将箍筋向右偏移两个 200mm，结果如图 5.67 所示。

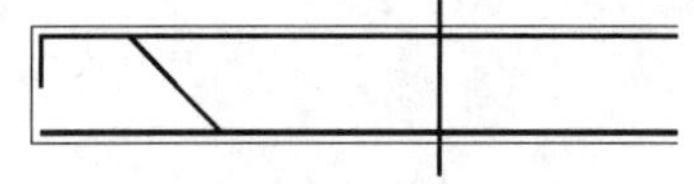

图 5.65 绘制箍筋步骤 1

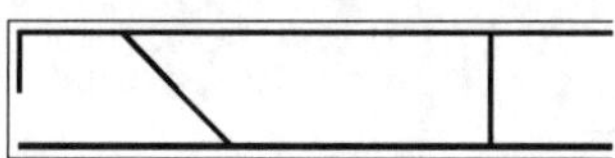

图 5.66 绘制箍筋步骤 2

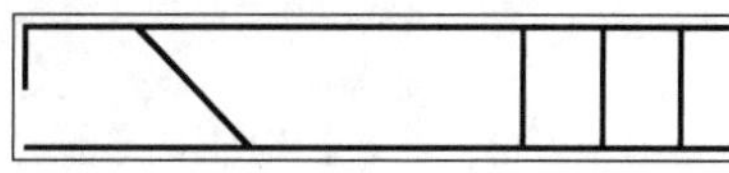

图 5.67 绘制箍筋步骤 3

(12) 绘制架立筋的 180° 弯钩。

① 启动【偏移】命令，将梁左侧的外轮廓线向右偏移"52"，结果如图 5.68 所示。

② 在命令行输入"PL"并按 Enter 键，启动绘制多段线命令。

(a) 在指定起点：提示下，捕捉 D 点作为多段线的起点。

(b) 当前线宽为"14"，在指定下一个点或 [圆弧 (A)/ 半宽 (H)/ 长度 (L)/ 放弃 (U)/ 宽度 (W)]：提示下，输入"A"表示要画圆弧。

(c) 在指定圆弧的端点或 [角度 (A)/ 圆心 (CE)/ 闭合 (CL)/ 方向 (D)/ 半宽 (H)/ 直线 (L)/

半径 (R)/ 第二个点 (S)/ 放弃 (U)/ 宽度 (W)]：提示下，输入“A”并按 Enter 键，表示要以指定角度的方法画圆弧。

(d) 在指定包含角：提示下输入“180”并按 Enter 键，指定圆弧的旋转角度为逆时针 180°。

(e) 在指定圆弧的端点或 [圆心 (CE)/ 半径 (R)]：提示下，打开【正交】功能，将光标垂直向下拖动，然后输入“40”。

(f) 在指定圆弧的端点或 [角度 (A)/ 圆心 (CE)/ 闭合 (CL)/ 方向 (D)/ 半宽 (H)/ 直线 (L)/ 半径 (R)/ 第二个点 (S)/ 放弃 (U)/ 宽度 (W)]：提示下，输入“L”并按 Enter 键，表示要画直线。

(g) 在指定下一个点或 [圆弧 (A)/ 半宽 (H)/ 长度 (L)/ 放弃 (U)/ 宽度 (W)]：提示下，向右水平拖动光标，然后输入“36”并按 Enter 键，结果如图 5.69 所示。

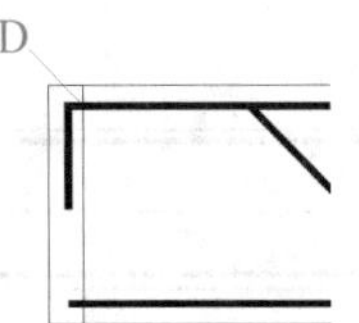

图 5.68　向右偏移外轮廓线

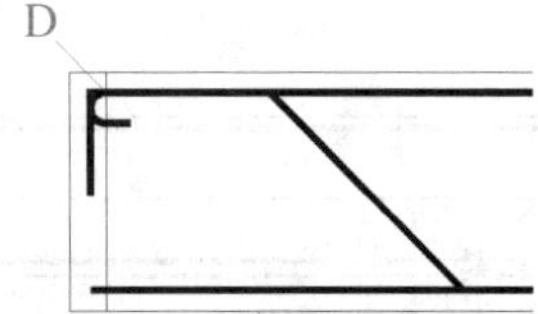

图 5.69　绘制架立筋的半圆弯钩

③ 启动【镜像】命令，将架立筋左侧的半圆弯钩对称复制到右侧，然后删除辅助线。

(13) 标注梁 L–1 的尺寸和钢筋编号，结果如图 5.70 所示。

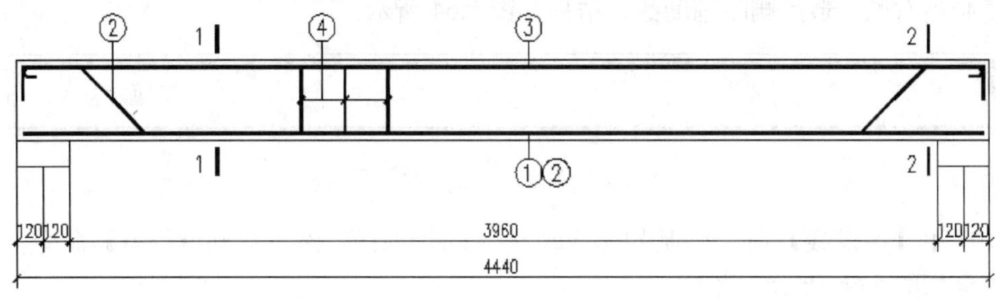

L–1 1:20

图 5.70　绘制 L–1 梁纵断面图

3. 绘制 1 ： 20 的楼梯配筋图

1) 图形准备

(1) 执行菜单栏中的【文件】|【复制】和【文件】|【粘贴】命令，将第 4 章图 4.110 复制到“L–1 梁和楼梯”文件中。

(2) 将跨文件复制出的图形修剪成如图 5.71 所示的状态。

(3) 设置【楼梯】图层为当前图层。

2) 绘制板上部的负弯矩筋

(1) 启动【直线】命令，绘制如图 5.72 所示的 A 线。

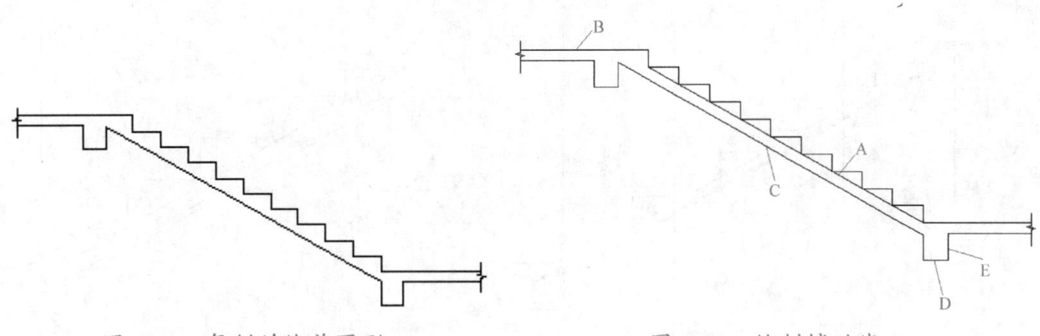

图 5.71 复制并修剪图形 图 5.72 绘制辅助线 A

(2) 启动【偏移】命令，将 A 和 B 线向下偏移 20mm，C 线向上偏移 20mm，D 线向上偏移 52mm，E 线向右偏移 30mm，结果如图 5.73 所示。

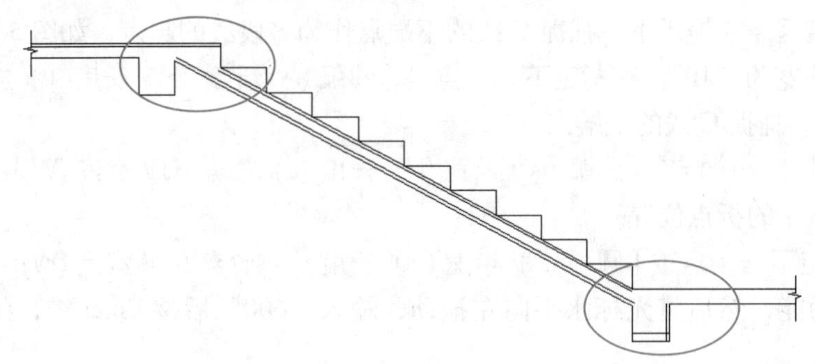

图 5.73 偏移形成作图辅助线

特别提示

20=15mm 厚的钢筋保护层 + 半个线宽 5mm。
52=25mm 厚的钢筋保护层 +2.25 倍的钢筋直径 (即 2.25 × 12mm)。
30=25mm 厚的钢筋保护层 + 半个线宽 5mm。

(3) 用【圆角】命令修整如图 5.73 所示的圆圈内的辅助线，结果如图 5.74 所示。

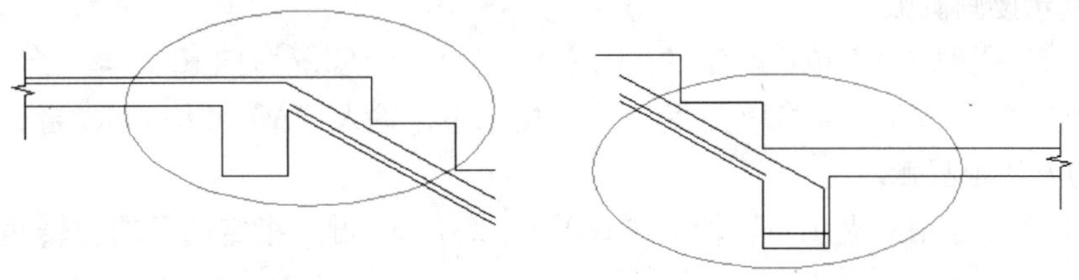

图 5.74 修整辅助线

(4) 绘制 A 和 B 辅助线，并将 A 线向左偏移 850mm，B 线向右偏移 850mm，如图 5.75 所示。

(5) 删除如图 5.75 所示的 A 和 B 辅助线，然后绘制如图 5.76 所示的 C 和 D 线，注意 C、D 线和板下部受力钢筋的位置线相互垂直。

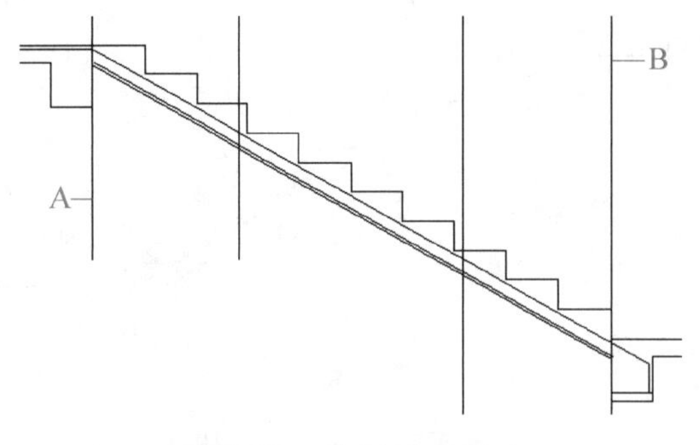

图 5.75　绘制辅助线 1　　图 5.76　绘制辅助线 2

(6) 用【多段线】命令绘制 1 号负弯矩筋。

① 在命令行输入“PL”并按 Enter 键，启动绘制多段线命令。

② 在指定起点：提示下，捕捉 C 线的下端点作为多段线的起点，如图 5.77 所示。

③ 当前线宽为“10”，在指定下一个点或 [圆弧 (A)/ 半宽 (H)/ 长度 (L)/ 放弃 (U)/ 宽度 (W)]：提示下，捕捉 C 线的上端点。

④ 在指定下一个点或 [圆弧 (A)/ 半宽 (H)/ 长度 (L)/ 放弃 (U)/ 宽度 (W)]：提示下，捕捉如图 5.78 所示的折点位置。

⑤ 在指定下一个点或 [圆弧 (A)/ 半宽 (H)/ 长度 (L)/ 放弃 (U)/ 宽度 (W)]：提示下，打开【正交】功能，然后将光标水平向左拖动，输入“600”后按 Enter 键，结果如图 5.79 所示。

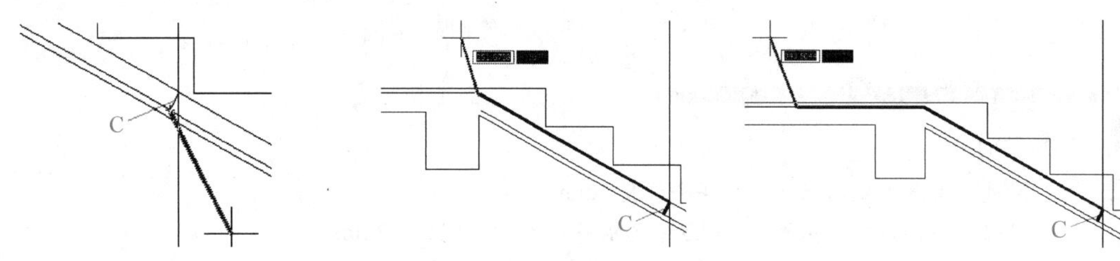

图 5.77　绘制 1 号负弯矩筋 1　图 5.78　绘制 1 号负弯矩筋 2　图 5.79　绘制 1 号负弯矩筋 3

⑥ 在指定下一个点或 [圆弧 (A)/ 半宽 (H)/ 长度 (L)/ 放弃 (U)/ 宽度 (W)]：提示下，输入“A”，表示要画圆弧。

⑦ 在指定圆弧的端点或 [角度 (A)/ 圆心 (CE)/ 闭合 (CL)/ 方向 (D)/ 半宽 (H)/ 直线 (L)/ 半径 (R)/ 第二个点 (S)/ 放弃 (U)/ 宽度 (W)]：提示下，输入“A”并按 Enter 键，表示要以指定角度的方法画圆弧。

⑧ 在指定包含角：提示下，输入“180”并按 Enter 键，指定圆弧的旋转角度为逆时针 180°。

⑨ 在指定圆弧的端点或 [圆心 (CE)/ 半径 (R)]：提示下，打开【正交】功能，将光标垂直向下拖动，然后输入“40”。

⑩ 在指定圆弧的端点或 [角度 (A)/ 圆心 (CE)/ 闭合 (CL)/ 方向 (D)/ 半宽 (H)/ 直线 (L)/ 半径 (R)/ 第二个点 (S)/ 放弃 (U)/ 宽度 (W)]：提示下，输入“L”并按 Enter 键，表示要画直线。

⑪ 在指定下一个点或 [圆弧 (A)/ 半宽 (H)/ 长度 (L)/ 放弃 (U)/ 宽度 (W)]：提示下，向右水平拖动光标，然后输入“36”并按 Enter 键，结果如图 5.80 所示。

(7) 重复【多段线】命令，依照参照线绘制 4 号负弯矩筋，注意钢筋钩的包含角为“–180°”，结果如图 5.81 所示。

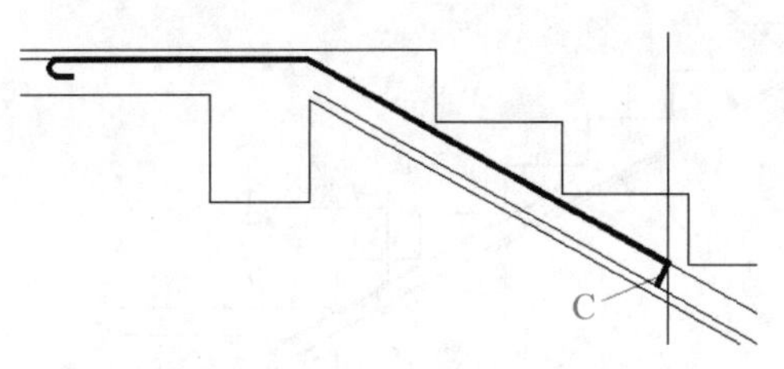

图 5.80 绘制 1 号负弯矩筋 4

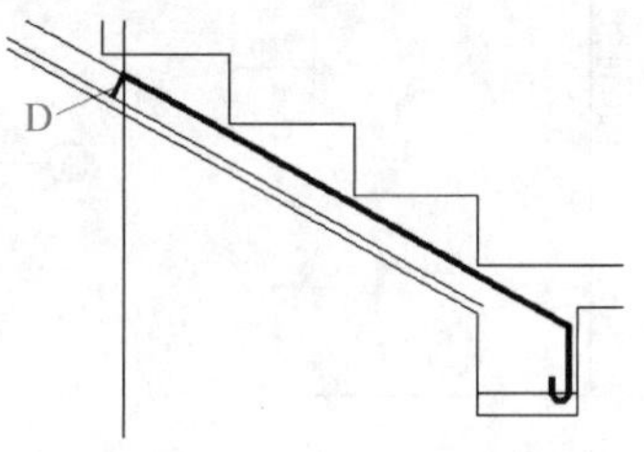

图 5.81 绘制 4 号负弯矩筋

(8) 绘制板下部的受力筋。

① 将 A 线向左偏移 40mm 并将板下部受力筋的位置线的左端点延伸至 1 号负弯矩筋处，如图 5.82 所示。

② 用【圆角】命令将右侧平台梁处的辅助线修整至如图 5.83 所示的状态。

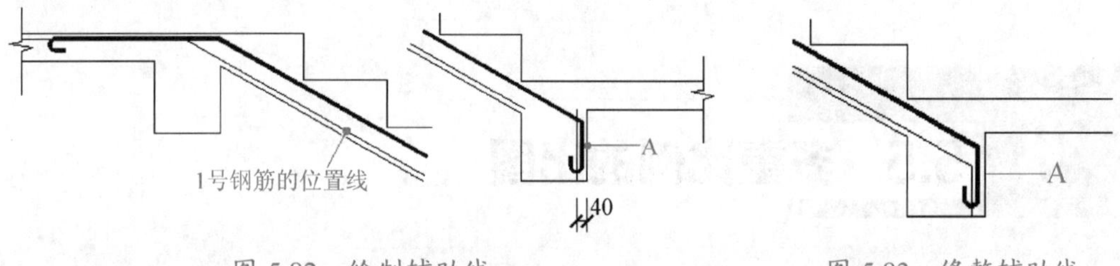

图 5.82 绘制辅助线

图 5.83 修整辅助线

③ 依照参照线，用【多段线】命令绘制板下部受力筋，结果如图 5.84 所示。

(9) 借助辅助线，用【圆环】命令绘制板下部的分布筋，结果如图 5.85 所示。

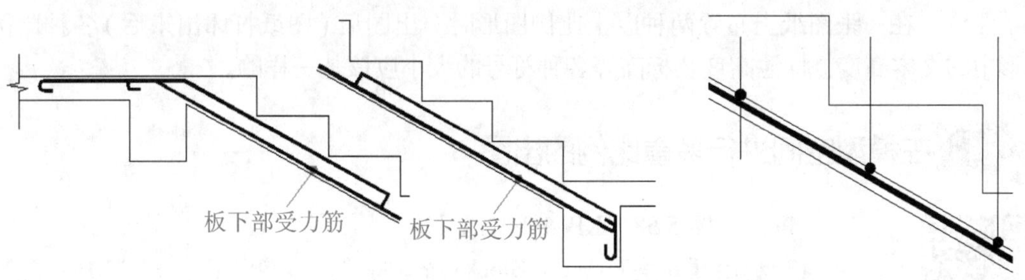

图 5.84 绘制板下部的 3 号受力筋

图 5.85 绘制板下部的分布筋

(10) 按 1 ： 20 的比例标注尺寸、钢筋编号及图名和比例，结果如图 5.86 所示。

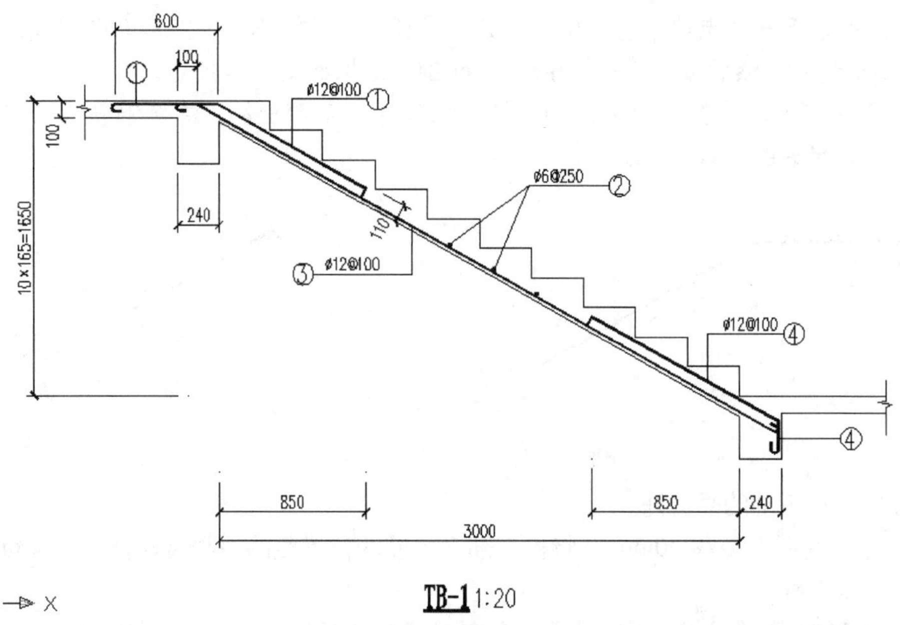

图 5.86　标注尺寸和钢筋编号

5.5　多重比例的出图

在标准层结构布置平面图中布置 3 个图形：一是标准层结构布置平面图，比例为 1 ∶ 100；二是圈梁的“1—1 断面图”，比例为 1 ∶ 20；三是卫生间的“XB–1 配筋图”，比例为 1 ∶ 50，这就涉及较难理解的多重比例的出图问题。

注意，在一张图纸上布置两种以上比例图形时，出图后 (图纸打印出来后) 各种比例图形中的文字高度、标注高度及标高等各种符号的大小应该是一样的。

5.5.1　在模型空间进行多重比例的出图

【多重比例出图】

(1) 打开图 5.58“XB–1 配筋图”。

(2) 利用【写块】(Write Block) 命令将“1—1 断面图”和“XB–1 配筋图”制作成图块。注意【写块】对话框中的【对象】选项组，点选【转换为块】单选按钮，如图 5.87 所示。

(3) 将“1—1 断面图”图块放大 5 倍。

① 在命令行输入“SC”后按 Enter 键，启动【比例】命令。

② 在选择对象：提示下，选择“1—1 断面图”。

③ 在指定基点或 [位移 (D)] < 位移 >：提示下，选择“1—1 断面图”的左下角作为放大图像的基点。

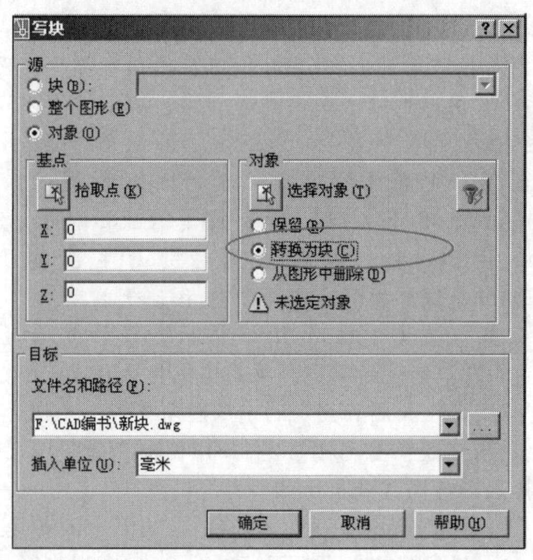

图 5.87 【写块】对话框中【对象】选项组的设置

④ 在指定比例因子或 [复制 (C)/ 参照 (R)] <1.0000>：提示下，输入“5”后按 Enter 键，表示将图形放大 5 倍，结果如图 5.88 所示。

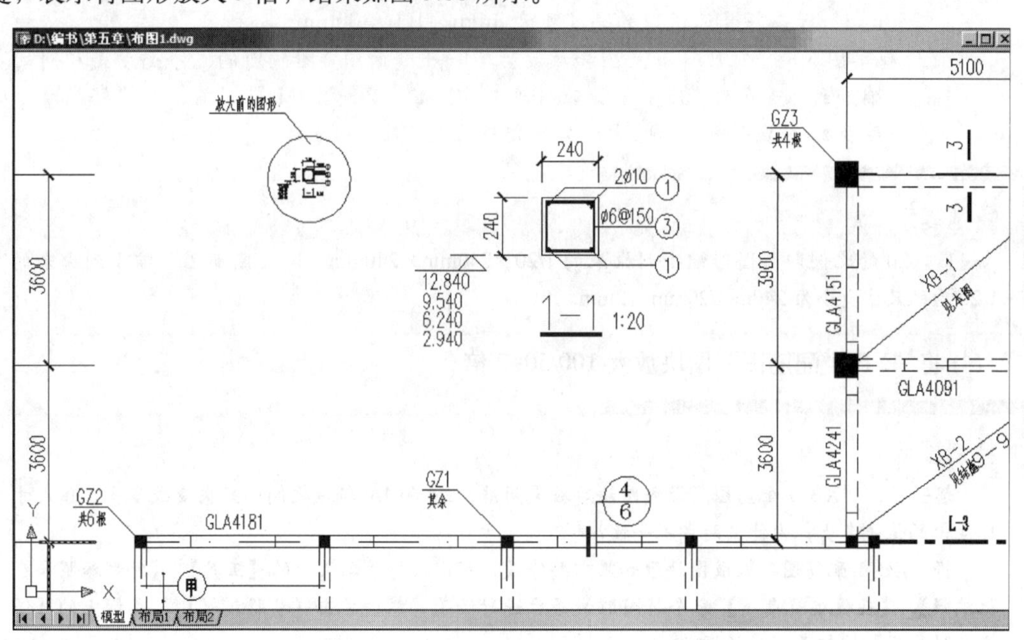

图 5.88 将“1—1 断面图”图块放大 5 倍

知识链接

为什么要将“1—1 断面图”做成图块并放大 5 倍？

- 在图 5.88 中，特意保留了放大前的图形，经对比可知，右侧的梁的断面图为放大后的“1—1 断面图”的图形。这里需要进行下面的计算。

- 1．图形尺寸的计算
- (1) 在模型空间内是按照主图 (1 ：100 标准层结构布置平面图) 的比例打印出图的，打印时图纸上的所有图形均缩小到原来的 1/100，所以需要将 1 ：20 的“1—1 断面图”再放大 100/20=5 倍。
- (2) “1—1 断面图”的图形是按 1 ：1 的比例绘制的，所以梁的断面的高度和宽度都是 240mm。用【比例】命令将其放大 5 倍后，梁的断面的高度和宽度变成 240mm × 5=1200mm，打印出图时随着主图缩小到原来的 1/100 后为 1200mm/100=120mm，这样便形成 1 ：20 出图比例的梁。
- (3) “1—1 断面图”放大 100mm/20=5 倍后，梁的断面的高度和宽度尺寸变成 1200mm，观察图 5.88，标注的梁宽和梁高仍然为 240mm，这是由于将“1—1 断面图”做成了图块，使形成“1—1 断面图”的众多图元变成一个图元，只是将这个图元放大，而形成这个图元的内部众多图元被锁定，所以图形变大了而尺寸标注值并未随之改变。
- 2．文字、尺寸标注和标高符号大小的计算
- (1) 在 1 ：20“1—1 断面图”中，文字“2ϕ10”和标注尺寸值的高度均为 3.5mm × 20=70mm，标高符号三角形的高度为 3mm × 20=60mm，将图块放大 5 倍后，文字“2ϕ10”和标注尺寸值的高度均变为 70mm × 5=350mm，标高符号三角形的高度变为 60mm × 5=300mm。
- (2) 主图 (标准层结构布置平面图) 的出图比例为 1 ：100，图中文字高度为 3.5mm × 100 =350mm，标高符号三角形的高度变为 3mm × 100=300mm。
- (3) 观察图 5.88，对比可知主图和放大后“1—1 断面图”图块内的文字高度是相同的。打印缩小到原来的 1/100 后，1 ：100 主图和 1 ：20“1—1 断面图”内文字高度、标注高度及标高等各种符号的大小肯定是一样的。

特别提示

1 ：20 的比例即将图形缩小到原来的 1/20，240mm × 240mm“1—1 断面图”缩小到原来的 1/20 后的尺寸大小为 240mm/20mm=12mm

(4) 将“XB–1 配筋图”图块放大 100/50=2 倍。

特别提示

想一想，“XB–1 配筋图”做成图块后放大两倍，1/4 和 1/6 轴线之间的距离变成多少？但尺寸标注出的值是多少？为什么两者不一致？

将“XB–1 配筋图”做成图块后如果需要修改，可以执行菜单栏中的【工具】|【外部参照和在位编辑】|【在位编辑参照】命令将图形激活后进行修改，然后单击【参照编辑】工具栏上的【保存参照编辑】按钮关闭对话框。

执行【在位编辑参照】命令将会对过去插入的所有该图块进行修改，这就是块的联动性。

(5) 插入“A2”图框：由于“A2”图框图块是按 1 ：1 比例制作的，所以在【插入】对话框中勾选【统一比例】复选框，将比例值设置为“100”，结果如图 5.89 所示。

(6) 执行菜单栏中的【文件】|【打印】命令，打开【打印 – 模型】对话框，按照图 5.90 所示设置该对话框。

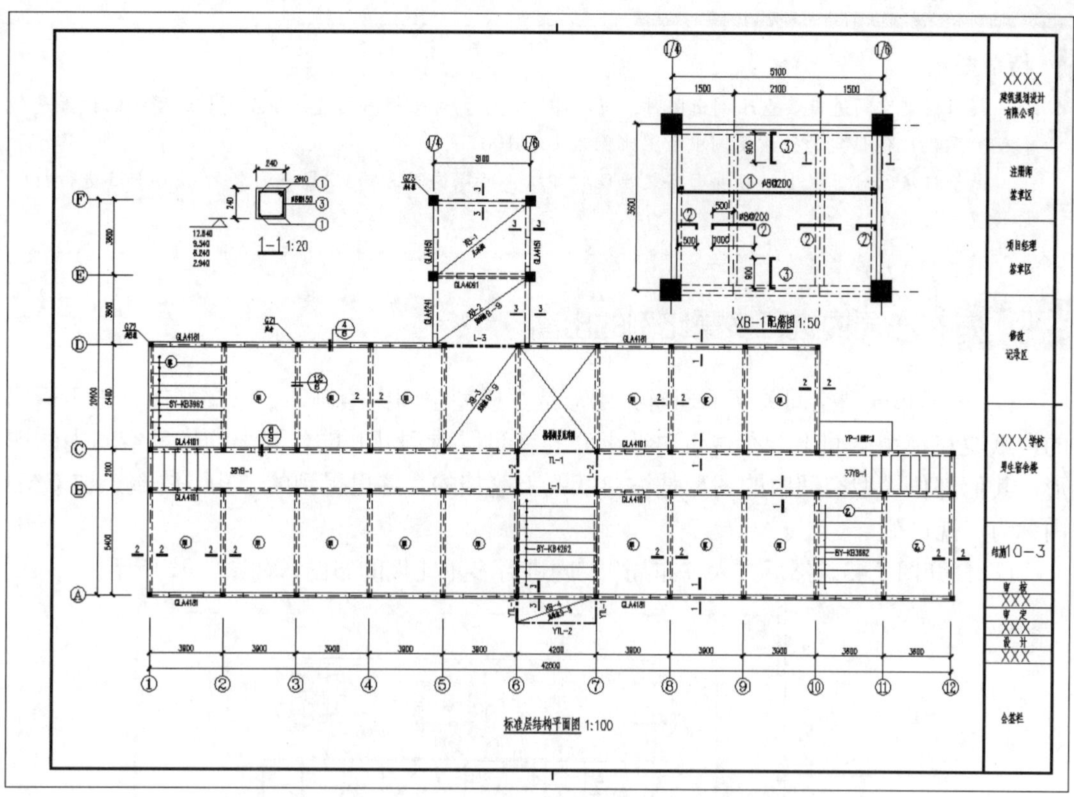

图 5.89 布置图形

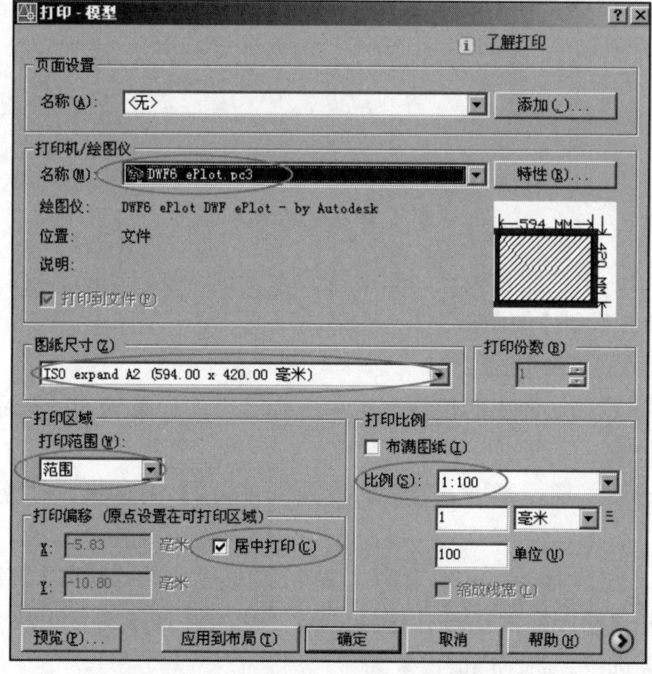

图 5.90 设置【打印 – 模型】对话框

特别提示

利用模型空间进行多重比例出图时，【打印 – 模型】对话框内的【打印比例】选项组的设置是按照主图的比例设定的，该案例中主图比例为 1 ： 100。

由于机房的计算机上一般没有安装物理打印机，所以这里选择 CAD 内自带的 ePlot.Pc3 进行打印设置。

5.5.2 在布局内进行多重比例的出图

(1) 布局和模型空间关系的理解：图形是在模型空间内绘制的，布局好像一张不透明的白纸蒙在模型空间上，在这张白纸上开孔就可以看到开孔的位置上的模型空间内的图形，其他部位模型空间内的图形是被白纸覆盖遮挡的。这里提到的“孔”的概念在 CAD 内称为“视口”。

(2) 打开图 5.43，然后进入“布局 1”内进行多重比例的布图，如图 5.91 所示。

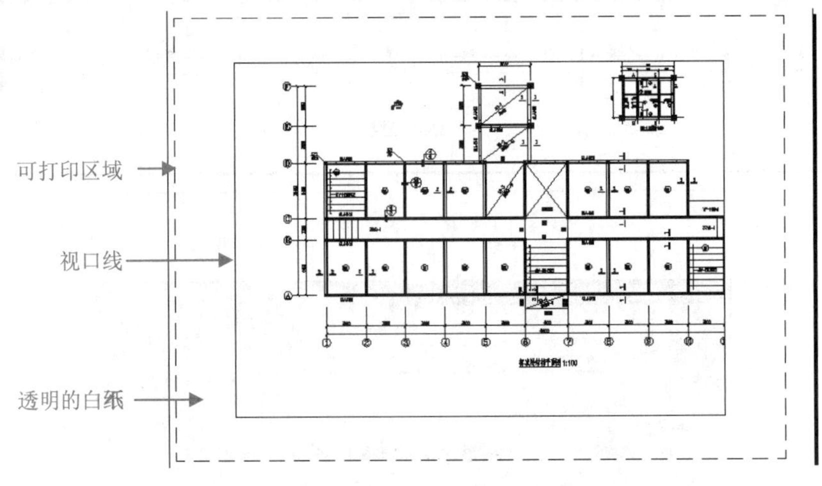

图 5.91　布局界面

(3) 单击视口线，出现蓝色夹点，然后按 Delete 键将视口删除，这时在不透明的白纸上没有视口，所以看不到任何图形。

(4) 设置【页面设置管理器】。

① 右击“布局 1”，从弹出的快捷菜单中选择【页面设置管理器】命令，打开【页面设置管理器】对话框。

② 单击【修改】按钮，则进入【页面设置 – 布局 1】对话框，按照图 5.92 所示设置该对话框。

【CAD带颜色的图纸怎么成黑白】

(5) 插入“A2”图块：执行菜单栏中的【插入】|【图块】命令，打开【插入】对话框，选择“A2”图块并在该对话框中勾选【统一比例】复选框，将比例值设置为“1”。

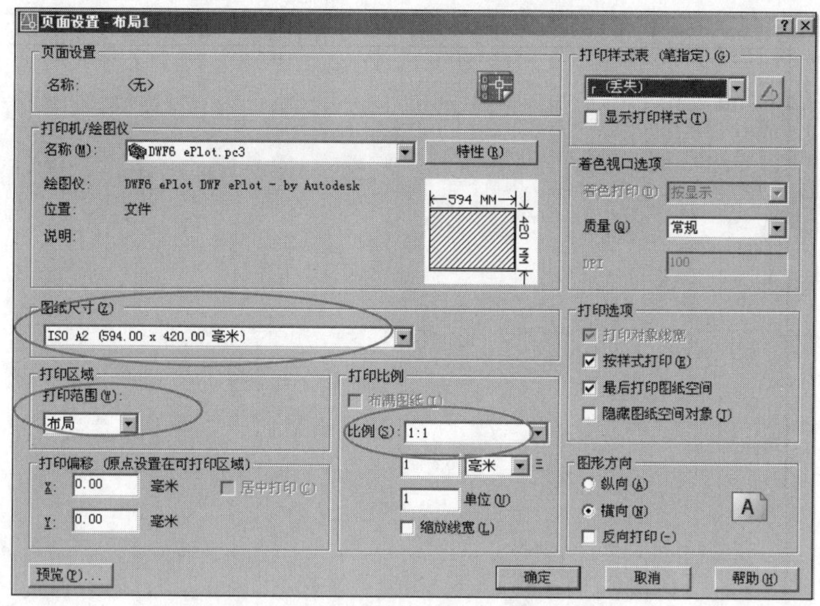

图 5.92 设置【页面设置 – 布局 1】对话框

特别提示

在布局内是按照 1 : 1 的比例出图的，而所有图块都是按 1 : 1 的比例制作的，所以将图块插入布局内时不需放大。

(6) 建立视口。

① 建立【视口】图层，所有的视口均应绘制在【视口】图层上，这样，在打印时可以将该图层冻结，以免将视口线打印出来。

② 光标对着任意一个按钮单击鼠标右键，弹出快捷菜单，执行【视口】命令调出【视口】工具栏，单击该工具栏上的【单个视口】按钮。

在指定视口的角点或 [开 (ON)/ 关 (OFF)/ 布满 (F)/ 着色打印 (S)/ 锁定 (L)/ 对象 (O)/ 多边形 (P)/ 恢复 (R)/2/3/4] < 布满 >：提示下，在如图 5.93 所示的视口左上角点单击。

在指定对角点：提示下，在如图 5.93 所示的视口右下角点位置单击，这样就建立一个矩形视口。

③ 修整视口：执行【视口】工具栏上的【裁剪现有视口】命令将上面建立的视口修整至如图 5.94 所示的状态。

④ 单击【视口】工具栏上的【单个视口】图标建立如图 5.95 所示的两个视口。注意观察图 5.95，左上角的视口线为粗线，另外两个视口线为细线，其中粗视口线的视口为当前视口。只需在某个视口内单击，就可以将该视口设定为当前视口。

特别提示

如果有多个视口，各视口之间允许交叉、重叠。

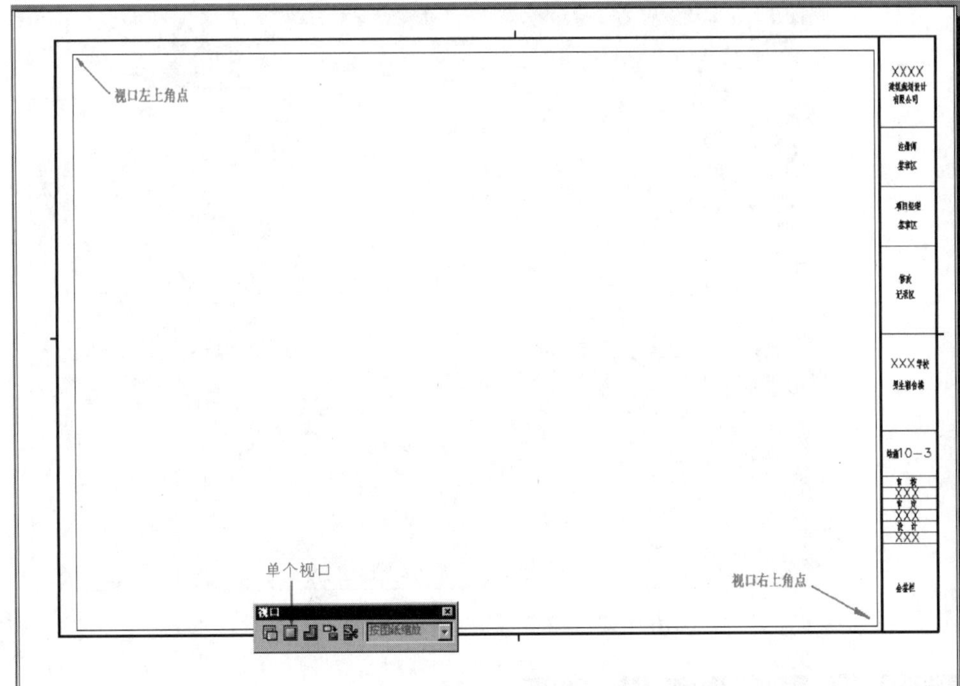

图 5.93　建立视口

【CAD如何做电子签名】

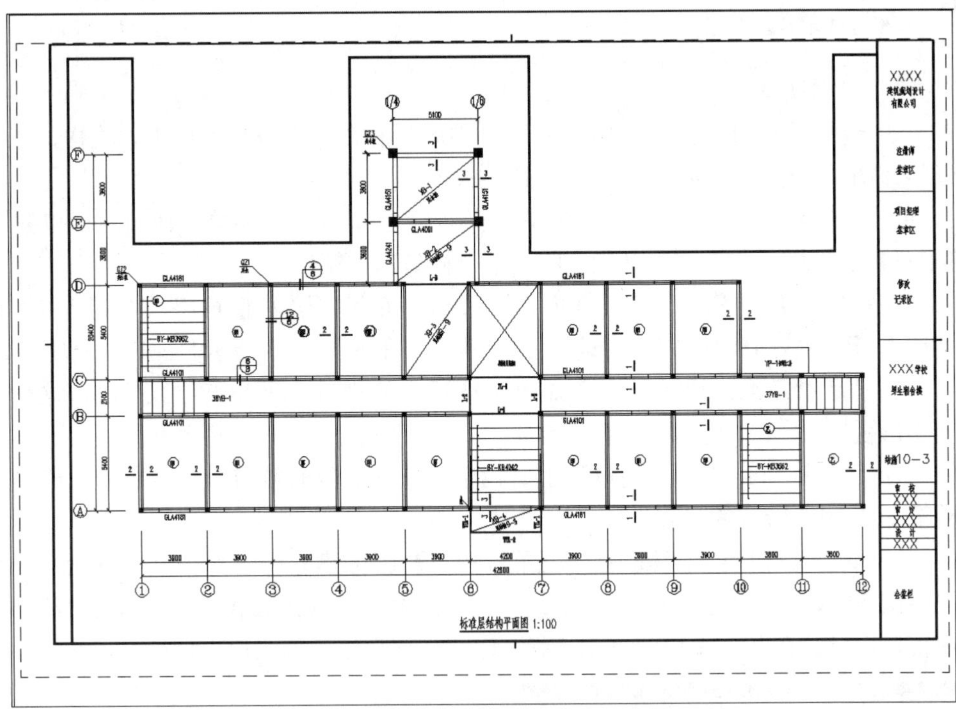

图 5.94　修整视口

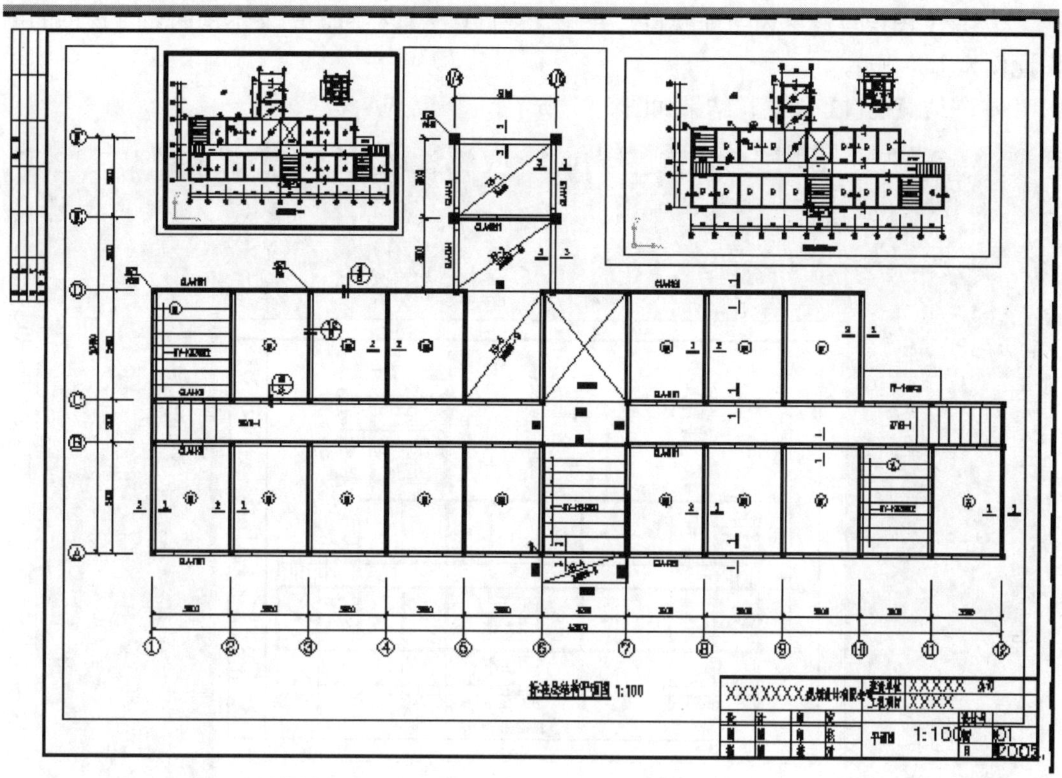

图 5.95 新建两个视口

⑤ 将左上角视口设为当前视口，并用【窗口放大】命令调整至只显示“1—1 断面图”的状态，如图 5.96 所示。最后在【视口】工具栏右侧的文本框内设置该图的出图比例为 1 ： 20。

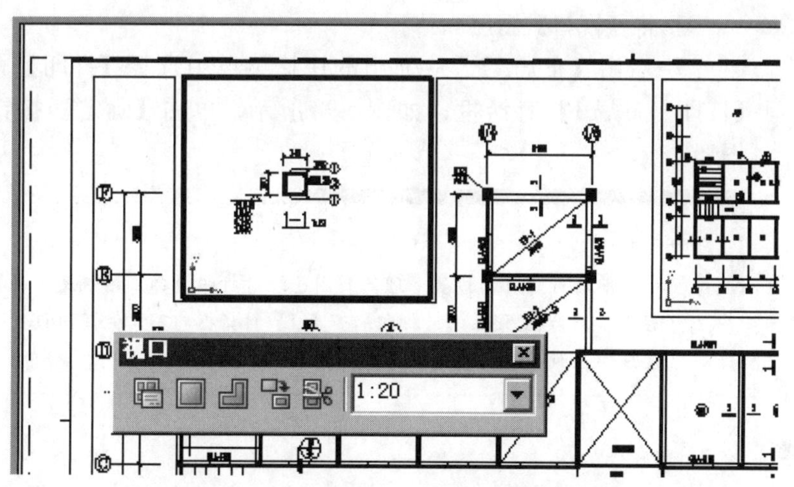

图 5.96 调整视图并设置出图比例

⑥ 将右上角视口设定为当前视口，并将视图调整至只显示“XB–1 配筋图”状态，在【视口】工具栏右侧的文本框内设置该图的出图比例为 1 ： 50。

⑦ 将主图视口设定为当前视口，并在【视口】工具栏右侧的文本框内设置该图的出图比例为 1 ： 100。

⑧ 冻结【视口】图层，结果如图 5.97 所示。

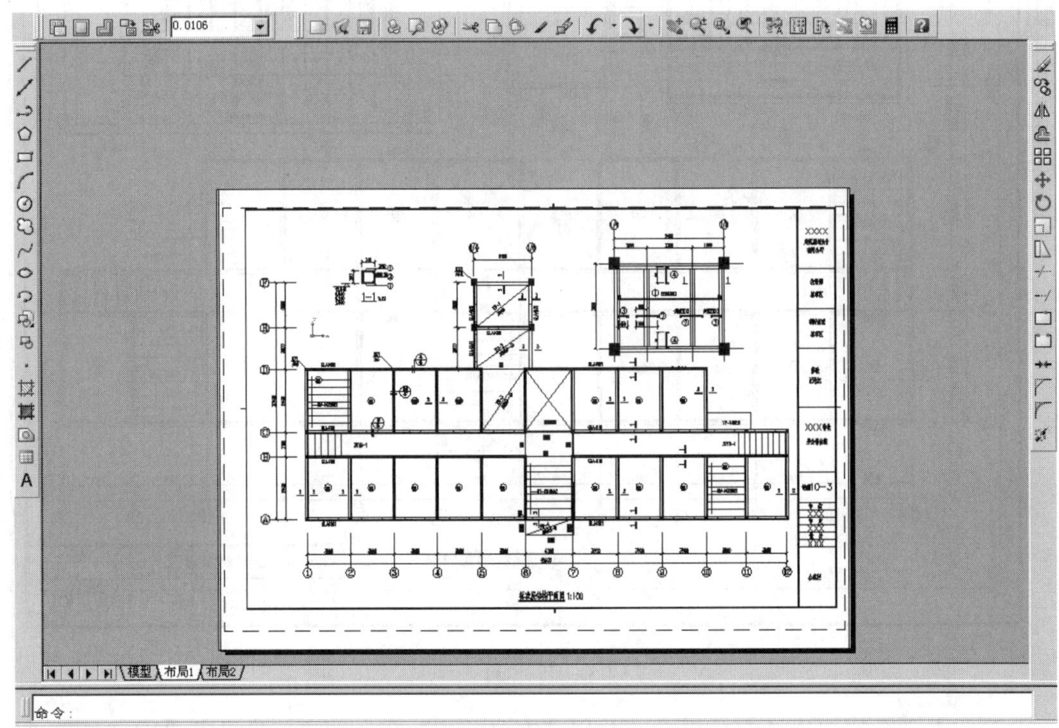

图 5.97 在布局空间布图

(7) 打印。

【CAD拆分打印的最好方法】

① 将【视口】图层冻结。

② 右击【布局 1】，从弹出的快捷菜单中选择【打印】命令，打开【打印 – 布局 1】对话框，如图 5.98 所示，单击【确定】按钮即可打印图形。

【CAD打印图纸怎么设置选项】

特别提示

由于前面在【页面设置管理器】内已经对打印设备、图纸尺寸和打印比例进行了设置，所以图 5.96 的【打印 – 布局 1】对话框内不需做任何设置。

注意，在布局空间内是以 1 ： 1 的比例出图的。

命令链接

- 本书涉及的系统变量有：控制是否显示点标记的 BlipMode；控制状态栏上坐标显示的情况的 Coords；控制多段线及圆环等填充状态的 FillMode；控制徒手制图所生成直线类型的 Skpoly。
- 执行菜单栏中的【格式】|【线性】命令打开的【线型管理器】对话框内的【全局比例

因子】是控制整张图的虚线及中心线等非 Continuous 线型的显示；但是一张图内的非 Continuous 线型有长有短，【全局比例因子】对于较短的线的显示不够理想，这时需要执行菜单栏中的【修改】|【特性】命令打开的【特性管理器】对话框，将【线型比例】做局部调整。

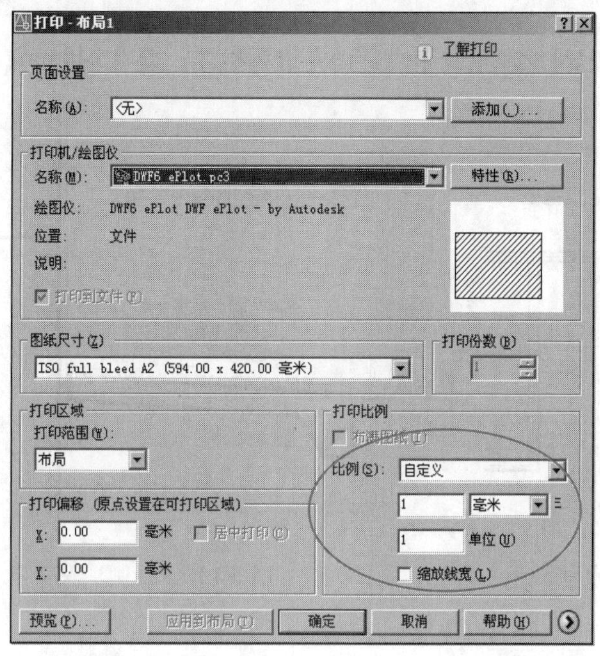

图 5.98 设置【打印－布局 1】对话框

本章小结

本章在前几章的基础上进一步深入学习绘制宿舍楼基础平面图、标准层结构布置平面图及一些构件详图。在绘图过程中对过去所学命令重复使用，达到熟练掌握的目的。同时，在绘制上述结构施工图时，进一步领悟不同图形的绘制方法。

本章还介绍了较难理解的多重比例出图的方法，实际工作中经常会在一张图上布置不同比例的图形，在模仿课本实例的基础上，大家需要用心体会。

上机指导

上机操作一：绘制标准层楼梯平面图

【操作目的】

综合练习。

【操作内容】

按图 5.99 中所示尺寸绘制标准层楼梯平面图并进行标注，墙厚 240mm。

上机操作二：绘制墙身节点详图

【操作目的】

综合练习。

【操作内容】

按图 5.100 所示尺寸绘制墙身节点详图并进行标注，墙厚 240mm。

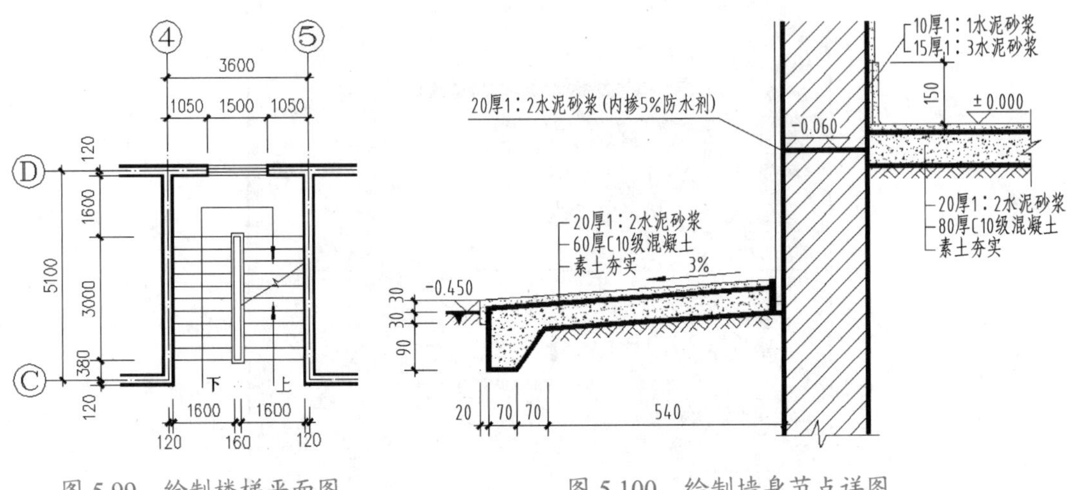

图 5.99　绘制楼梯平面图　　　　图 5.100　绘制墙身节点详图

上机操作三：绘制电气施工图

【操作目的】

练习【圆环】、【矩形】、【直线】、【多段线】及【圆】等绘图命令，学习使用栅格。

【操作内容】

绘制图 5.101 所示电器施工图。

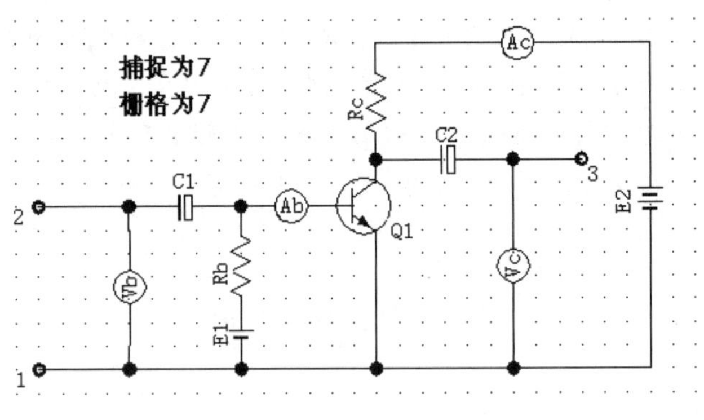

图 5.101　绘制电器施工图

上机操作四：地面拼花图

【操作目的】

练习【圆环】、【矩形】、【定数等分】及【图案填充】等绘图命令。

【操作内容】

绘制图 5.102 所示地面拼花图。

上机操作五：残疾人坡道栏杆详图

【操作目的】

综合练习。

【操作内容】

绘制图 5.103 所示残疾人坡道栏杆详图。

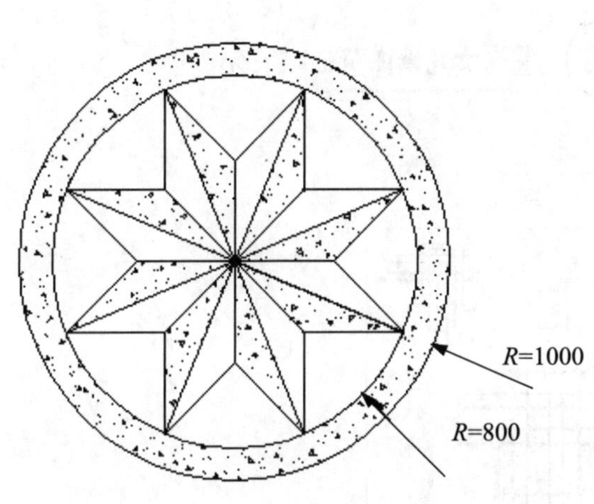

图 5.102　绘制地面拼花图

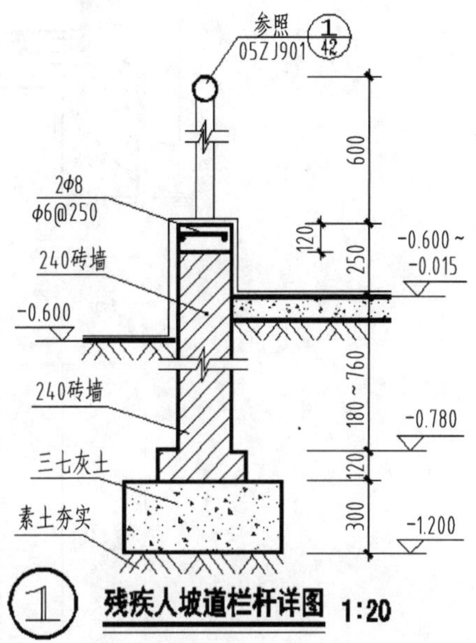

图 5.103　绘制残疾人坡道栏杆详图

上机操作六：露台女儿墙详图

【操作目的】

综合练习。

【操作内容】

绘制图 5.104 所示露台女儿墙详图。

上机操作七：剪力墙柱图

【操作目的】

综合练习。

【操作内容】

绘制图 5.105 所示剪力墙柱图。

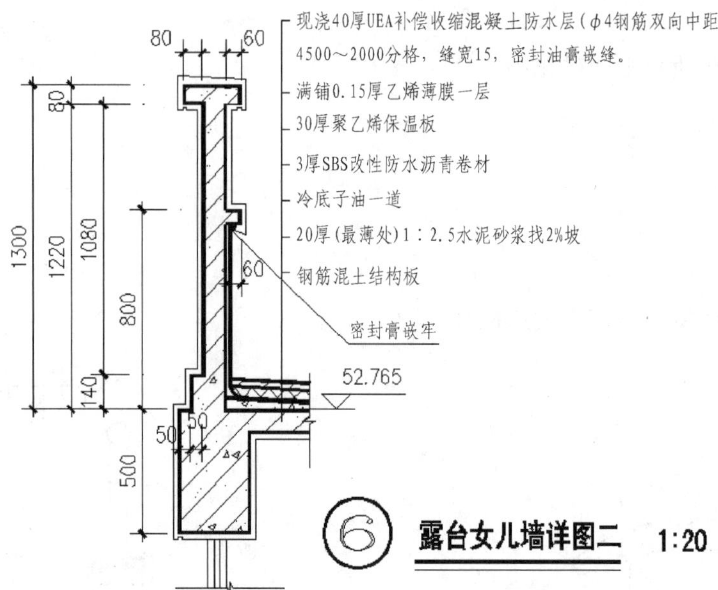

图 5.104　绘制露台女儿墙详图

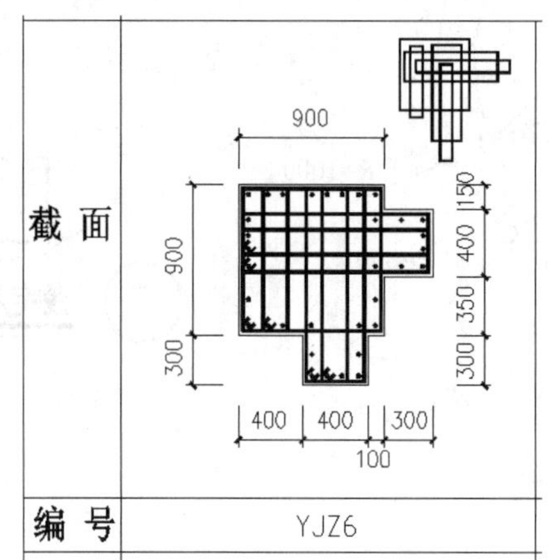

图 5.105　绘制剪力墙柱图

上机操作八：板的配筋图

【操作目的】

综合练习。

【操作内容】

绘制图 5.106 所示板配筋图。

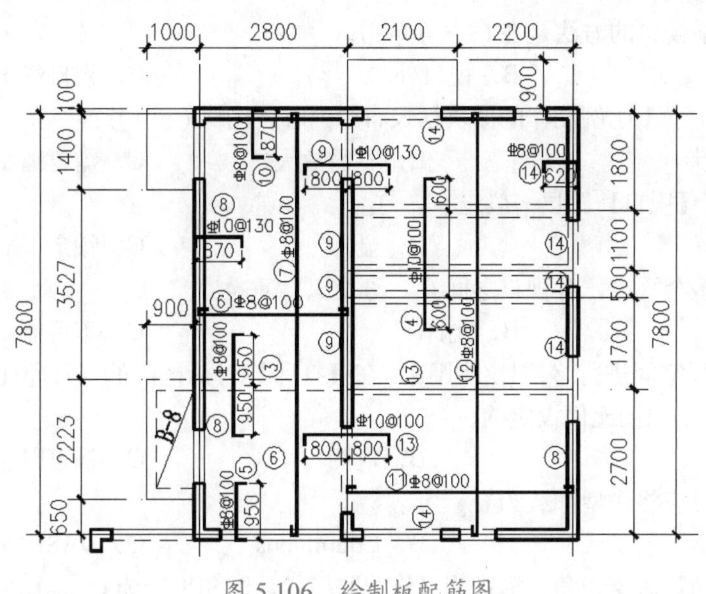

图 5.106 绘制板配筋图

上机操作九：给排水施工图

【操作目的】

综合练习。

【操作内容】

绘制图 5.107 所示给排水施工图。

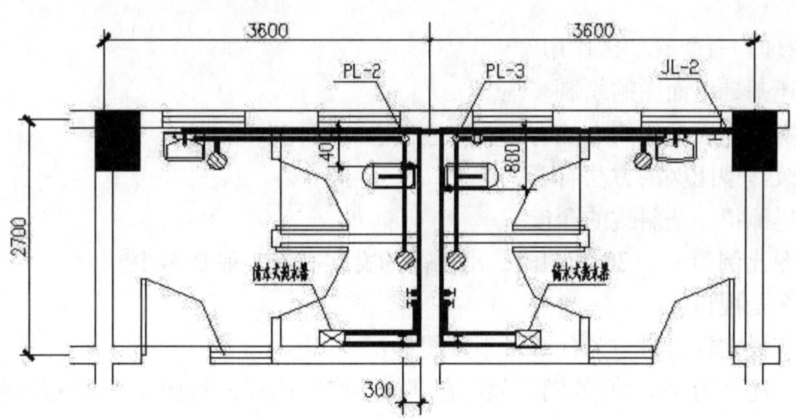

图 5.107 绘制给排水施工图

一、单选题

1. 出图比例为 1 ∶ 100 的基础平面图在布局内打印时，打印比例为（　　）。

A. 1 ∶ 100　　B. 1 ∶ 50　　C. 1 ∶ 1

2．设置当前视口的方法是在(　　)单击。

A．视口内　　B．视口外　　C．视口线上

3．将按照1∶1比例制作的图块插入布局内时，图块(　　)。

A．需要放大　　B．不需放大　　C．需要缩小

4．打印时，【视口】图层一般应(　　)。

A．冻结　　B．显示　　C．锁定

5．如果有多个视口，各视口之间(　　)交叉、重叠。

A．不允许　　B．允许　　C．不可能

6．利用模型空间进行多重比例出图，在【打印】对话框内的【打印比例】选项的设置是按照(　　)的出图比例设定的。

A．主图　　B．附图　　C．都可以

7．虚线图层应将线型加载为(　　)。

A．HIDDEN　　B．Continuous　　C．DASHDOT

8．用【圆角】命令修角，模式为【修剪】模式，圆角半径为(　　)。

A．50　　B．0　　C．30

9．当图层被锁定后，该图层上的图形不能被(　　)。

A．打印　　B．修改　　C．显示

10．出图比例为1∶20的图形标注样式内的【调整】选项卡内的【使用全局比例】值为(　　)。

A．10　　B．20　　C．25

二、简答题

1．【清理】命令有什么作用？

2．简述基础平面图的绘制步骤。

3．将实线变成虚线的方法有哪些？它们之间有什么区别？

4．修改线型比例的方法有哪些？

5．怎样测得一条斜线的角度？

6．出图比例为1∶20的图内，出图前的文字高度一般是多少？

7．什么是视口？

8．没有设定视口时，为什么看不到图形？

9．出图比例为1∶50的图，如何在其模型空间内插入按照1∶1比例制作的图块？

10．为什么“1—1断面图”图块放大5倍后，标注出的尺寸值不变呢？

【参考答案】

第6章 绘制三维图形

教学目标

通过学习建筑三维模型的绘制，了解绘制建筑三维模型的步骤，掌握绘制建筑三维模型的基本方法和技巧。

教学要求

能力目标	相关知识	权重
了解绘制建筑三维模型的步骤	绘制建筑三维模型的步骤	10%
能绘制简单的建筑三维模型	绘制建筑三维模型的基本方法和技巧	70%
能将三维模型生成透视图	Dview、三维动态观察	20%

学习重点

本章在绘制三维墙体及门窗等图形时大量采用【多段线】命令，学习前应熟练掌握该命令。绘制三维图形时应及时更换当前层，以方便修改图形。注意掌握坐标系的变换方法并会用右手定则确定坐标系 X、Y 及 Z 轴的方向。

AutoCAD 提供了强大的三维绘图功能，利用这些功能可以绘出形象逼真的立体图形，使一些在二维图形中无法表达的东西清晰而形象地展现在屏幕上。三维绘图对形成更完整的设计概念、进行更合理的设计决策是十分必要的。本章仍以宿舍楼为例学习建筑三维模型基本的绘制方法和技巧。

6.1 准备工作

1. 空间概念的建立

三维建筑模型和建筑平面图的二维图形的区别是，三维建筑模型是在三维空间上绘制的，每个对象的定位点坐标除了 X 和 Y 方向的数值外，还有 Z 方向的数值，而二维图形只有 X 和 Y 方向的数值，Z 方向的数值为 0。

2. 准备图层

首先，为三维模型新建一个图形文件并将其命名为“宿舍楼三维模型”，然后执行菜单栏中的【格式】|【图层】命令，打开【图层特性管理器】对话框，建立【墙】、【勒脚】、【玻璃】、【门窗框】、【台阶】、【填充】和【阳台】等图层，如图 6.1 所示。

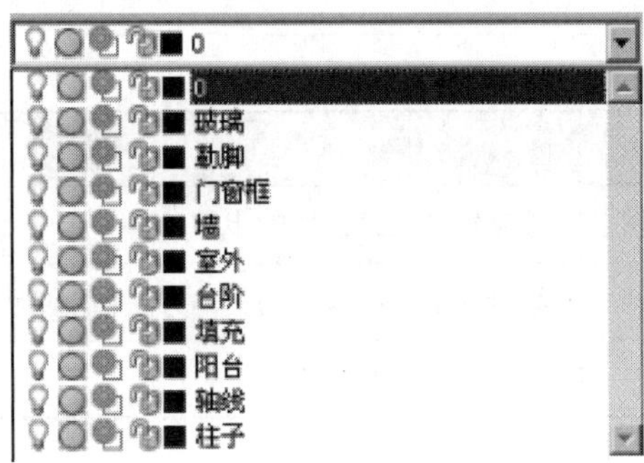

图 6.1 准备图层

3. 准备平面图

(1) 打开“2.107.dwg”图形文件。

(2) 将“2.107.dwg”图形文件内除【墙线】、【室外】和【轴线】外的其他图层冻结。

(3) 执行菜单栏中的【编辑】|【复制】命令，在选择对象：提示下，输入“ALL”后按 Enter 键，再次按 Enter 键结束命令。

(4) 执行菜单栏中的【窗口】|【宿舍楼三维模型】命令，将“宿舍楼三维模型”图形文件切换为当前文件，然后执行菜单栏中的【编辑】|【粘贴】命令或按 Ctrl+V 快捷键，在指定插入点：提示下，在屏幕上单击任意一点作为图形的插入点。

(5) 输入“Z”后按 Enter 键，再输入“E”后按 Enter 键，启动【范围缩放】命令。

(6) 删除散水后将【室外】图层关闭，并把【阳台】图层设置为当前层，绘制出阳台平面轮廓，结果如图 6.2 所示。

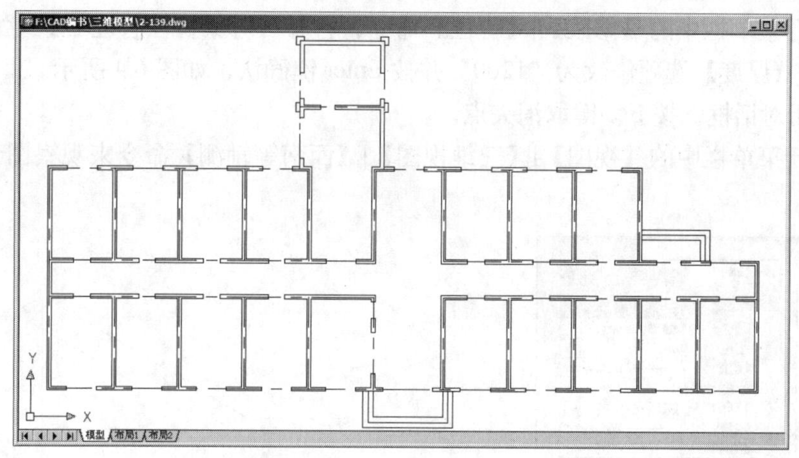

图 6.2 修改后的宿舍楼平面图

这样，通过跨文件复制，将“宿舍楼平面图”引入到“宿舍楼三维模型”图形文件中并加以修改。下面以该平面为基础，绘制宿舍楼标准层三维模型。

6.2 建立墙体的三维模型

1. 对三维墙体的理解

三维墙体是通过改变二维平面墙体的厚度生成的，即把二维平面墙体沿 Z 轴方向拉伸，下面举例说明。

(1) 在绘图区域用【多段线】命令绘制一条宽度为 240mm，长度为 1800mm 的多段线，如图 6.3 所示。

图 6.3 带有宽度的多段线

(2) 在命令行无任何命令的状态下选择该多段线，则出现两个蓝色夹点。

(3) 执行菜单栏中的【修改】|【特性】命令，打开【对象特性管理器】对话框，把该对话框中的【厚度】选项修改为“1200”并按 Enter 键确认，如图 6.4 所示。

(4) 关闭对话框，按 Esc 键取消夹点。

(5) 执行菜单栏中的【视图】|【三维视图】|【西南等轴测】命令来观察图形，结果如图 6.5 所示。

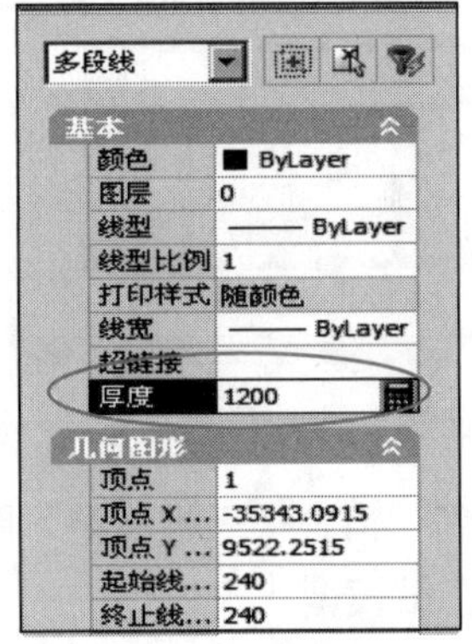

图 6.4　改变多段线的厚度

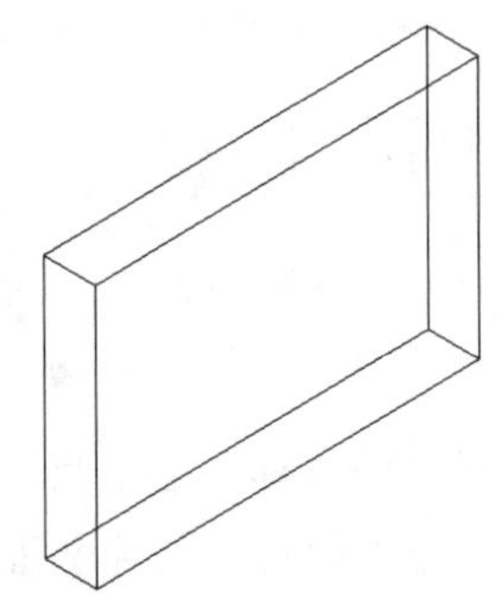

图 6.5　带有宽度和高度的多段线

特别提示

在 AutoCAD 中，称 Z 轴方向的尺寸为厚度，Y 轴方向的尺寸为宽度，X 轴方向的尺寸为长度。

2. 建立宿舍楼墙体的三维模型

1) 绘制勒脚部分的墙体

设置勒脚部分的墙体高度为 600mm。

(1) 打开图“6.2.dwg”并设置【勒脚】图层为当前图层，关闭【阳台】和【室外】图层。

(2) 执行菜单栏中的【视图】|【三维视图】|【西南等轴测】命令，并用【窗口放大】命令将视图放大，结果如图 6.6 所示。

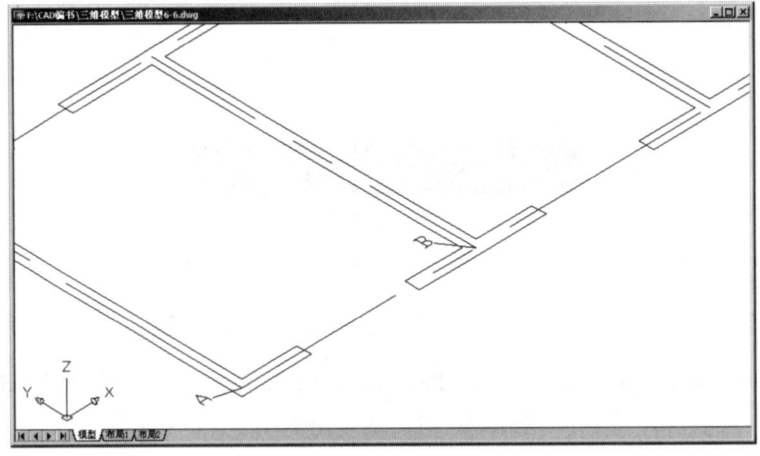

图 6.6　西南等轴测视图

(3) 打开【对象捕捉】功能，并启动绘制多段线命令。

① 在指定起点：提示下，捕捉如图 6.6 中所示的 A 点作为多段线的起点。

② 在指定下一个点或 [圆弧 (A)/ 半宽 (H)/ 长度 (L)/ 放弃 (U)/ 宽度 (W)]：提示下，输入“W”后按 Enter 键。

③ 在指定起点宽度 <0.0000>：提示下，输入“240”后按 Enter 键。

④ 在指定端点宽度 <240.0000>：提示下，按 Enter 键执行尖括号内的默认值“240.0000”。这样，将多段线的宽度由 0mm 改为 240mm。

⑤ 在指定下一点或 [圆弧 (A)/ 闭合 (C)/ 半宽 (H)/ 长度 (L)/ 放弃 (U)/ 宽度 (W)]：提示下，捕捉如图 6.6 中所示的 B 点作为多段线的终点，按 Enter 键结束命令。结果绘制出一条宽度为 240mm 的二维多段线，如图 6.7 所示。

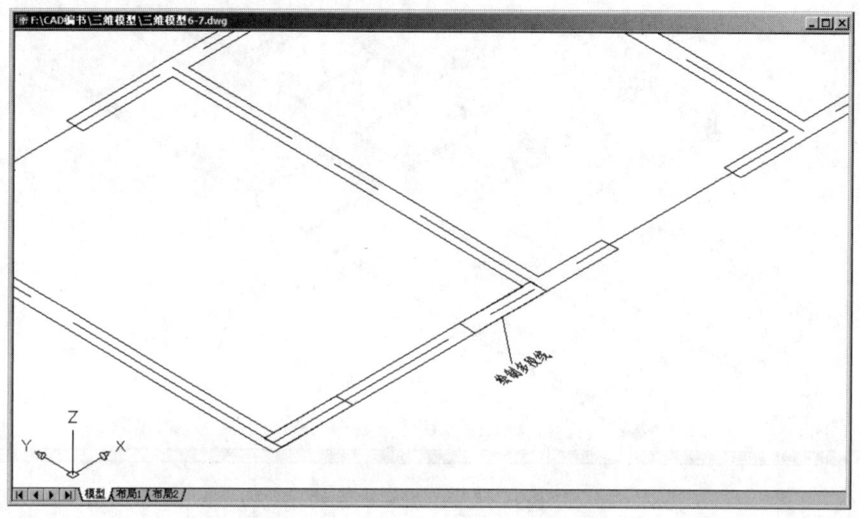

图 6.7　绘制带有宽度的多段线

(4) 利用【对象特性管理器】对话框将厚度修改为“600”，结果如图 6.8 所示。

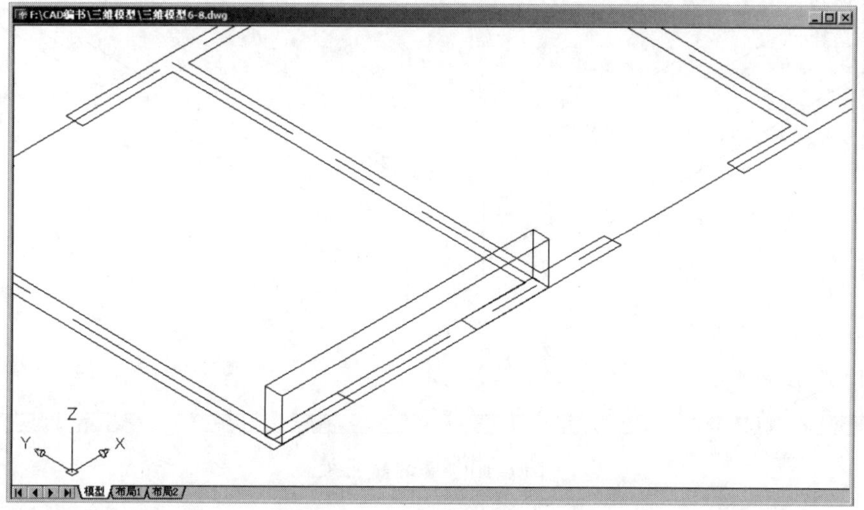

图 6.8　改变墙体的厚度

(5) 用相同的方法生成其他勒脚部分的墙体，结果如图 6.9 所示。

(6) 将图 6.9 内所圈定的部分放大，结果如图 6.10 所示，可以发现在建筑的转角处存有缺口，需用多段线编辑命令将转角两侧的墙体连接在一起。

(7) 输入“PE”后按 Enter 键，启动编辑多段线。

① 在选择多段线或 [多条 (M)]：提示下，选择图 6.10 内的 A 墙体。

② 在输入选项 [闭合 (C)/ 合并 (J)/ 宽度 (W)/ 编辑顶点 (E)/ 拟合 (F)/ 样条曲线 (S)/ 非曲线化 (D)/ 线型生成 (L)/ 放弃 (U)]：提示下，输入“J”后按 Enter 键。

③ 在选择对象：提示下，选择图 6.10 内的 B 墙体，按 Enter 键结束命令，结果如图 6.11 所示。

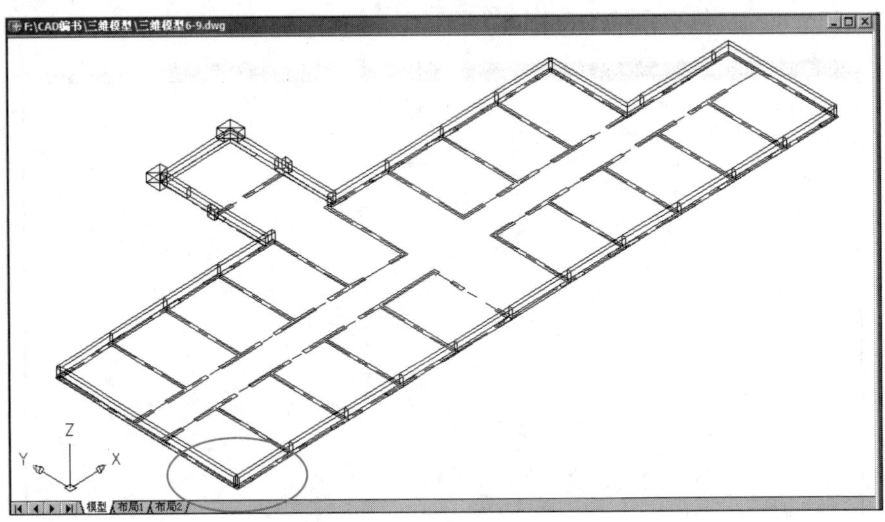

图 6.9　生成勒脚部位的墙

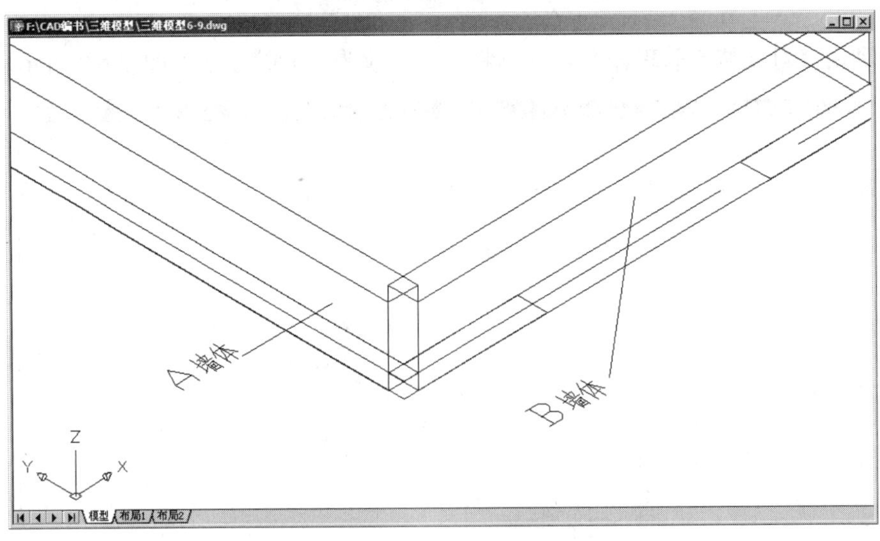

图 6.10　墙的转角处

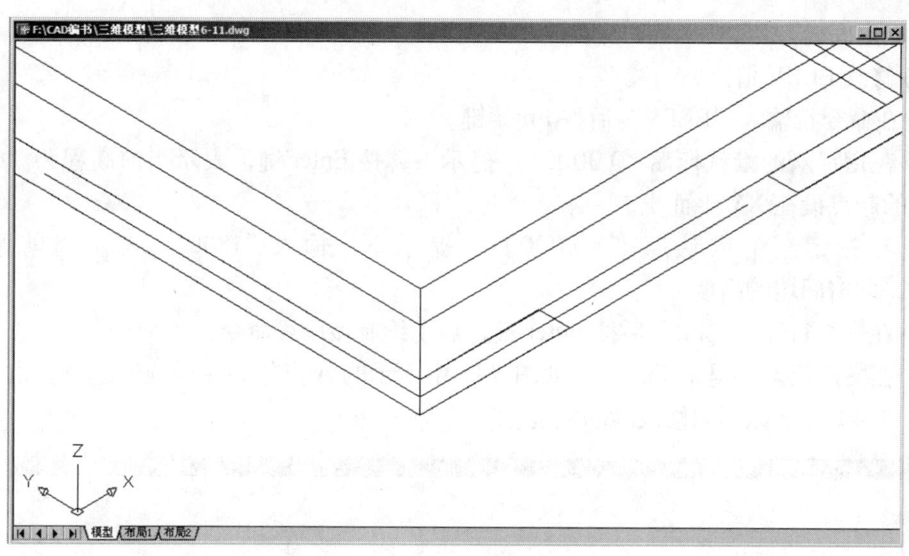

图 6.11 连接转角处的墙体

2) 绘制底层窗下部的墙体

将当前图层切换为【墙】图层，然后用相同的方法绘制底层窗下部的墙体，其高度为900mm，结果如图 6.12 所示。

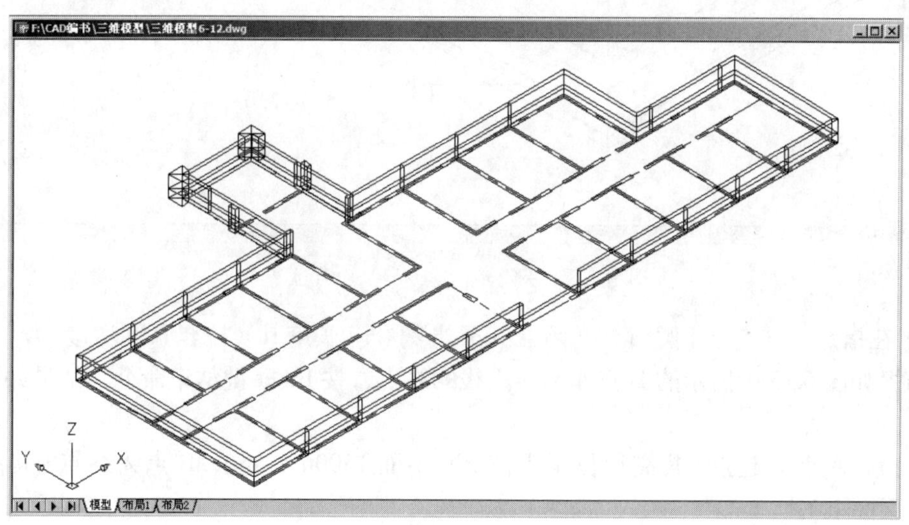

图 6.12 绘制底层窗下部的墙体

特别提示

为便于以后复制三维墙体，将勒脚部位的墙绘制在【勒脚】图层上，将其他的墙体都绘制在【墙】图层上。

3) 绘制窗间墙

窗间墙也可以用上述拉伸多段线的方法绘制，但是比较复杂，这里利用 ELEV(高程)

命令绘制窗间墙。

(1) 修改 ELEV 值。

① 在命令行输入“ELEV”后按 Enter 键。

② 在指定新的默认标高 <0.0000>：提示下，按 Enter 键，表示当前高程为“0”，即多段线的起点设在 XY 平面上。

③ 在指定新的默认厚度 <0.0000>：提示下，输入“1800”，表示当前厚度为“1800”，即窗间墙的高度。

(2) 在命令行输入“PL”后按 Enter 键，启动绘制多段线命令。

① 在指定起点：提示下，捕捉如图 6.13 中所示的 A 点作为多段线的起点。由于当前线宽为“240”，所以不需修改线的宽度。

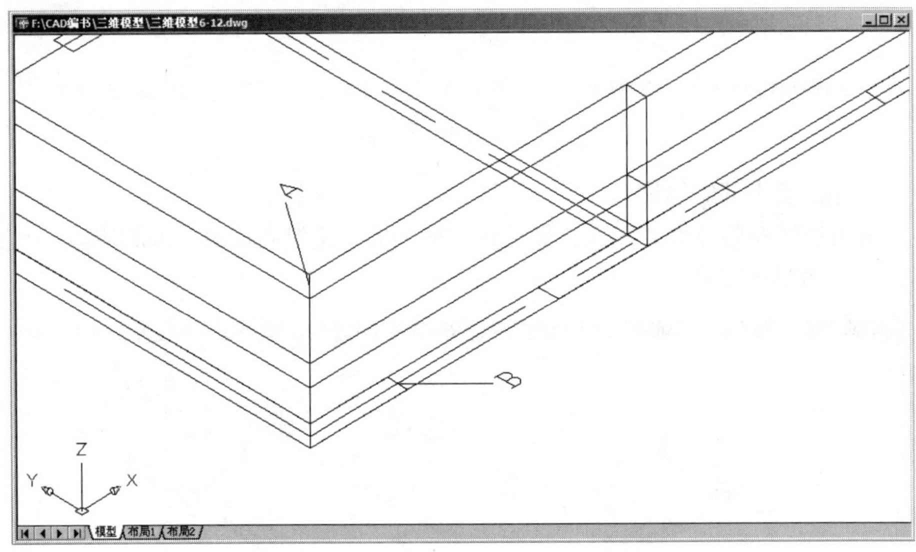

图 6.13　多段线起点和终点的位置

② 在指定下一点或 [圆弧 (A)/ 闭合 (C)/ 半宽 (H)/ 长度 (L)/ 放弃 (U)/ 宽度 (W)]：提示下，捕捉如图 6.13 中所示的 B 点作为多段线的终点，按 Enter 键结束命令，结果如图 6.14 所示。

注意，A 点为起点 (其高程位于距离 XY 平面 1500mm 处)，B 点为终点 (其高程位于 XY 平面上)。

特别提示

图 6.13 中的 A 点和 B 点并不在一个水平面上，但绘制出的多段线的起点和终点却在一个水平面上，这是因为【多段线】命令是一个二维绘图命令，多段线的 Z 坐标值是由起点的坐标值决定的，所以多段线的终点并不与 B 点相重合，这是绘制三维模型时的一个技巧。

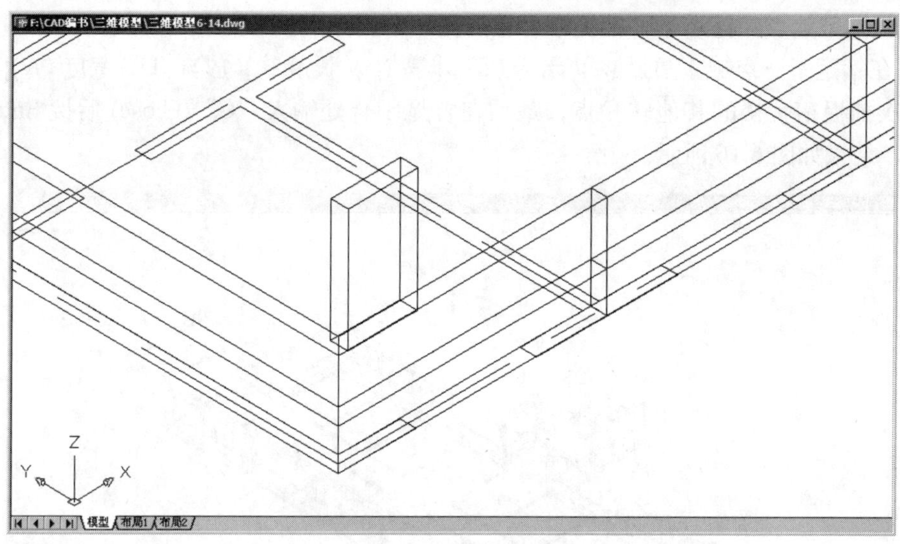

图 6.14　绘制窗间墙

③ 用【多段线】命令绘制其他的窗间墙，结果如图 6.15 所示。

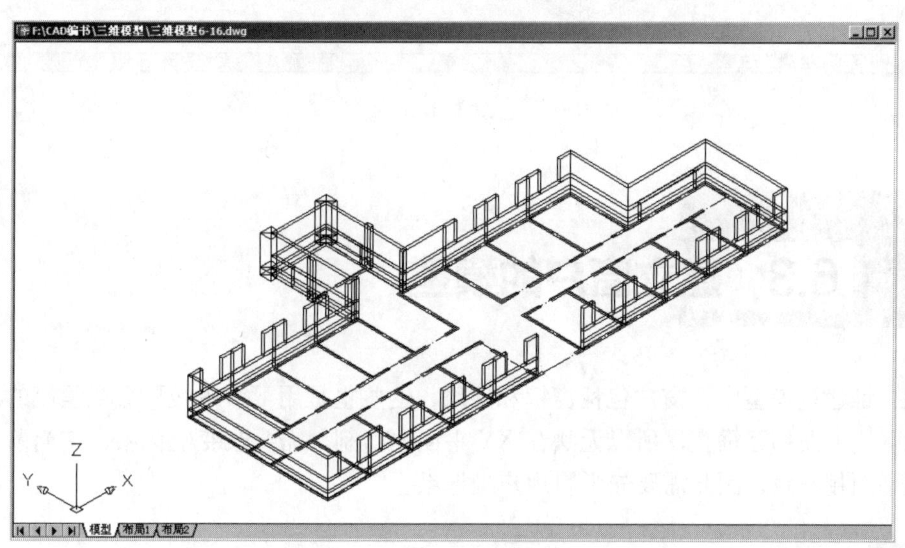

图 6.15　绘制其他窗间墙

4) 绘制窗上部墙体

(1) 仍用 ELEV 命令绘制窗上部墙体。

① 在命令行输入“ELEV”后按 Enter 键。

② 在指定新的默认标高 <0.0000>：提示下，按 Enter 键，表示当前高程为“0”，即多段线的起点设在 XY 平面上。

③ 在指定新的默认厚度 <0.0000>：提示下，输入“600”，表示当前厚度为 600mm，即窗上部墙体的高度。

(2) 在命令行输入“PL”后按 Enter 键，启动绘制多段线命令，此时当前线宽仍为“240”。

① 在指定起点：提示下，捕捉宿舍楼的任一个转角点。

② 在指定下一点或 [圆弧 (A)/ 闭合 (C)/ 半宽 (H)/ 长度 (L)/ 放弃 (U)/ 宽度 (W)]：提示下，依次捕捉宿舍楼的其他转角点，最后在首尾闭合处输入“C”(Close) 后按 Enter 键结束命令，结果如图 6.16 所示。

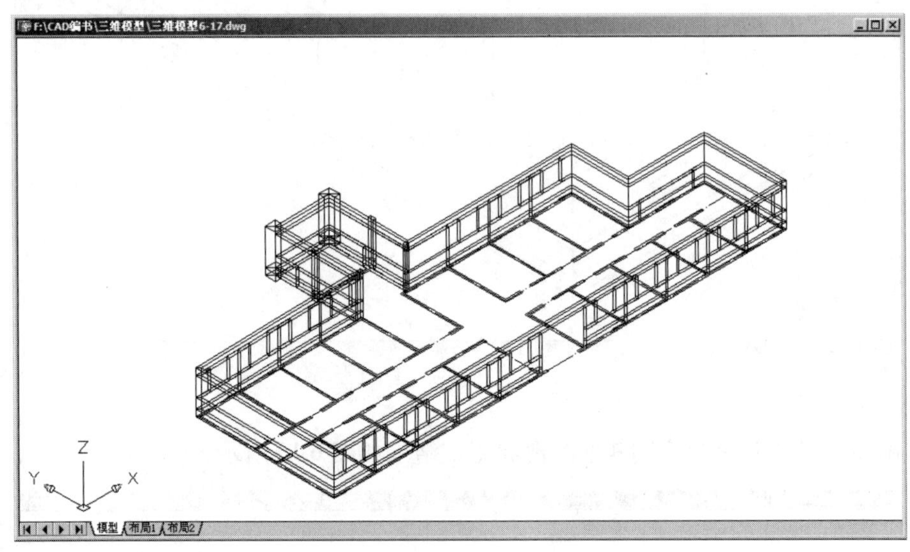

图 6.16　绘制窗上部墙体

6.3　建立窗户的模型

在三维建筑模型中，窗户包括窗框和玻璃，这些也是用【多段线】命令绘制的。由于窗框和 XY 平面相互垂直，所以无法在 XY 平面内绘制，需要改变坐标系，使当前坐标系和窗框平面相一致，因此需要先学习用户坐标系。

6.3.1　坐标系的概念

(1) 世界坐标系。世界坐标系 (World Coordinate System，WCS) 是 AutoCAD 2006 的基本坐标系统，是由 3 个相互垂直并且相交的坐标轴 X、Y 和 Z 组成。在绘制和编辑图形过程中，WCS 是默认坐标系统，该坐标系统是固定的，其坐标原点和坐标轴方向都不能被改变。

特别提示

在绘制二维图形时，WCS 完全可以满足用户的要求，在 XY 平面上绘制二维图形时，只需输入 X 轴和 Y 轴坐标，Z 轴坐标由 AutoCAD 自动赋值为“0”。

(2) 用户坐标系。AutoCAD 还提供了可改变的用户坐标系 (User Coordinate System, UCS) 以方便用户绘制三维图形，使用户可以重新定义坐标原点的位置，在二维和三维空间里根据自己的需要设定 X、Y 和 Z 的旋转角度，以方便三维模型的绘制。默认状态下，UCS 和 WCS 是重合的。

6.3.2 建立窗框模型

1. 打开图形

将当前图层切换为【门窗框】图层，并打开“6.16.dwg”图形，用【窗口放大】命令将视图调整至如图 6.17 所示的状态。

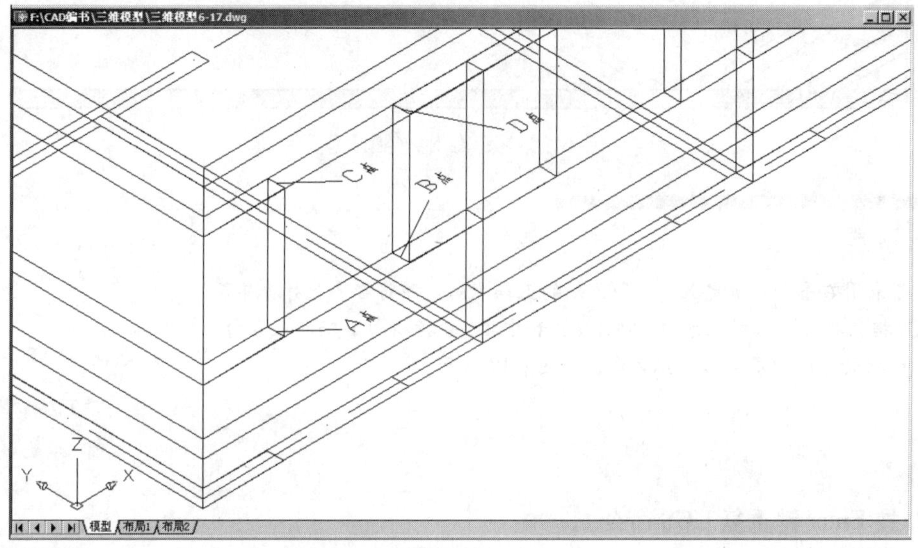

图 6.17　调整视图

2. 改变用户坐标系

(1) 在命令行输入“UCS”后按 Enter 键，执行改变用户坐标系操作。

① 在输入选项 [新建 (N)/ 移动 (M)/ 正交 (G)/ 上一个 (P)/ 恢复 (R)/ 保存 (S)/ 删除 (D)/ 应用 (A)/?/ 世界 (W)]< 世界 >：提示下，输入“3”，表示用 3 点来定义用户坐标系。

② 在指定新原点 <0，0，0>：提示下，用端点捕捉如图 6.17 所示的 A 点作为新用户坐标的原点。

③ 在在正 X 轴范围上指定点 <202,281,150>：提示下，用端点捕捉如图 6.17 所示的 B 点，那么 A 点和 B 点的连线即为新用户坐标系的 X 轴，其方向为由 A 点到 B 点。

④ 在在 UCS XY 平面的正 Y 轴范围上指定点 <261,282,150. >：提示下，再次用端点捕捉如图 6.17 所示的 C 点，则 A 点和 C 点的连线即为新用户坐标系的 Y 轴，其方向为由 A 点到 C 点。

新的用户坐标系如图 6.18 所示，其 XY 平面与窗框平面一致，原点在窗洞口的左下角点，Z 轴方向指向屏幕外面。

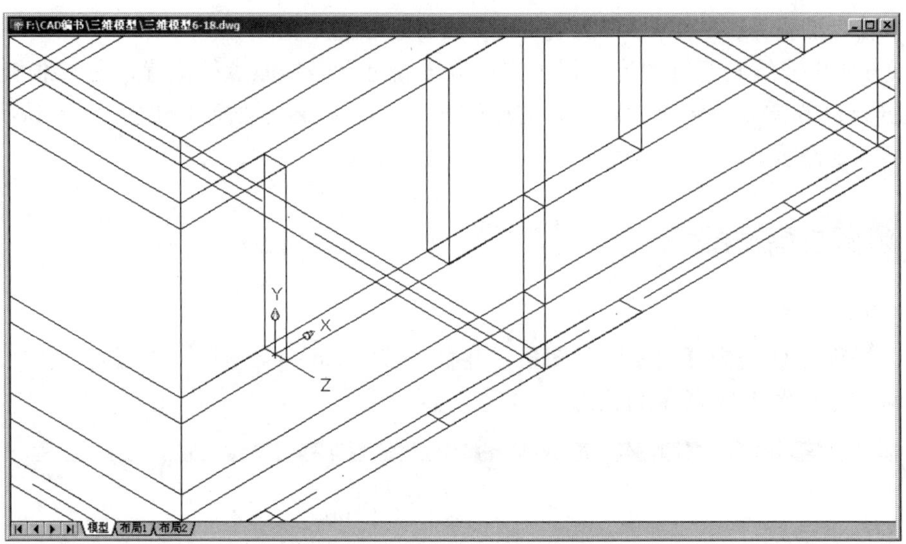

图 6.18　定义用户坐标系

特别提示

可采用右手定则确定 X、Y 和 Z 轴的正轴方向，即将右手背对着屏幕放置，拇指指向 X 轴的正方向，伸出食指和中指，食指指向 Y 轴的正方向，中指所指的方向即是 Z 轴的正方向，如图 6.19 所示。

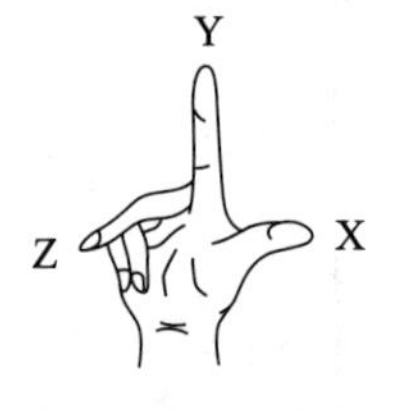

图 6.19　右手定则

(2) 按 Enter 键重复 UCS 命令。

① 在输入选项 [新建 (N)/ 移动 (M)/ 正交 (G)/ 上一个 (P)/ 恢复 (R)/ 保存 (S)/ 删除 (D)/ 应用 (A)/?/ 世界 (W)] < 世界 >：提示下，输入“S”以选择【保存】选项，表示要把刚才定义的用户坐标系保存。

② 在输入保存当前 UCS 的名称或 [?]：提示下，输入“窗框”，表示该用户坐标系的名称为“窗框”。

3. 建立窗框模型

1) 改变高程

执行 ELEV 命令，新的默认标高仍设定为“0”，新的默认厚度设定为“80”，表示窗框的厚度 (Z 轴方向尺寸) 为 80mm。

2) 建立“洞口”四周的边框模型

(1) 在命令行输入“PL”后按 Enter 键，启动绘制多段线命令。

(2) 在指定起点：提示下，捕捉如图 6.17 所示的 B 点作为多段线的起点。

(3) 在指定下一个点或 [圆弧 (A)/ 半宽 (H)/ 长度 (L)/ 放弃 (U)/ 宽度 (W)]：提示下，输入“W”后按 Enter 键。

(4) 在指定起点宽度 <0.0000>：提示下，输入“160”后按 Enter 键。

(5) 在指定端点宽度 <160.0000>：提示下，按 Enter 键执行尖括号内的默认值“160.0000”。

(6) 在指定下一点或 [圆弧 (A)/ 闭合 (C)/ 半宽 (H)/ 长度 (L)/ 放弃 (U)/ 宽度 (W)]：提示下，依次捕捉如图 6.17 所示的 A 点、C 点和 D 点。

(7) 在指定下一点或 [圆弧 (A)/ 闭合 (C)/ 半宽 (H)/ 长度 (L)/ 放弃 (U)/ 宽度 (W)]：提示下，输入“C”(Close) 后按 Enter 键结束命令。结果生成如图 6.20 所示的“窗框”，其宽度为 160mm，厚度为 80mm。

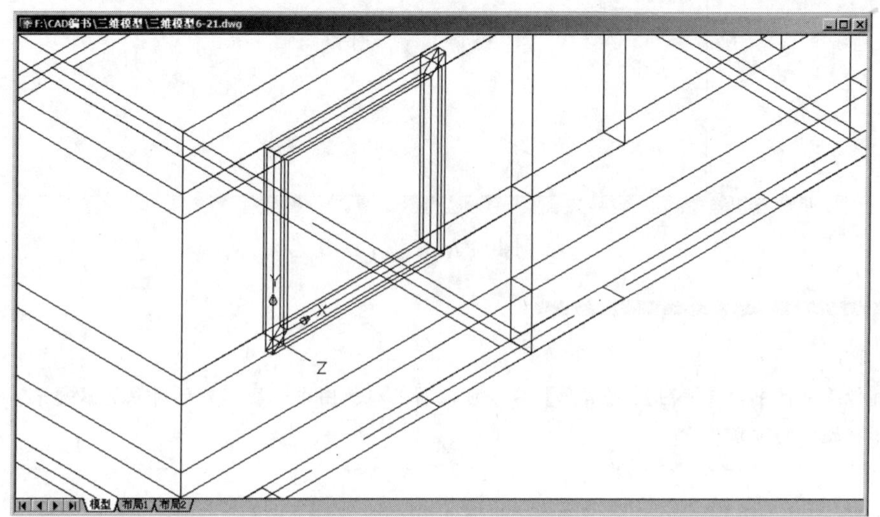

图 6.20 绘制出四周边框

特别提示

由于是沿着窗洞口的外边界绘制多段线的，所以 160mm 的窗框只有 80mm 露在外面，另一半则在墙内。

4. 建立窗中间窗框的模型

(1) 执行【多段线】命令。

(2) 在指定起点：提示下，捕捉已绘制的上边框的中点作为多段线的起点。

(3) 在指定下一个点或 [圆弧 (A)/ 半宽 (H)/ 长度 (L)/ 放弃 (U)/ 宽度 (W)]：提示下，输入“W”后按 Enter 键。

(4) 在指定起点宽度 <0.0000>：提示下，输入“80”后按 Enter 键。

(5) 在指定端点宽度 <80.0000>：提示下，按 Enter 键执行尖括号内的默认值“80.0000”。

(6) 在指定下一点或 [圆弧 (A)/ 闭合 (C)/ 半宽 (H)/ 长度 (L)/ 放弃 (U)/ 宽度 (W)]：提示下，捕捉已绘制的下边框的中点作为多段线的终点，然后按 Enter 键结束命令，结果如图 6.21 所示。

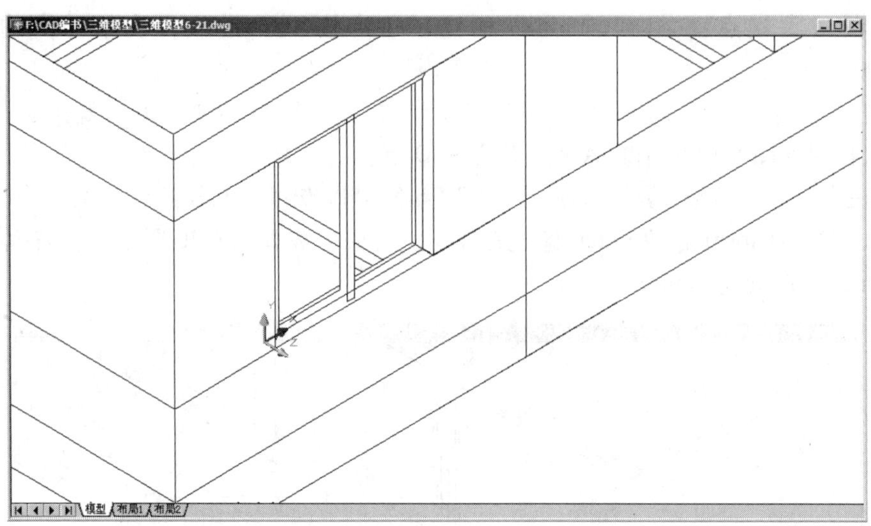

图 6.21　绘制出中间窗框 (消隐后图形)

特别提示

执行菜单栏中的【视图】|【消隐】命令可以将三维视图中观察不到的对象隐藏起来，只显示那些不被遮挡的对象。

6.3.3 建立玻璃模型

在三维建模时，将“玻璃”作为一个面来处理，同样用到【多段线】命令，但是这里需要将坐标系恢复到世界坐标系。

1. 打开图形

将当前图层切换为【玻璃】图层，并打开“6.21.dwg”图形。

2. 修改坐标系

(1) 在命令行输入“UCS”后按 Enter 键，执行修改坐标系操作。

(2) 在输入选项 [新建 (N)/ 移动 (M)/ 正交 (G)/ 上一个 (P)/ 恢复 (R)/ 保存 (S)/ 删除 (D)/ 应用 (A)/?/ 世界 (W)] < 世界 >：提示下，输入“W”后按 Enter 键，表示将恢复到世界坐标系。这样 CAD 又回到原来的世界坐标系下，如图 6.22 所示。

3. 改变高程

执行 ELEV 命令，新的默认标高仍设定为“0”，新的默认厚度设定为“1800”，表示玻璃的厚度 (Z 轴方向尺寸) 为 1800mm。

4. 绘制玻璃

执行多段线命令。

(1) 在指定起点：提示下，捕捉如图 6.22 所示的 A 点。

(2) 在指定下一个点或 [圆弧 (A)/ 半宽 (H)/ 长度 (L)/ 放弃 (U)/ 宽度 (W)]：提示下，输入“W”后按 Enter 键。

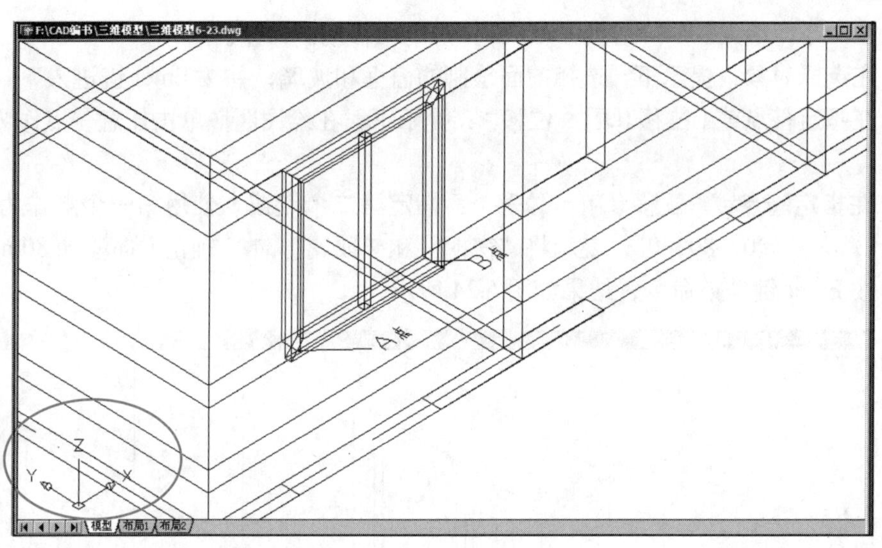

图 6.22　恢复世界坐标系

(3) 在指定起点宽度 <80.0000>：提示下，输入“0”后按 Enter 键。

(4) 在指定端点宽度 <0.0000>：提示下，按 Enter 键执行尖括号内的默认值“0.0000”。说明“玻璃”只是一个面，没有宽度。

(5) 在指定下一点或 [圆弧 (A)/ 闭合 (C)/ 半宽 (H)/ 长度 (L)/ 放弃 (U)/ 宽度 (W)]：提示下，捕捉如图 6.22 所示的 B 点。

(6) 按 Enter 键结束命令，结果如图 6.23 所示，生成的“玻璃”只是带有 1800mm 厚的多段线的线框。

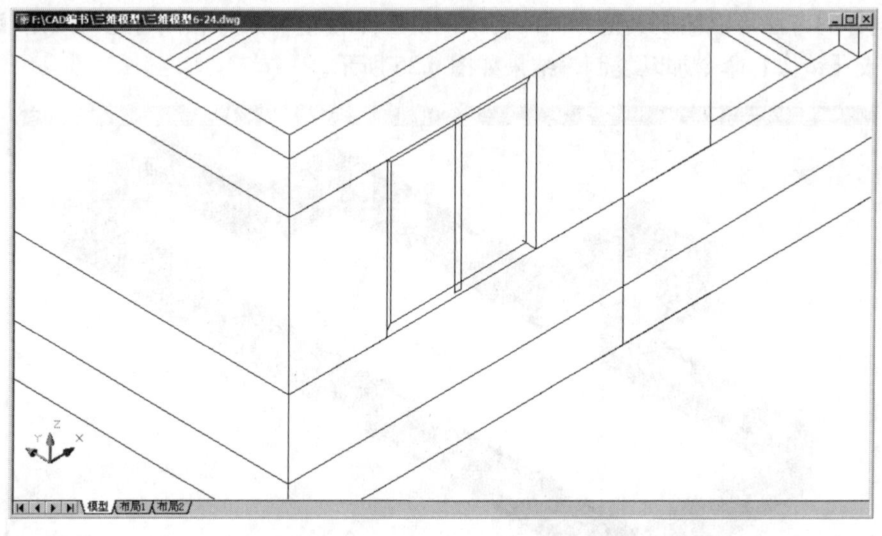

图 6.23　绘制玻璃 (消隐后图形)

5. 移动窗框和玻璃

为了更明确地表示窗框、玻璃和墙之间的关系，以及将来渲染时能够产生足够的阴影关系，下面将“窗框”和“玻璃”向后移动 80mm。

(1) 在命令行输入“M”后按 Enter 键，启动【移动】命令。

(2) 在选择对象：提示下，选择前面绘制的窗框和玻璃，并按 Enter 键进入下一步。

(3) 在指定基点或 [位移 (D)] < 位移 >：提示下，在绘图区域单击任意一点作为移动的基点。

(4) 在指定基点或 [位移 (D)] < 位移 >：指定第二个点或 < 使用第一个点作为位移 >：提示下，输入“@0，80，0”，表示将“窗框”和“玻璃”向 Y 轴正方向移动 80mm。

(5) 按 Enter 键结束命令，结果如图 6.24 所示。

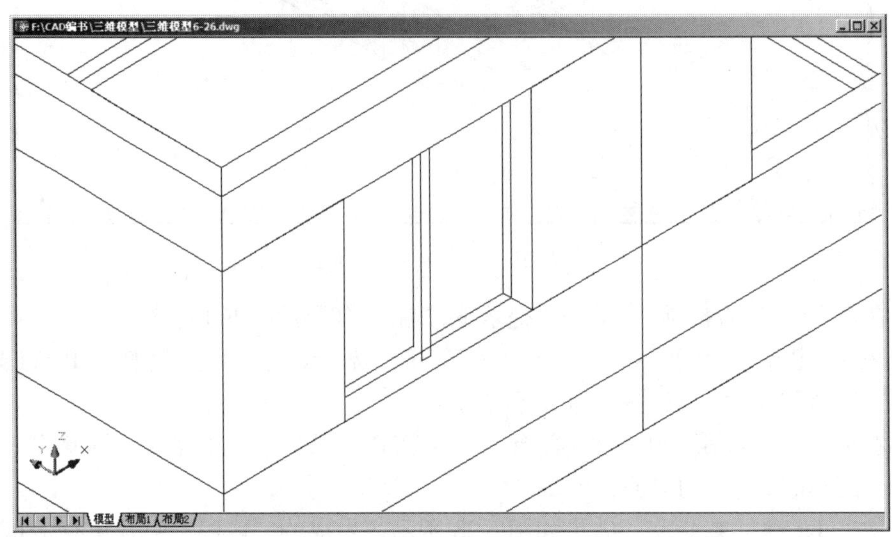

图 6.24　移动窗户模型

用同样的方法可以绘制其他开间的窗或门的三维模型，尺寸相同时还可以用【复制】、【阵列】或【镜像】命令加以复制，结果如图 6.25 所示。

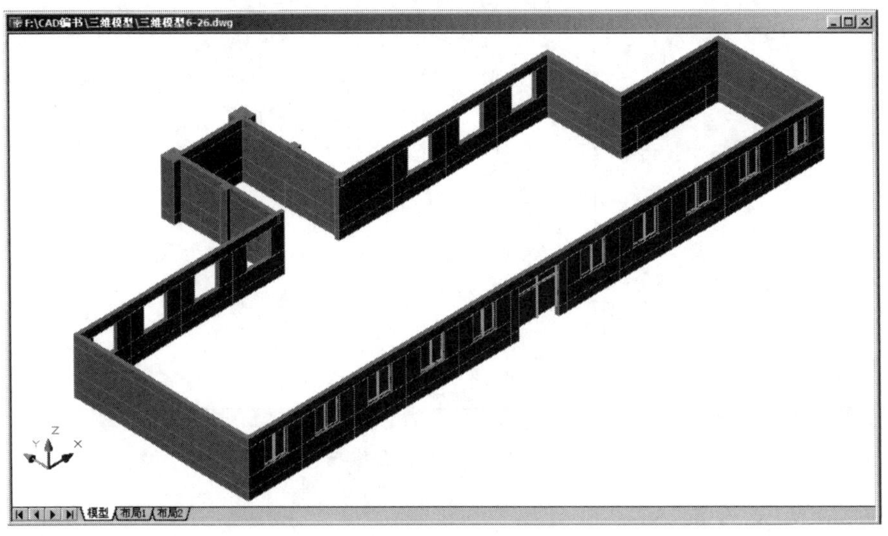

图 6.25　绘制其他开间窗和门 (着色后的图形)

6.3.4 复制三维墙、柱和门窗模型

修改 UCS 使其恢复到【窗】坐标体系。

(1) 右击任意一个按钮，会弹出工具栏快捷菜单，选择【UCS Ⅱ】选项，这时屏幕上显示出【UCS Ⅱ】工具栏。

(2) 打开【UCS Ⅱ】工具栏的下拉列表 (图 6.26)，选择【窗框】坐标系，这样用户坐标系便切换到【窗框】坐标系。

(3) 执行菜单栏中的【工具】|【快速选择】命令，打开【快速选择】对话框，按照图 6.27 所示设置该对话框，然后单击【确定】按钮关闭对话框。结果所有三维墙体上都出现蓝色夹点，如图 6.28 所示。

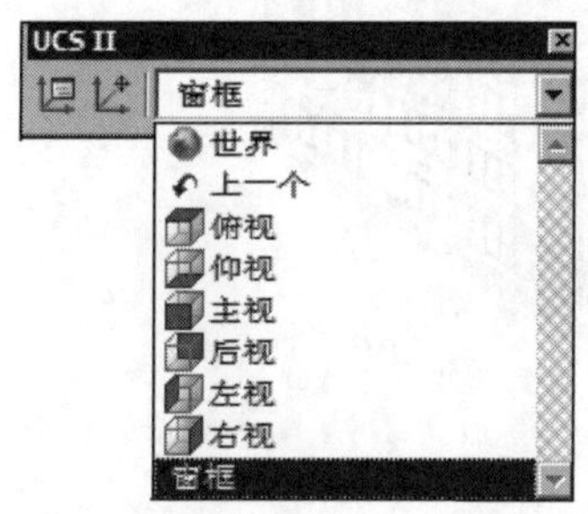

图 6.26 利用【UCS Ⅱ】工具栏切换坐标系

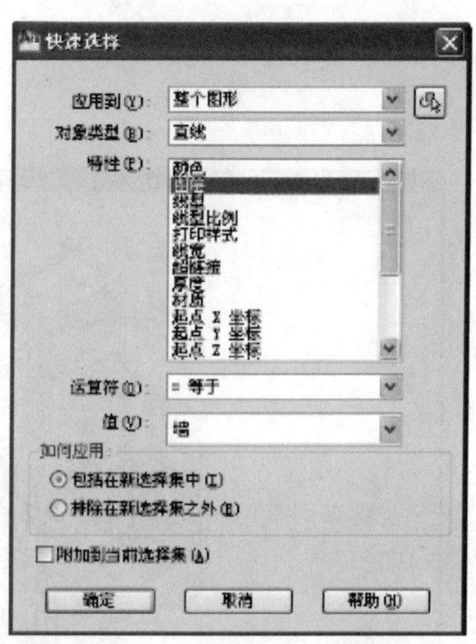

图 6.27 设置【快速选择】对话框

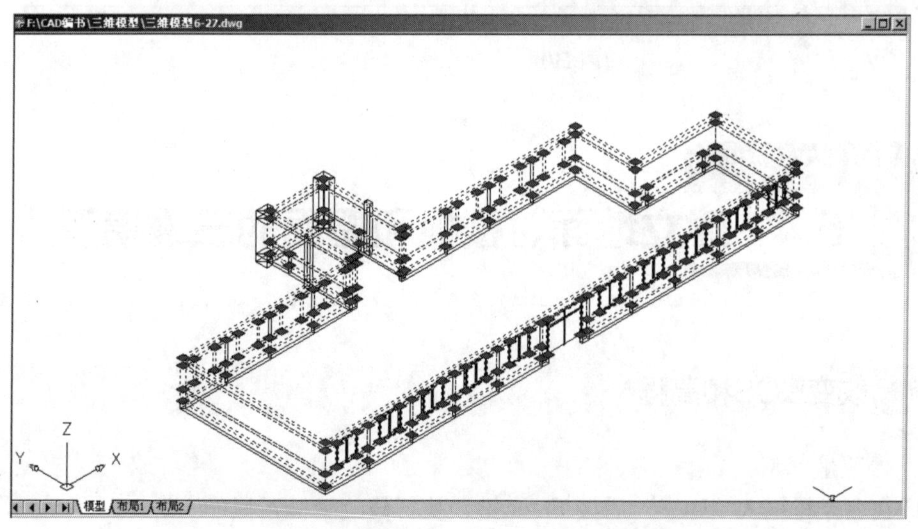

图 6.28 利用【快速选择】对话框选择首层墙

(4) 重复执行【快速选择】命令，按照图 6.29 所示设置对话框，然后单击【确定】按钮关闭对话框，这样就选中了所有的门窗框三维图形。

(5) 反复执行【快速选择】命令，依次选择柱子和玻璃三维图形。

(6) 在命令行输入“AR”后按 Enter 键，打开【阵列】对话框，将对话框参数设定为 4 行、1 列、行偏移为 3300，结果如图 6.30 所示。

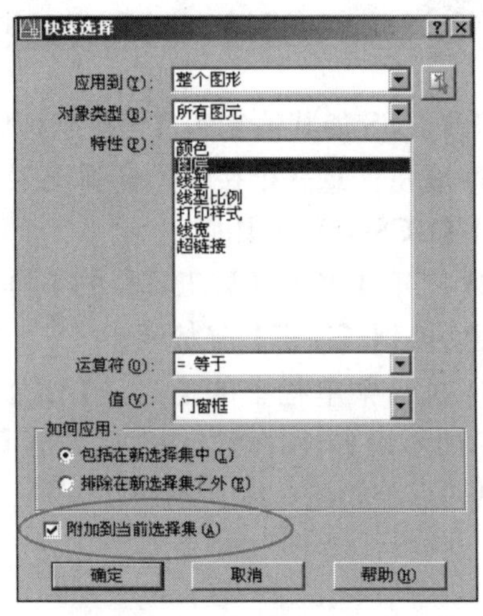

图 6.29　利用【快速选择】对话框选择门窗框

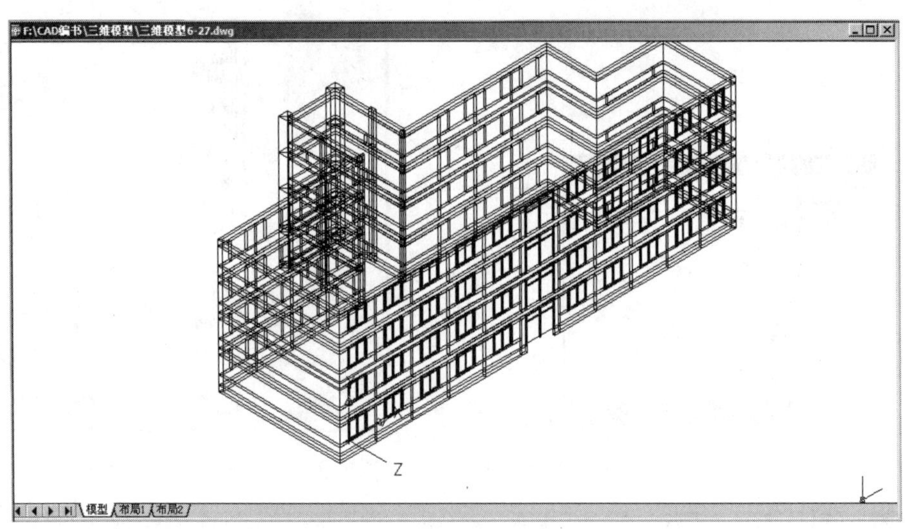

图 6.30　阵列生成 2 ~ 4 层

6.4　建立地面、楼板和屋面的三维模型

6.4.1　改变UCS和高程

1. 修改坐标系

(1) 在命令行输入“UCS”后按 Enter 键，执行修改坐标系操作。

(2) 在输入选项 [新建 (N)/ 移动 (M)/ 正交 (G)/ 上一个 (P)/ 恢复 (R)/ 保存 (S)/ 删除

(D)/ 应用 (A)/?/ 世界 (W)] < 世界 >：提示下，输入“W”后按 Enter 键，表示将恢复到世界坐标系。

2. 改变高程

(1) 在命令行输入“ELEV”后按 Enter 键。

(2) 在指定新的默认标高 <0.0000>：提示下，按 Enter 键。

(3) 在指定新的默认厚度 <80.0000>：提示下，输入“0”，表示当前厚度为 0mm。

6.4.2 改变当前图层和视图

(1) 改变当前图层：建立【屋面】图层并将其设置为当前层，然后将【柱】、【门窗框】、【玻璃】、【勒脚】、【墙线】和【轴线】图层关闭。

(2) 执行菜单栏中的【视图】|【三维视图】|【俯视】命令，将视图调整为俯视图状态，结果如图 6.31 所示。

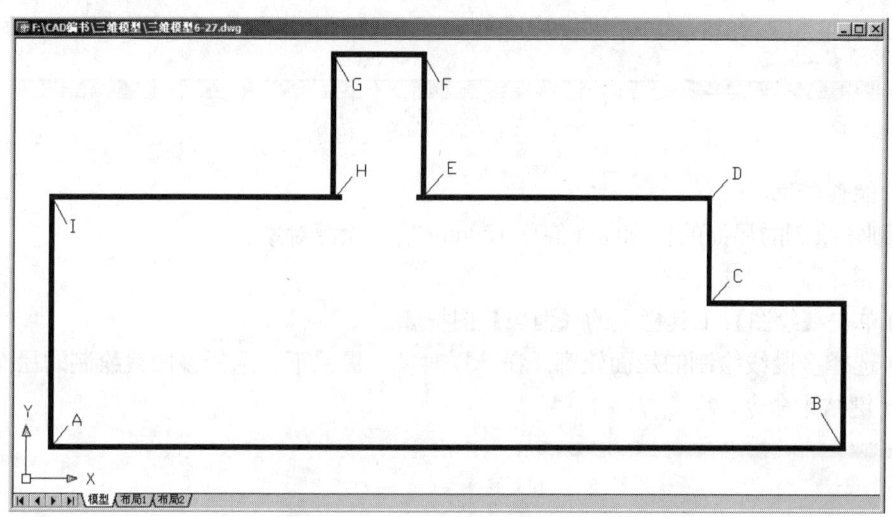

图 6.31　调整视图为俯视图

6.4.3 建立三维模型

1. 绘制地面、楼板和屋面轮廓

(1) 在命令行输入“PL”后按 Enter 键，启动绘制多段线命令。

(2) 在指定起点：提示下，捕捉如图 6.31 所示的 A 点作为多段线的起点。

(3) 在指定下一个点或 [圆弧 (A)/ 半宽 (H)/ 长度 (L)/ 放弃 (U)/ 宽度 (W)]：提示下，输入“W”。

(4) 在指定起点宽度 <80.0000>：提示下，输入“0”。

(5) 在指定端点宽度 <0.0000>：提示下，输入“0”。

(6) 在指定下一点或 [圆弧 (A)/ 闭合 (C)/ 半宽 (H)/ 长度 (L)/ 放弃 (U)/ 宽度 (W)]：提示下，依次捕捉图 6.31 中的 B、C、D、E、F、G、H 和 I 点。

(7) 在指定下一点或 [圆弧 (A)/ 闭合 (C)/ 半宽 (H)/ 长度 (L)/ 放弃 (U)/ 宽度 (W)]：提示下，输入“C”后按 Enter 键。

(8) 将【墙】图层关闭，结果如图 6.32 所示。

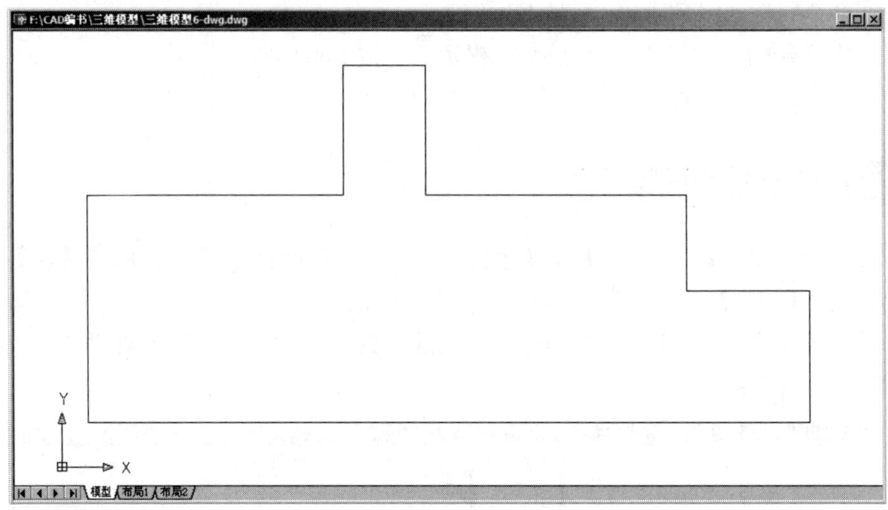

图 6.32　绘制屋面的轮廓

2. 偏移轮廓

将刚才绘制的屋面的轮廓向外偏移 120mm 后擦除源对象。

3. 将多段线变成面域

(1) 单击【绘图】工具栏上的【面域】图标。

(2) 选择多段线绘制的屋面轮廓。在选择对象：提示下，选择多段线绘制的屋面轮廓，按 Enter 键结束命令。

特别提示

宽度为“0”的多段线绘制的图形当于用金属丝所折成的几何图形，只有轮廓信息，没有内部信息；面域则相当于一张具有几何形状的纸，存有内部信息，如图 6.33 所示。

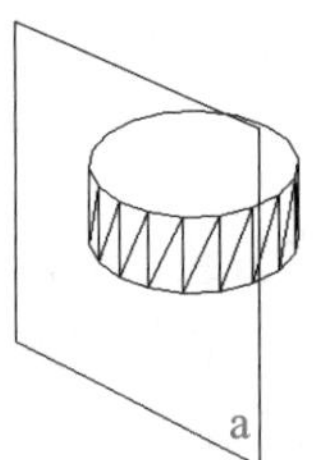

(a) 宽度为“0”的多段线绘制的图形

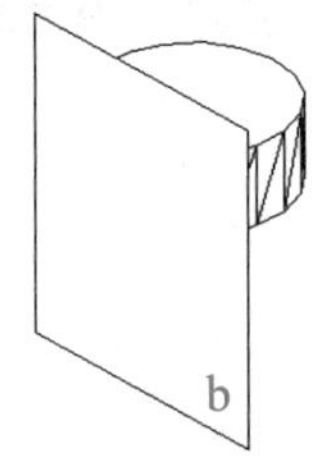

(b) 面域

图 6.33　多段线和面域的区别

(3) 拉伸地面、楼板和屋面。

① 执行菜单栏中的【视图】|【三维视图】|【西南等轴测】命令，将视图调整为轴测

视图状态，结果如图 6.34 所示。

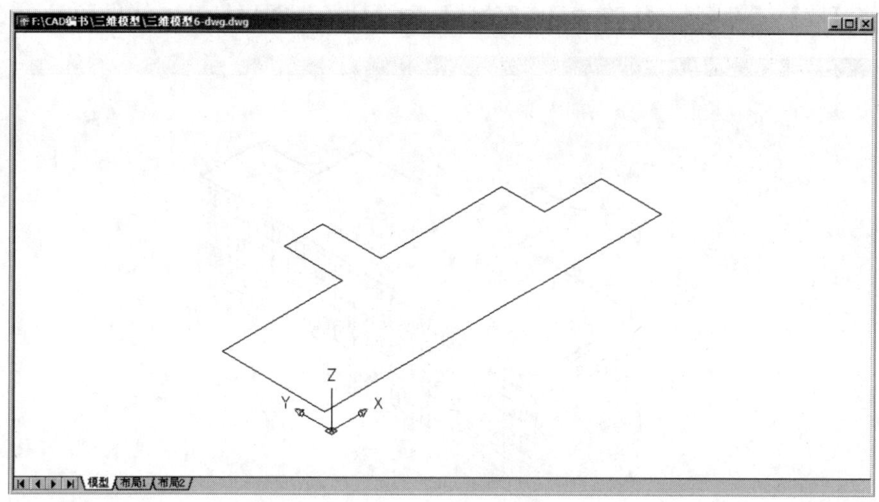

图 6.34　调整视图

② 执行菜单栏中的【绘图】|【实体】|【拉伸】命令。

(a) 在选择对象：提示下，选择图 6.34 中由多段线变成的面域。

(b) 在指定拉伸高度或 [路径 (P)]：提示下，输入“100”，指定将面域向上拉伸 100mm。

(c) 在指定拉伸的倾斜角度 <0>：提示下，输入“0”，结果如图 6.35 所示。

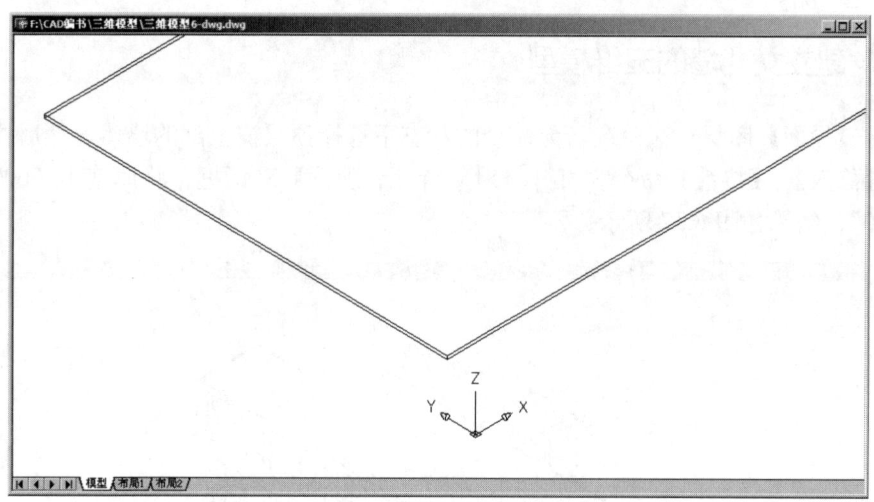

图 6.35　拉伸屋面板

4. 移动形成屋面

(1) 在命令行输入“M”后按 Enter 键，启动【移动】命令。

(2) 在选择对象：提示下，选择拉伸后的图形。

(3) 在指定基点或 [位移 (D)] < 位移 >：提示下，在绘图区域单击任意一点作为【移动】命令的基点。

(4) 在指定基点或 [位移 (D)] < 位移 >：指定第二个点或 < 使用第一个点作为位移 >：

提示下，输入“@0，0，13700”。

(5) 将【墙】、【勒脚】、【门窗框】、【玻璃】和【柱子】图层打开，结果如图 6.36 所示。

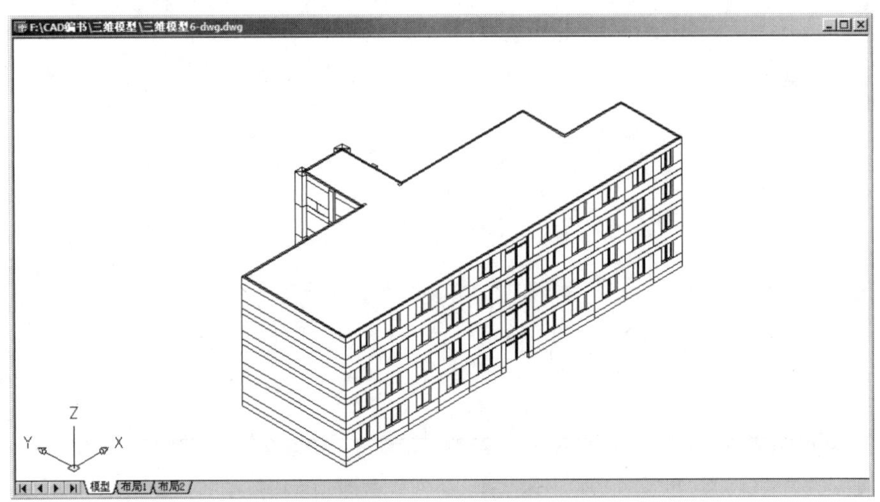

图 6.36　建立屋面模型

5. 利用屋面阵列生成地面和楼板

将坐标系切换到【窗】坐标系，然后启动【阵列】命令，将【阵列】对话框内的参数设定为 4 行、1 列、行偏移 –3300。

6.4.4 建立女儿墙的三维模型

关闭【屋面】图层，在命令行无命令的状态下选择顶层窗上部的墙体，然后执行菜单栏中的【修改】|【特性】命令，打开【对象特性管理器】对话框，将厚度由“600”修改为“1200”，结果如图 6.37 所示。

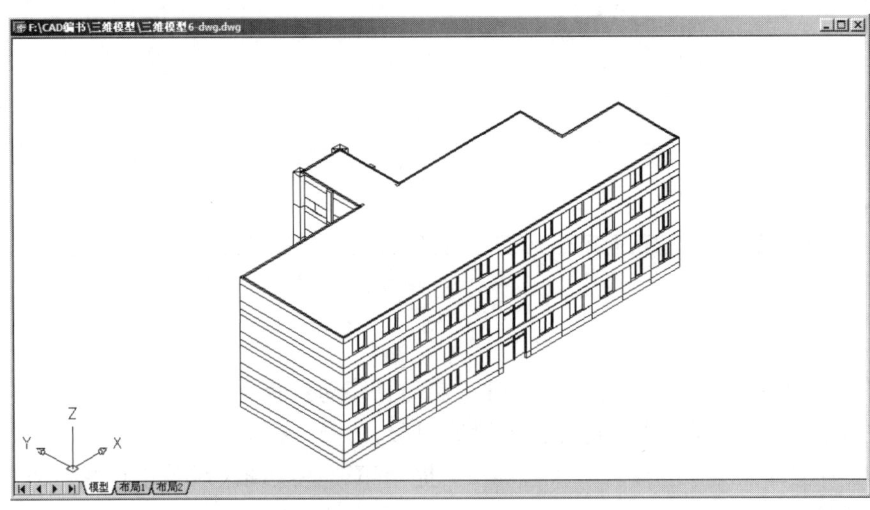

图 6.37　建立女儿墙的三维模型 (消隐后图形)

6.5 建立阳台模型

下面同样也用【多段线】命令绘制阳台。

6.5.1 绘制二层阳台的挑梁和封边梁

1. 建立新图层

将【阳台】图层打开并建立新图层【阳台 1】，同时将【阳台 1】图层设置为当前图层，如图 6.38 所示。注意，当前坐标系为世界坐标系。

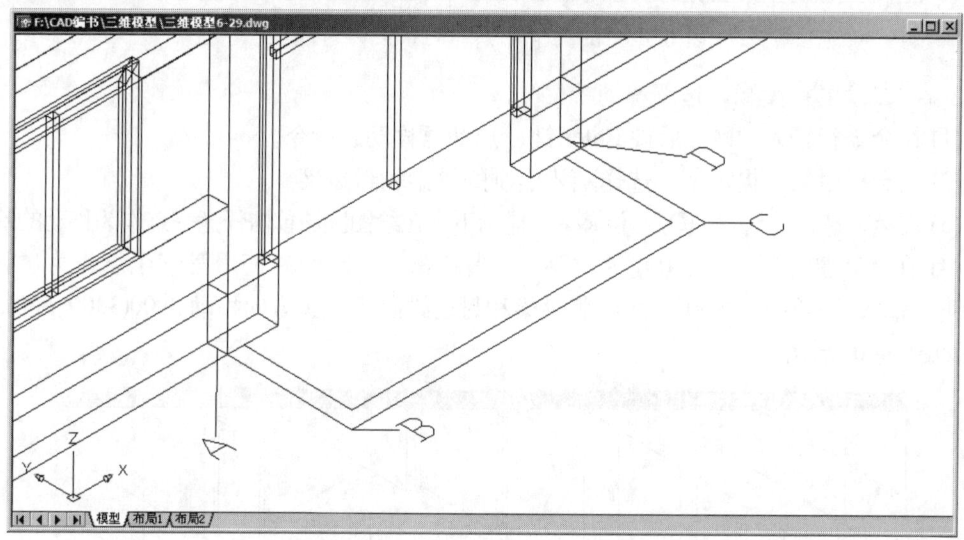

图 6.38 打开【阳台】图层

2. 绘制二层阳台的挑梁和封边梁

(1) 执行 ELEV 命令，设置默认标高为“0”，设置默认厚度为“300”。

(2) 在命令行输入“PL”后按 Enter 键，启动绘制多段线命令。

(3) 在指定起点：提示下，捕捉如图 6.38 所示的 A 点作为多段线的起点。

(4) 在指定下一个点或 [圆弧 (A)/ 半宽 (H)/ 长度 (L)/ 放弃 (U)/ 宽度 (W)]：提示下，输入“W”后按 Enter 键。

(5) 在指定起点宽度 <0.0000>：提示下，输入“200”。

(6) 在指定端点宽度 <200.0000>：提示下，按 Enter 键执行尖括号内的默认值“200.0000”。

(7) 在指定下一点或 [圆弧 (A)/ 闭合 (C)/ 半宽 (H)/ 长度 (L)/ 放弃 (U)/ 宽度 (W)]：提示下，依次捕捉如图 6.38 所示的 B、C 和 D 点。

(8) 按 Enter 键结束命令，关闭【阳台】图层，结果如图 6.39 所示。

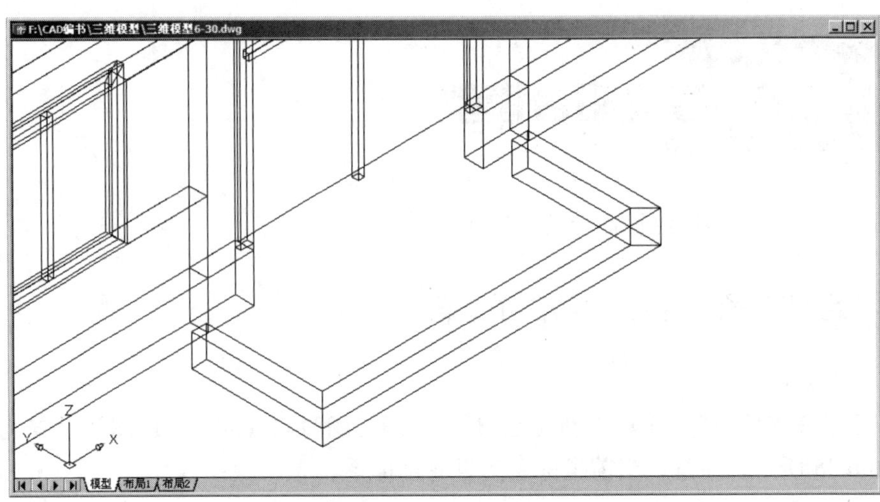

图 6.39　绘制阳台下部的挑梁和封边梁

3. 将二层的挑梁和封边梁移动就位

(1) 在命令行输入“M”后按 Enter 键，启动【移动】命令。

(2) 在选择对象：提示下，选择刚才绘制的挑梁和封边梁。

(3) 在指定基点或 [位移 (D)] < 位移 >：提示下，在绘图区域单击任意一点作为移动的基点。

(4) 在指定基点或 [位移 (D)] < 位移 >：指定第二个点或 < 使用第一个点作为位移 >：提示下，输入“@0<0，3900”，表示将挑梁和封边梁向 Z 轴正方向移动 3900(3300+600)mm，结果如图 6.40 所示。

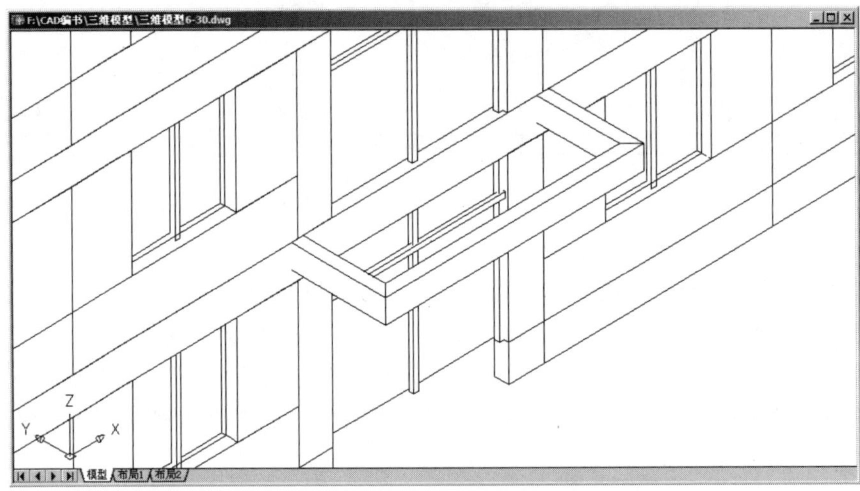

图 6.40　将二层阳台的挑梁和封边梁移动就位

特别提示

“@0 <0，3900”也是极坐标的一种形式，表示在三维空间上的相对位置，其中“@0 <0”与二维极坐标表示形式一样，“3900”表示 Z 轴的位移距离，所以“@0 <0，3900”就表示相对于基点在 XY 平面上移动 0mm，向 Z 轴正方向移动 3900mm 位置的点。

6.5.2 复制生成二层阳台的扶手

(1) 在命令行输入“CO”后按 Enter 键，启动【复制】命令。

(2) 在选择对象：提示下，选择如图 6.40 所示的挑梁和封边梁。

(3) 在指定基点或 [位移 (D)] < 位移 >：提示下，在绘图区域单击任意一点作为复制的基点。

(4) 在指定基点或 [位移 (D)] < 位移 >：指定第二个点或 < 使用第一个点作为位移 >：提示下，输入“@0<0，1100”，表示将挑梁和封边梁向 Z 轴正方向移动 1100(=900+200) mm，结果如图 6.41 所示。

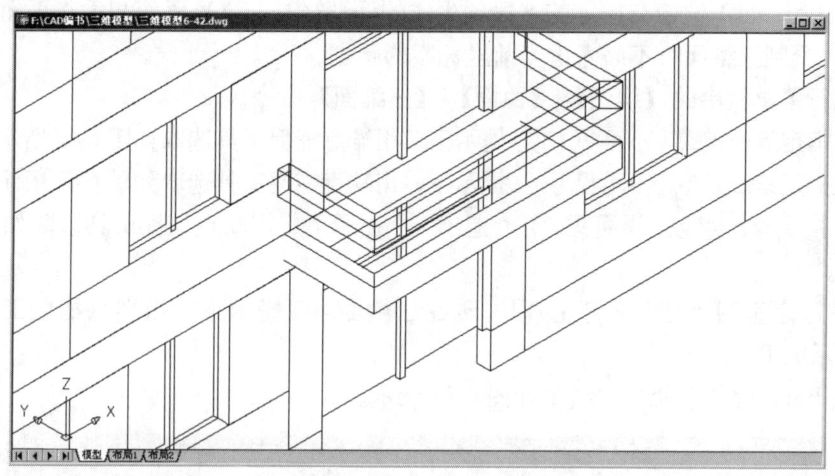

图 6.41 复制生成阳台扶手

(5) 修改阳台扶手的高度。

① 在命令行无命令的状态下，选中复制生成的“阳台扶手”，则出现蓝色夹点。

② 执行菜单栏中的【修改】|【特性】命令，打开【对象特性管理器】对话框，将厚度由“300”修改为“200”，结果如图 6.42 所示。

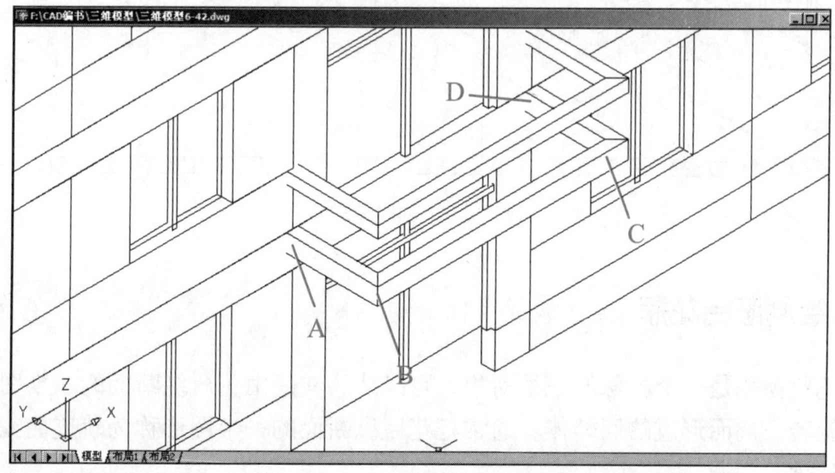

图 6.42 修改扶手的高度

这样就利用多段线的绘制命令及三维空间上的【移动】、【复制】和【特性修改】命令，生成了“阳台的挑梁”“封边梁”“扶手”。

6.5.3 绘制阳台板

为了在渲染建筑模型时不漏光，下面需要绘制阳台板。阳台板是一个规则的长方形，所以可以在【窗】坐标系下绘制一条宽度为 0、厚度为阳台挑出的长度的多段线。这里用绘制三维面的命令绘制阳台板。

三维面是由 3 个或 4 个顶点组成的，每个顶点的 Z 坐标可以不同，也就是说三维面是空间上的面，而不像带有厚度的多段线生成的面那样是与 XY 平面相垂直平面上的二维面。所以，绘制三维面时不必考虑当前坐标系的状态。

(1) 执行菜单栏中的【绘图】|【曲面】|【三维面】命令。

(2) 在指定第一点或 [不可见 (I)]：提示下，用端点捕捉工具选取如图 6.42 所示的 A 点。

(3) 在指定第二点或 [不可见 (I)]：提示下，用端点捕捉工具选取如图 6.42 所示的 B 点。

(4) 在指定第三点或 [不可见 (I)] < 退出 >：提示下，用端点捕捉工具选取如图 6.42 所示的 C 点。

(5) 在指定第四点或 [不可见 (I)] < 创建三侧面 >：提示下，用端点捕捉工具选取如图 6.42 所示的 D 点。

(6) 按 Enter 键结束命令，结果如图 6.43 所示。

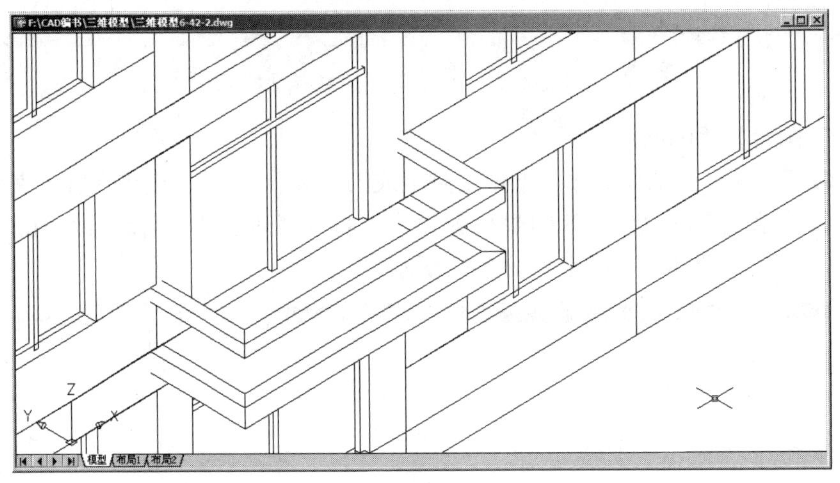

图 6.43　绘制阳台板

6.5.4 绘制阳台花瓶

阳台花瓶模型是一个特殊的三维对象，可以认为其是由花瓶纵断面的一半图形围绕中心纵轴线旋转一周而形成的回转体。通常把花瓶纵断面的一半图形称为轨迹曲线，中心纵轴称为旋转轴。

所以可以借用【旋转曲面】命令，通过轨迹曲线围绕旋转轴旋转一周从而生成阳台花瓶，然后通过【三维旋转】命令将其旋转到合适位置。

1. 复制花瓶

(1) 当前图层仍为【阳台 1】图层。继续绘制图 6.43，同时打开第 4 章中图“4.55.dwg”，然后执行菜单栏中的【窗口】|【垂直平铺】命令，使打开的两个图形文件呈垂直平铺显示状态，结果如图 6.44 所示。

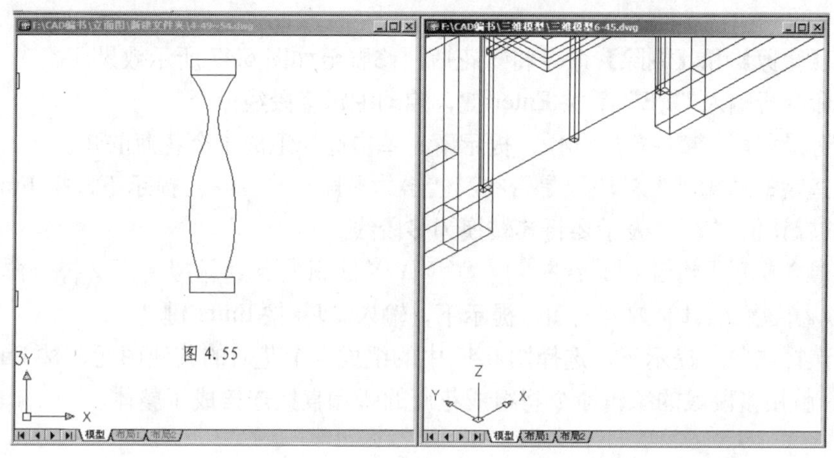

图 6.44　垂直平铺窗口

(2) 将“图 4.55”设为当前图形，在命令行无任何命令的状态下选中图中的“花瓶”，“花瓶”变虚并显示出蓝色夹点。

(3) 将十字光标放到任意一条虚线上 (注意不能放在蓝色夹点上)，按住鼠标左键不松开并轻轻地移动光标，会发现所选择的花瓶图形随着光标的移动而移动。

(4) 继续按住左键并将图形放到如图 6.43 所示的窗口中，松开左键，这时选择的花瓶图形被复制到该图形中，结果如图 6.45 所示，关闭图 4.55。

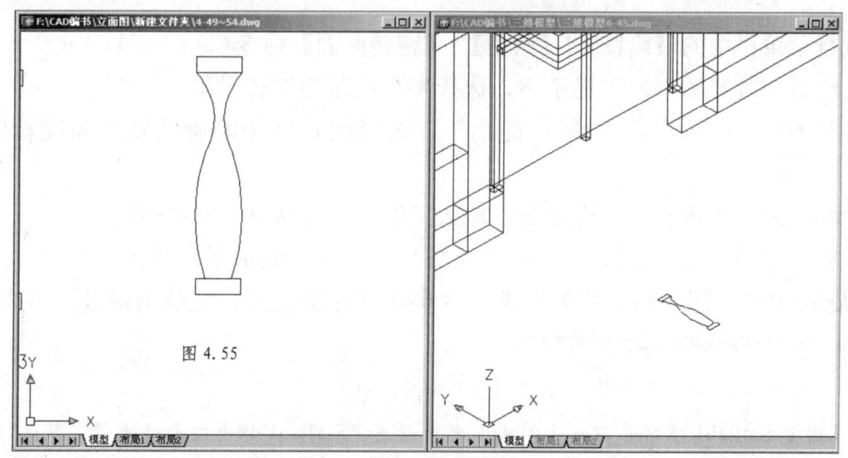

图 6.45　将花瓶拖到图 6.43 中

2. 使用 ELEV 命令修改高程

设置默认标高为“0”，默认厚度为“0”。

3. 绘制旋转轴

(1) 在命令行输入“PL”后按 Enter 键，启动绘制多段线命令。

(2) 在指定起点：提示下，选择如图 6.46 所示的 A 点 (“花瓶”底部的中点)。

(3) 在当前线宽为 200.0000，指定下一个点或 [圆弧 (A)/ 半宽 (H)/ 长度 (L)/ 放弃 (U)/ 宽度 (W)]：提示下，打开【正交】功能并将光标向 Y 轴正方向拖动，在高于花瓶的位置单击，按 Enter 键结束命令，结果如图 6.46 所示。

4. 修整花瓶

(1) 用【修剪】和【删除】命令将“花瓶”修整至如图 6.47 所示效果。

(2) 在命令行输入“PE”后按 Enter 键，启动编辑多段线命令。

(3) 在选择多段线或 [多条 (M)]：提示下，单击选择组成半个花瓶的弧。

(4) 在选定的对象不是多段线是否将其转换为多段线？<Y>：提示下，按 Enter 键执行尖括号内的默认值“Y”，表示要将其转换为多段线。

(5) 在输入选项 [闭合 (C)/ 合并 (J)/ 宽度 (W)/ 编辑顶点 (E)/ 拟合 (F)/ 样条曲线 (S)/ 非曲线化 (D)/ 线型生成 (L)/ 放弃 (U)]：提示下，输入“J”按 Enter 键。

(6) 在选择对象：提示下，选择图 6.47 中的组成半个花瓶的其他图元，按 Enter 键。

这样，就用多段线的编辑命令将组成花瓶的弧和直线连接成了整体。

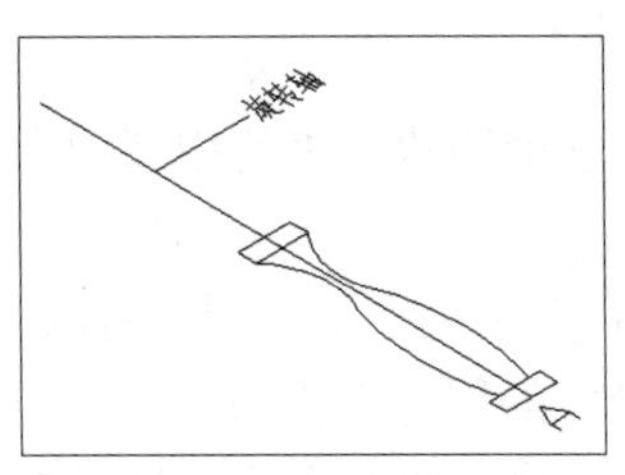

图 6.46　绘制旋转轴

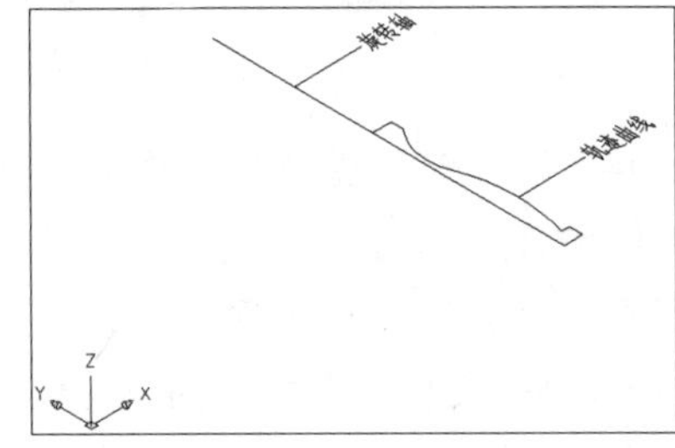

图 6.47　绘制旋转轴并修整花瓶

5. 通过旋转曲面生成的花瓶模型

(1) 执行菜单栏中的【绘图】|【曲面】|【旋转曲面】命令。

(2) 在选择要旋转的对象：提示下，选择半个花瓶为旋转对象。

(3) 在选择定义旋转轴的对象：提示下，选择图 6.47 中的旋转轴作为旋转曲面的旋转轴。

(4) 在指定起点角度 <0>：提示下，输入“0”，表示从 0° 开始旋转。

(5) 在指定包含角 (+= 逆时针，–= 顺时针)<360>：提示下，输入“360”，表示将围绕旋转轴旋转 360°，即一周。结果生成如图 6.48 所示的花瓶，它是由网络面组成的。

特别提示

系统变量 Surftab1 控制着回转体的曲面光滑程度，Surftab1 越大曲面越光滑，默认状态下的 Surftab1 值为 6，如图 6.47 所示的是 Surftab1 为 36 时生成的花瓶。

刚才使用旋转曲面生成的花瓶是躺着的，需使用【三维旋转】命令将其竖起来。

6. 使用【三维旋转】命令旋转花瓶

(1) 执行菜单栏中的【修改】|【三维操作】|【三维旋转】命令。

(2) 在选择对象：提示下，选择图 6.48 中的花瓶模型。

(3) 在指定轴上的第一个点或定义轴依据 [对象 (O)/ 最近的 (L)/ 视图 (V)/X 轴 (X)/Y 轴 (Y)/Z 轴 (Z)/ 两点 (2)]：提示下，输入“X”，表示将围绕 X 轴进行旋转。

(4) 在指定 X 轴上的点 <0,0,0>：提示下，捕捉如图 6.48 所示的旋转点。

(5) 在指定旋转角度或 [参照 (R)]：提示下，输入“90”，表示将逆时针旋转 90°，结果如图 6.49 所示。

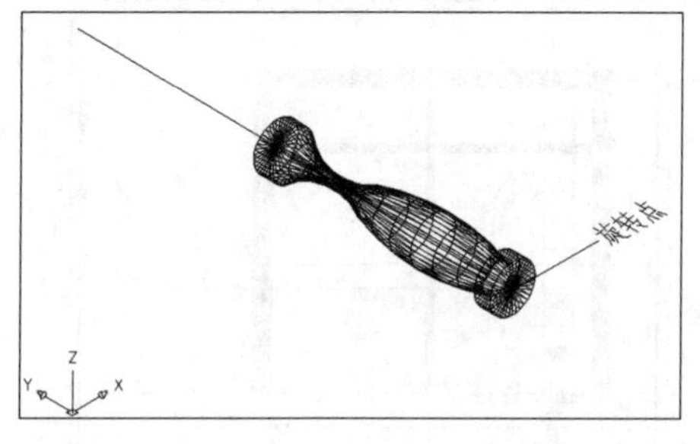

图 6.48 使用旋转曲面生成的花瓶

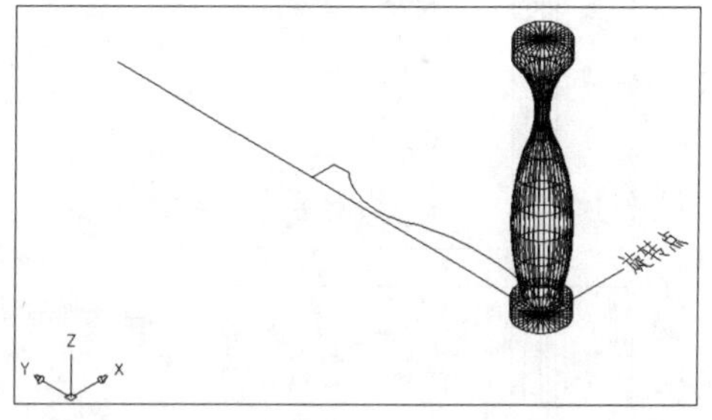

图 6.49 使用【三维旋转】命令旋转后的花瓶

特别提示

在三维空间中，围绕某坐标轴进行旋转的正方向是符合右手定则的。例如，将右手大拇指指向 X 轴的正向，其他四指握向掌心，那么这 4 个手指的握旋方向就是围绕 X 轴进行旋转的正方向。

(6) 将旋转轴和轨迹曲线删除。

7. 移动花瓶到合适的位置

(1) 执行菜单栏中的【视口】|【两个视口】命令，在输入配置选项 [水平 (H)/ 垂直 (V)]< 垂直 >：提示下，按 Enter 键执行尖括号内的默认值“垂直”，表示将要垂直平铺两个视口，结果如图 6.50 所示。

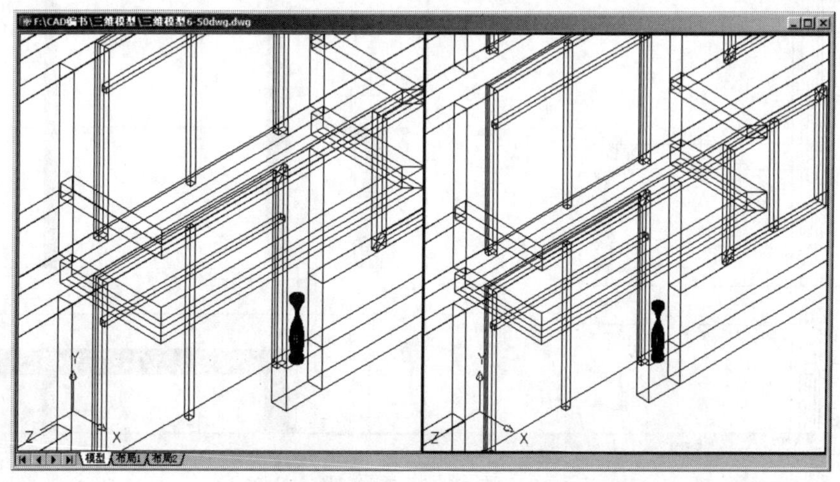

图 6.50 垂直平铺两个视口

特别提示

如果设定两个以上的视口，粗实线圈住的视口即为当前视口。

(2) 在左视口内单击，将其设为当前视口，然后执行菜单栏中的【视图】|【三维视图】|【左视图】命令，将视图调整为左视图状态。

(3) 在右视口内单击，将其设为当前视口，然后执行菜单栏中的【视图】|【三维视图】|【主视图】命令，将视图调整为前视图状态，结果如图 6.51 所示。

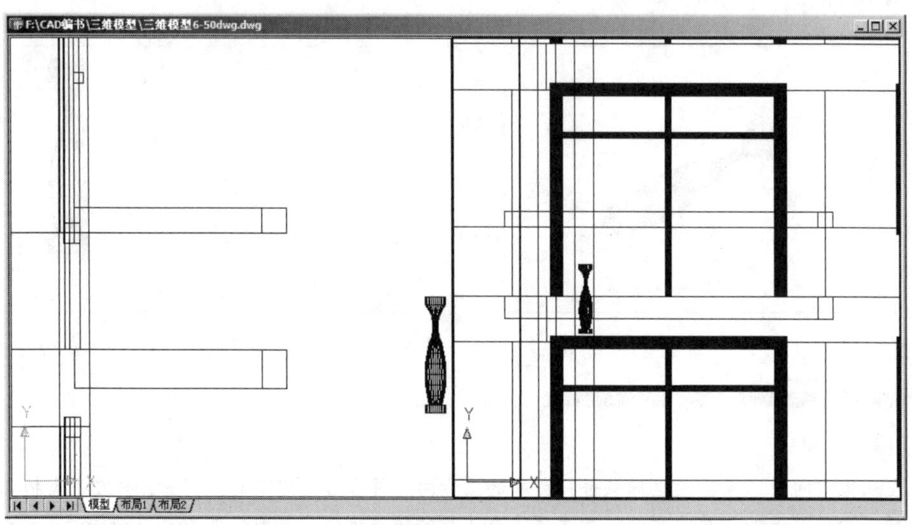

图 6.51　调整左右视口内的视图显示

(4) 左视图内显示花瓶的前后和上下位置关系，主视图内显示花瓶的左右和上下位置关系。用【移动】命令并结合两个视口的位置关系，将花瓶的位置调整至如图 6.52 所示的效果。

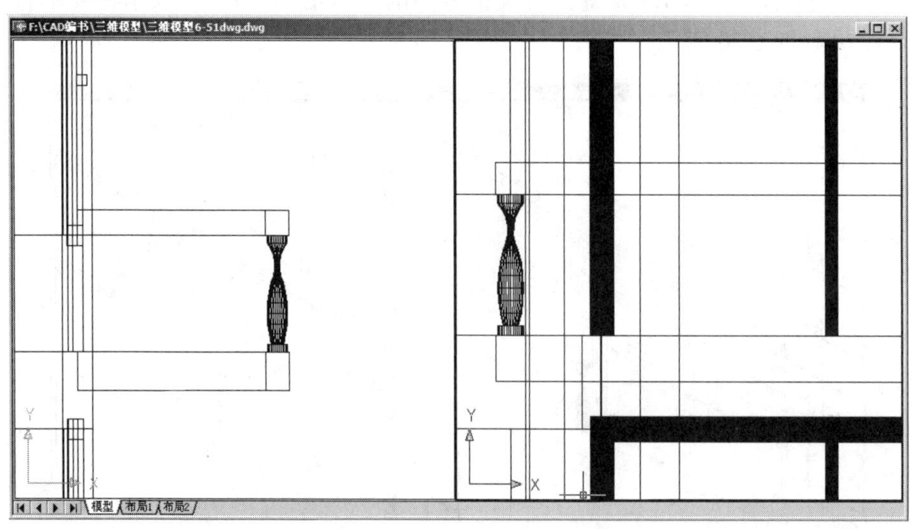

图 6.52　将花瓶放到合适的位置

(5) 执行菜单栏中的【视口】|【合并】命令。

① 在选择主视口 <当前视口>：提示下，按 Enter 键，表示选择当前视口。

② 在选择要合并的视口：提示下，在另外一个视口内单击，这样又将两个视口合并为一个视口。

(6) 执行菜单栏中的【三维视图】|【西南等轴测】命令，结果如图 6.53 所示。

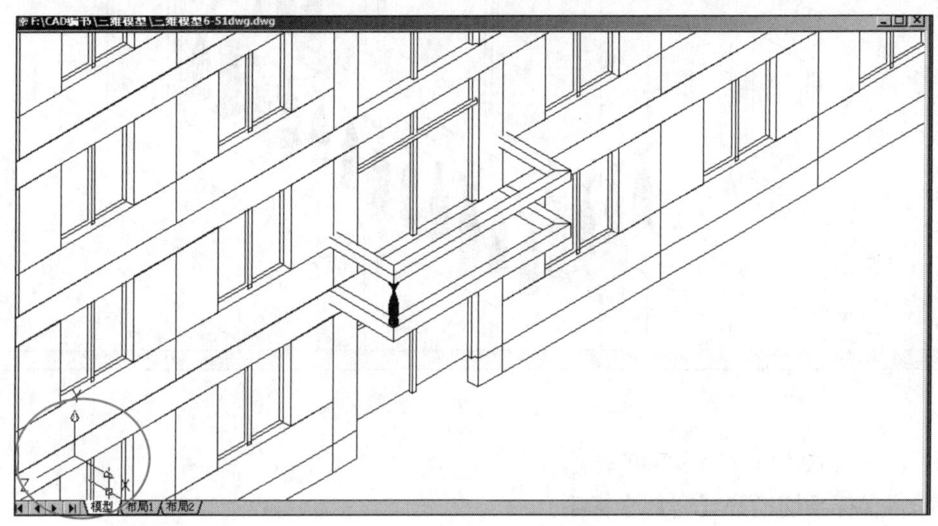

图 6.53　花瓶的三维视图

8. 阵列花瓶

(1) 注意观察图 6.53 内的坐标系，需将其调整为世界坐标系。

(2) 在命令行输入“AR”后按 Enter 键启动【阵列】命令，【阵列】对话框内的设定参数为 1 行、12 列、列偏移 381，结果如图 6.54 所示。

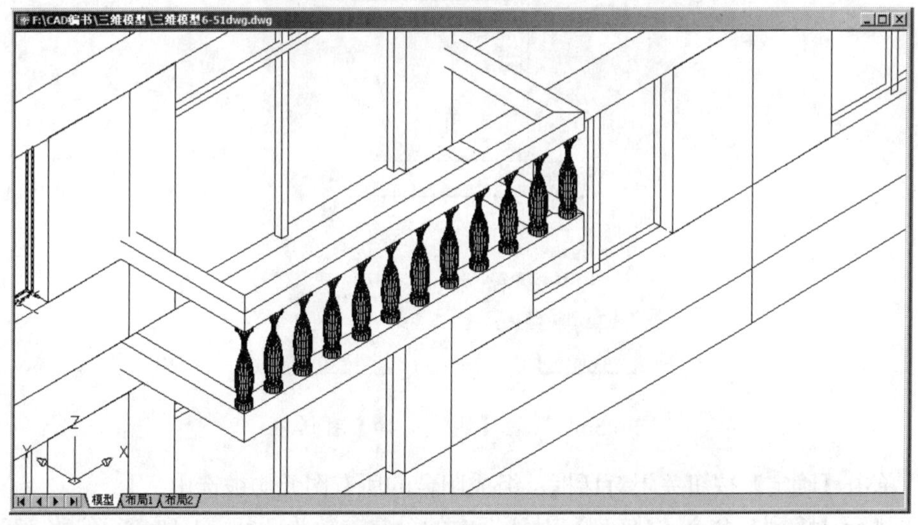

图 6.54　阵列生成正面花瓶

(3) 用相同的方法阵列生成两侧的花瓶，【阵列】对话框内的设定参数为 5 行、1 列、行偏移 360，结果如图 6.55 所示。

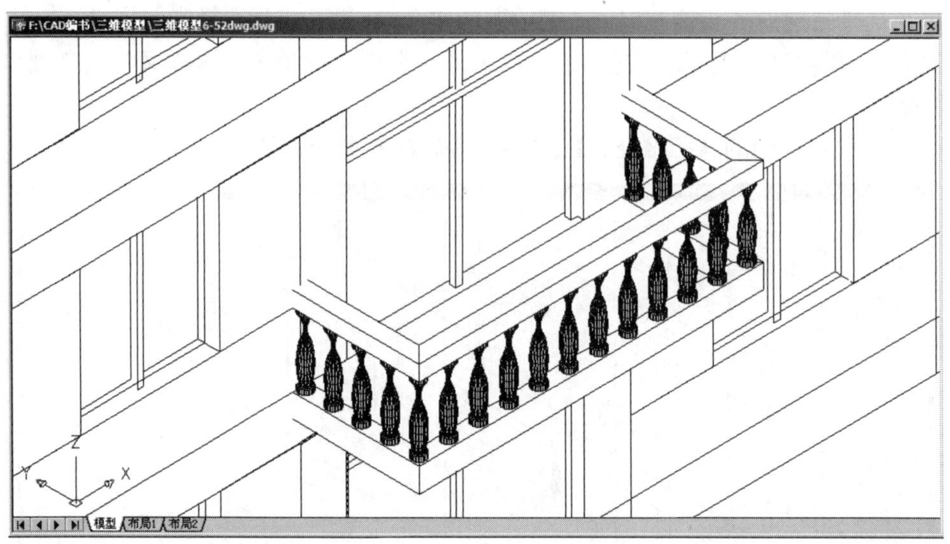

图 6.55　阵列生成两侧花瓶

9. 阵列生成 3 层和 4 层的阳台

(1) 将坐标系切换到【窗】坐标系。

(2) 执行菜单栏中的【工具】|【快速选择】命令，打开【快速选择】对话框。

(3) 按照图 6.56 所示设置【快速选择】对话框。

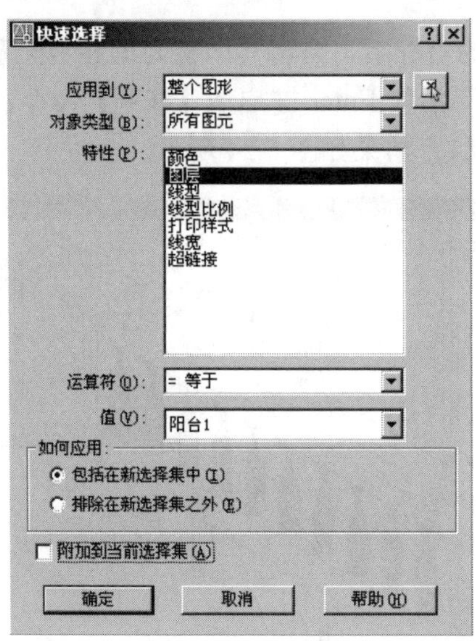

图 6.56　设置【快速选择】对话框

(4) 单击【确定】按钮关闭对话框，组成阳台的所有图元均被选中。

(5) 执行【阵列】命令，【阵列】对话框内的设定参数为 3 行、1 列、行偏移 3300，结果如图 6.57 所示。

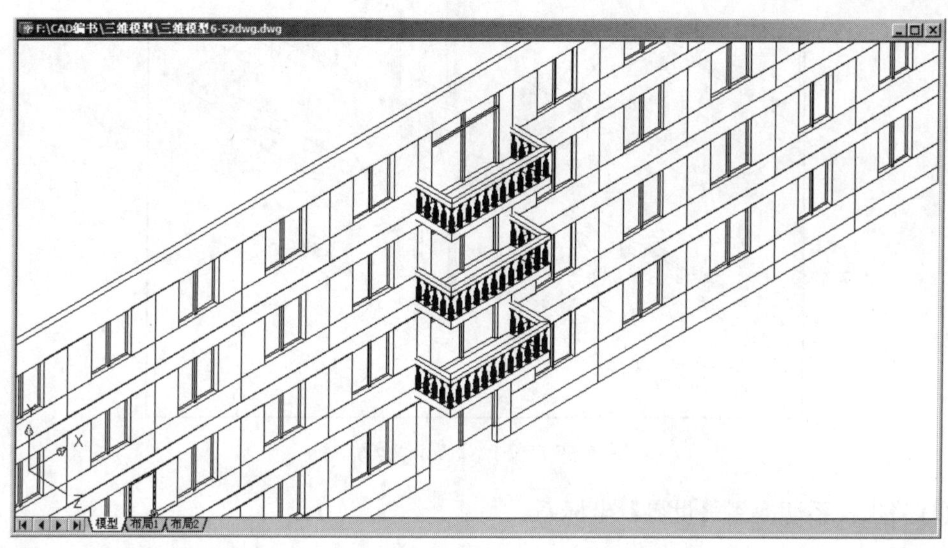

图 6.57 阵列生成 3 层和 4 层的阳台

6.6 绘制台阶

6.6.1 网络造型和三维实体的区别

绘制三维墙、三维窗户及三维阳台都是用网格造型的方法，生成的三维对象是由许多面组成的，没有内部信息。实体造型不同于网格造型，使用实体造型生成的三维对象被当成一个具体的具有物理属性的单独对象来应用。可以利用【实体】工具栏 (图 6.58) 上的图标绘制长方体、圆柱体及圆锥体等实体，也可拉伸二维图形形成实体。另外 AutoCAD 还提供了布尔运算命令，利用该命令可以对两个以上的实体进行合并、修剪等编辑操作，布尔运算是组合实体生成复杂实体的重要方法。

图 6.58 【实体】工具栏

6.6.2 准备工作

(1) 将【台阶】图层设置为当前图层，同时打开【室外】图层。

(2) 将“台阶”修改成如图 6.59 所示的 4 个封闭的矩形。

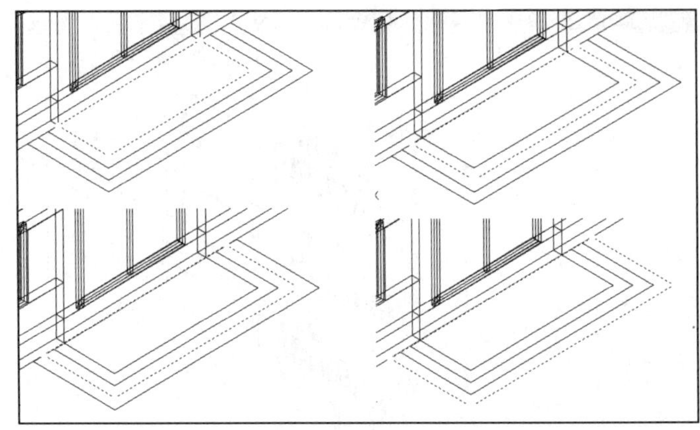

图 6.59　修改平面“台阶”

(3) 将坐标系切换到【世界】坐标系。

6.6.3 建立台阶模型

(1) 执行菜单栏中的【绘图】|【实体】|【拉伸】命令。

① 在选择对象：提示下，选择最里面的矩形。

② 在指定拉伸高度或 [路径 (P)]：提示下，输入“600”，表示向 Z 轴正方向拉伸 600mm。

③ 在指定拉伸的倾斜角度 <0>：提示下，按 Enter 键，表示拉伸的倾斜角度为 0，结果如图 6.60 所示。

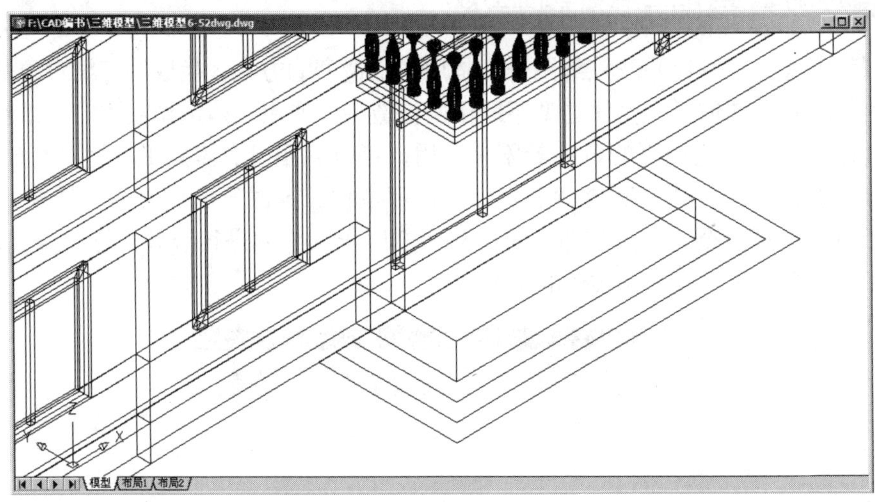

图 6.60　拉伸最里面的矩形

(2) 用相同的方法拉伸另外 3 个矩形，中间的矩形分别向 Z 轴正方向拉伸 450mm 和 300mm，最外面的矩形向 Z 轴正方向拉伸 150mm，结果如图 6.61 所示。

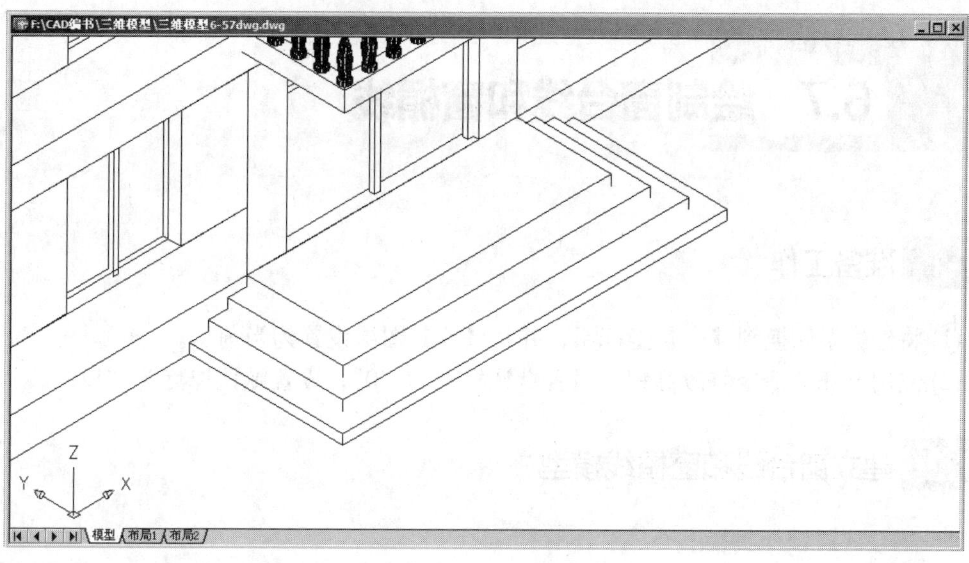

图 6.61 被拉伸后的“台阶”

6.6.4 进行布尔运算

(1) 执行菜单栏中的【修改】|【实体编辑】|【并集】命令，执行布尔运算。

(2) 在选择对象：提示下，选择刚才拉伸的全部“台阶”。

(3) 按 Enter 键结束命令，结果如图 6.62 所示。对比图 6.61 和图 6.62 中台阶显示的区别。

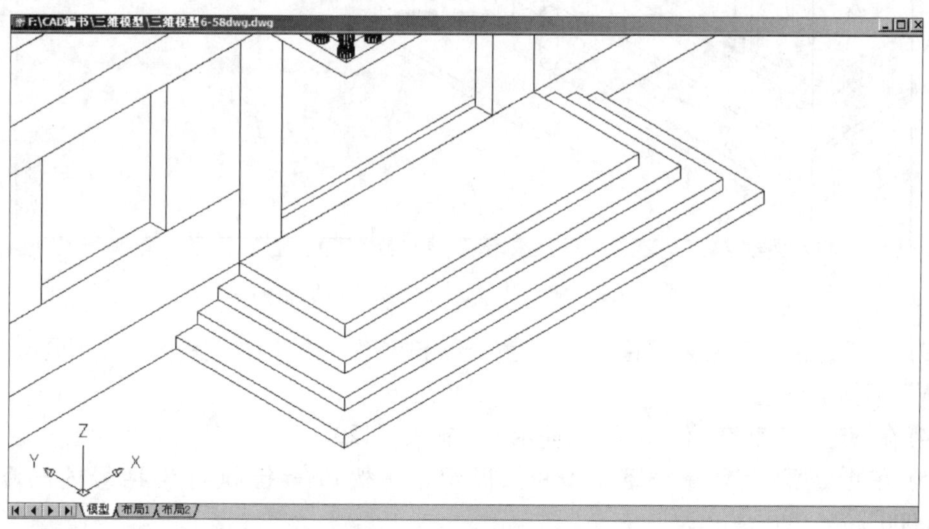

图 6.62 进行布尔运算后的“台阶”

6.7 绘制窗台线和窗楣线

6.7.1 准备工作

(1) 将坐标系切换到【窗】坐标系，并将【墙】图层设置为当前层。

(2) 使用 ELEV 命令修改高程：设置默认标高为“0”，设置默认厚度为“120”。

6.7.2 建立窗台线和窗楣线模型

1. 建立底层窗台线模型

(1) 在命令行输入“PL”后按 Enter 键，启动绘制多段线命令。

(2) 在指定起点：提示下，捕捉图 6.63 中所示的 A 点作为多段线的起点。

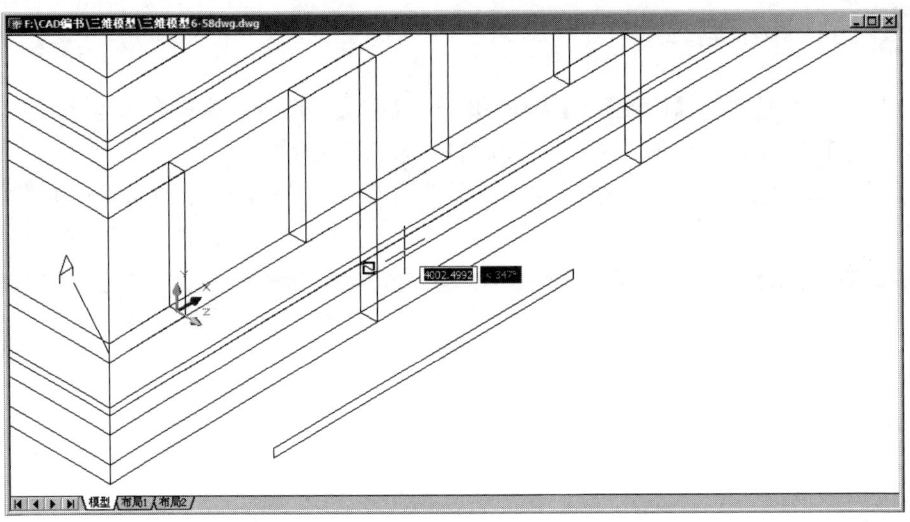

图 6.63　捕捉 A 点作为多段线的起点

(3) 在指定下一个点或 [圆弧 (A)/ 半宽 (H)/ 长度 (L)/ 放弃 (U)/ 宽度 (W)]：提示下，输入“W”后按 Enter 键。

(4) 在指定起点宽度 <0.0000>：提示下，输入“120”。

(5) 在指定端点宽度 <120.0000>：提示下，按 Enter 键执行尖括号内的默认值“120.0000”。

(6) 在指定下一点或 [圆弧 (A)/ 闭合 (C)/ 半宽 (H)/ 长度 (L)/ 放弃 (U)/ 宽度 (W)]：提示下，打开【正交】功能，将光标向 X 轴的正方向拖动，输入“20220”，表示该窗台线长度为 20220mm。

(7) 按 Enter 键结束命令，结果如图 6.64 所示。

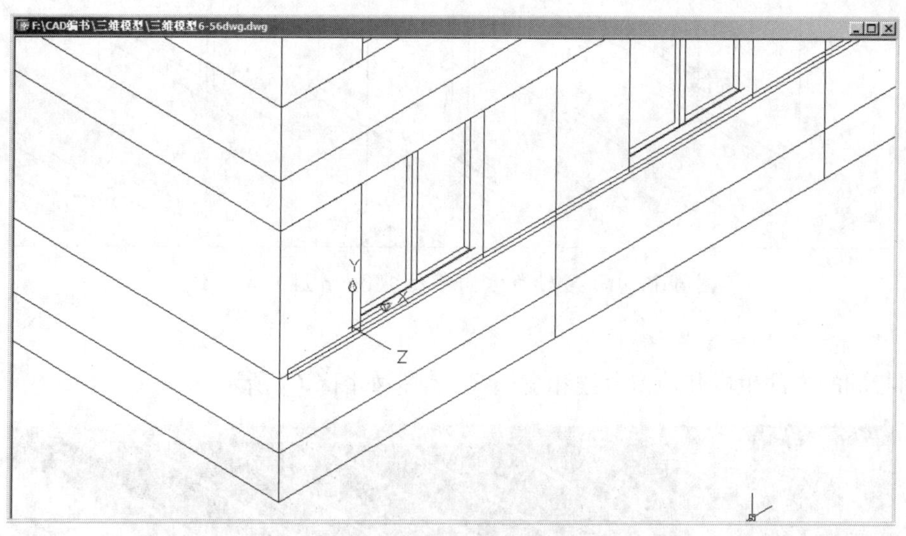

图 6.64 绘制窗台

2. 移动底层窗台线模型

(1) 向 Z 轴正方向移动 120mm。

① 在命令行输入“M”后按 Enter 键，启动【移动】命令。

② 在选择对象：提示下，选择刚才建立的窗台线模型。

③ 在指定基点或 [位移 (D)]< 位移 >：提示下，在绘图区域单击任意一点作为移动的基点。

④ 在指定基点或 [位移 (D)]< 位移 >：指定第二个点或 < 使用第一个点作为位移 >：提示下，输入“@0，0，120”，表示将窗台线模型向 Z 轴正方向移动 120mm，结果如图 6.65 所示。

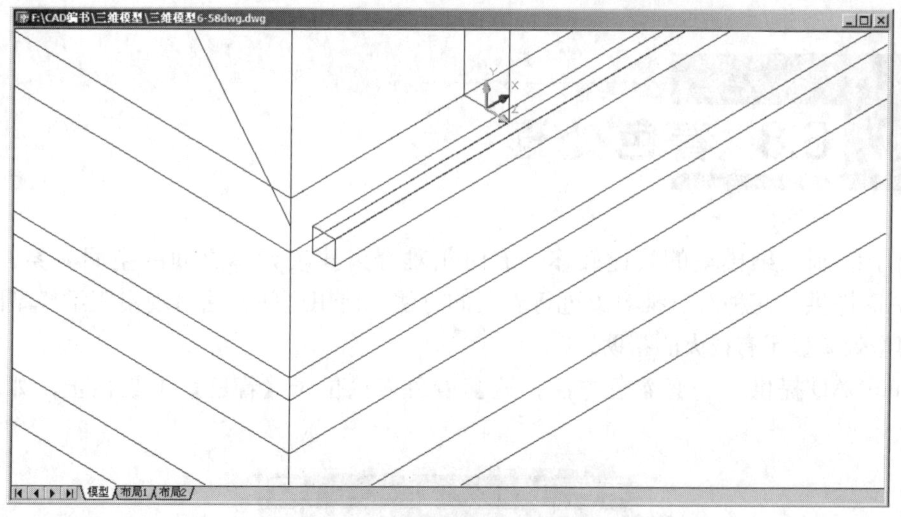

图 6.65 向 Z 轴正方向移动 120mm 后的窗台线

(2) 用【移动】命令将窗台线向 X 轴负方向移动 120mm，结果如图 6.66 所示。

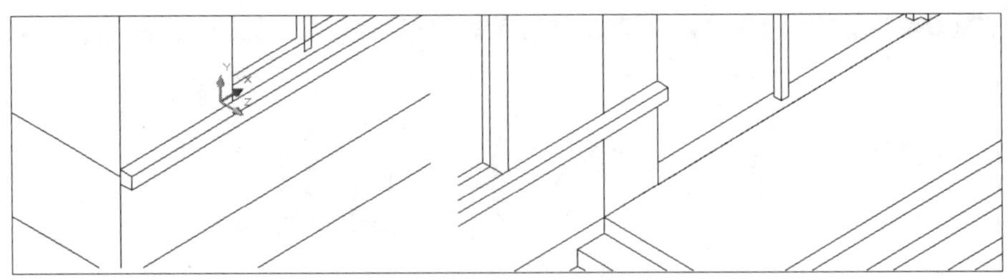

图 6.66　向 X 轴负方向移动 120mm 后的窗台线

3. 其他窗台线和窗楣线

用相同的方法生成其他窗台线和窗楣线，结果如图 6.67 所示。

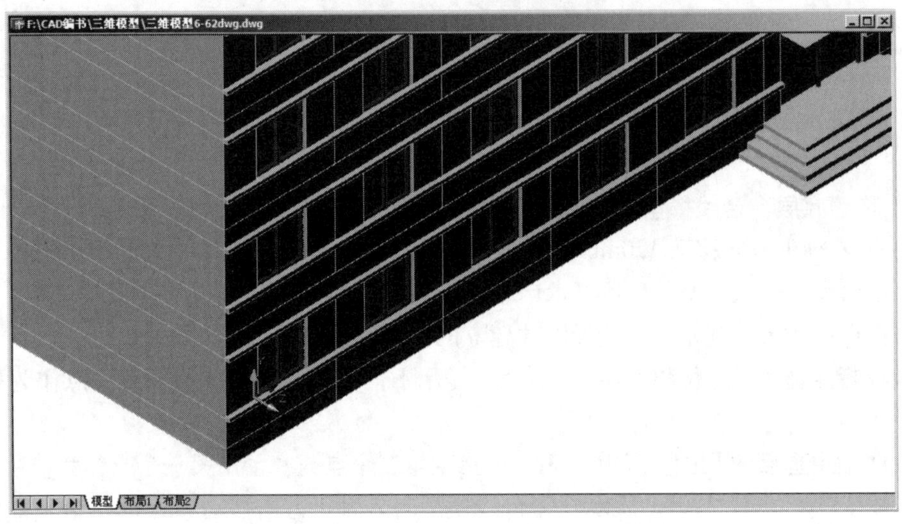

图 6.67　建立窗台线和窗楣线模型

6.8　着色处理

由于绘制三维模型的线比较多，有时很难分辨建模元素之间的空间关系，因此，AutoCAD 提供了几种对三维对象进行着色的方法，使用这些方法对观察三维模型以及对三维模型效果显示有很大的帮助。

AutoCAD 提供了一套着色方法，这套着色方法位于【着色】工具栏上，如图 6.68 所示。

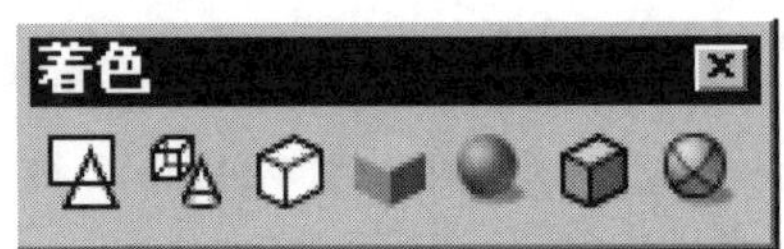

图 6.68　【着色】工具栏

【二维线框】显示方法是用直线和曲线显示对象边缘；【三维线框】显示方法也是用直线和曲线显示对象边缘轮廓，与二维线框不同的是坐标系的图标显示为三维着色形式；【消隐】是将三维对象中观察不到的线隐藏起来，而只显示那些前面无遮挡的对象，这种限制方法符合实际观察对象的情况；【平面着色】可以使三维对象的网络面着色，但色彩单调、粗糙；【体着色】可以得到相对光滑的三维对象，并且对象表面经过退晕处理；【带边框平面着色】是在平面着色的基础上，对三维对象边缘应用背景色勾边的视图效果；【带边框体着色】是在体着色的基础上，对三维对象边缘应用背景色勾边的视图效果。

6.9 生成透视图

三维建模都是在轴测视图中操作的，当对模型进行渲染时，需要带有透视效果的透视图，这样就需要设置合适的三维视点。

1. 建立地平面模型

如图 6.67 所示，为了在渲染时能够产生建筑的阴影，这里需要建立地平面模型。

(1) 执行菜单栏中的【视图】|【三维视图】|【俯视图】命令，并用【实时缩放】命令调整视图，结果如图 6.69 所示。

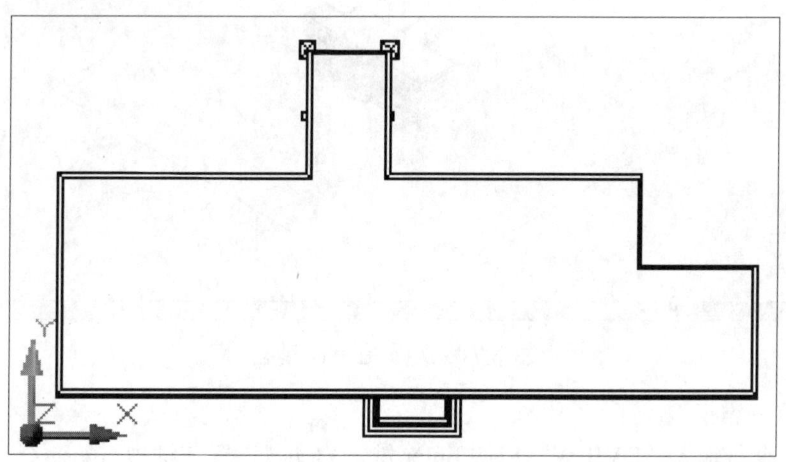

图 6.69 调整视图

(2) 在命令行输入“REC”后按 Enter 键，执行绘制矩形操作，绘制如图 6.70 所示的矩形。

(3) 由于矩形属于多段线，只有轮廓信息而没有内部信息，所以需要将矩形变成面域。在命令行输入“REG”后按 Enter 键，启动【面域】命令，在选择对象：提示下，选择矩形后按 Enter 键结束命令。

(4) 执行菜单栏中的【视图】|【三维视图】|【西南等轴测】命令，将视图调整至轴测图状态，结果如图 6.71 所示。

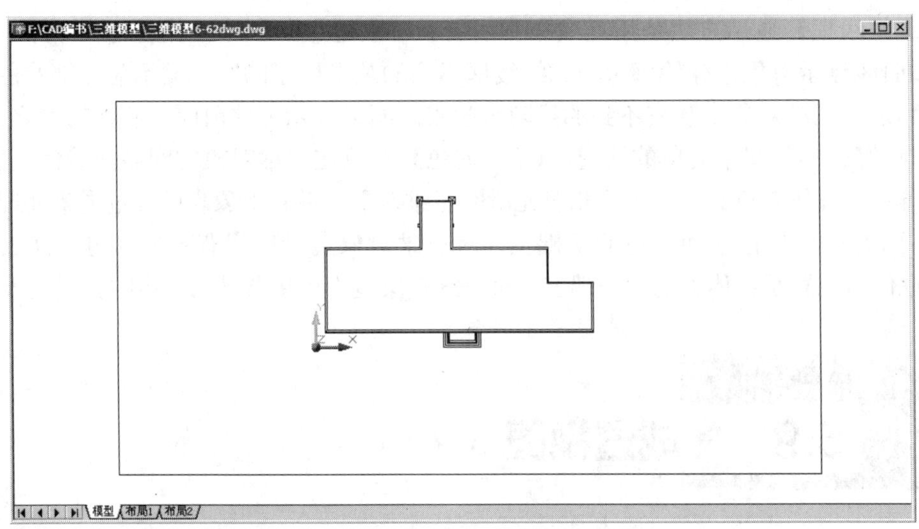

图 6.70　绘制矩形

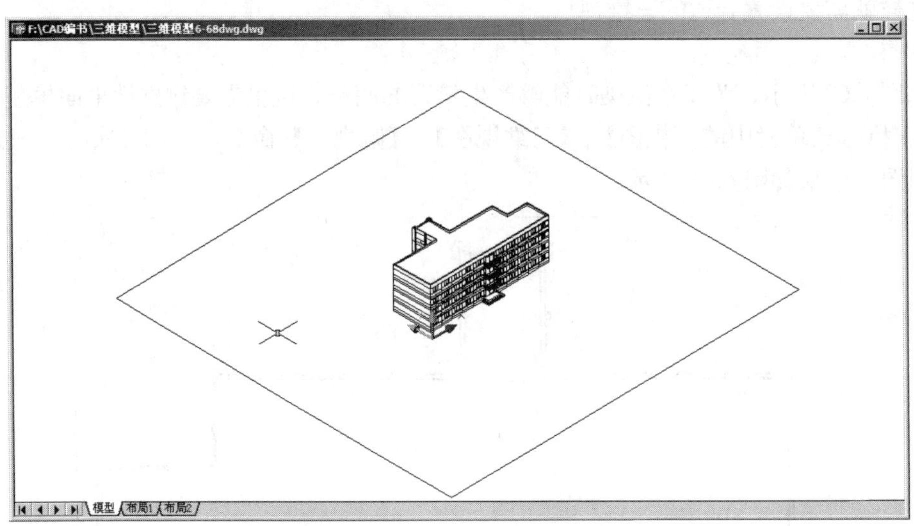

图 6.71　建立地平面模型

2. 设置三维视点

(1) 在命令行输入“DVIEW”后按 Enter 键，启动【设置三维视点】命令。

(2) 在选择对象或 <使用 DVIEWBLOCK>：提示下，按 Enter 键，表示将 AutoCAD 的三维建筑实例作为设置三维视点时显示的目标对象，结果如图 6.72 所示。

(3) 在输入选项 [相机 (CA)/ 目标 (TA)/ 距离 (D)/ 点 (PO)/ 平移 (PA)/ 缩放 (Z)/ 扭曲 (TW)/ 剪裁 (CL)/ 隐藏 (H)/ 关 (O)/ 放弃 (U)]：提示下，输入“D”以选择【距离】选项，表示将改变视点和目标对象的距离，此时绘图区域上方出现一个表示视点距离的滑动条，如图 6.73 所示。

(4) 在指定新的相机目标距离 <20.0000>：提示下，输入“200000”，表示视点到目标对象的距离为 200000mm，结果如图 6.74 所示。

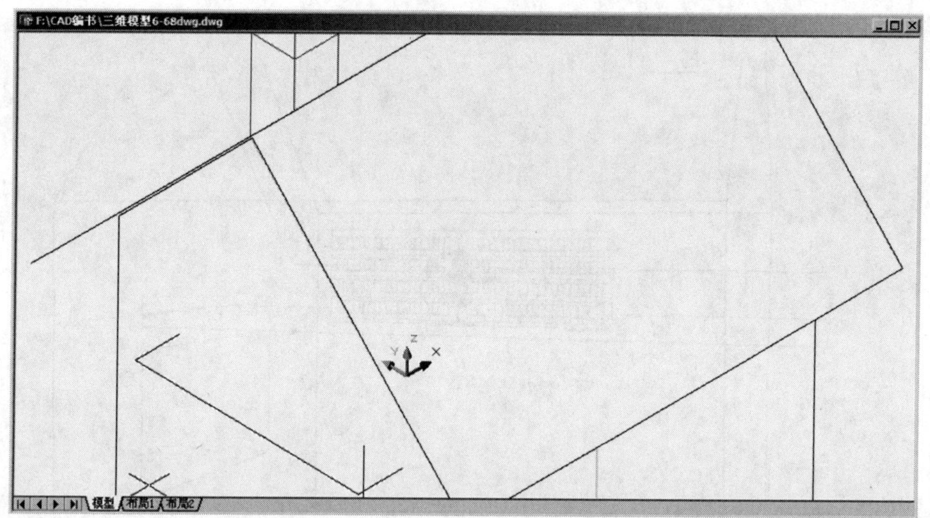

图 6.72　显示的目标对象

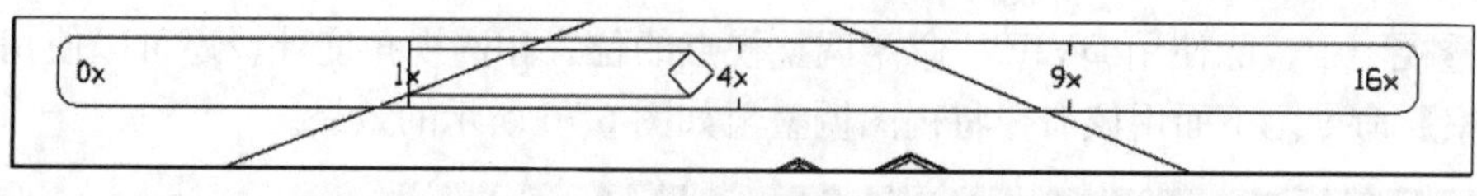

图 6.73　【视点距离】滑条

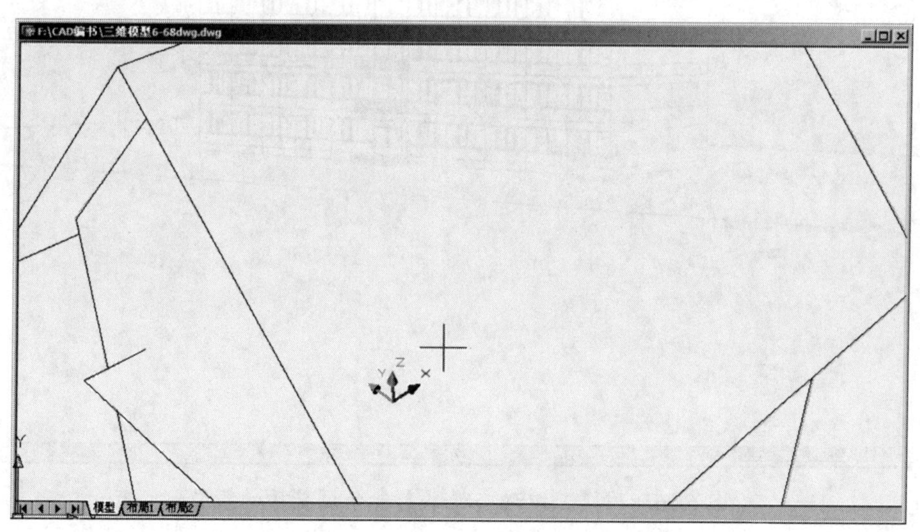

图 6.74　视点距离调整至“200000”的视图

(5) 在输入选项 [相机 (CA)/ 目标 (TA)/ 距离 (D)/ 点 (PO)/ 平移 (PA)/ 缩放 (Z)/ 扭曲 (TW)/ 剪裁 (CL)/ 隐藏 (H)/ 关 (O)/ 放弃 (U)]：提示下，输入“CA”，选择相机 (视点) 的位置。

(6) 在指定相机位置，输入与 XY 平面的角度，或 [切换角度单位 (T)]<35.2644>：提示下，移动光标使视点向下移动，以人眼的高度来观察模型，结果如图 6.75 所示。

(7) 按 Enter 键结束命令。

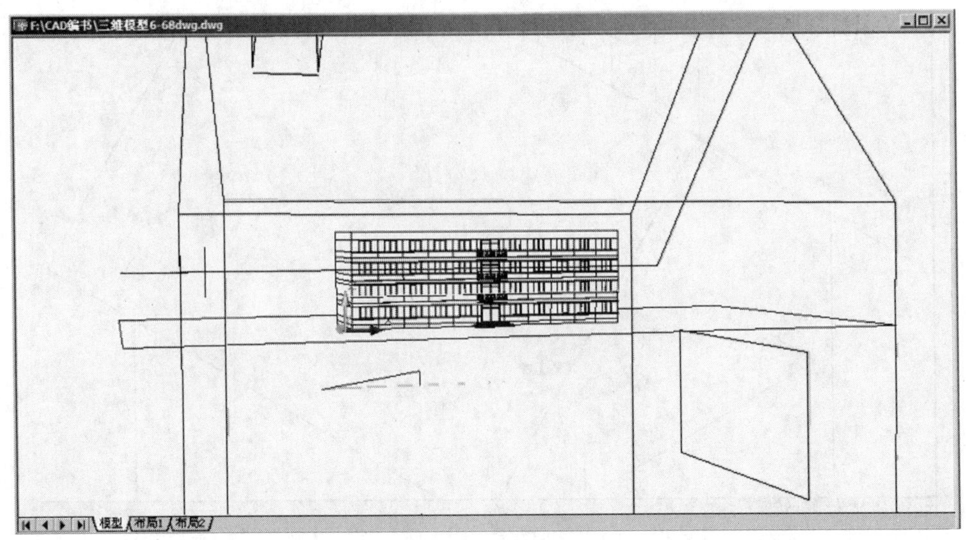

图 6.75　改变视点位置

在透视图中，除使用 DVIEW 命令调整视点的位置和透视角度外，还可以使用【三维动态观察】命令。下面用该命令将视图调整至如图 6.76 所示的效果。

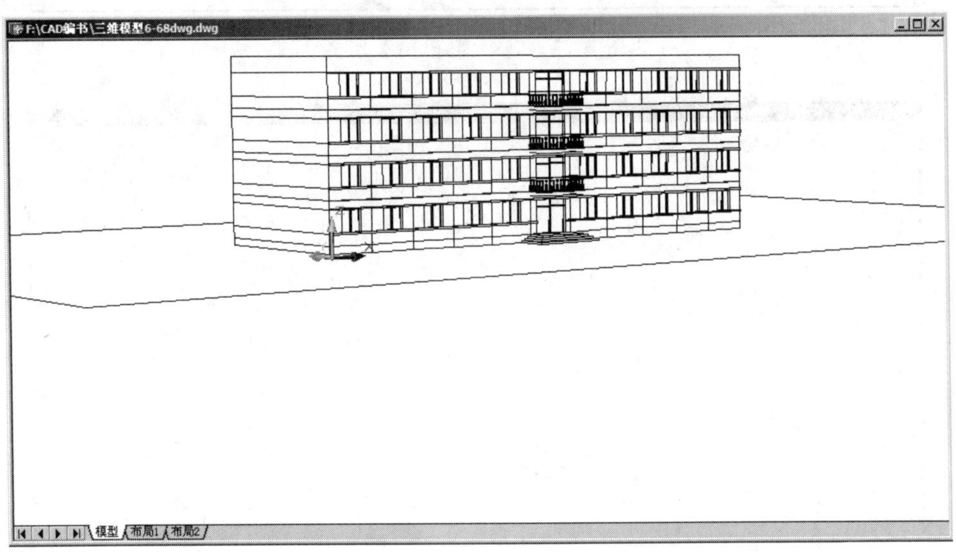

图 6.76　用【三维动态观察】命令调整后的模型

特别提示

在透视图中，AutoCAD 不承认在绘图区域单击的点，所以不能在透视图中进行任何鼠标操作，也不能用【实时缩放】和【平移】命令进行视图缩放。

6.10 三维模型的格式转换

有时需要在 AutoCAD 与其他软件之间进行图形数据交换，如将 AutoCAD 中的三维建筑模型转换到 3Ds Max 软件中，以求更精细更逼真的渲染效果。不同的软件有其独特的文件格式，针对不同格式的文件，AutoCAD 提供了不同的数据输入和输出方法。

1. 三维模型转换成 DXF 格式

DXF 格式是 AutoDesk 公司开发的一种图形文件格式，是图形数据交换领域的一种标准格式，有很多软件能够输入和输出 DXF 格式。

(1) 执行菜单栏中的【视图】|【三维视图】|【西南等轴测】命令，使视图成为轴测视图。

(2) 执行菜单栏中的【文件】|【另存为】命令，打开【图形另存为】对话框，打开【文件类型】下拉列表，里面有 AutoCAD R12 到 AutoCAD 2004 3 个版本的 DXF 格式，如图 6.77 所示。

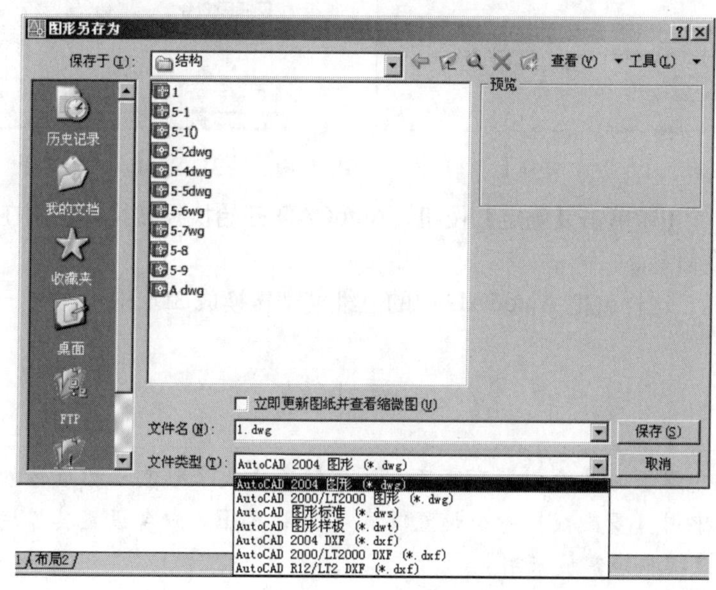

图 6.77 AutoCAD 保存的格式类型

(3) 由于很多软件只支持 AutoCAD R12 版本的 DXF 格式，所以在【文件类型】下拉列表中选择【AutoCAD R12/LT2 DXF(*.dxf)】选项。

(4) 单击【确定】按钮关闭对话框。

2. 三维模型转换成 3Ds 格式

(1) 在命令行输入“3DSOUT”，执行转换成 3Ds 格式操作。

(2) 在选择对象：提示下，用交叉选方式选择所有建筑模型对象作为 3Ds 格式的输出对象。

(3) 按 Enter 键，打开【3D Studio 输出文件】对话框。

(4) 在对话框中指明输出文件的路径和文件名，如图 6.78 所示。

(5) 单击【保存】按钮，则打开【3D Studio 文件输出选项】对话框。

(6) 在【导出 3D Studio 对象，自】选项组中点选【图层】单选按钮，表示将按图层方式转换 3D 格式对象，即将 AutoCAD 中的一个图层上的所有对象转换成 3Ds 格式的一个对象，并且 3Ds 对象名称为 AutoCAD 中的图层名称，如图 6.79 所示。其他选项保留 AutoCAD 的默认值。

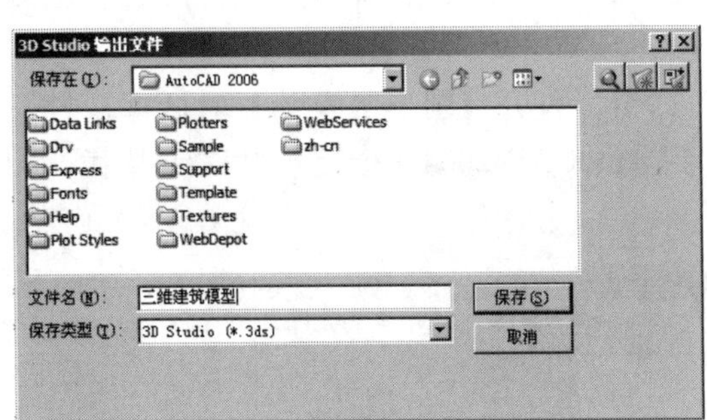

图 6.78 【3D Studio 输出文件】对话框

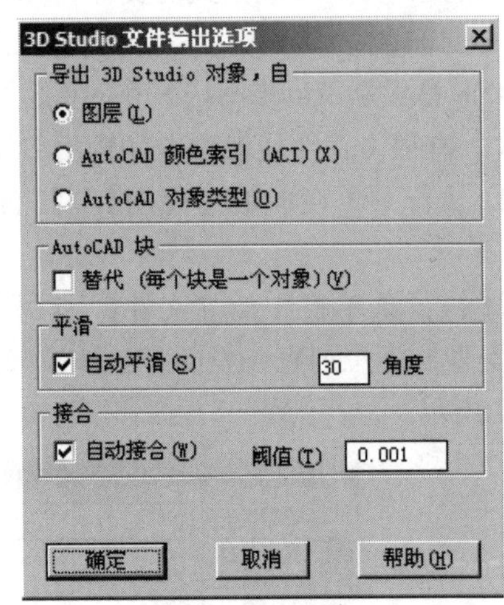

图 6.79 【3D Studio 文件输出选项】对话框

【CAD如何进行抠图的操作】

(7) 单击【确定】按钮，AutoCAD 开始执行转换过程并在命令行报告转换信息。

这样就把 AutoCAD 中的三维模型转换成 3Ds 格式文件。

本章小结

本章主要介绍了通过绘制带有宽度和厚度的多段线来绘制三维墙体的最基本的方法和技巧，其中用【多段线】命令设置其宽度，用 ELEV 命令设置其厚度，这种方法在建筑构建的建模中经常被采用。

本章还介绍了用户坐标系 UCS 的概念以及在用户坐标系下绘制窗框等图形的方法。用户坐标系在三维建模中是一个非常重要的概念，学习中要掌握用户坐标系的定义方法以及用户坐标系和世界坐标系之间的切换方法。

为了便于观察建模效果，本章还讲述了对三维对象进行渲染着色的 7 种方法。

通过阳台的绘制，学习【三维面】(3Dface)、【旋转曲面】(Revsurf) 和【三维旋转】(Rotate 3D) 等命令，这些也是建立三维模型的基本创建命令。另外，通过台阶的绘制介绍了常用的通过拉伸二维图形生成三维实体的方法，以及布尔运算。

本章还介绍了透视图的生成和三维模型格式的转换。

上机指导

上机操作一：绘制长方体

【操作目的】

创建三维实体。

【操作内容】

(1) 执行菜单栏中的【绘图】|【实体】|【长方体】命令，绘制长方体。

(2) 在命令行提示下任选一个长方形的角点然后输入“L”。

(3) 在命令行提示下指定长方体长度为100mm，宽度为30mm，高度为50mm。

(4) 执行菜单栏中的【视图】|【三维视图】|【西南等轴测】命令观察图形。

上机操作二：绘制圆锥体

【操作目的】

创建三维实体。

【操作内容】

(1) 将系统变量ISOLINES的值设为20。

(2) 执行菜单栏中的【绘图】|【实体】|【圆锥体】命令，绘制圆锥体。

(3) 设置锥体底面的半径为50mm。

(4) 设置圆锥体高度为200mm。

(5) 执行菜单栏中的【视图】|【三维视图】|【西南等轴测】命令观察图形。

上机操作三：拉伸实体

【操作目的】

练习EXTRUDE命令。

【操作内容】

(1) 绘制图6.80所示图形。

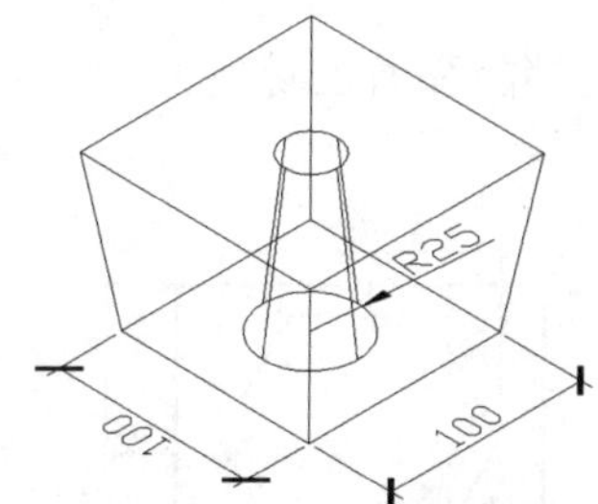

图6.80 拉伸实体

(2) 将图中的矩形和圆变成面域。

(3) 执行菜单栏中的【修改】|【实体编辑】|【差集】命令。

(4) 选择圆为删除的面域。

(5) 执行菜单栏中的【绘图】|【实体】|【拉伸】命令。

(6) 设置拉伸高度为 70mm，倾斜角度为 –7°。

(7) 执行菜单栏中的【视图】|【三维视图】|【西南等轴】命令观察图形。

上机操作四：创建三维曲面造型

【操作目的】

练习使用【曲面造型】和【修改】命令绘制相应的曲面。

【操作内容】

使用【曲面造型】和【修改】命令绘制分别绘制旋转曲面，尺寸如图 6.81 所示。

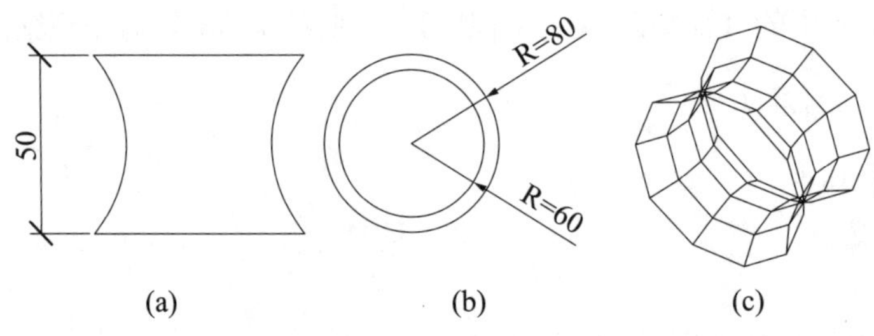

图 6.81　创建三维曲面造型

上机操作五：三维实体的消隐、着色和渲染

【操作目的】

练习使用【消隐】【着色】和【渲染】命令观察图形，设置点光源和平行光源。

【操作内容】

(1) 绘制图 6.82 所示的实体造型，显示其正等测投影，实体用白色金属作为材料，设置平行光源，实体各个面交线要分辨清楚。

(2) 绘制图 6.82 所示的实体造型，显示其正等测投影，实体六棱柱的材质为红色塑料，下面的底板为白色玻璃，设置位于实体的左、前和上方的白色点光源，要求能看到圆孔的底部。

(3) 对 (1) 和 (2) 步的实体进行消隐和着色观察。

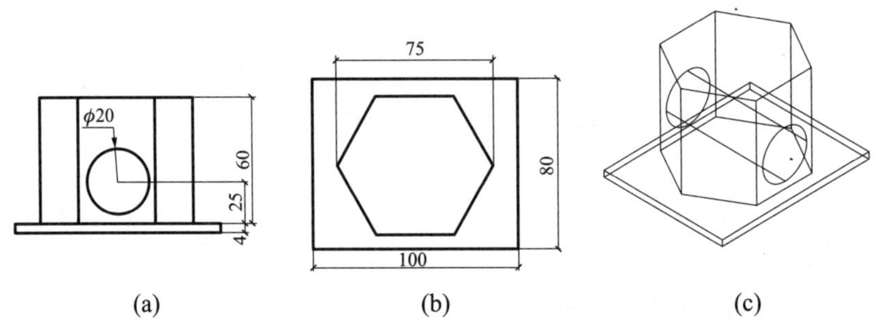

图 6.82　三维实体的消隐、着色和渲染

习 题

一、单选题

1．在 AutoCAD 中，Z 轴方向的尺寸称为（　　）。

A．厚度　　B．长度　　C．高度

2．多段线的 Z 坐标值是由（　　）的坐标值决定的。

A．中点　　B．起点　　C．终点

3．系统变量 Surftab1 控制着回转体的曲面光滑程度，Surftab1(　　) 曲面越光滑。

A．越大　　B．越小　　C．位于中间值

4．网络造型和三维实体的区别为网络造型没有（　　）。

A．内部信息　　B．外部信息　　C．内部和外部信息

5．用户（　　）在透视图中进行鼠标操作。

A．不能　　B．能　　C．不一定

二、简答题

1．简述 ELEV 命令的作用。

2．简述【快速选择】对话框中【附加到当前选择集】复选框的作用。

3．简述多段线和面域的区别。

4．根据右手定则，在三维空间中围绕某坐标轴进行旋转的正方向是怎样确定的？

5．如果设定两个以上的视口，应如何设定当前视口？

【参考答案】

附录1

AutoCAD常用命令快捷输入法

序号	命令	快捷键	命令说明	序号	命令	快捷键	命令说明
1	LINE	L	直线	39	DIMLINEAR	DLI	线性标注
2	XLINE	XL	参照线	40	DIMCONTINUE	DCO	连续标注
3	MLINE	ML	多线	41	DIMBASELINE	DBA	基线标注
4	PLINE	PL	多段线	42	DIMALIGNED	DAL	对齐标注
5	POLYGON	POL	正多边形	43	DIMRADIUS	DRA	半径标注
6	RECTANG	REC	矩形	44	DIMDIAMETER	DDI	直径标注
7	ARC	A	画弧	45	DIMANGULAR	DAN	角度标注
8	CIRCLE	C	画圆	46	DIMARC	DAR	弧长标注
9	SPLINE	SPL	样条曲线	47	DIMCENTER	DCE	圆心标注
10	ELLIPSE	EL	椭圆	48	QLEADER	LE	引线标注
11	INSERT	I	插入图块	49	DIMQ		快速标注
12	MAKE BLOCK	B	创建块	50	DIMEDIE		编辑标注
13	WRITE BLOCK	W	写块	51	DIMTEDIT		编辑标注文字
14	POINT	PO	画点	52	DIMSTYLE		标注更新
15	HATCH	H	填充	53	DIMSTYLE	D	标注样式
16	REGION	REG	面域	54	HATCHEDIT	HE	编辑填充
17	TEXT	DT	单行文本	55	PEDIT	PE	编辑多段线
18	MTEXT	T	多行文本	56	SPLINEDIT	SPE	编辑样条曲线
19	ERASE	E	删除	57	MLEDIT		编辑多线
20	COPY	CO	复制	58	ATTEDIT	ATE	编辑属性
21	MIRROR	MI	镜像	59	BATTMAN		块属性管理器
22	OFFSET	O	偏移	60	DDEDIT	ED	编辑文字
23	ARRAY	AR	阵列	61	LAYER	LA	图层管理
24	MOVE	M	移动	62	MATCHPROP	MA	特性匹配
25	ROTATE	RO	旋转	63	PROPERTIES	CH MO	对象特征
26	SCALE	SC	比例缩放	64	NEW	Ctrl+N	新建文件
27	STRETCH	S	拉伸	65	OPEN	Ctrl+O	打开文件
28	TRIM	TR	修剪	66	SAVE	Ctrl+S	保存文件
29	EXTEND	EX	延伸	67	UNDO	U	回退一步
30	BREAK	BR	打断	68	PAN	P	平移
31	JOIN	J	合并	69	ZOOM+↙	Z+↙	实时缩放
32	CHAMFER	CHA	直角	70	ZOOM+W	Z+W	窗口缩放
33	FILLET	F	圆角	71	ZOOM+P	Z+P	前一视图
34	EXPLODE	X	分解	72	ZOOM+E	Z+E	范围缩放
35	LIMITS		图形界限	73	DIST	DI	测量距离
36	COPYCLIP	Ctrl+C	跨文件复制	74	AREA		测量面积
37	PASTCLIP	Ctrl+V	跨文件粘贴	75	MEASURE	ME	定距等分
38	帮助主体	F1		76	DIVIDE	DIV	定数等分

附录2

常用建筑专业图层名称列表

图层	中文名称	英文名称	说明
轴线	建筑 - 轴线	A-AXIS	—
轴网	建筑 - 轴线 - 轴网	A-AXIS-GRID	平面轴网、中心线
轴线标注	建筑 - 轴线 - 标注	A-AXIS-DIMS	轴线尺寸标注及标注文字
轴线编号	建筑 - 轴线 - 编号	A-AXIS-TEXT	
墙	建筑 - 墙	A-WALL	墙轮廓线，通常指混凝土墙
砖墙	建筑 - 墙 - 砖墙	A-WALL-MSNW	—
墙填充	建筑 - 墙 - 填充	A-WALL-PATT	—
墙保温层	建筑 - 墙 - 保温	A-WALL-HPRT	内、外墙保温完成线
柱	建筑 - 柱	A-COLS	柱轮廓线
柱填充	建筑 - 柱 - 填充	A-COLS-PATT	—
门窗	建筑 - 门窗	A-DRWD	门、窗
门窗编号	建筑 - 门窗 - 编号	A-DRWD-IDEN	门、窗编号
楼面	建筑 - 楼面	A-FLOR	楼面边界及标高变化处
地面	建筑 - 楼面 - 地面	A-FLOR-GRND	地面边界及标高变化处，室外台阶、散水轮廓
屋面	建筑 - 楼面 - 屋面	A-FLOR-ROOF	屋面边界及标高变化处、排水坡脊或坡谷线、坡向箭头及数字、排水口
阳台	建筑 - 楼面 - 阳台	A-FLOR-BALC	阳台边界线
楼梯	建筑 - 楼面 - 楼梯	A-FLOR-STRS	楼梯踏步、自动扶梯
电梯	建筑 - 楼面 - 电梯	A-FLOR-EVTR	电梯间
卫生洁具	建筑 - 楼面 - 洁具	A-FLOR-SPCL	卫生洁具投影线
房间名称、编号	建筑 - 楼面 - 房间	A-FLOR-IDEN	—
栏杆	建筑 - 楼面 - 栏杆	A-FLOR-HRAL	楼梯扶手、阳台防护栏
停车库	建筑 - 停车场	A-PRKG	—

续表

图层	中文名称	英文名称	说明
停车道	建筑 - 停车场 - 道牙	A-PRKG-CURB	停车场道牙、车行方向、转弯半径
停车位	建筑 - 停车场 - 车位	A-PRKG-SIGN	停车位标线、编号及标识
区域	建筑 - 区域	A-AREA	—
区域边界	建筑 - 区域 - 边界	A-AREA-OTLN	区域边界及标高变化处
区域标注	建筑 - 区域 - 标注	A-AREA-TEXT	面积标注
家具	建筑 - 家具	A-FURN	—
固定家具	建筑 - 家具 - 固定	A-FURN-FIXD	固定家具投影线
活动家具	建筑 - 家具 - 活动	A-FURN-MOVE	活动家具投影线
吊顶	建筑 - 吊顶	A-CLNG	—
吊顶网格	建筑 - 吊顶 - 网格	A-CLNG-GRID	吊顶网格线、主龙骨
吊顶图案	建筑 - 吊顶 - 图案	A-CLNG-PATT	吊顶图案线
吊顶构件	建筑 - 吊顶 - 构件	A-CLNG-SUSP	吊顶构件，吊顶上的灯具、风口
立面	建筑 - 立面	A-ELEV	—
立面线 1	建筑 - 立面 - 线一	A-ELEV-LIN1	—
立面线 2	建筑 - 立面 - 线二	A-ELEV-LIN2	—
剖面	建筑 - 剖面	A-SECT	—
剖面线 1	建筑 - 剖面 - 线一	A-SECT-LIN1	—
剖面线 2	建筑 - 剖面 - 线二	A-SECT-LIN2	—
详图	建筑 - 详图	A-DETL	—
详图线 1	建筑 - 详图 - 线一	A-DETL-LIN1	—
详图线 2	建筑 - 详图 - 线二	A-DETL-LIN2	—
三维	建筑 - 三维	A-3DMS	—
三维线 1	建筑 - 三维 - 线一	A-3DMS-LIN1	—
三维线 2	建筑 - 三维 - 线二	A-3DMS-LIN2	—
注释	建筑 - 注释	A-ANNO	—
图框	建筑 - 注释 - 图框	A-ANNO-TTLB	图框及图框文字
图例	建筑 - 注释 - 图例	A-ANNO-LEGN	图例与符号
尺寸标注	建筑 - 注释 - 标注	A-ANNO-DIMS	尺寸标注及标注文字
文字说明	建筑 - 注释 - 文字	A-ANNO-TEXT	建筑专业文字说明
公共标注	建筑 - 注释 - 公共	A-ANNO-IDEN	—
标高标注	建筑 - 注释 - 标高	A-ANNO-ELVT	标高符号及标注文字
索引符号	建筑 - 注释 - 索引	A-ANNO-CRSR	—
引出标注	建筑 - 注释 - 引出	A-ANNO-DRVT	—
表格	建筑 - 注释 - 表格	A-ANNO-TABL	—
填充	建筑 - 注释 - 填充	A-ANNO-PATT	图案填充
指北针	建筑 - 注释 - 指北针	A-ANNO-NARW	—

附录3

附　　图

参考文献

[1] 高志清．AutoCAD 2000 建筑设计范例精粹 [M]．北京：中国水利水电出版社，2000．

[2] CAD/CAM/CAE 技术联盟．AutoCAD 2012 中文版从入门到精通（标准版）[M]．北京：清华大学出版社，2012．

[3] 云海科技．中文版 AutoCAD 2013 建筑设计与实例精讲 [M]．北京：化学工业出版社，2013．

[4] 邵谦谦，黄才广，朱敬，等．AutoCAD 2006 中文版建筑制图应用教程 [M]．北京：电子工业出版社，2005．

[5] 吴承霞，陈式浩．建筑结构 [M]．北京：高等教育出版社，2006．

[6] 毛家华，莫章金．建筑工程制图与识图 [M]．北京：高等教育出版社，2007．